课堂实录

# AutoCAD 机械设计与施工图绘制

陈志民 / 编著

机械设计与
施工图绘制

# 课堂实录

U0265430

清华大学出版社

北京

## 内容简介

本书是一本讲解使用AutoCAD 2014进行机械设计的学习手册。全书通过50多套机械图纸、140多个案例实战、700多分钟的视频教学，系统全面地讲解了AutoCAD的基本功能及各类机械图纸的绘制方法和技巧。

全书共5篇18章，内容涵盖AutoCAD 2014的基本知识和基本操作、基本二维图形的绘制和编辑知识、AutoCAD的对象捕捉、极轴追踪、图块等提升绘图效率的辅助工具、图层、文字、表格、尺寸标注等功能、各类二维机械零件图、轴测图和装配图的基本知识和绘制方法（包括标准件及常用件、轴类、板座类、轮船类、叉架类以及箱体类等零件）、AutoCAD的三维建模和编辑功能、绘制三维机械零件和装配的方法、三维零件生成二维视图的方法等。

本书附赠光盘配备了全书相关实例的视频教学，以成倍提高学习兴趣和效率。

本书内容严谨，讲解透彻，实例紧密联系机械工程实例，具有较强的专业性和实用性，特别适合读者自学和大、中专院校作为教材和参考书。同时也适合从事机械设计的工程技术人员学习和参考之用。

**图书在版编目(CIP)数据**

AutoCAD机械设计与施工图绘制课堂实录/陈志民编著. —北京：清华大学出版社，2015
（课堂实录）
ISBN 978-7-302-39660-4

Ⅰ.①A…　Ⅱ.①陈…　Ⅲ.①机械设计—计算机辅助设计—AutoCAD软件②建筑制图—计算机辅助设计—AutoCAD软件　Ⅳ.①TH122②TU204

中国版本图书馆CIP数据核字（2015）第059101号

责任编辑：陈绿春
封面设计：潘国文
责任校对：胡伟民
责任印制：李红英

出版发行：清华大学出版社
　　　　网　　　址：http://www.tup.com.cn，http://www.wqbook.com
　　　　地　　　址：北京清华大学学研大厦A座　　　　邮　　编：100084
　　　　社 总 机：010-62770175　　　　邮　　购：010-62786544
　　　　投稿与读者服务：010-62776969，c-service@tup.tsinghua.edu.cn
　　　　质 量 反 馈：010-62772015，zhiliang@tup.tsinghua.edu.cn
印 刷 者：北京鑫丰华彩印有限公司
装 订 者：三河市溧源装订厂
经　　销：全国新华书店
开　　本：188mm×260mm　　　　印　张：27.75　　　　字　数：825千字
　　　　（附DVD1张）
版　　次：2015年11月第1版　　　　印　次：2015年11月第1次印刷
印　　数：1～3500
定　　价：69.00元

产品编号：055432-01

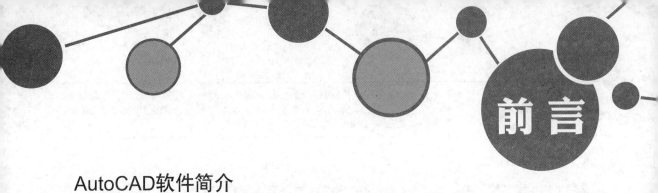

## AutoCAD软件简介

AutoCAD是Autodesk公司开发的一款绘图软件，也是目前市场上使用率极高的辅助设计软件，被广泛应用于建筑、机械、电子、服装、化工及室内装潢等工程设计领域。它可以更轻松地帮助用户实现数据设计、图形绘制等多项功能，从而极大地提高了设计人员的工作效率，并成为广大工程技术人员必备的工具。2014年4月，Autodesk公司发布了最新的AutoCAD 2014版本。

## 本书内容安排

本书是一本AutoCAD 2014的机械设计学习手册，通过将软件技术与行业应用相结合，系统讲解了AutoCAD的基本功能及绘制各类机械图纸的方法和技巧。

| 篇　名 | 内容安排 |
| --- | --- |
| 第1篇　新手快速入门篇（第1~2章） | 讲解了AutoCAD 2014的工作空间、工作界面、文件管理、坐标系、视图操作、基本和复杂二维图形绘制、二维图形编辑等内容。使没有AutoCAD基础的读者能够快速了解和熟悉AutoCAD 2014，并进一步掌握其基本操作和基本图形的绘制方法 |
| 第2篇　基本图形绘制篇（第3~5章） | 讲解了二维基本图形绘制和编辑等知识，包括点、直线对象、多边形对象、圆类对象、多段线、样条曲线、多线、填充图案等图形的绘制和选择、移动、复制、变形、修整、圆角、倒角、夹点编辑等内容 |
| 第3篇　图层标注管理篇（第6~9章） | 讲解了对象捕捉、对象追踪、栅格和正交、文字与表格、尺寸标注、对象约束等图形辅助和标注、注释功能，以及资源管理工具、块、打印输出等内容 |
| 第4篇　二维机械设计篇（第10~14章） | 讲解了二维机械零件图、轴测图和装配图的基本知识和绘制方法，包括轴类、轮盘类、叉架类以及箱体类等各类零件类型 |
| 第5篇　三维机械设计篇（第15~18章） | 讲解了使用AutoCAD进行三维机械设计的方法。本篇首先介绍了AutoCAD 2014的三维功能和操作，然后通过一些典型的实例，讲解了三维零件的绘制和装配的方法，最后讲解了通过三维零件生成二维视图的方法 |

## 书写作特色

总的来说，本书具有以下特色。

| | |
| --- | --- |
| 零点快速起步机械绘图全面掌握 | 本书从AutoCAD的工作界面和基本操作讲起，由浅入深、循序渐进，结合AutoCAD软件功能和机械设计行业安排了大量操作实战。即使是AutoCAD新手，也能通过学与练的完美结合，快速成长为机械设计高手 |
| 案例贴身实战技巧原理细心解说 | 本书所有案例全部来源于机械行业一线，经典实用，都包含相应工具和功能的使用方法和技巧。在一些重点和要点处，还添加了大量的提示和技巧讲解，帮助读者理解和加深认识，从而真正掌握，以达到举一反三、灵活运用的目的 |
| 各类图纸类型机械设计全面接触 | 本书绘制的图纸类型囊括二维零件图、二维装配图、轴测图、三维零件图、三维装配图等常见机械图纸类型，使广大读者在学习AutoCAD的同时，可以从中积累相关经验，能够了解和熟悉不同机械领域的专业知识和绘图规范 |
| 高清视频讲解学习效率轻松翻倍 | 本书配套光盘收录全书130多个实例长达700分钟的高清语音视频教学文件，可以在家享受专家课堂的讲解，成倍提高读者学习兴趣和效率 |

## 本书创作团队

本书由陈志民主笔，参与编写的人员还有：梅文、李雨旦、何辉、彭蔓、毛琼健、陈运炳、马梅桂、胡丹、张静玲、李红萍、李红艺、李红术、陈云香、陈文香、陈军云、彭斌全、林小群、刘清平、钟睦、江凡、张洁、刘里锋、朱海涛、廖博、喻文明、易盛、陈晶、何荣、黄柯、黄华、陈文轶、杨少波、杨芳、刘有良等。

由于编者水平有限，书中疏漏与不妥之处在所难免。在感谢您选择本书的同时，也希望您能够把对本书的意见和建议告诉我们。

联系信箱：lushanbook@qq.com

答疑QQ群：327209040

编　者

2015年6月

# 目录

## 第1章　AutoCAD 2014快速入门

## 第2章　AutoCAD 2014基本操作

## 第3章　绘制基本二维图形

# 第7章 使用图层管理图形

# 第8章 文字和表格

# 第9章 尺寸标注

# 第10章　机件的常用表达方法

# 第11章　创建图幅和机械样板文件

# 第12章 轴测图的绘制

# 第13章 二维零件图的绘制

# 第14章 绘制二维装配图

# 第16章　绘制三维零件模型

# 第17章　绘制三维装配图

# 第18章　三维实体生成二维视图

# 第1章
# AutoCAD 2014快速入门

学习AutoCAD 2014，首先需要了解AutoCAD 2014基本知识，才能为后面章节的学习奠定坚实的基础。本章节主要介绍的内容有AutoCAD 2014基础知识、AutoCAD 2014安装的系统要求、AutoCAD 2014的新增功能、AutoCAD 2014的工作空间以及界面组成等。

# 1.1 认识AutoCAD 2014

作为一款广受欢迎的电脑辅助设计（Computer Aided Design）软件，AutoCAD可以帮助用户在统一的环境下灵活完成概念和细节设计，并在一个环境下创作、管理和分享设计作品。

AutoCAD具有良好的用户界面，通过交互菜单或命令行方式便可以进行各种操作。它的多文档设计环境，让非计算机专业人员也能很快地学会使用。同时AutoCAD具有广泛的适应性，它可以在支持各种操作系统的微型计算机和工作站上运行。

AutoCAD软件具有如下特点。

★ 具有完善的图形绘制功能。
★ 具有强大的图形编辑功能。
★ 可以采用多种方式进行二次开发或用户定制。
★ 可以进行多种图形格式的转换，具有较强的数据交换能力。
★ 支持多种硬件设备。
★ 支持多种操作平台。
★ 具有通用性、易用性，适用于各类用户。

随着计算机技术的快速发展，CAD软件在工程领域的应用层次也在不断地提高。CAD是当今时代最能实现设计创意的工具和手段，同时CAD具有使用方便、易于掌握、体系结构开放等诸多优点，因此，被广泛应用在机械、建筑、测绘、电子、造船、汽车、纺织、地质、气象、轻工和石油化工等行业。据统计资料，目前世界上有75%的设计部门、数百万的用户在应用此软件。

## 1.1.1 启动与退出AutoCAD

要使用AutoCAD进行绘图，首先必须启动该软件。在完成绘制之后，应保存文件并退出该软件以节省系统资源。

### 1. 启动AutoCAD

启动AutoCAD有如下两种方法。

★ 【开始】菜单：单击【开始】菜单，在菜单中选择"程序\Autodesk\ AutoCAD 2014 简体中文\ AutoCAD 2014 简体中文"选项。如图1-1所示。

图1-1 用【开始】菜单打开AutoCAD 2014

★ 桌面：双击桌面上的快捷图标，如图1-2所示。

图1-2 以快捷方式启动AutoCAD 2014

这两种方式均可打开AutoCAD 2014的操作界面，首次启动AutoCAD 2014，系统会弹出

"欢迎使用AutoCAD 2014"界面，如图1-3所示。

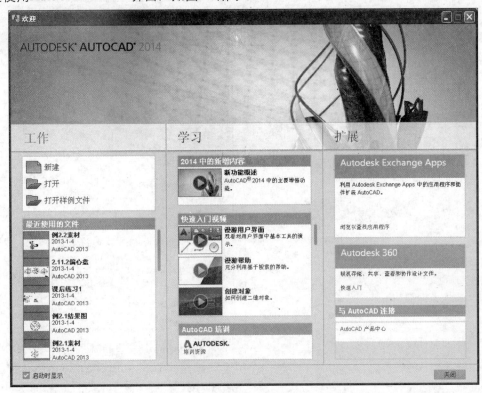

图1-3 欢迎界面

跳过欢迎界面之后正式进入工作界面，如图1-4所示。

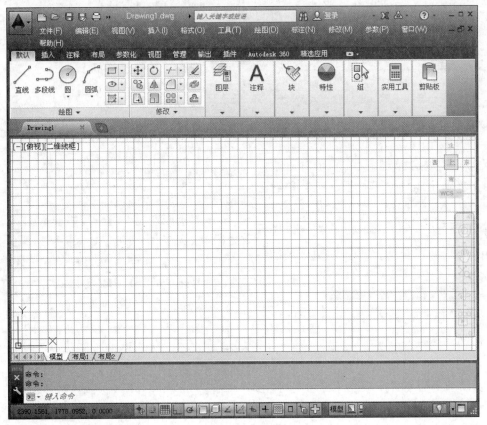

图1-4 工作界面

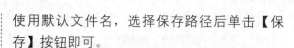

### 2. 退出AutoCAD

退出AutoCAD有如下几种方法。

★ 命令行：在命令行输入"QUIT/EXIT"并回车。

★ 标题栏：单击标题栏上的【关闭】按钮 ✖。

★ 菜单栏：选择【文件】|【退出】菜单命令。

★ 快捷键：Alt+F4或Ctrl+Q快捷键。

★ 应用程序：在应用程序中选择【关闭】选项，如图1-5所示。

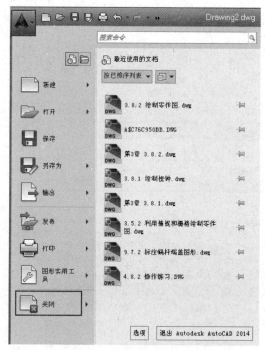

图1-5 选择应用程序中的【关闭】选项退出软件

若在退出AutoCAD 2014之前未进行文件的保存，系统会弹出图1-6所示对话框，提示用户在退出软件之前是否保存当前绘图文件。单击【是】按钮，可以对文件进行保存；单击【否】按钮，将对之前的操作进行不保存而退出；单击【取消】按钮，将返回到操作界面，不执行退出软件的操作。

图1-6 退出提示框

如果文件是新建的，则在保存时会弹出【图形另存为】对话框，如图1-7所示，可以在【文件名】文本框中输入新的文件名或使用默认文件名，选择保存路径后单击【保存】按钮即可。

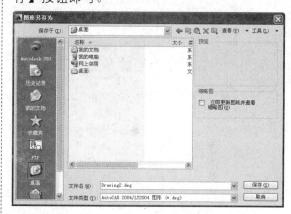

图1-7 【图形另存为】对话框

## ▌1.1.2 工作空间

AutoCAD 2014根据绘图时不同的侧重点，提供了4种工作空间：【AutoCAD经典】、【草图与注释】、【三维基础】和【三维建模】，AutoCAD 2014默认的工作空间为【草图与注释】空间。用户可以根据工作需要随时对工作空间进行切换。

### 1. AutoCAD 经典空间

AutoCAD 2014经典空间与AutoCAD的传统界面比较相似，其界面主要有【应用程序】按钮、【快速访问】工具栏、菜单栏、标签栏、工具栏、文本窗口与命令行、状态栏等元素，如图1-8所示。对于习惯AutoCAD传统界面的用户来说，可以采用【AutoCAD经典】工作空间，以沿用以前的菜单栏、工具栏等绘图习惯和操作方式。

### 2. 草图与注释空间

【草图与注释】工作空间是AutoCAD 2014默认工作空间，该空间用功能区替代了工具栏和菜单栏，这也是目前比较流行的一种界面形式，已经在Office 2007、Creo、Solidworks 2012等软件中得到了广泛应用。当需要调用某个命令时，先切换至功能区下的相应面板，然后再单击面板中的按钮。【草图与注释】工作空间的功能区包含的是最常用的二维图形的绘制、编辑和标注命令，因此非常适合在绘制和编辑二维图形时使用，如图1-9所示。

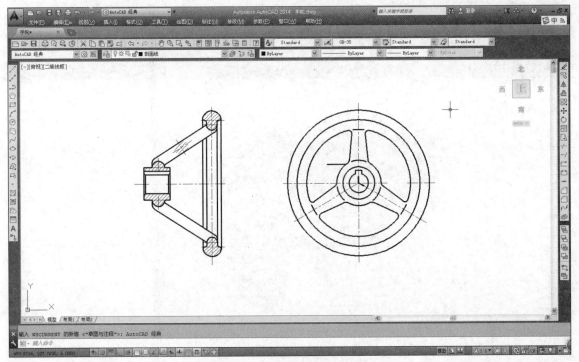

图1-8　AutoCAD 2014经典空间

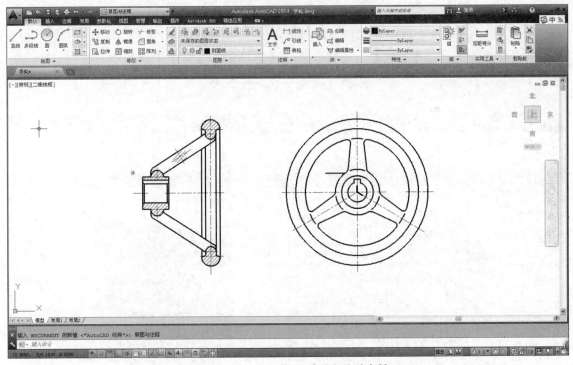

图1-9　AutoCAD 2014草图与注释空间

## 3. 三维基础空间

在三维基础空间中，用户能够非常方便地创建简单的基本三维模型，其功能区提供各种常用三维建模、布尔运算以及三维编辑面板按钮，如图1-10所示。

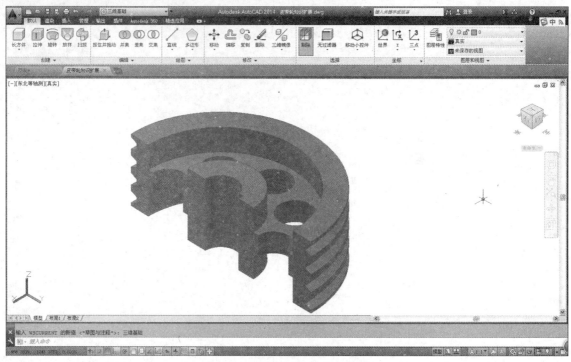

图1-10　AutoCAD三维基础空间

## 4.三维建模空间

三维建模空间界面和草图与注释空间界面相似,其【功能区】选项板中集成了【三维建模】、【视觉样式】、【光源】、【材质】、【渲染】和【导航】等面板,这些面板为绘制和观察三维图形、附加材质、创建动画、设置光源等操作提供了非常便利的环境,如图1-11所示。

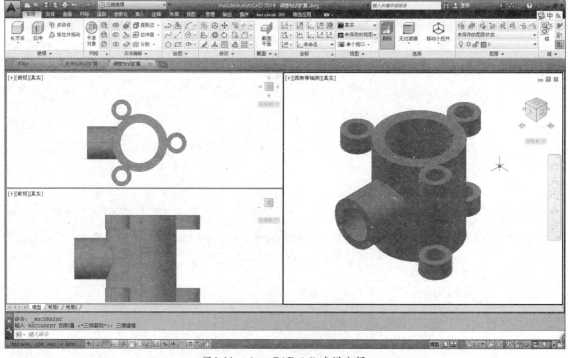

图1-11　AutoCAD三维建模空间

## 1.1.3 切换工作空间

AutoCAD 2014切换工作空间的方法有以下几种。

★ 菜单栏：选择【工具】|【工作空间】菜单命令，在子菜单中选择相应的工作空间，如图1-12所示。

如图1-14所示。

图1-12 通过【菜单栏】选择工作空间

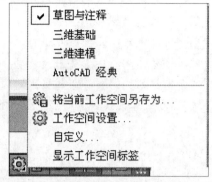

图1-13 通过【切换工作空间】按钮选择工作空间

★ 状态栏：直接单击状态栏上的【切换工作空间】按钮，在弹出的子菜单中选择相应的命令，如图1-13所示。

★ 快速访问工具栏：单击【快速访问】工具栏上的草图与注释按钮，在弹出的下拉列表中选择所需工作空间，

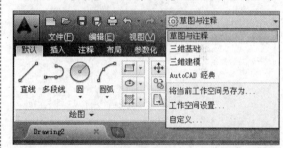

图1-14 工作空间列表栏

## 1.1.4 工作界面

启动AutoCAD 2014后即进入图1-15所示的二维草图与注释工作空间界面，该空间提供了十分强大的"功能区"，以方便初学者灵活、快速地调用所需的命令。该工作界面包括标题栏、快速访问工具栏、交互信息工具栏、标签栏、功能区、绘图区、光标、坐标系、命令行、状态栏、布局标签、滚动条、状态栏等。菜单栏和工具栏默认为隐藏状态，用户可以根据工作需要自行调出。

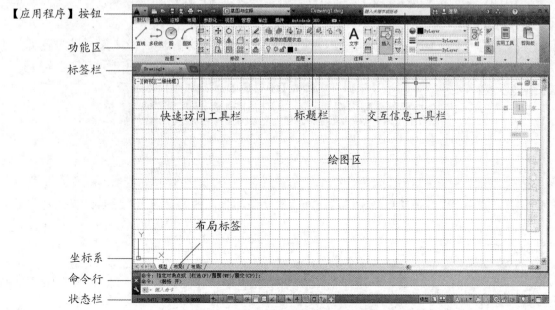

图1-15 AutoCAD 2014默认工作界面

## 1. 应用程序按钮

【应用程序】按钮▲ ▼位于界面左上角。单击该按钮，系统弹出用于管理AutoCAD图形文件的命令列表，包括【新建】、【打开】、【保存】、【另存为】、【输出】及【打印】等命令。

【应用程序】按钮除了可以调用如上所述的常规命令外，调整其显示为"小图像"或"大图像"显示方式，然后将鼠标置于菜单右侧排列的【最近使用文档】名称上，可以快速预览打开过的图像文件内容，如图1-16所示。

此外，在【应用程序】中的【搜索】按钮 左侧的空白区域内输入命令名称，即会弹出与之相关的各种命令的列表，选择其中对应的命令即可执行，如图1-17所示。

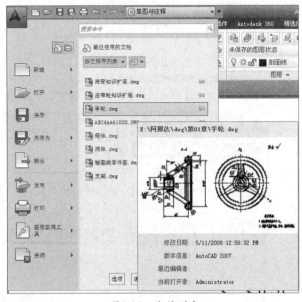

图1-16　文件列表

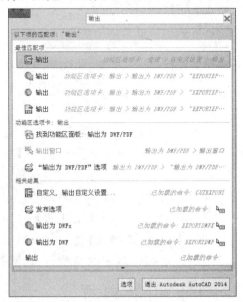

图1-17　搜索命令

## 2. 标题栏

【标题栏】位于AutoCAD窗口的最上端，它显示了系统正在运行的应用程序和用户正打开的图形文件的信息。第一次启动AutoCAD时，标题栏中显示的是AutoCAD启动时创建并打开的图形文件的名字"Drawing1.dwg"，可以在保存文件时对其进行重命名。

## 3. 快速访问工具栏

【快速访问】工具栏位于标题栏的左上角，它包含了最常用的快捷按钮，以方便用户的使用。默认状态下它由7个快捷按钮组成，依次为：【新建】、【打开】、【保存】、【另存为】、【打印】、【重做】和【放弃】，如图1-18所示。

图1-18　【快速访问】工具栏

快速访问工具栏右侧的【工作空间】列表框用于切换AutoCAD 2014工作空间。用户可以通过相应的操作在快速访问工具栏中增加或删除按钮，用鼠标右键单击【快速访问】工具栏，在弹出的快捷菜单中选择【自定义快速访问工具栏】命令，即可在弹出的【自定义用户界面】对话框中进行设置。

技巧

　　在面板按钮上单击鼠标右键，在弹出的快捷菜单中选择【添加到快速访问工具栏】命令，可以快速添加所需的工具按钮至【快速访问】工具栏，如图1-19所示。

图1-19 添加快速访问工具栏按钮

如果要删除已经存在的快捷按钮，只需要在该按钮上单击鼠标右键，然后选择【从快速访问工具栏中删除】命令，即可完成删除按钮操作，如图1-20所示。

图1-20 删除快速访问工具栏按钮

### 4. 菜单栏

菜单栏位于标题栏的下方，与其他Windows程序一样，AutoCAD的菜单栏也是下拉形式的，在下拉菜单中还包含了子菜单。AutoCAD 2014的菜单栏包括了12个菜单：【文件】、【编辑】、【视图】、【插入】、【格式】、【工具】、【绘图】、【标注】、【修改】、【参数】、【窗口】和【帮助】，几乎包含了所有的绘图命令和编辑命令，其作用如下。

★ 文件：用于管理图形文件，例如新建、打开、保存、另存为、输出、打印和发布等。

★ 编辑：用于对文件图形进行常规编辑，例如剪切、复制、粘贴、清除、链接、查找等。

★ 视图：用于管理AutoCAD的操作界面，例如缩放、平移、动态观察、相机、视口、三维视图、消隐和渲染等。

★ 插入：用于在当前AutoCAD绘图状态下插入所需的图块或其他格式的文件，例如PDF参考底图、字段等。

★ 格式：用于设置与绘图环境有关的参数，例如图层、颜色、线型、线宽、文字样式、标注样式、表格样式、点样式、厚度和图形界限等。

★ 工具：用于设置一些绘图的辅助工具，例如：选项板、工具栏、命令行、查询

和向导等。

★ 绘图：提供绘制二维图形和三维模型的所有命令，例如：直线、圆、矩形、正多边形、圆环、边界和面域等。

★ 标注：提供对图形进行尺寸标注时所需的命令，例如线性标注、半径标注、直径标注、角度标注等。

★ 修改：提供修改图形时所需的命令，例如删除、复制、镜像、偏移、阵列、修剪、倒角和圆角等。

★ 参数：提供对图形约束时所需的命令，例如几何约束、动态约束、标注约束和删除约束等。

★ 窗口：用于在多文档状态时设置各个文档的屏幕，例如层叠，水平平铺和垂直平铺等。

★ 帮助：提供使用AutoCAD 2014所需的帮助信息。

> **注意**
> 在【草图与注释】、【三维基础】和【三维建模】工作空间中也可以显示菜单栏，方法是单击【快速访问】工具栏右侧的下拉按钮，在下拉菜单中选择【显示菜单栏】命令，如图1-21所示。

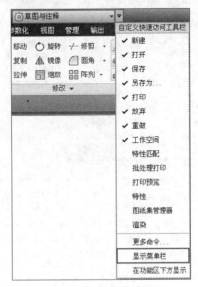
图1-21 显示菜单栏

### 5. 工具栏

工具栏是一组图标型工具的集合，工具栏中的每个图标都形象地显示出了该工具的

作用。AutoCAD 2014提供了50余种已命名的工具栏，只有在【AutoCAD 经典】工作空间中才会被默认显示。如果需要调用工具栏，可使用如下两种方法。

★ 菜单栏：选择【工具】|【工具栏】|AutoCAD菜单命令，如图1-22所示。

图1-22 通过菜单栏显示工具栏

★ 快捷键：可以在任意工具栏上单击鼠标右键，在弹出的快捷菜单中进行相应的选择，如图1-23所示。

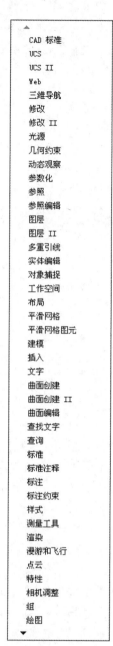

图1-23 快捷菜单

### 6. 功能区

功能区是一种智能的人机交互界面，它用于显示与绘图任务相关的按钮和控件，存在于【草图与注释】、【三维建模】和【三维基础】空间中。【草图与注释】空间的【功能区】选项板包含了【默认】、【插入】、【注释】、【布局】、【参数化】、【视图】、【管理】、【输出】、【插件】、Autodesk360等选项卡，如图1-24所示。每个选项卡包含有若干个面板，每个面板又包含许多由图标表示的命令按钮。

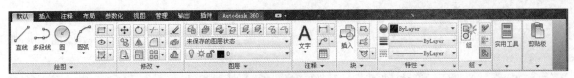

图1-24　功能区

★ 【默认】功能选项卡：【默认】功能选项卡从左至右依次为【绘图】、【修改】、【图层】、【注释】、【块】、【特性】、【组】、【实用工具】及【剪切板】，共有9个功能面板，如图1-25所示。

图1-25　【默认】功能选项卡

★ 【插入】功能选项卡：【插入】功能选项卡从左至右依次为【块】、【块定义】、【参照】、【点云】、【输入】、【数据】、【链接和提取】，共有7个功能面板，如图1-26所示。

图1-26　【插入】功能选项卡

★ 【注释】功能选项卡：【注释】功能选项卡从左至右依次为【文字】、【标注】、【引线】、【表格】、【标记】、【注释缩放】，共有6个功能面板，如图1-27所示。

图1-27　【注释】功能选项卡

★ 【布局】功能选项卡：【布局】功能选项卡从左至右依次为【布局】、【布局视口】、【创建视图】、【修改视图】、【更新】、【样式和标准】，共有6个功能面板，如图1-28所示。

图1-28　【布局】功能选项卡

★ 【参数化】功能选项卡：【参数化】功能选项卡从左至右依次为【几何】、【标注】、【管理】，共有3个功能面板，如图1-29所示。

图1-29　【参数化】功能选项卡

★ 【视图】功能选项卡：【视图】功能选项卡从左至右依次为【二维导航】、【视图】、【视觉样式】、【模型视口】、【选项板】、【窗口】，共有6个功能面板，如图1-30所示。

图1-30 【视图】功能选项卡

★ 【管理】功能选项卡：【管理】功能选项卡从左至右依次为【动作录制器】、【自定义设置】、【应用程序】、【CAD标准】，共有4个功能面板，如图1-31所示。

图1-31 【管理】功能选项卡

★ 【输出】功能选项卡：【输出】功能选项卡从左至右依次为【打印】、【输出为DWF/PDF】，共有2个功能面板，如图1-32所示。

图1-32 【输出】功能选项卡

★ 【插件】选项卡：【插件】选项卡只有【内容】和【输入SKP】，共有2个功能面板，如图1-33所示。

图1-33 【插件】选项卡

★ Autodesk 360选项卡：Autodesk 360选项卡从左到右依次为【访问】、【自定义同步】、【共享与协作】，共有3个功能面板，如图1-34所示。

图1-34 Autodesk 360选项卡

**注意**

在功能区选项卡中，有些面板里的按钮带有右下角箭头，表示该按钮含有扩展面板，单击该箭头，扩展菜单会列出更多的工具按钮，如图1-35所示的【绘图】扩展面板。

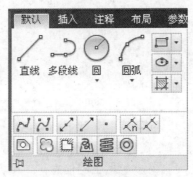

图1-35 【绘图】扩展面板

## 7. 绘图区

标题栏下方的大片空白区域即为绘图区，是用户进行绘图的主要工作区域，如图1-36所示。绘图区实际上是无限大的，用户可以通过缩放、平移等命令来观察绘图区的图形。有时为了增大绘图空间，可以根据需要关闭一些多余的界面元素，例如工具栏、选项板等。

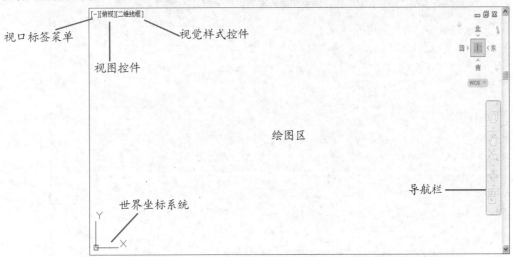

图1-36 绘图区

单击【绘图区】右上角的【恢复窗口大小】按钮 🔲，可以将绘图区单独显示，如图1-37所示。此时绘图区窗口中仅显示了【绘图区】标题栏、窗口控制按钮、坐标系、十字光标等元素。

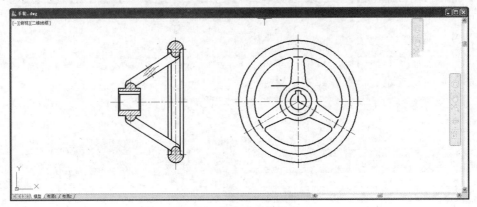

图1-37 单独显示绘图区

## 8. 命令行与文本窗口

命令行位于绘图窗口的底部，用于接收和输入命令，并显示AutoCAD提示信息，如图1-38所示。

命令历史区显示已经
执行的命令

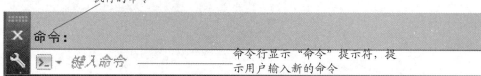

图1-38 命令行窗口

AutoCAD文本窗口的作用和命令窗口的作用一样,它记录了对文档进行的所有操作。文本窗口显示了命令行的各种信息,当然也包括出错信息,它相当于放大后的命令行窗口,如图1-39所示。

文本窗口在默认界面中不会直接显示,需要通过命令调取。调用文本窗口的方法有如下两种。

★ 菜单栏:执行【视图】|【显示】|【文本窗口】命令。
★ 快捷键:F2键。

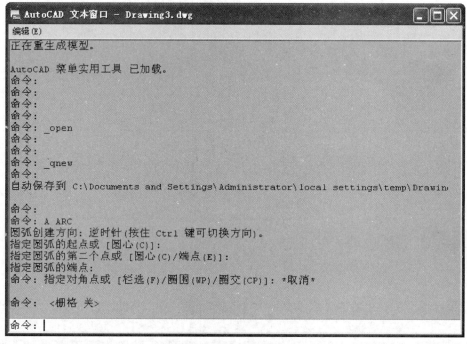

图1-39 文本窗口

接下来了解【命令行】窗口的一些常用操作。

★ 将光标移至命令行窗口的上边缘,当光标呈 形状时,按住鼠标左键向上拖动鼠标可以增加命令行窗口显示的行数,如图1-40所示。
★ 在【命令行】窗口的灰色区域,用鼠标左键可以对其进行移动,使其成为浮动窗口,如图1-41所示。

图1-40 增加命令行显示行数　　　　　图1-41 命令行浮动窗口

★ 通常在工作中除了可以调整【命令行】窗口的大小与位置外,在其窗口内单击鼠标右键,选择【选项】命令,单击弹出的【选项】对话框中的【字体】按钮还可以调整命令行内的字体,如图1-42所示。

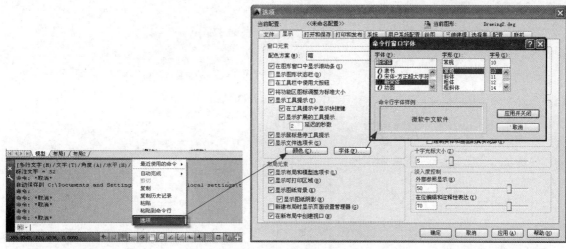

图1-42　调整命令行字体

### 9. 状态栏

状态栏位于屏幕的底部，它可以显示AutoCAD当前的状态，主要由5部分组成，如图1-43所示。

当前光标坐标值　　　　　　辅助工具按钮　　　　　　快速查看工具 注释工具 工作空间工具

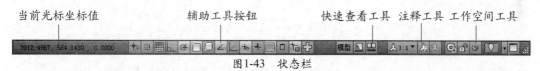

图1-43　状态栏

□ 坐标区

坐标区从左至右的3个数值分别是十字光标所在X、Y、Z轴的坐标数据，光标坐标值显示了绘图区中光标的位置。移动光标，坐标值也会随之变化。

□ 绘图辅助工具

绘图辅助工具主要用于控制绘图的性能，其中包括推断约束、捕捉模式、栅格显示、正交模式、极轴追踪、对象捕捉、三维对象捕捉、对象捕捉追踪、允许/禁止动态UCS、动态输入、显示/隐藏线宽、显示/隐藏透明度、快捷特性和选择循环等工具。

其中常用工具按钮的用途说明如下。

★ 推断约束：该按钮用于开启或者关闭推断约束。推断约束即自动在正在创建或编辑的对象与对象捕捉的关联对象、点之间应用约束，如平行、垂直等。

★ 捕捉模式：该按钮用于开启或者关闭捕捉。捕捉模式可以使光标能够很容易抓取到每一个栅格上的点。

★ 栅格显示：该按钮用于开启或者关闭栅格的显示。显示栅格可直观地查看图幅的范围。

★ 正交模式：该按钮用于开启或者关闭正交模式。正交即光标只能走与X轴或者Y轴平行的方向，不能画斜线。

★ 极轴追踪：该按钮用于开启或者关闭极轴追踪模式。用于捕捉和绘制与起点水平线成一定角度的线段。

★ 对象捕捉：该按钮用于开启或者关闭对象捕捉。对象捕捉即能使光标在接近某些特殊点的时候能够自动指引到那些特殊的点，如中点、垂足点等。

★ 对象捕捉追踪：该按钮用于开启或者关闭对象捕捉追踪。该功能和对象捕捉功能一起使用，用于追踪捕捉点在线性方向上与其他对象的特殊交点。

★ 允许/禁止动态UCS ：用于切换允许和禁止动态UCS。

★ 动态输入：动态输入的开启和关闭。

★ 显示/隐藏线宽 ✛：该按钮用于控制线宽的显示或者隐藏。

★ 快捷特性 ▣：用于控制"快捷特性面板"的禁用或者开启。

    （1）快速查看工具

使用其中的工具可以方便地预览打开的图形，以及打开图形的模型空间与布局，还可在其间进行切换。图形将以缩略图形式显示在应用程序窗口的底部。

★ 模型 模型：用于模型与图纸空间之间的转换。

★ 快速查看布局 ▣：快速查看绘制图形的图幅布局。

★ 快速查看图形 ▣：快速查看图形。

    （2）注释工具

用于显示缩放注释的若干工具。对于模型空间和图纸空间，将显示为不同的工具。当图形状态栏打开后，将显示在绘图区域的底部；当图形状态栏关闭时，图形状态栏上的工具移至应用程序状态栏。

★ 注释比例 人1:1▾：注释时可通过此按钮调整注释的比例。

★ 注释可见性 人：单击该按钮，可选择仅显示当前比例的注释或是显示所有比例的注释。

★ 自动添加注释比例 人：当注释比例更改时，通过该按钮可以自动将比例添加至注释性对象。

    （3）工作空间工具

★ 切换工作空间 ⚙：可通过此按钮切换AutoCAD 2014的工作空间。

★ 锁定窗口 🔒：用于控制是否锁定工具栏和窗口的位置。

★ 硬件加速 ▦：用于在绘制图形时通过硬件的支持提高绘图性能，如刷新频率。

★ 隔离对象 ◈：当需要对大型图形的个别区域重点进行操作并需要显示或隐藏部分对象时，可以使用该功能在图形中临时隐藏和显示选定的对象。

★ 全屏显示 ▾▢：用于开启或退出AutoCAD 2014的全屏显示。

## ▉ 1.1.5 实战——设置AutoCAD工作界面

**01** 双击桌面上的快捷图标 🅰，启动AutoCAD 2014。

**02** 选择菜单栏中的【文件】|【新建】命令，系统打开【选择样板】对话框，如图1-44所示。

图1-44 【选择样板】对话框

**03** 单击【打开】按钮，进入绘图界面，如图1-45所示。

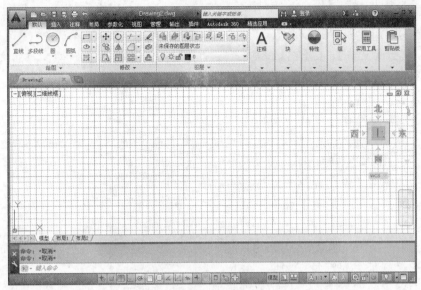

图1-45 绘图界面

**04** 切换工作空间。执行菜单栏中的【工具】|【工作空间】命令，选择【AutoCAD 经典】工作空间，如图1-46所示，系统切换至AutoCAD的经典工作模式。

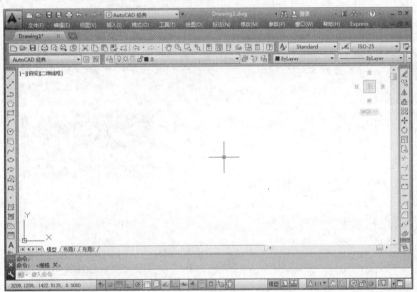

图1-46 AutoCAD经典工作空间

**05** 根据用户自己的操作习惯，将工具条放在适当位置。

# 1.2 AutoCAD文件管理

AutoCAD 2014图形文件的基本操作主要包括新建图形文件、打开图形文件、保存图形文件以及对图形文件加密保护等。

## 1.2.1 新建图形文件

启动AutoCAD 2014后，系统将自动新建一个名为"Drawing1.dwg"的图形文件，该图形文件默认以acadiso.dwt为模板。

在AutoCAD 2014中可以通过以下几种方法启动创建新的图形文件命令。

★ 菜单栏：执行【文件】|【新建】命令。

★ 工具栏：单击【快速访问】工具栏中的【新建】按钮 ☐ 。

★ 命令行：在命令行输入 "NEW/QNEW" 并回车。

★ 快捷键：按Ctrl+N快捷键。

★ 应用程序：单击【应用程序】按钮 **A** ，在下拉菜单中选择【新建】命令，如图 1-47所示。

执行以上任一操作，AutoCAD 2014系统均会弹出【选择样板】对话框，如图1-48所示。用户可以根据绘图需要，通过该对话框选择不同的绘图样板。选中某绘图样板后，对话框右上角会出现选中样板内容预览。确定选择后单击【打开】按钮，即可以为样板文件创建一个新的图形文件。

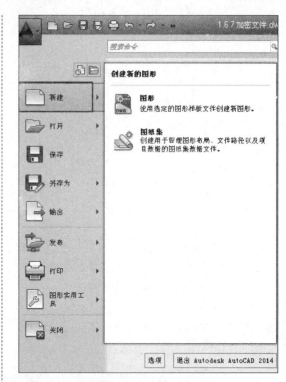

图1-47 新建文件

图1-48 【选择样板】对话框

> **提示**
>
> 单击【打开】按钮下拉菜单可以选择打开样板文件的方式，共有【打开】、【无样板打开-英制 (I)】、【无样板打开-公制 (M)】3种方式，通常选择默认的【打开】方式。

## 1.2.2 实战——新建AutoCAD文件

新建一个单位为毫米的、用于绘制三维模型的图形文件。

**01** 选择【文件】|【新建】菜单命令，如图1-49所示。

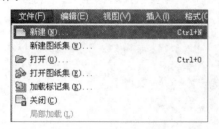

图1-49 【文件】菜单

**02** 系统弹出【选择样板】对话框，如图1-50所示。

图1-50 【选择样板】对话框

**03** 在【名称】列表中选择"acadiso3D.dwt"样板，单击【打开】按钮即可新建一个3D图形文件。

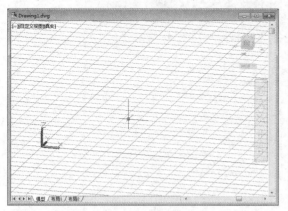

图1-51 3D绘图模式

**04** 此时绘图区自动进入3D绘图模式，如图1-51所示。调用UN命令，在打开的对话框中可查看到图形单位为毫米。

## 1.2.3 保存图形文件

保存文件不仅是将新绘制的或修改好的图形文件保存到磁盘中，以便再次使用，还包括在绘制图形过程中随时对图形进行保存，以避免意外情况发生而导致文件丢失或不完整。

### 1. 保存新的图形文件

保存新图形文件就是对新绘制的还没保存过的文件进行保存。

调用【保存】命令的方法如下所述。

★ 菜单栏：执行【文件】|【保存】命令。

★ 工具栏：单击【快速访问】工具栏中的【保存】按钮 **■**。

★ 命令行：在命令行输入"SAVE"。

★ 应用程序：单击【应用程序】 **A**，在下拉菜单中选择【保存】命令，如图1-52所示。

★ 快捷键：按Ctrl+S快捷键。

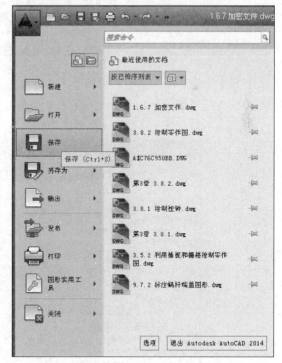

图1-52 保存文件

### 2. 另存为其他文件

这种保存方式可以将文件另设路径或文件名进行保存，比如在修改了原来的文件之后，同时又不想覆盖原文件，那么就可以把修改后的文件另存一份，这样原文件也将继续保留。

调用【另存为】命令的方法如下所述。

★ 菜单栏：选择【文件】|【另存为】菜单命令。

★ 工具栏：单击【快速访问】工具栏中的【另存为】按钮 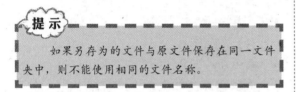。

★ 命令行：在命令行输入"SAVE"。

★ 快捷键：按Ctrl+Shift+S快捷键。

★ 应用程序：单击【应用程序】 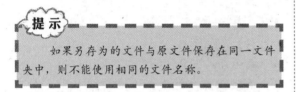，在下拉菜单中选择【另存为】命令，如图1-53所示。

> **提示**
>
> 如果另存为的文件与原文件保存在同一文件夹中，则不能使用相同的文件名称。

### 3. 定时保存图形文件

此外，还有一种比较好的保存文件的方法，即定时保存图形文件，它可以免去随时手动保存的麻烦。设置了定时保存后，系统会在一定的时间间隔内自动保存当前编辑的文件内容。

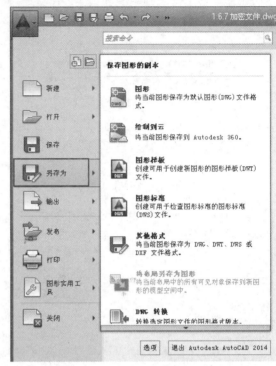

图1-53　选择【另存为】命令

## ▌1.2.4　实战——设置定时保存

**01** 在命令行中输入"OP"，系统弹出【选项】对话框。

**02** 单击【打开和保存】选项卡，在【文件安全措施】选项组中选中【自动保存】复选项，根据需要在文本框中输入适合的间隔时间和保存方式，如图1-54所示。

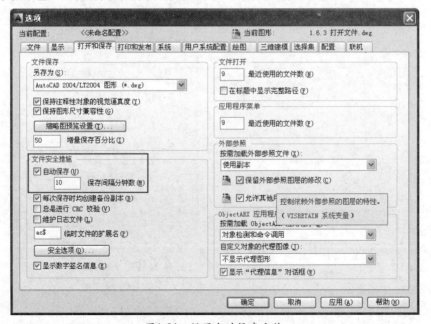

图1-54　设置定时保存文件

**03** 单击【确定】按钮以关闭对话框，定时保存设置即可生效。

**提示**

定时保存的时间间隔不宜设置的过短，这样会影响软件正常使用；也不宜设置的过长，这样不利于实时保存，一般设置在10分钟左右较为合适。

## 1.2.5 打开图形文件

在使用AutoCAD 2014进行图形编辑时，常需要对图形文件进行查看或编辑，这时就需要打开相应的图形文件。

在AutoCAD 2014中常用以下几种方法启动打开文件命令。

★ 菜单栏：执行【文件】|【打开】命令，打开指定文件。

★ 工具栏：单击【快速访问】工具栏中的【打开】按钮 。

★ 应用程序：单击【应用程序】按钮 ，在下拉菜单中选择【打开】命令，如图1-55所示。

★ 快捷键：按Ctrl+Q快捷键。

图1-55 【应用程序】打开文件

## 1.2.6 实战——打开素材文件

打开配套光盘提供的"1.2.6打开素材文件.dwg"文件。

**01** 单击【快速访问】工具栏中的【打开】按钮 ，系统弹出【选择文件】对话框，如图1-56所示。

**02** 在"查找范围"中浏览到素材"1.2.6 打开素材文件.dwg"文件，单击【打开】按钮，打开素材文件，如图1-57所示。

图1-56 【选择文件】对话框

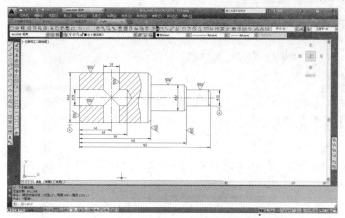

图1-57 打开素材文件

## 1.2.7 加密图形文件

图形文件绘制完成后,可以对其设置密码,使其成为机密文件,这样可以防止未授权人私自打开文件,达到保护设计成果的目的。设置密码后的文件在打开时需要输入正确的密码,否则就不能打开。

对文件进行首次保存或另存时,在打开的【图形另存为】对话框中选择【工具】|【安全选项】命令,如图1-58所示。系统弹出【安全选项】对话框,在【密码】选项卡中输入打开文件的密码,如图1-59所示,输入保存密码并单击【确定】按钮,系统弹出【确认密码】对话框,此时需要再输入一次密码,然后单击【确定】按钮即可。

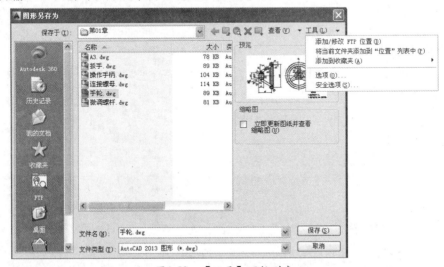

图1-58 【工具】下拉列表

图1-59 【安全选项】对话框

对文件设置密码后,在打开时将弹出【密码】对话框,只有输入正确的密码才能将文件正常打开,否则将无法打开,因此用户需牢记自己设置的密码。

## 1.2.8 实战——加密文件

**01** 单击【快速访问】工具栏中的【打开】按钮,打开本书配套光盘中的素材文件"1.2.8 加密文件.dwg",如图1-60所示。

**02** 单击【快速访问】工具栏中的【另存为】按钮,系统弹出【图形另存为】对话框,单击对话框右上角的【工具】按钮,在弹出的下拉菜单中选择【安全选项】选项,如图1-61所示。

**03** 打开【安全选项】对话框,在其中的文本框中设置打开图形的密码,单击【确定】按钮,如图1-62所示。

**04** 系统弹出【确认密码】对话框,提示用户再次确认上一步设置的密码,此时要输入与上一步完全相同的密码,如图1-63所示。

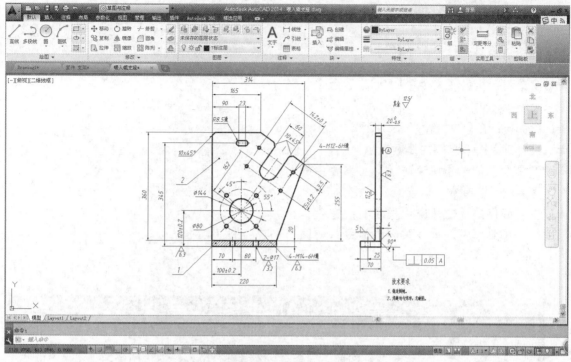

图1-60 加密文件素材

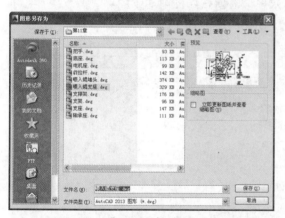

图1-61 【图形另存为】对话框

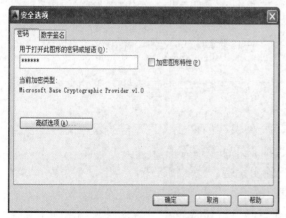

图1-62 【安全选项】对话框

05 密码设置完成后，系统返回【图形另存为】

对话框，设置好保存路径和文件名称，单击【保存】按钮即可保存文件。

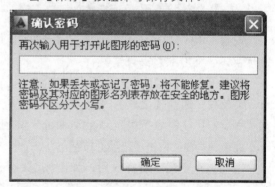

图1-63 【确认密码】对话框

06 再次打开加密文件时，系统弹出如图1-64所示对话框，正确输入密码后才能打开文件。

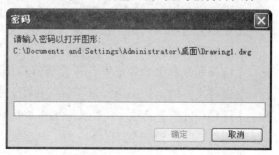

图1-64 【密码】对话框

### 1.2.9 关闭图形文件

在AutoCAD 2014中常用以下几种方法启动关闭文件命令。

★ 菜单栏：执行【文件】|【关闭】命令，关闭指定文件。

★ 命令行：在命令行输入"CLOSE"。

★ 组合键：按Ctrl+F4快捷键。

★ 工具栏：单击【快速访问】工具栏中的【关闭】按钮。

★ 应用程序：单击【应用程序】按钮，在下拉菜单中选择【关闭】命令，如图1-65所示。

图1-65　文件关闭

# 1.3 设置AutoCAD绘图环境

在准备绘图前，用户可以在其默认的绘图环境中绘图，但是有时为了保证图形文件的规范性、图形的准确性与绘图的效率，需要在绘图前对绘图环境和系统参数进行设置。

### 1.3.1 设置系统参数

设置AutoCAD系统参数通常在【选项】对话框中进行，在其中可设置绘图区域的背景、命令行字体、文件数量等属性。

打开【选项】对话框有以下几种方法。

★ 菜单栏：选择【工具】|【选项】命令。

★ 命令行：在命令行输入"options/op"并回车。

★ 菜单浏览器：单击【选项】按钮。

执行以上任意一种操作后，弹出如图1-66所示的对话框。

该对话框中包含了11个选项卡，用户可以在其中查看、调整AutoCAD的设置。各选项的含义如下所述。

★ 【文件】选项卡：用于确定AutoCAD搜索支持文件、驱动程序文件、菜单文件和其他文件的路径以及用户定义的一些设置。

★ 【显示】选项卡：用于设置窗口元素、布局元素、显示精度、显示性能、十字光标大小和参照编辑的褪色度等显示属性。

★ 【打开和保存】选项卡：用于设置默认情况下文件保存的格式、是否自动保存文件以及自动保存文件的时间间隔、是否保存日志、是否加载外部参照等属性。

★ 【打印和发布】选项卡：用于设置AutoCAD的输出设备。默认情况下，输出设备为Windows打印机。但是在很多情况下，为了输出较大幅面的图形，也可以使用专门的绘图仪。

★ 【系统】选项卡：用于设置当前三维图形的显示特性，设置定点设备、是否显示OLE特性对话框、是否显示所有警告信息、是否检查网络连接、是否显示启动对话框、是否允许长符号名等。

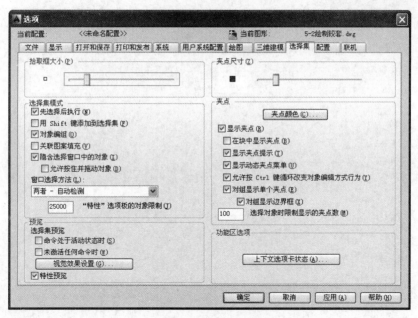

图1-66 【选项】对话框

★ 【用户系统配置】选项卡：用于设置是否使用快捷菜单和对象的排序方式。

★ 【绘图】选项卡：用于设置自动捕捉、自动追踪、自动捕捉标记框颜色和大小、靶框大小。

★ 【三维建模】选项卡：用于对三维绘图模式下的三维十字光标、UCS图标、动态输入、三维对象、三维导航等选项进行设置。

★ 【选择集】选项卡：用于设置选择集模式、拾取框大小及夹点大小等。

★ 【配置】选项卡：用于实现新建系统配置文件、重命名系统配置文件以及删除系统配置文件等操作。

★ 【联机】选项卡：用于Autodesk360账户的登录与服务器同步等操作。

## 1.3.2 设置图形界限

为了使绘制的图形不超过用户工作区域，需要设置图形界限以标明边界。

在AutoCAD中常用以下方法设置图形界限。

★ 菜单栏：选择【格式】|【图形界限】命令。

★ 命令行：输入"LIMITS"命令并回车。

用【图形界限】命令设置的绘图界限不会影响当前屏幕的显示，但会改变栅格的分布范围。此外，该命令还可以设置绘图界限的开关状态。当绘图界限打开时，不能在绘图界限之外绘制图形。

一般工程图纸规格有A0、A1、A2、A3、A4。如果按1:1绘图，为使图形按比例绘制在相应图纸上，关键是设置好图形界限。表1-1提供的数据是按1:50和1:100出图，图形编辑区按1:1绘图的图形界限，设计时可根据实际出图比例选用相应的图形界限。

表1-1 图纸规格和图形编辑区按1:1绘图的图形界限对照表

| 图纸规格 | A0(mm × mm) | A1(mm × mm) | A2(mm × mm) | A3(mm × mm) | A4(mm × mm) |
| --- | --- | --- | --- | --- | --- |
| 实际尺寸 | 841 × 1189 | 594 × 841 | 420 × 594 | 297 × 420 | 210 × 297 |
| 比例1:50 | 42050 × 59450 | 29700 × 42050 | 21000 × 29700 | 14850 × 21000 | 10500 × 14850 |
| 比例1:100 | 84100 × 118900 | 59400 × 84100 | 42000 × 59400 | 29700 × 42000 | 21000 × 29700 |

### 1.3.3 实战——设置图形界限

设置图形界限为竖放的A3图纸大小。

**01** 单击【快速访问】工具栏中的【新建】按钮 🗋，新建图形文件。

**02** 在命令行中输入"LIMITS"命令，设置图形界限。

```
命令：_limits                                        //调用【图形界限】命令
重新设置模型空间界限：
指定左下角点或 [开(ON)/关(OFF)] <0.0,0.0>: 0,0✓      //指定坐标原点为图形界限左下角点
指定右上角点 <420.0,297.0>: 297,420✓                 //指定右上角点
```

**03** 查看图形界限范围。按下F7键，单击状态栏中的【栅格】按钮▦，在绘图窗口显示栅格，调用【缩放】命令，将设置的图形界限放大至全屏显示，如图1-67所示，以便于观察图形。

**04** A3图纸大小的图形界限设置完成。

> **提示**
>
> AutoCAD 2014默认在绘图界限外也显示栅格，如果只需要在界限内显示栅格，可以选择【工具】|【草图设置】命令，打开【草图设置】对话框，在【捕捉和栅格】选项卡中去除【显示超出界限的栅格】复选项的勾选，如图1-68所示。

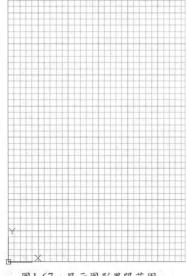

图1-67 显示图形界限范围

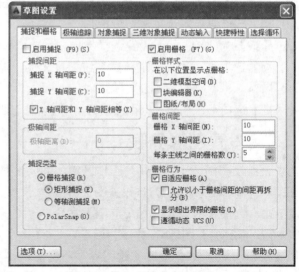

图1-68 设置栅格显示

### 1.3.4 设置绘图单位

在绘制图纸前，一般需要先设置绘图单位，比如将绘图比例设置为1:1，则所有图形的尺寸都会按照实际绘制尺寸标出。设置绘图单位，主要包括长度和角度的类型、精度和起始方向等内容。

在AutoCAD中设置图形单位主要有以下两种方法。

★ 命令行：输入"UNITS/UN"命令并回车。

★ 菜单栏：选择【格式】|【单位】命令。

执行以上任意一种操作后，将打开【图形单位】对话框，如图1-69所示。

该对话框中各选项的含义如下所述。

★ 【长度】选项组：用于设置长度单位的类型和精度。

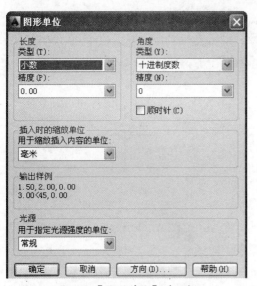

图1-69　【图形单位】对话框

★　【角度】选项组：用于控制角度单位类型和精度。

★　【顺时针】复选项：用于设置旋转方向。如选中此复选项，则表示按顺时针旋转的角度为正方向；若未选中则表示按逆时针旋转的角度为正方向。

★　【插入时缩放单位】选项组：用于选中插

入图块时的单位，也是当前绘图环境的尺寸单位。

★　【方向】按钮：用于设置角度方向。单击该按钮，将打开【方向控制】对话框，如图1-70所示，可以控制角度的起点和测量方向。默认的起点角度为0°，方向为正东。在其中可以设置基准角度，即设置0°角。如将基准角度设为【北】，则绘图时的0°实际上在90°方向上。如果选择【其他】单选项，则可以单击【拾取角度】按钮，切换到图形窗口中，通过拾取两个点来确定基准角度0°的方向。

图1-70　【方向控制】对话框

**提示**

　　毫米（mm）是国内工程绘图领域最常用的绘图单位，AutoCAD默认的绘图单位也是毫米（mm），所以有时候可以省略绘图单位设置的步骤。

## ▌1.3.5　实战——设置绘图单位

01　单击【快速访问】工具栏中的【新建】按钮，新建空白文件。

02　在命令行中输入"UN"命令，系统打开【图形单位】对话框，如图1-71所示。

03　在该对话框中设置单位为【小数】，精度为【0.0000】，角度为【百分度】，精度为【0.0000g】。

04　单击【图形单位】对话框下面的【方向】按钮，弹出【方向控制】对话框。选择【南】方向。然后单击【确定】按钮，如图1-72所示。

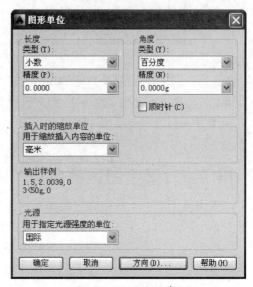

图1-71　设置图形单位

图1-72　设置方向控制

线分别与当前用户坐标系的X轴、Y轴方向平行，十字光标的默认大小为屏幕大小的5%，如图1-73所示。

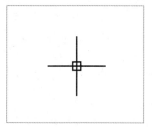

图1-73　十字光标

## 1.3.6　设置十字光标大小

十字光标用于定位点、选择和绘制对象，由定点设备，如鼠标和光笔等控制。当移动定点设备时，十字光标位置会做相应的移动，就像手工绘图一样方便。十字光标的横线与竖

在AutoCAD中常用以下方法设置十字光标大小。

★　菜单栏：执行菜单栏中的【工具】|【选项】命令，选择【显示】选项卡，如图1-74所示。

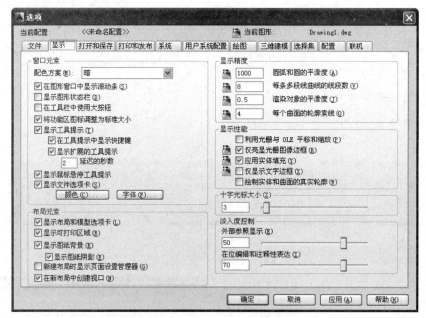

图1-74　设置十字光标大小对话框

★　命令行：在命令行输入"options"，选择【显示】选项卡。

★　菜单浏览器：单击【选项】按钮，选择【显示】选项卡。

在【显示】选项卡面板中，拖动"十字光标大小"区域的滑块，即可调整光标大小。其取值范围为1~100，100表示全屏显示。设置完成后单击【确定】按钮，完成设置。

## 1.3.7　设置绘图区颜色

功能面板下方的大片空白区域即为绘图区。它是绘制图形的区域，一幅设计图的主要工作都是在这个区域内完成的。有时为了方便绘图，可以设置绘图区的颜色。

在AutoCAD中常用以下方法设置绘图区颜色。

★　菜单栏：执行菜单栏中的【工具】|【选项】命令，选择【显示】选项卡，单击【颜色】按钮，如图1-75所示。

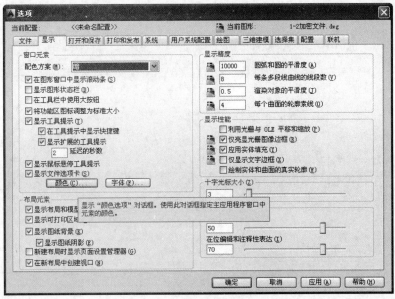

图1-75 设置颜色的对话框

★ 命令行：在命令行输入"options"，选择【显示】选项卡，单击【颜色】按钮。

★ 菜单浏览器：单击【选项】按钮，选择【显示】选项卡，单击【颜色】按钮。

## 1.3.8 实战——设置绘图区颜色

AutoCAD 2014默认绘图区背景颜色为黑色，这里设置背景颜色为白色，以方便查看特殊图形。

**01** 选择菜单栏中的【工具】|【选项】命令，选择【显示】选项卡，单击【颜色】按钮，弹出【图形窗口颜色】对话框。

**02** 依次选择【上下文】为"二维模型空间"、【界面元素】为"统一背景"、【颜色】为"白色"，如图1-76所示。

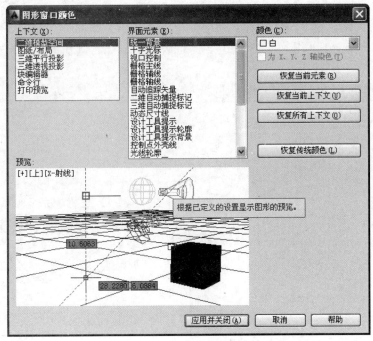

图1-76 设置绘图区颜色

**03** 单击【应用并关闭】按钮，关闭对话框，即可看到绘图区颜色已经设置为白色。

## 1.3.9 设置鼠标右键功能

在AutoCAD中在绘图的不同阶段单击鼠标右键，可以调出不同的快捷菜单命令，以提高绘图效率。

在AutoCAD中常用以下方法设置鼠标右键功能。

★ 菜单栏：执行菜单栏中的【工具】|【选项】命令，选择【显示】选项卡，单击【用户系统配置】选项卡，如图1-77所示。

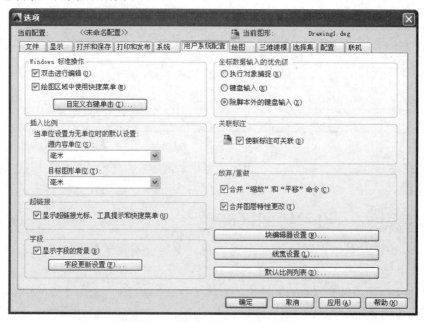

图1-77 【用户系统配置】选项卡

★ 命令行：在命令行输入"options"，选择【显示】选项卡，单击【用户系统配置】选项卡。

★ 菜单浏览器：单击【选项】按钮，选择【显示】选项卡，单击【用户系统配置】选项卡。

执行菜单栏中的【工具】|【选项】命令，选择【显示】选项卡，单击【用户系统配置】选项卡。在【Windows标准操作】选项区域，可以进行鼠标右键功能的关闭或自定义操作，如图1-78所示。

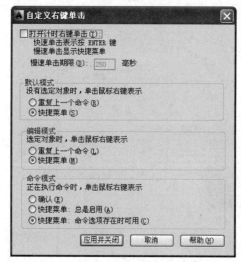
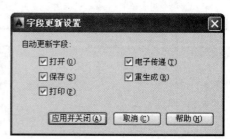

图1-78 设置鼠标右键功能

# 1.4 综合实战——设置机械绘图环境

**01** 启动AutoCAD 2014，单击【快速访问】工具栏中的【新建】按钮以新建文件，系统弹出【选择样板】对话框。选择任意一个样板，单击【打开】按钮，进入工作区。

**02** 选择菜单栏中的【工具】|【选项】命令，选择【显示】选项卡，单击【颜色】按钮，设置绘图区的颜色。

**03** 选择菜单栏中的【格式】|【图形界限】命令，在命令行分别输入图幅两角点坐标值。

**04** 选择单击【图层】面板中的【图层特性】按钮，打开【图层特性管理器】对话框，如图1-79所示。

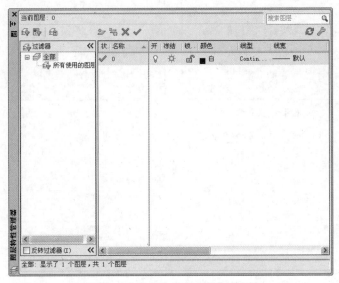

图1-79 【图层特性管理器】对话框

**05** 在对话框中新建图层，新建【粗实线】、【细实线】、【中心线】、【虚线】、【尺寸线】共5个图层，完成后关闭对话框，如图1-80所示。

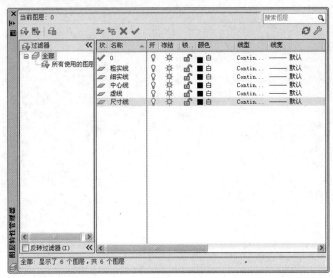

图1-80 新建图层

06 单击状态栏中的【对象捕捉】按钮 ，打开【草图设置】对话框，选择【对象捕捉】选项卡，
在选项卡内勾选所有选项，如图1-81所示。

07 选择【极轴追踪】选项卡，在选项卡内的【增量角】文本框中输入45，并在【附加角】中添加
30、15两个附加角，如图1-82所示。

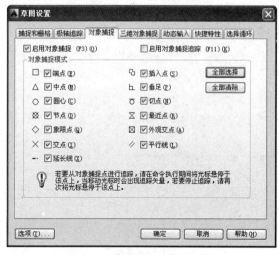

图1-81 【草图设置】对话框

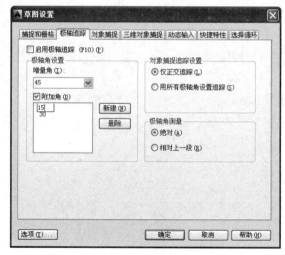

图1-82 【极轴追踪】选项卡

08 完成后单击【确定】按钮，完成绘图环境设置。

# 第2章
# AutoCAD 2014基本操作

要使用AutoCAD绘制图形，应先掌握其基本操作，如命令调用、输入坐标点、视图缩放、平移等。本章着重介绍AutoCAD命令的使用、坐标点的输入和视图的操作，以便读者能对AutoCAD 2014的基本操作有初步的认识。

# 2.1 使用AutoCAD命令

AutoCAD对图形进行任何操作均需要执行特定的命令。本节主要介绍AutoCAD中执行、退出和重复命令的方法，使读者掌握一些常用命令的使用技巧。

## 2.1.1 执行命令的方法

在AutoCAD 2014中，调用命令的方式有菜单栏、工具栏、功能区、命令行等。

例如调用【直线】命令，可以使用下面几种方式。

★ 菜单栏：执行【绘图】|【直线】命令，如图2-1所示。

★ 工具栏：单击【绘图】工具栏中的【直线】按钮 。

★ 命令行：在命令行输入"LINE/L"。

★ 功能区：在【默认】选项卡中，单击【绘图】面板中的【直线】按钮，如图2-2所示。

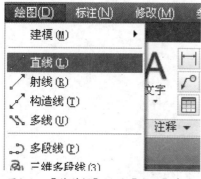

图2-1 【菜单栏】调用【直线】命令

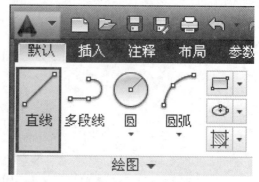

图2-2 【功能区】调用【直线】命令

### 1. 菜单栏调用

使用菜单栏调用命令是Windows应用程序调用命令的常用方式。AutoCAD 2014将常用的命令分门别类地放置在10多个菜单中，用户先根据操作类型选择并展开相应的菜单项，然后从中选择相应的命令来执行即可。

通过菜单栏调用命令是最直接、最全面的方式。对于新手来说，它比其他的命令调用方式更加便捷。除了【AutoCAD 经典空间】以外，其余3个绘图空间在默认情况下没有菜单栏，需要用户自己调出。

### 2. 使用工具栏调用命令

与菜单栏一样，工具栏默认显示于【AutoCAD经典】工作空间。单击工具栏中的按钮即可执行相应的命令。用户在其他工作空间绘图，也可以根据实际需要调出工具栏，如【UCS】、【三维导航】、【建模】、【视图】、【视口】等。

为了获取更多的绘图空间，可以按Ctrl+0快捷键来隐藏工具栏，再按一次该快捷键即可重新显示。

### 3. 使用命令行调用命令

使用命令行调用命令是AutoCAD的一大特色功能，同时也是最快捷的绘图方式，因此就要求用户熟记各种绘图命令。一般对AutoCAD比较熟悉的用户都用此方式绘制图形，因为这样可以大大提高绘图的速度和效率。

AutoCAD的绝大多数命令都有其相应的简写方式。如【直线】命令LINE的简写方式是L，绘制矩形命令RECTANGLE简写方式是REC。对于常用的命令，用简写方式输入将大大减少键盘输入的工作量，从而提高工作效率。另外，AutoCAD对命令或参数输入不区分大小写，因此操作者不必考虑输入的大小写。

#### 4. 功能区调用命令

除【AutoCAD经典】空间外，另外3个工作空间都是以功能区作为调用命令的主要方式。相比其他调用命令的方法，在面板区调用命令更加直观，非常适合于不能熟记绘图命令的AutoCAD初学者。

> **技巧**
>
> 合理地选择执行命令的方式可以提高工作效率，对于AutoCAD初学者而言，通过使用【功能区】全面而形象的工具按钮，能比较快速地熟悉相关命令的使用。而如果是AutoCAD使用得熟练的用户，可以通过键盘在命令行输入命令，这样能大幅度提高工作的效率。

## 2.1.2 退出正在执行的命令

在绘图过程中，命令执行完后就需要退出命令，因为有的命令要求退出以后才能执行下一个命令，否则就无法继续操作。

在AutoCAD 2014中常用以下方法退出命令。

★ 快捷键：按Esc键。

★ 单击鼠标右键：在空白位置单击鼠标右键，然后在展开菜单中选择【确认】选项。

## 2.1.3 重复使用命令

在绘图过程中，需要经常重复同一种操作，如果每次都重复选择菜单命令或输入命令字符，就会大大降低工作效率，所以AutoCAD提供了快速重复上一个命令的功能。

在AutoCAD 2014中常用以下方法重复执行命令。

★ 命令行：在命令行中输入"MULTIPLE/MUL"并回车，此方式不常用。

★ 快捷键：按回车键或按空格键来重复使用上一个命令，此方法最为快捷。

★ 快捷菜单：在命令行中单击鼠标右键，在快捷菜单中【最近使用命令】下选择需要重复的命令，可重复调用上一个使用的命令，此方法的快捷性一般，但可重复调用最近几次使用过的命令。

## 2.1.4 实战——绘制三角形

本实例通过重复使用【直线】命令来绘制三角形，演示AutoCAD中执行、重复和退出命令的操作方法，绘制的结果如图2-3所示。

**01** 在命令行输入"L"并回车，执行【直线】命令，绘制外侧的三角形。命令行操作过程如下：

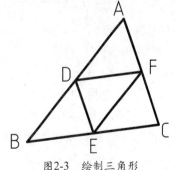

图2-3 绘制三角形

| 命令：L↙ | //输入命令字符并回车，本书以"↙"符号表示按回车键 |
|---|---|
| LINE | |
| 指定第一个点： | //拖动鼠标移动光标到绘图区任意位置，单击左键确定点A |
| 指定下一点或 [放弃(U)]： | //在绘图区合适位置单击确定点B |
| 指定下一点或 [放弃(U)]： | //在绘图区合适位置单击确定点C |
| 指定下一点或 [闭合(C)/放弃(U)]： | //捕捉到点A，绘制得到封闭的三角形 |
| 指定下一点或 [闭合(C)/放弃(U)]：*取消* | //按ESC键退出【直线】命令 |

**02** 重复调用L命令，绘制内侧的三角形，命令行操作过程如下：

| 命令：↙ | //按回车键重复【直线】命令 |
|---|---|
| LINE | |
| 指定第一个点： | //捕捉到AB边中点，单击确定点D |
| 指定下一点或 [放弃(U)]： | //捕捉BC边中点，确定点E |
| 指定下一点或 [放弃(U)]： | //捕捉到CA边中点，确定点F |
| 指定下一点或 [闭合(C)/放弃(U)]：C↙ | //输入C并回车，选择【闭合】选项，完成绘制 |

# 2.2 输入坐标点

作为一种计算机辅助设计软件，AutoCAD提供了大量的图形定位与辅助工具，因其具有很高的绘图精度和效率，所以通过坐标定位可保证绘图的精确性。

## 2.2.1 认识坐标系

任何一个坐标值必须在一定的参考中才具有实际意义，这种参考即坐标系。AutoCAD的坐标系包括世界坐标系（WCS）和用户坐标系（UCS）。掌握各种坐标系的特性，灵活创建适合于图形特点的坐标系，可提高绘图效率。

### 1. 世界坐标系统

世界坐标系统（World Coordinate System, WCS）是AutoCAD的基本坐标系统。它由3个相互垂直的坐标轴X、Y、Z组成，如图2-4所示。在绘图过程中，它的坐标原点和坐标轴的方向是不变的。默认情况下，X轴正方向水平向右，Y轴正方向垂直向上，Z轴正方向垂直屏幕方向并指向用户。世界坐标系的图标原点有一个方框标记，以此区别于用户坐标系。

### 2. 用户坐标系统

为了更好地辅助绘图，经常需要修改坐标系的原点位置和坐标方向，这时就需要使用可变的用户坐标系统（Uers Coordinate System，UCS）。在默认情况下，用户坐标系统和世界坐标系统重合，用户可以在绘图过程中根据具体需要来定义UCS。

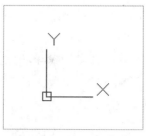

图2-4 世界坐标系统图标

用户坐标系的原点和方向由用户定义，图2-5所示为用户坐标系统图标。

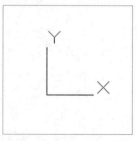

图2-5 用户坐标系统图标

## 2.2.2 输入坐标

绘制图形时，如何精确地输入点的坐标是绘图的关键。在AutoCAD中，点的坐标通常采用以下4种输入方法。

### 1. 绝对直角坐标

直角坐标系又称为笛卡尔坐标系，平面直角坐标系由一个原点和两条通过原点且互相垂直的坐标轴构成。其中，水平方向的坐标轴为X轴，以向右为正方向；垂直方向的坐标轴为Y轴，以向上为正方向。空间直角坐标系增加一条Z轴，Z轴通过原点且垂直于XY平面。可以使用分数、小数或科学记数等形式表示点的X轴、Y轴、Z轴坐标值，坐标间用英文逗号隔开，例如点（6，5，8）和（7，2，9）等（不包括括号，下同）。

绝对直角坐标系是以坐标原点（0，0，0）为基点来定位其他位置的点。该点到X、Y轴的垂直投影线对应的坐标值，即为该点的X、Y坐标，图2-6所示的A点，其绝对坐标值为（7，6）。

绘制二维图形时，系统默认在XY平面内绘图，因此定位一个点只要输入X、Y的坐标即可，只有绘制空间图形时才需要输入X、Y、Z的坐标。

### 2. 绝对极坐标

极坐标系是由一个极点和一根极轴构成的，以原点为极点，极轴的方向为水平向右，如图2-7所示。水平面上任何一点A都可以由该点到极点的长度L（>0）和连线与极轴的夹角α（极角，逆时针方向为正）来定义，即用一对坐标值（L<α）来定义一个点，其中"<"表示角度。绝对极坐标是从点(0，0)或(0，0，0)出发的位移，但给定的是距离和角度，规定X轴正向为0°，Y轴正向为90°，例如点(6<60)、(40<30)等。

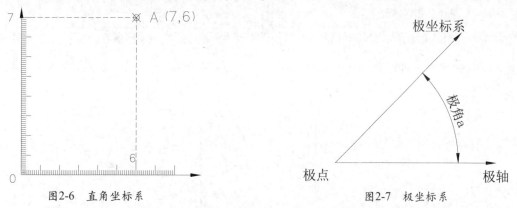

图2-6 直角坐标系          图2-7 极坐标系

绝对极坐标是以输入点与坐标原点的距离和角度来定位的，例如要指定与原点距离为50、角度为45°的点，输入（50<45）即可。角度以逆时针方向为正，以顺时针方向为负。

### 3. 相对直角坐标

在绘图过程中，仅使用绝对坐标不太方便。相对坐标是指相对于某一点的X轴和Y轴位移，或距离和角度。相对直角坐标的输入方法是以上一点为参考点，然后用输入相对的位移坐标值来确定点的坐标，它与坐标原点无关。相对直角坐标的输入方法与绝对直角坐标的输入方法类似，只需在绝对直角坐标前加一个"@"符号即可，例如某条直线的起点坐标为（6，8）、终点坐标为（12，10），则终点相对于起点的直角坐标为（@6，2）。

### 4. 相对极坐标

相对极坐标以某一特定的点为参考点，通过输入相对于参考极点的距离和角度来定义一个点的位移。其中，相对极坐标中的角度是新点和上一点连线与X轴的夹角。相对极坐标的输入格式为（@长度<角度），例如某条直线的起点坐标为（9，12）、终点坐标为（12，12），则

终点相对于起点的极坐标为（@3<0）。

---

> **提示**
>
> 提示：AutoCAD状态栏左侧区域会显示当前光标所处位置的坐标值（前提是【动态输入】功能被开启），且用户可以控制其是显示绝对坐标值还是相对坐标值。因为AutoCAD只能识别英文标点符号，所以在输入坐标时，中间的逗号必须是英文标点，其他的符号也必须是英文符号。

---

### 2.2.3 实战——绘制定位块

本实例通过绘制定位块来练习坐标的输入方法。

**01** 单击工具栏中的【直线】按钮，绘制多边形定位块，命令行操作如下：

```
命令: _line
指定第一个点: 0,0↙                              //输入起点绝对直角坐标
指定下一点或 [放弃(U)]: 0,60↙                    //输入第2点绝对直角坐标
指定下一点或 [放弃(U)]: 10,60↙                   //输入第3点绝对直角坐标
指定下一点或 [闭合(C)/放弃(U)]: @20<-60↙         //输入第4点相对直角坐标
指定下一点或 [闭合(C)/放弃(U)]: @0,-10↙          //输入第5点相对直角坐标
指定下一点或 [闭合(C)/放弃(U)]: @10,0↙           //输入第6点相对直角坐标
指定下一点或 [闭合(C)/放弃(U)]: @0,10↙           //输入第7点相对直角坐标
指定下一点或 [闭合(C)/放弃(U)]: @20<60↙          //输入第8点相对极坐标
指定下一点或 [闭合(C)/放弃(U)]: @10,0↙           //输入第9点相对直角坐标
指定下一点或 [闭合(C)/放弃(U)]: @0,-60↙          //输入第10点相对直角坐标
指定下一点或 [闭合(C)/放弃(U)]: 0,0↙             //输入终点绝对直角坐标
```

**02** 绘制完成的定位块如指定下一点或 [闭合(C)/放弃(U)]: @20<60        //输入第8点相对极坐标
2-8所示。

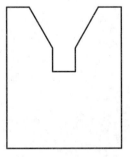

图2-8　V形定位块

# 2.3　AutoCAD视图操作

在绘图过程中经常需要对视图进行平移、缩放、重生成等操作，以方便观察视图或绘制图形。

### 2.3.1　缩放视图

视图缩放就是将图形进行放大或缩小，但不改变图形的实际大小，以便于观察或继续绘制。调用【缩放】命令的方法如下所述。

★ 菜单栏：执行【视图】|【缩放】菜单命令，如图2-9所示。

★ 面板：单击图2-10所示的【导航】面板和导航栏中的【范围缩放】按钮。

★ 命令行：在命令行输入"ZOOM / Z"并回车。

图2-9　【缩放】命令

图2-10　【导航】面板和导航栏

执行【缩放】命令后，命令行操作如下：

```
命令：_zoom                                      //调用"缩放"命令
指定窗口的角点，输入比例因子（nX 或 nXP），或者
[全部(A)/中心(C)/动态(D)/范围(E)/上一个(P)/比例(S)/窗口(W)/对象(O)] <实时>：
```

其中的各选项含义如下所述。

★ 全部：在当前窗口中显示整个模型空间界限范围内的所有图形对象，缩放前后的对比效果
如图2-11和图2-12所示。

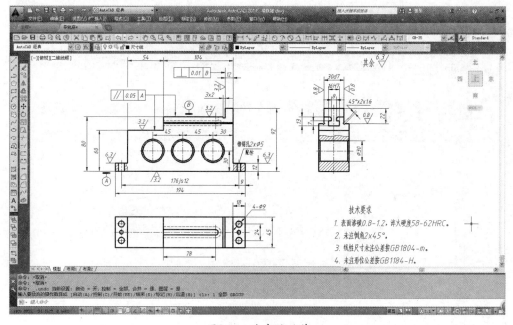

图2-11　全部缩放前

★ 圆心：以指定点为中心点，整个图形按照指定的缩放比例缩放，而这个点在缩放操作之后
将成为新视图的中心点，如图2-13和图2-14所示。

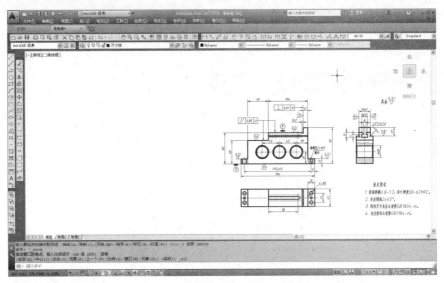

图2-12　全部缩放后

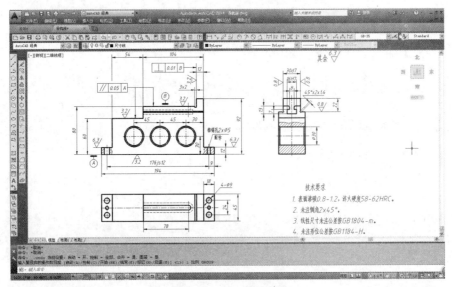

图2-13　圆心缩放前

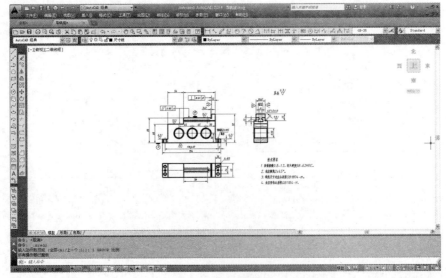

图2-14　圆心缩放后

★ 动态：对图形进行动态缩放。选择该选项后，绘图区将显示几个不同颜色的方框，拖动鼠标并移动当前视区框到所需位置，单击鼠标左键来调整大小后，按回车键即可将当前视区框内的图形以最大化显示。图2-15和图2-16所示为缩放前后的对比效果。

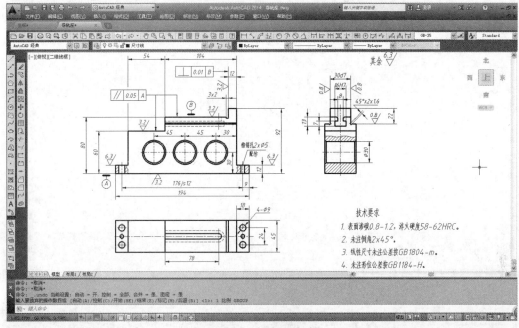

图2-15　动态缩放前

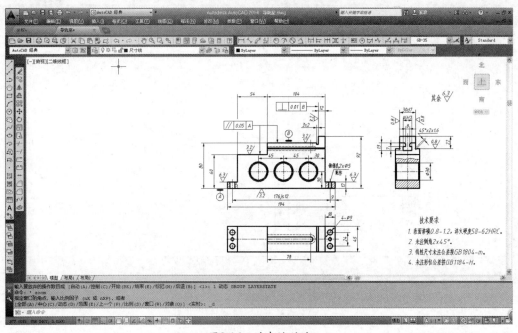

图2-16　动态缩放后

★ 范围：单击该按钮可以使所有图形对象以最大化显示，充满整个窗口。视图包含已关闭图层上的对象，但不包含冻结图层上的对象。

★ 上一个：恢复到前一个视图显示的图形状态。

★ 比例：按输入的比例值进行缩放。有3种输入方法：直接输入数值，表示相对于图形界限进行缩放；在数值后加X，表示相对于当前视图进行缩放；在数值后加XP，表示相对于图纸空间单位进行缩放。图2-17和图2-18所示为对当前视图放大2倍的前后对比效果。

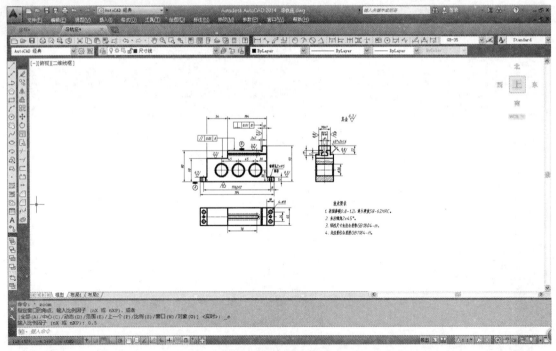

图2-17　比例缩放前

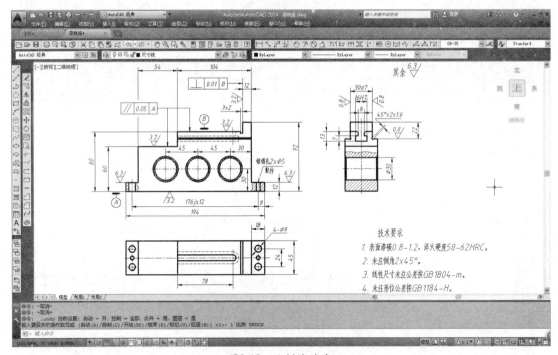

图2-18　比例缩放后

★　窗口：窗口缩放命令可以将在矩形窗口内选择的图形充满当前视窗。执行完该操作后，用
　　光标确定窗口对角点，这两个角点确定了一个矩形框窗口，系统会将矩形框窗口内的图形
　　放大至整个屏幕，如图2-19和图2-20所示。

★　对象：将选择的图形对象最大限度地显示在屏幕上。图2-21和图2-22所示为将视图缩放前
　　后对比效果。

★　实时：该项为默认选项。执行缩放命令后直接回车即可使用该选项。在屏幕上会出现一个
　　形状的光标，按住鼠标左键不放，同时向上或向下移动，则可实现图形的放大或缩小。

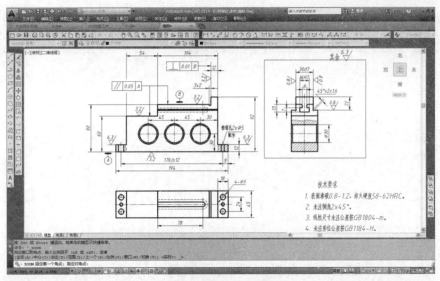

图2-19 窗口缩放前

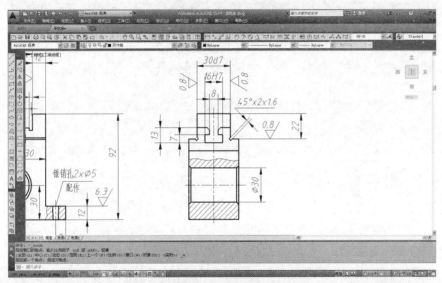

图2-20 窗口缩放后

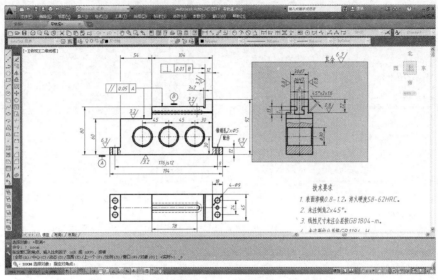

图2-21 缩放对象前

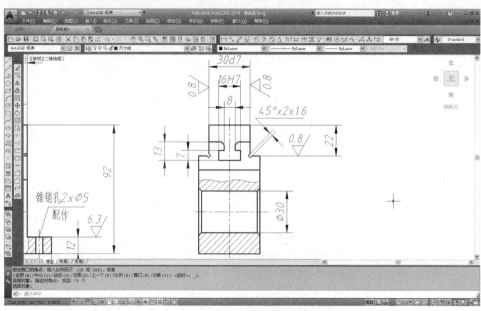

图2-22 缩放对象后

★ 放大：单击该按钮一次，视图中的实体显示比当前视图大一倍。

★ 缩小：单击该按钮一次，视图中的实体显示比当前视图小一倍。

滚动鼠标滚轮，可以快速地实现缩放视图。

## 2.3.2 视图平移

视图平移即不改变视图的大小，只改变其位置，以便观察图形的其他组成部分，如图2-23和图2-24所示。当图形显示不全面且部分区域不可见时，使用视图平移就可以在不改变图形大小的前提下全面地观察图形。

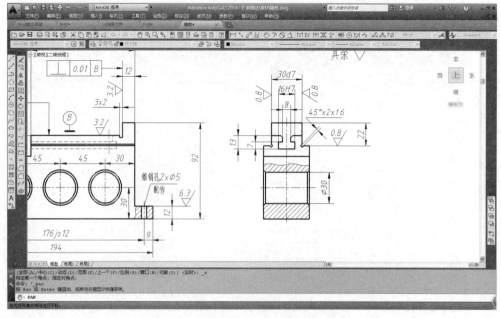

图2-23 平移前

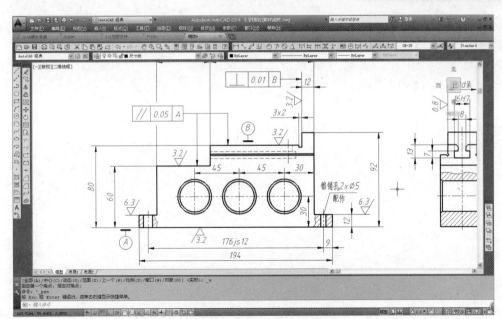

图2-24　平移后

在AutoCAD 2014中常用以下方法启动【平移视图】命令。

★　菜单栏：选择【视图】|【平移】菜单命令，然后在弹出的子菜单中选择相应的命令。

★　工具栏：单击【标准】工具栏上的【实时平移】按钮🖐。

★　面　板：单击【导航】面板和导航栏上的【实时平移】按钮🖐。

★　命令行：在命令行中输入"PAN/P"并回车。

视图平移可以分为【实时平移】和【定点平移】两种，其含义如下所述。

★　实时平移：光标形状变为手型🖐，按住鼠标左键并拖动可以使图形的显示位置随鼠标向同一方向移动。

★　定点平移：通过指定平移起始点和目标点的方式进行平移。

"上"、"下"、"左"、"右"4个平移命令表示将图形分别向左、右、上、下方向平移一段距离。必须注意的是，该命令并不是真的移动图形对象，也不是真正改变图形，而是通过位移对图形进行平移。

## 2.3.3　重画和重生成

### 1. 重画视图

AutoCAD常用数据库是以浮点数据的形式储存图形对象信息的，浮点格式精度高，但计算时间长。当AutoCAD重新生成对象时，需要把浮点数值转换为适当的屏幕坐标。因此对于复杂图形，重新生成需要花很长时间。

AutoCAD提供了另一个速度较快的刷新命令——重画"REDRAWALL"。重画只刷新屏幕显示，而重生成不仅刷新显示，还更新图形数据库中所有图形对象的屏幕坐标。

在AutoCAD 2014中常用以下方法启动【重画】命令。

★　菜单栏：选择【视图】|【重画】菜单命令。

★　命令行：在命令行中输入"REDRAWALL/RADRAW/RA"。

### 2. 重生成视图

在AutoCAD中，当某些操作完成后，操作效果往往不会立即显示出来，或者在屏幕上留下绘图的痕迹与标记。因此，需要通过视图刷新对当前视图进行重新生成，以观察到最新的编辑效果。

重生成REGEN命令不仅重新计算当前视区中所有对象的屏幕坐标并重新生成整个图形，还重新建立图形数据库索引，从而优化显示和对象选择的性能。

在AutoCAD 2014中常用以下方法启动【重生成】命令。

★ 菜单栏：选择【视图】|【重生成】菜单命令。

★ 命令行：在命令行中输入"REGEN/RE"。

调用【重生成】命令后，对比效果如图2-25所示。

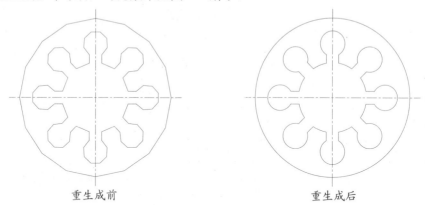

重生成前       重生成后

图2-25　重生成前后对比

另外使用【全部重生成】命令不仅重生为当前视图中的内容，而且重生成所有图形中的内容。

调用【全部重生成】命令的方法如下所述。

★ 菜单栏：选择【视图】|【全部重生成】菜单命令。

★ 命令行：在命令行中输入"REGENALL/REA"。

在进行复杂的图形处理时，应当充分考虑到【重画】和【重生成】命令的不同工作机制并进行合理使用。因【重画】命令耗时较短，可以经常使用该命令来刷新屏幕。每隔一段较长的时间，或者当【重画】命令无效时，可以使用一次【重生成】命令来更新后台数据库。

## 2.3.4　实战——查看机械零件图

本实例通过查看涡轮箱零件图，使读者熟练掌握视图缩放和视图平移操作。

**01** 打开文件。打开本书配套光盘中的素材文件"2.3.4查看涡轮箱零件图.dwg"，如图2-26所示。

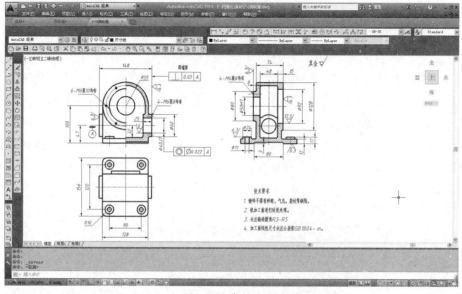

图2-26　素材文件

**02** 对象缩放图形。在命令行中输入"Zoom"命令，再输入"O"，激活【对象】选项，在绘图区选择需要缩放的对象，如图2-27所示，按回车键进行确认，缩放结果如图2-28所示。

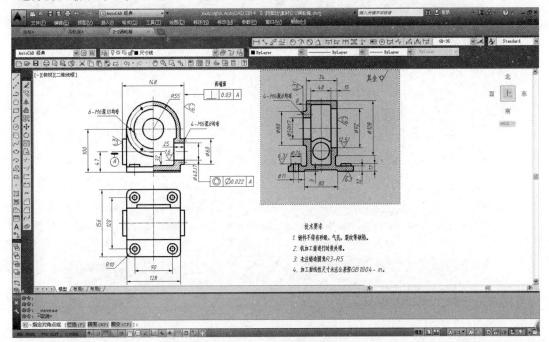

图2-27　选定左视图

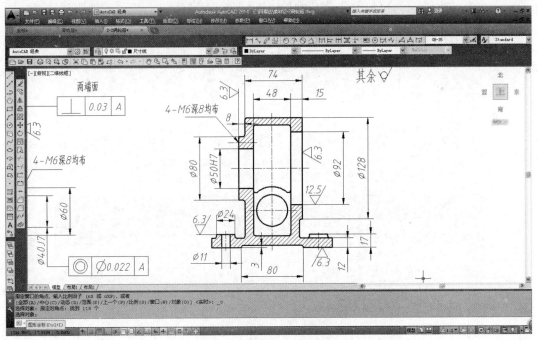

图2-28　缩放对象结果

**03** 窗口缩放图形。单击【标准】工具栏上的【窗口缩放】按钮 ，当光标变成十字形，根据命令行提示指定缩放区域，如图2-29所示，缩放的结果如图2-30所示。

**04** 实时平移图形。单击【标准】工具栏上的【实时平移】按钮 ，当鼠标在绘图区变为手形 ，按住鼠标左键并拖动即可进行平移，如图2-31所示，按Esc或Enter键退出。如果鼠标中间有滚轮，可用滚轮来放大或缩小图形。

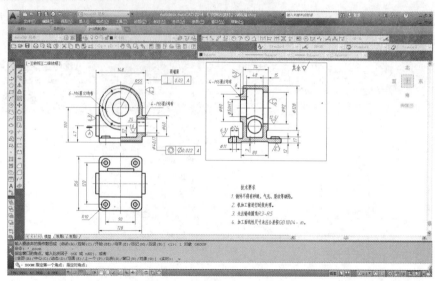

图2-29 利用窗口选定左视图

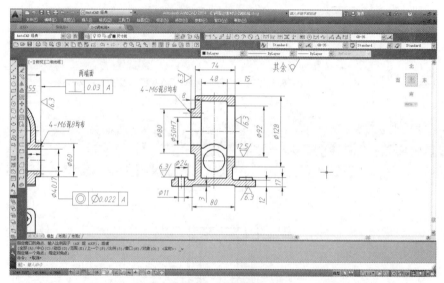

图2-30 缩放结果

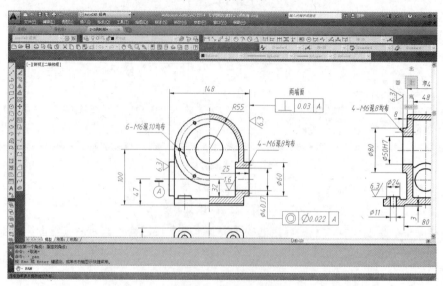

图2-31 平移结果

# 2.4 综合实战——绘制不规则图形

通过本综合实战，回顾本章所学的坐标输入和视图操作等知识。

**01** 选择菜单栏中的【文件】|【新建】命令，或单击【快速访问】工具栏中的【新建】□按钮，新建空白文件。

**02** 使用快捷键Z激活视窗的缩放功能，将当前视口放大5倍显示。命令行操作过程如下：

```
命令: zl        ZOOM
指定窗口的角点，输入比例因子 (nX 或 nXP)，或者
[全部(A)/中心(C)/动态(D)/范围(E)/上一个(P)/比例(S)/窗口(W)/对象(O)] <实时>:S✓
输入比例因子 (nX 或 nXP): 5x✓
```

**03** 单击【绘图】工具栏中的╱按钮，激活【直线】命令，利用相对直角坐标定位功能绘制外轮廓，如图2-32所示。命令行操作过程如下：

```
命令: _line
指定第一个点:                        //在绘图区任意位置单击，定位第1点
指定下一点或 [放弃(U)]: @0,5          //输入相对直角坐标，定位第2点
指定下一点或 [放弃(U)]: @10,0         //输入相对直角坐标，定位第3点
指定下一点或 [闭合(C)/放弃(U)]: @0,3  //输入相对直角坐标，定位第4点
指定下一点或 [闭合(C)/放弃(U)]: @15,0 //输入相对直角坐标，定位第5点
指定下一点或 [闭合(C)/放弃(U)]: @0,-6 //输入相对直角坐标，定位第6点
指定下一点或 [闭合(C)/放弃(U)]: @-2,-2 //输入相对直角坐标，定位第7点
指定下一点或 [闭合(C)/放弃(U)]: C     //闭合图形
```

**04** 单击【绘图】工具栏上的【圆】按钮，绘制一个圆。命令行操作过程如下：

```
命令: _circle               //调用【圆】命令
指定圆的圆心或 [三点(3P)/两点(2P)/切点、切点、半径(T)]:
                            //按住Shift键并单击鼠标右键，在展开菜单中选择【自】命令，如图2-33所示。
_from 基点: <偏移>: @-8,-3   //单击图2-34所示的端点并将其作为基点，然后输入相对坐标
指定圆的半径或 [直径(D)]: 2   //输入圆的半径
```

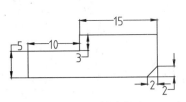

图2-32　绘制外轮廓

图2-33　右键快捷菜单

**05** 绘制的圆如图2-35所示。

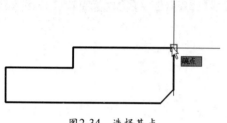

图2-34　选择基点

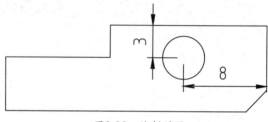

图2-35　绘制的圆

# 第3章
# 绘制基本二维图形

AutoCAD 2014提供了大量的绘图工具，方便用户完成二维图形的绘制。本章主要介绍基本二维图形的绘制，包括点、直线、圆和多边形等。通过本章学习，读者能够熟练掌握基本二维绘图命令的使用方法和技巧。

# 3.1 绘制点

点是组成图形对象的最基本的元素，通常用来作为对象捕捉的参考点。在工程制图中，点主要用于定位，如标注孔、轴中心的位置等。AutoCAD 2014提供了多种形式的点，包括单点、多点、定数等分点和定距等分点4种类型。

## 3.1.1 设置点样式

理论上，点是没有大小的图形对象。但为了能在图纸上准确地表示出点的位置，还可以用特定的符号来表示点。在AutoCAD中，这种符号称为点样式。通常需要先设置好点样式，然后再用该样式画点，从而使点可见。

在AutoCAD 2014中常用以下方法调用设置点样式的命令。

★ 菜单栏：执行【格式】|【点样式】命令。
★ 功能区：在【默认】选项卡中，单击【实用工具】里的【点样式】按钮。
★ 命令行：在命令行中输入"DDPTYPE"并回车。

执行以上任意一种操作后，系统将弹出图3-1所示的【点样式】对话框，可以在其中选择点样式，还可以在"点大小"文本框中设置点的大小。

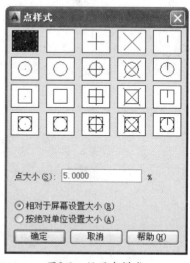

图3-1 设置点样式

根据需要单击选择好的点样式后，再单击【确定】按钮即可完成点样式的设置。图3-2所示为不同点样式的效果。

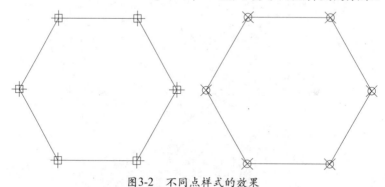

图3-2 不同点样式的效果

## 3.1.2 绘制点

AutoCAD中绘制点的命令包括【单点】和【多点】两种。

**1. 绘制单点**

执行一次该命令只能绘制一个点。

在AutoCAD 2014中常用以下方法调用绘制单点命令。

★ 菜单栏：执行【绘图】|【点】|【单点】命令。
★ 命令行：在命令行中输入"POINT/PO"并回车。

执行以上任意一种操作后，移动鼠标到合适位置，单击鼠标即可创建单点，如图3-3所示。

图3-3 绘制单点效果

★ 功能区：在【默认】选项卡中单击【绘图】面板中的【多点】按钮。

★ 工具栏：单击【绘图】工具栏中【点】按钮 · 。

执行以上任意一种操作后，移动鼠标到需要加点的位置并单击，即可创建多个点，如图3-4所示。

#### 2. 绘制多点

绘制多点就是执行一次本命令后可以连续绘制多个点，直到按Esc键结束为止。

在AutoCAD 2014中常用以下方法调用绘制多点命令。

★ 菜单栏：选择【绘图】|【点】|【多点】菜单命令。

图3-4 绘制多点效果

## 3.1.3 定距等分点

【定距等分】命令是将指定对象按确定的长度进行等分。等分后的子线段数目是线段总长度除以间距，所以由于等分距的不确定性，定距等分后可能会出现剩余线段。

在AutoCAD 2014中常用以下方法调用【定距等分】命令。

★ 菜单栏：执行【绘图】|【点】|【定距等分】命令。

★ 命令行：在命令行中输入"MEASURE/ME"并回车。

★ 功能区：在【默认】选项卡中单击【绘图】面板中的【定距等分】按钮 。

## 3.1.4 实战——绘制定距等分点

01 打开文件。打开本书配套光盘中的素材文件"3.1.4 定距等分.dwg"，如图3-5所示。

02 选择菜单栏上的【格式】|【点样式】命令，确定一种点样式，以便于观察。

```
命令： '_ddptype 正在重生成模型。        //设置点样式
正在重生成模型。
```

03 选择菜单栏上的【绘图】|【点】|【定距等分】命令，在梯形的上边创建定距等分点，命令行操作过程如下：

```
命令： _measure                //调用定距等分命令
选择要定距等分的对象：          //选择梯形底边作为定距等分的对象
输入线段长度或 [块(B)]: 200↙    //输入线段长度，按Enter键完成操作，结果如图3-6所示
```

> **提示**
>
> 定距等分拾取对象时，光标靠近对象哪一端，就从这一端开始等分。等分点不仅可以等分普通线段，还可以等分圆、矩形、多边形等复杂的封闭图形对象。

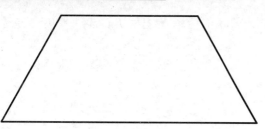

图3-5  素材文件

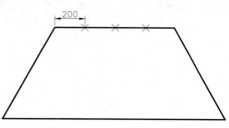

图3-6  定距等分效果

## 3.1.5  定数等分点

绘制定数等分点实际上就是将指定的对象以一定的数量进行等分，从而创建等距离排列的点对象。定数等分方式需要输入等分的总段数，而系统自动计算每段的长度。

在AutoCAD 2014中常用以下方法调用【定数等分】命令。

★ 菜单栏：执行【绘图】|【点】|【定数等分】命令。

★ 命令行：在命令行中输入"DIVIDE/DIV"并回车。

★ 功能区：在【默认】选项卡中单击【绘图】面板中的【定数等分】按钮 $\stackrel{\wedge}{\sim}_n$ 。

使用以上任意一种方法启动绘制定数等分点命令后，命令行提示如下：

```
输入线段数目或 [块(B)]:
```

其中各选项的含义如下所述。

★ 线段数目：以点（POINT）方式定数等分对象。

★ 块（B）：以图块（BLOCK）方式定数等分对象。

## 3.1.6  实战——绘制定数等分点

**01** 打开文件。打开本书配套光盘中的素材文件"3.1.6 定数等分点.dwg"，如图3-7所示。

**02** 设置点样式。选择菜单栏中的【格式】|【点样式】命令，在打开的【点样式】对话框中选择一种点样式，以便于观察。

**03** 绘制定数等分点。在命令行输入"DIV"，执行【定数等分】命令，命令行操作过程如下：

```
命令：DIV✓
DIVIDE                              //调用定数等分命令
选择要定数等分的对象：                //选择所需要绘制定数等分点的对象（圆）
输入线段数目或 [块(B)]：5✓          //输入等分数量
```

**04** 按Esc键退出，完成定数等分点的绘制，如图3-8所示。

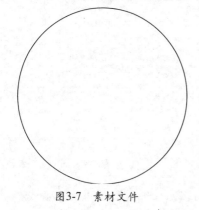

图3-7  素材文件

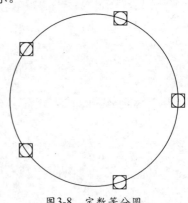

图3-8  定数等分圆

### 3.1.7　实战——以块方式定数等分圆

01　打开文件。打开本书配套光盘中的素材文件"3.1.7以块定数等分.dwg"，如图3-9所示。

02　绘制定数等分点。在命令行输入"DIV"，执行【定数等分】命令，命令行操作过程如下：

```
命令：DIV ↙
DIVIDE                          //调用定数等分命令
选择要定数等分的对象：             //选择所需要绘制定数等分点的对象（圆）
输入线段数目或 [块(B)]：b↙        //选择以块方式定数等分圆
输入要插入的块名·圆环↙           //选择已创建的块
是否对齐块和对象？[是(Y)/否(N)] <Y>：
输入线段数目：6↙                 //输入等分数量
```

03　按Esc键退出，完成定数等分点的绘制，如图3-10所示。

图3-9　素材文件

图3-10　以块定数等分圆

# 3.2 绘制直线

　　　　直线对象是所有图形的基础。直线对象可以是一条线段，也可以是一系列的线段，但每条线段都是独立的直线对象。【直线】命令在AutoCAD中是最基本、最常用的命令之一，使用【直线】命令可以绘制多种图形，如图3-11所示。在AutoCAD 2014中，直线对象包括：直线段、射线、构造线等，不同的直线对象具有不同的特征。

### 3.2.1　直线段

　　在AutoCAD 2014中常用以下方法调用【直线】命令。
★　菜单栏：执行【绘图】|【直线】命令。
★　工具栏：单击【绘图】工具栏中的【直线】按钮。
★　命令行：在命令行中输入"LINE/L"并回车。
★　功能区：在【默认】选项卡中单击【直线】按钮。
　　执行以上任意一种操作后，启动【直线】命令，命令行提示如下：

```
指定下一点或 [闭合(C)/放弃(U)]：
```

　　其中各选项的含义如下所述。
★　指定第一点：通过键盘输入或者鼠标确定直线的起点位置。
★　放弃（U）：在命令提示行中输入U，将撤销上一步绘制的线段而不退出直线命令。
★　闭合（C）：在绘制了一条以上线段后，命令行会出现这样的提示选项。此时若输入C，可将最后确定的端点与第一条线段的起点相连，从而形成一个封闭的图形。

图3-11　调用【直线】命令绘制的图形

**提示**

为了提高AutoCAD的绘图效率，在输入命令时可以输入它们的简写形式，比如可以将LINE（直线）命令简写为L，即在命令行输入L并回车就可以调用【直线】绘图命令。

## 3.2.2　构造线

构造线是两端可以无限延伸的直线，它没有起点和终点。它一般是作为绘图过程中的辅助参考线。

在AutoCAD 2014中常用以下方法调用【构造线】命令。

★　菜单栏：执行【绘图】|【构造线】命令。

★　命令行：在命令行中输入"XLINE/XL"并回车。

★　功能区：在【默认】选项卡中，单击【绘图】面板中的【构造线】按钮。

★　工具栏：单击【绘图】工具栏中的【构造线】按钮。

执行以上任意一种操作后，启动绘制构造线命令，命令行提示如下：

指定点或 [水平(H)/垂直(V)/角度(A)/二等分(B)/偏移(O)]：

其中各选项的含义如下所述。

★　水平（H）：创建一条经过指定点并且与当前X轴平行的构造线。

★　垂直（V）：创建一条经过指定点并且与当前Y轴平行的构造线。

★　角度（A）：创建与X轴成指定角度的构造线；也可以先指定一条参考线，再指定直线与构造线的角度；还可以先指定构造线的角度，再设置通过点，如图3-12所示。

★　二等分（B）：创建二等分指定角的构造线，即角平分线，要指定等分角度的顶点、起点和端点，如图3-13所示。

★　偏移（O）：创建平行于指定基线的构造线，需要先指定偏移距离，再选择基线，然后指明构造线位于基线的哪一侧。

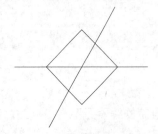

图3-12　绘制指定角度的构造线

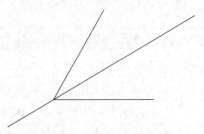

图3-13　二等分角平分线

## 3.2.3 实战——绘制粗糙度符号

本实战通过绘制粗糙度符号，使读者掌握绘制直线对象的方法和过程。

**01** 新建一个图形文件，然后单击工具栏中的【直线】按钮 ，调用【直线】命令。命令行操作如下：

```
命令：_line                              //调用直线命令
指定第一个点：                            //拾取绘图区中任意一点
指定下一点或 [放弃(U)]：5✓                //向后引导光标输入5
指定下一点或 [放弃(U)]：@-10<60✓          //输入下一点相对坐标
指定下一点或 [闭合(C)/放弃(U)]：@5<120✓    //输入下一点相对坐标
指定下一点或 [闭合(C)/放弃(U)]：          //捕捉到第二根直线中点，再回车确定
```

**02** 按Esc键退出，完成粗糙度符号的绘制，如图3-14所示。

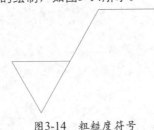

图3-14 粗糙度符号

# 3.3 绘制圆

圆类对象包括圆、圆弧、圆环、椭圆、椭圆弧等曲线图形，这类对象在AutoCAD制图中有着很重要的意义。

## 3.3.1 圆

圆是工程制图中一种常见的基本图形，常用来表示柱、孔、轴等基本构件。在机械工程制图、建筑、园林等多个行业中，它的调用都十分频繁。

在AutoCAD 2014中常用以下方法调用绘制圆的命令。

★ 菜单栏：执行【绘图】|【圆】命令。

★ 工具栏：单击【绘图】工具栏中的【圆】按钮 。

★ 命令行：在命令行中输入"CIRCLE/C"并回车。

★ 功能区：在【默认】选项卡中，单击【绘图】面板中的【圆】选项。

执行上述任意一种操作后，命令行提示如下：

```
_circle
指定圆的圆心或 [三点(3P)/两点(2P)/切点、切点、半径(T)]：
指定圆的半径或 [直径(D)]
```

AutoCAD 2014菜单栏上的【绘图】|【圆】命令中提供了6种绘制圆的子命令，各子命令的具体含义如下所述。

★ 圆心、半径（R）：指定圆心位置和半径绘制圆，如图3-15所示。

★ 圆心、直径（D）：指定圆心位置和直径绘制圆，如图3-16所示。

★ 三点（3P）：指定3个点绘制圆，系统会提示指定第一点、第二点和第三点，如图3-17所示。

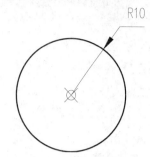

图3-15 以圆心、半径方式画圆

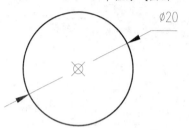

图3-16 以圆心、直径方式画圆

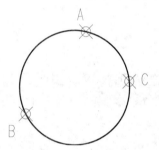

图3-17 三点画圆

★ 两点（2P）：指定两个点位置，并以两点间的线段为直径来绘制圆，如图3-18所示。

★ 相切、相切、半径（T）：以指定的值为半径，绘制一个与两个对象相切的圆。

在绘制时，需先指定与圆相切的两个对象，然后指定圆的半径，如图3-19所示。

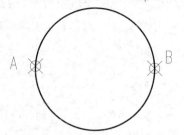

图3-18 两点画圆

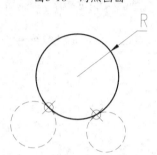

图3-19 相切、相切、半径画圆

★ 相切、相切、相切（A）：依次指定与圆相切的3个对象来绘制圆，如图3-20所示。

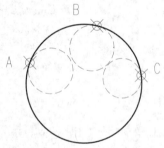

图3-20 相切、切、相切画圆

## 3.3.2 实战——绘制轴承盖

本实战通过绘制轴承盖图来使读者熟练掌握绘制圆对象的方法和过程。

01 打开文件。打开本书配套光盘中的素材文件"3.3.2绘制轴承盖.dwg"，如图3-21所示。

02 绘制圆。选择菜单栏上的【绘图】|【圆】命令，命令行操作过程如下：

```
命令：
CIRCLE
指定圆的圆心或 [三点(3P)/两点(2P)/切点、切点、半径(T)]：      //捕捉大圆圆心
指定圆的半径或 [直径(D)] <14.0000>: D↙                      //以圆心、直径方式画圆
指定圆的直径 <28.0000>: 28↙                                 //指定圆直径为28
```

03 重复调用【圆】命令，捕捉大圆圆心，绘制直径分别为35和44的同心圆，如图3-22所示。

04 重复调用【圆】命令，捕捉中心线与直径为44的圆的交点为圆心，绘制3个小圆，如图3-23所示。

05 选定半径为2的圆，更改图层为"点画线"。

06 单击工具栏中的【打断】按钮，将小圆的中心线打断到合适长度，最终的效果如图3-24所示。

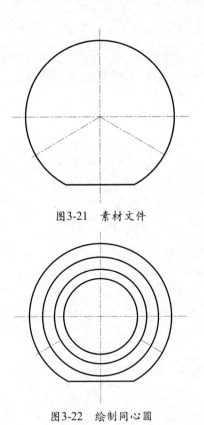

图3-21 素材文件

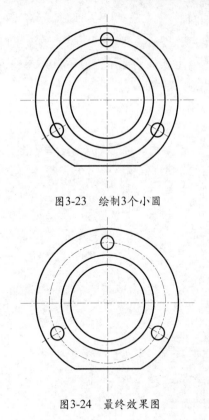

图3-23 绘制3个小圆

图3-22 绘制同心圆

图3-24 最终效果图

## 3.3.3 圆弧

在机械制图中绘制图样时，经常需要用圆弧来连接已知直线和圆弧。圆弧是圆的一部分曲线，是与其半径相等的圆周的一部分。

在AutoCAD 2014中常用以下方法启动绘制圆弧的命令。

★ 菜单栏：执行【绘图】|【圆弧】命令。

★ 工具栏：单击【绘图】工具栏中的【圆弧】按钮 。

★ 命令行：在命令行中输入"ARC/A"并回车。

★ 功能区：在【默认】选项卡中，单击【绘图】面板中的【圆弧】选项。

执行以上任意一种操作后，命令行提示如下：

```
命令: _arc
圆弧创建方向：逆时针(按住 Ctrl 键可切换方向)
指定圆弧的起点或 [圆心(C)]：
指定圆弧的第二个点或 [圆心(C)/端点(E)]：
指定圆弧的端点：
```

AutoCAD 2014菜单栏上的【绘图】|【圆弧】命令中提供了11种绘制圆弧的子命令，其绘制方式如图3-25所示。各子命令的具体含义如下所述。

★ 三点（P）：指定圆弧上的三点来绘制圆弧，需要指定圆弧的起点、通过点和端点。

★ 起点、圆心、端点（S）：指定圆弧的起点、圆心、端点来绘制圆弧。

★ 起点、圆心、角度（T）：指定圆弧的起点、圆心、包含角来绘制圆弧。执行此命令时会出现【指定包含角】的提示，在输入角度时，如果当前环境设置逆时针方向为角度正方向且输入正的角度值，则绘制的圆弧从起点绕圆心沿逆时针方向绘制，反之则沿顺时针方向绘制。

★ 起点、圆心、长度（A）：指定圆弧的起点、圆心、弦长来绘制圆弧。另外在命令行的【指定弦长】提示信息下，如果输入的为负值，则该值的绝对值将作为对应整圆的空缺部分圆弧的弦长。

★ 起点、端点、角度（N）：指定圆弧的起点、端点和包含角来绘制圆弧。

★ 起点、端点、方向（D）：指定圆弧的起点、端点和圆弧的起点切向来绘制圆弧。

★ 起点、端点、半径（R）：指定圆弧的起点、端点和圆弧半径来绘制圆弧。

★ 圆心、起点、端点（C）：指定圆弧的圆心、起点和端点方式来绘制圆弧。

★ 圆心、起点、角度（E）：指定圆弧的圆心、起点和圆心角方式来绘制圆弧。

★ 圆心、起点、长度（L）：指定圆弧的圆心、起点和弦长方式来绘制圆弧。

★ 继续（O）：以上一段圆弧的终点为起点接着绘制圆弧。

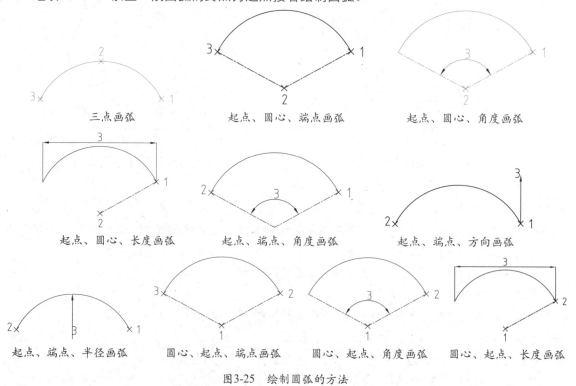

图3-25 绘制圆弧的方法

## 3.3.4 实战——绘制叶片

本实战通过叶片的绘制，使读者掌握绘制圆弧的方法。

**01** 调用【直线】命令，绘制长度为120的垂直直线。重复调用【直线】命令，绘制长度为40的水平直线，与直线相垂直且互相平分，效果如图3-26所示。

**02** 选择菜单栏中的【绘图】|【圆弧】|【三点（p）】命令，使用圆弧连接左边的端点。如图3-27所示。命令行操作如下：

```
命令：_arc                                      //调用【圆弧】命令
圆弧创建方向：逆时针(按住 Ctrl 键可切换方向)
指定圆弧的起点或 [圆心(C)]：                     //选定上端点
指定圆弧的第二个点或 [圆心(C)/端点(E)]：          //选定左端点
指定圆弧的端点：                                 //选定下端点
```

**03** 重复调用【圆弧】命令，连接右边的端点。如图3-28所示。

**04** 选定直线，单击工具栏中的【删除】按钮  以删除直线，最终的效果如图3-29所示。

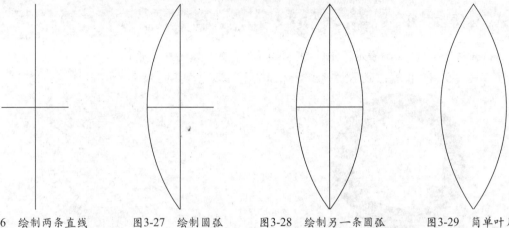

图3-26 绘制两条直线　　图3-27 绘制圆弧　　图3-28 绘制另一条圆弧　　图3-29 简单叶片

**提 示**

　在以后的学习中，利用阵列、旋转、复制等方法，可将叶片做成图3-30所示的精美图形。

图3-30 叶片

## 3.3.5 圆环

　　圆环是由同一圆心、不同半径的两个同心圆组成的，控制圆环的主要参数是圆心、内直径和外直径。默认情况下圆环的两个圆形中间的面积填充为实心。如果圆环的内直径为0，则圆环为填充圆。

　　在AutoCAD 2014中常用以下方法调用【圆环】命令。

★　菜单栏：执行【绘图】|【圆环】命令。

★　命令行：在命令行中输入"DONUT/DO"并回车。

★　功能区：在【默认】选项卡中，单击【绘图】面板中的【圆环】按钮◎。

　　执行以上任意一种操作，命令行提示如下：

```
命令：_donut
指定圆环的内径 <1.0000>：
指定圆环的外径 <196.0856>：
指定圆环的中心点或 <退出>：
```

　　在默认情况下AutoCAD所绘制的圆环为填充的实心图形。

如果在绘制圆环之前，在命令行输入"FILL"命令，则可以控制圆环或圆的填充可见性。执行FILL命令，命令行提示如下：

输入模式[开（ON）/关（OFF）]<开>：

★ 选择开（ON）模式：表示绘制的圆环和圆要填充，如图3-31所示。
★ 选择关（OFF）模式：表示绘制的圆环和圆不要填充，如图3-32所示。

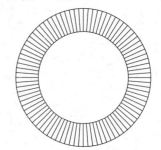

图3-31　选择开(ON)模式　　　　　　　图3-32　选择关（OFF）模式

**提示**

绘制圆环时，首先要确定两个同心圆的直径，然后再确定圆环的圆心位置。

## 3.3.6 椭圆与椭圆弧

椭圆和椭圆弧在建筑绘图中经常出现，在机械绘图中经常用来绘制轴测图。

**1. 椭圆**

椭圆是平面上到定点的距离与到定直线间距离之比为常数的所有点的集合。椭圆是特殊样式的圆，与圆相比，椭圆的半径长度不一。其形状由定义其长度和宽度的两条轴决定，较长的轴称为长轴，较短的轴称为短轴。

在AutoCAD 2014中常用以下方法调用【椭圆】命令。

★ 菜单栏：执行【绘图】|【椭圆】命令。
★ 工具栏：单击工具栏中的【椭圆】按钮 ⊙。
★ 命令行：在命令行中输入"ELLIPSE/EL"并回车。
★ 功能区：在【默认】选项卡中，单击【绘图】面板中的【圆心】选项。

执行上述任意一种操作后，命令行提示如下：

命令：_ellipse
指定椭圆的轴端点或 [圆弧(A)/中心点(C)]：
指定轴的另一个端点：
指定另一条半轴长度或 [旋转(R)]：

AutoCAD 2014菜单栏上的【绘图】|【椭圆】命令中提供了2种绘制椭圆的子命令，其子命令的具体含义如下所述。

★ 圆心（C）：通过指定椭圆的中心点，一条轴的一个端点及另一条轴的半轴长度来绘制椭圆。
★ 轴、端点（E）：通过指定椭圆一条轴的两个端点及另一条轴的半轴长度来绘制椭圆。

**2. 椭圆弧**

椭圆弧是椭圆的一部分，和椭圆不同的是，它的起点和终点没有闭合。绘制椭圆弧需要确定的参数：椭圆弧所在椭圆的两条轴及椭圆弧的起点和终点的角度。

在AutoCAD 2014中常用以下方法调用【椭圆弧】命令。

★ 菜单栏：执行【绘图】|【椭圆弧】命令。

★ 工具栏：单击工具栏中的【椭圆弧】按钮 。

★ 功能区：在【默认】选项卡中，单击【绘图】面板中的【椭圆弧】选项。

执行上述任意操作后，命令行提示如下：

```
命令：_ellipse
指定椭圆的轴端点或 [圆弧(A)/中心点(C)]：_a
指定椭圆弧的轴端点或 [中心点(C)]：
指定轴的另一个端点：
指定另一条半轴长度或 [旋转(R)]：
指定起点角度或 [参数(P)]：
指定端点角度或 [参数(P)/包含角度(I)]：
```

### 3.3.7 实战——绘制圆锥销钉

本实战通过圆锥销钉的绘制，使读者掌握椭圆弧的绘制方法。

**01** 打开文件。打开本书配套光盘中的素材文件"3.3.7绘制圆锥销钉.dwg"，如图3-33所示。单击工具栏中的椭圆弧按钮 ，绘制椭圆弧，操作命令行如下：

```
命令：_ellipse                          //调用椭圆弧命令
指定椭圆的轴端点或 [圆弧(A)/中心点(C)]：_a
指定椭圆弧的轴端点或 [中心点(C)]：       //选定主视图中右上端点
指定轴的另一个端点：                    //选定主视图中右下端点
指定另一条半轴长度或 [旋转(R)]：6✓      //输入另一半轴长度6
指定起点角度或 [参数(P)]：180 ✓         //输入角度值180
指定端点角度或 [参数(P)/包含角度(I)]：0✓  //输入端点角度值0
```

**02** 重复调用【椭圆弧】命令，绘制圆锥销钉的另一边。在命令行中输入起点角度为0，端点角度为180，最终的效果如图3-34所示。

图3-33 素材文件　　　　　　　　　　图3-34 绘制圆弧

# 3.4 绘制多边形

多边形包括矩形、正多边形和面域。在AutoCAD中，矩形及正多边形的各边构成一个单独的对象。它们在绘制复杂图形时比较常用。

### 3.4.1 矩形

矩形的绘制即是创建矩形形状的闭合多段线。可以指定矩形的长、宽、面积等参数，另外还能控制矩形上角与点的类型（直角、圆角、倒角）。利用【矩形】命令绘制的各种矩形如图3-35所示。

在AutoCAD 2014中常用以下方法调用【矩形】命令。

★ 菜单栏：执行【绘图】|【矩形】命令。

★ 工具栏：单击【绘图】工具栏中的【矩形】按钮□。

★ 命令行：在命令行中输入"RECTANG/REC"并回车。

★ 功能区：在【默认】选项卡中，单击【绘图】面板中的【矩形】选项。

执行上述任意一种操作，指定任意两点，命令行提示如下：

```
指定第一个角点或[倒角(C)/标高(E)/圆角(F)/厚度(T)/宽度(W)]:
指定另一个角点或 [面积(A)/尺寸(D)/旋转(R)]:
```

其各选项含义如下所述。

★ 倒角（C）：用来设置矩形的倒角距离。

★ 标高（E）：用来指定矩形的高度。

★ 圆角（F）：用来设置矩形的圆角半径。

★ 厚度（T）：用来设置矩形的厚度。

★ 宽度（W）：用来设置矩形的宽度。

★ 面积（A）：通过确定矩形面积大小的方式来绘制矩形。

★ 尺寸（D）：通过输入矩形的长和宽来确定矩形的大小。

★ 旋转（R）：通过指定的旋转角度来绘制矩形。

> **提 示**
>
> 在绘制圆角或倒角时，如果矩形的长度和宽度太小而无法使用当前设置来创建矩形时，绘制出来的矩形将不进行圆角或倒角。

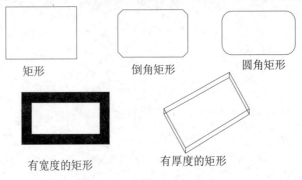

图3-35 各式各样的矩形效果

## 3.4.2 实战——绘制电源插头

本实战通过插座平面图的绘制，使读者熟练掌握矩形的画法。

**01** 在命令行输入"REC"并回车，调用【矩形】命令，绘制图3-36所示的矩形。命令行操作如下：

```
命令：REC✓                                          //调用矩形命令
指定第一个角点或 [倒角(C)/标高(E)/圆角(F)/厚度(T)/宽度(W)]: 0,0 ✓    //输入矩形对角点坐标
指定另一个角点或 [面积(A)/尺寸(D)/旋转(R)]: 15,10✓                //输入另一对角点坐标
```

**02** 在命令行输入"REC"并回车，调用【矩形】命令，绘制图3-37所示的倒角矩形。命令行操作如下：

```
命令: _rectang
指定第一个角点或 [倒角(C)/标高(E)/圆角(F)/厚度(T)/宽度(W)]:C ✓      //选择倒角矩形
指定矩形的第一个倒角距离 <0.0000>: 2✓                          //输入倒角距离2
指定矩形的第二个倒角距离 <2.0000>: 2✓                          //输入倒角距离2
指定第一个角点或 [倒角(C)/标高(E)/圆角(F)/厚度(T)/宽度(W)]: 15,12 ✓  //输入倒角矩形的一个对角点
指定另一个角点或 [面积(A)/尺寸(D)/旋转(R)]: 30,-2✓               //输入另一个对角点
```

图3-36 绘制矩形

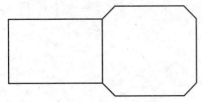

图3-37 绘制倒角矩形

**03** 重复调用【矩形】命令，选用系统默认值，输入倒角矩形的两对角坐标值（17，10），（28，0）。

**04** 调用【直线】命令，连接两个倒角矩形右边的端点，如图3-38所示。

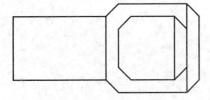

图3-38 绘制连接直线

**05** 单击【修改】工具栏上的【分解】按钮，选定倒角矩形，按回车键确定，将倒角矩形分解。

**06** 键单击【修改】工具栏上的【删除】按钮，选定多余线段，按回车键确定，删除的结果如图3-39所示。

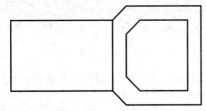

图3-39 删除多余线段后的效果

**07** 在命令行输入"Rec"，调用【矩形】命令，绘制小矩形，分别输入矩形对角点的坐标，（2，1.5）（3，8.5）；（5，1.5）（6，8.5）；（8，1.5）（9，8.5）；（11，1.5）（12，8.5）；（28，-4）（30，14）；（30，10）（40，9）；（30，0）（40，1）。绘制的结果如图3-40所示。

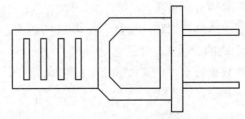

图3-40 绘制多个矩形效果

**08** 调用【直线】命令，输入第一点坐标（-6，6），输入第二点坐标（0，6），绘制一条直线。

**09** 重复调用【直线】命令，输入第一点坐标（0，4），输入第二点坐标（-6，4），绘制第二条直线，最终的效果如图3-41所示。

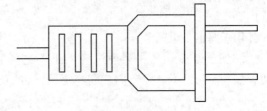

图3-41 最终的效果

### 3.4.3 正多边形

正多边形是由3条或3条以上长度相等的线段组成的闭合图形，其边数值范围为3～1024之间。

在AutoCAD 2014中常用以下方法调用【正多边形】命令。

★ 菜单栏：执行【绘图】|【多边形】命令。

★ 工具栏：单击【绘图】工具栏中的【多边形】按钮⬡。
★ 命令行：在命令行中输入 "POLYGON/POL" 并回车。
★ 功能区：在【默认】选项卡中，单击【绘图】面板中的【多边形】选项。

执行上述任意一种操作并指定正多边形的边数后，命令行提示如下：

```
指定正多边形的中心点或[边(E)]:
```

其各选项的含义如下所述。

★ 中心点：通过指定正多边形中心点来绘制正多边形。选择该选项后，命令行会提示"输入选项[内接于圆(I)/外切于圆(C)]<I>："的信息，内接于圆表示以指定正多边形内接圆半径的方式来绘制正多边形；外切于圆表示以指定正多边形外切圆半径的方式来绘制正多边形，如图3-42所示。

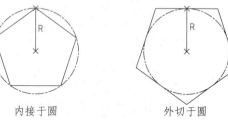

内接于圆          外切于圆

图3-42 多边形的定义方法

★ 边（E）：通过指定边长来绘制正多边形。

在AutoCAD 2014中绘制一个正多边形，需要指定其边数、位置和大小3个参数。正多边形通常有唯一的外接圆和内切圆。外切/内接圆的圆心决定了正多边形的位置。正多边的边长或者外接/内切圆的半径决定了正多边形的大小。

根据边数、位置和大小3个参数的不同，有以下3种绘制正多边形的方法：内接于圆法、外切于圆法、边长法。

### 1. 内接于圆正多边形

内接于圆的多边形主要通过输入正多边形的边数、外接圆的圆心和半径来绘制。如图3-43所示，绘制外接圆半径为200的正六边形，命令行提示如下：

```
命令: POL↙                            //启动命令
POLYGON输入侧面数<4>: 6↙              //输入边数
指定正多边形的中心点或[边(E)]:         //鼠标单击确定外接圆圆心c
输入选项[内接于圆(I)/外切于圆(c)]<I>: I↙  //选择"内接于圆"备选项
指定圆的半径: 200↙                     //输入外接圆半径值
```

### 2. 外切于圆正多边形

外切于圆多边形主要通过输入正多边形的边数、内切圆的圆心位置和内切圆的半径来绘制。如图3-44所示，绘制内切圆半径为200的正五边形，命令行提示如下：

```
命令: POL↙                            //启动命令
POLYGON输入侧面数<6>: 5↙              //输入边数
指定正多边形的中心点或[边(E)]:         //鼠标单击确定内切圆圆心c
输入选项[内接于圆(I)/外切于圆(c)]<I>: C↙  //选择"外切于圆"备选项
指定圆的半径: 200↙                     //输入内切圆半径值
```

### 3. 边长法

如果知道正多边形的边长和边数，就可以使用边长法来绘制正多边形。如图3-45所示，绘制边长为150的正七边形，命令行提示如下：

```
命令: POL↙                                      //启动命令
POLYGON输入边的数目<5>: 7↙                      //输入边数
指定正多边形的中心点或[边(E)]: E↙               //选择边长法备选项
指定边的第一个端点:                              //单击确定一条边的起点A
指定边的第二个端点: @150, 0↙                    //输入终点B的相对坐标
```

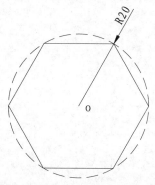

图3-43　用内接于圆法画正六边形

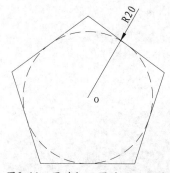

图3-44　用外切于圆法画正五边形

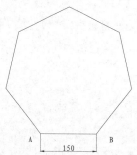

图3-45　用边长法画正七边形

## 3.4.4　实战——绘制扳手

本实例通过扳手的绘制，使读者掌握正多边形的绘制方法。

**01** 打开文件。打开本书配套光盘中的素材文件"3.4.4绘制扳手.dwg"，如图3-46所示。

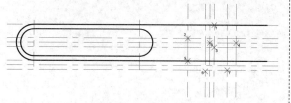

图3-46　素材图形

**02** 单击【绘图】工具栏中的【正多边形】按钮，绘制一个正八边形，如图3-47所示。命令行操作过程如下：

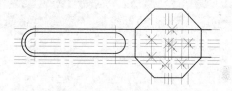

图3-47　绘制正八边形

```
命令: _polygon 输入侧面数 <8>: 8↙              //调用正多边形命令，输入正多边形边数
指定正多边形的中心点或 [边(E)]:               //选定O点为中心点
输入选项 [内接于圆(I)/外切于圆(C)] <C>:C↙     //选择外切于圆，输入c
指定圆的半径: 50↙                             //指定外切圆半径50，回车确定
```

**03** 单击【绘图】工具栏中的【正多边形】按钮，以点1为中心点，绘制内接圆半径为12的正六边形；以点2为中心点，绘制内接圆半径为10的正六边形；以点3为中心点，绘制内接圆半径为7的正六边形；以点4为中心点，绘制内接圆半径为5的正六边形；以点5为中心点，绘制内接圆半径为4的正六边形；以点6为中心点，绘制内接圆半径为6的正六边形；以点7为中心点，绘制内接圆半径为8的正六边形，效果如图3-48所示。

**04** 单击【修改】工具栏上的【删除】按钮，

选定多余的线段和点。最终的效果如图3-49所示。

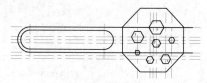

图3-48　绘制正六边形

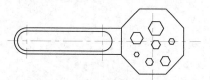

图3-49　最终效果图

# 3.5 综合实战——绘制凸轮

本实例综合运用本章所学的【直线】、【圆】和【多边形】等工具，绘制如图3-50所示的凸轮零件图。

**01** 打开AutoCAD并设置好图层，将点画线图层设置为当前。打开正交功能。

**02** 选择菜单栏中的【绘图】|【直线】命令，绘制一条长约110的水平中心线。命令行操作提示如下：

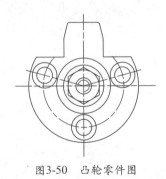

图3-50 凸轮零件图

```
命令：_line
指定第一个点：                          //在绘图区内拾取一点
指定下一点或 [放弃(U)]：35↙            //输入下一点的相对距离35
指定下一点或 [放弃(U)]：↙              //回车退出命令
```

**03** 重复调用【直线】命令，绘制另一条与之垂直的中心线。如图3-51所示。

**04** 将细实线图层置为当前图层。选择菜单栏中的【绘图】|【圆】命令。捕捉中心线的交点，以圆心半径方式绘制一个半径为5的圆。命令行操作提示如下：

```
命令：_circle
指定圆的圆心或 [三点(3P)/两点(2P)/切点、切点、半径(T)]：
指定圆的半径或 [直径(D)] <49.0>：5↙
```

**05** 将轮廓线图层置为当前图层。选择菜单栏中的【绘图】|【圆】命令。捕捉中心线的交点，以圆心半径方式绘制同心圆，半径分别为7、18、24、49，如图3-52所示。

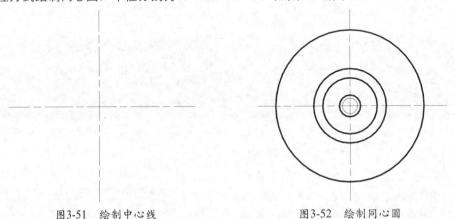

图3-51 绘制中心线                    图3-52 绘制同心圆

**06** 选择菜单栏中的【修改】|【偏移】命令，将水平中心线向上偏移55个单位。命令行操作提示如下：

```
命令：_offset
当前设置：删除源=否 图层=源 OFFSETGAPTYPE=0
指定偏移距离或 [通过(T)/删除(E)/图层(L)] <37.0000>：55↙        //输入偏移距离
选择要偏移的对象，或 [退出(E)/放弃(U)] <退出>：                //选择偏移中心线
指定要偏移的那一侧上的点，或 [退出(E)/多个(M)/放弃(U)] <退出>：  //回车确定
```

**07** 重复调用【偏移】命令。将水平中心线再向
上偏移25个单位，垂直中心线再左右偏移
17.5个单位，如图3-53所示。

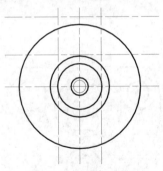

图3-53 偏移直线

**08** 选择菜单栏中的【绘图】|【直线】命令。
由图3-54所示的交点处绘制连接直线并删除
偏移中心线，结果如图3-55所示。

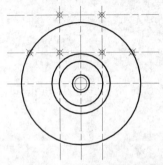

图3-54 需要用直线连接的点

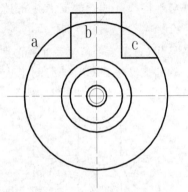

图3-55 绘制连接直线并删除多余中心线

**09** 选择菜单栏中的【修改】|【修剪】命令，修
剪多余圆弧，如图3-56所示。命令行操作提示
如下：

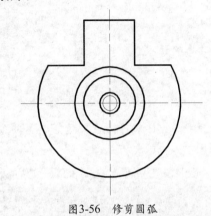

图3-56 修剪圆弧

```
命令：_trim
当前设置：投影=UCS，边=无
选择剪切边...
选择对象或 <全部选择>：找到 1 个
选择对象：找到 1 个，总计 4 个                    //选择上步绘制的直线为剪切边
选择对象：↵                                      //回车结束剪切边选择
选择要修剪的对象，或按住 Shift 键选择要延伸的对象，或
[栏选(F)/窗交(C)/投影(P)/边(E)/删除(R)/放弃(U)]：   //分别单击圆弧a、b、c，回车确定
```

**10** 将中心线图层置为当前图层。选择菜单栏中的
【绘图】|【圆】命令，捕捉中心线的交点，
以圆心半径方式绘制一个半径为36的圆。

**11** 选择菜单栏中的【绘图】|【直线】命令。
捕捉中心线的交点为直线第一点，输入第
二点坐标（@53<15），按回车键确定。

**12** 重复直线命令，捕捉中心线的交点为直线第
一点，输入第二点坐标（@53<165），结果
如图3-57所示。

**13** 将轮廓线图层置为当前图层。选择菜单栏中
的【绘图】|【圆】命令。捕捉上步绘制的

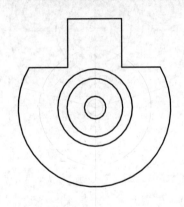

图3-57 绘制中心线圆和直线

直线与半径为36的圆的交点并将其作为圆心，绘制半径分别为7、11的同心圆。

**14** 重复调用【圆】命令，以垂直中心线与半径为36的圆的交点为圆心，绘制半径分别为7、11的同心圆，结果如图3-58所示。

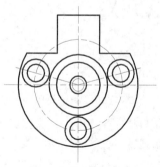

图3-58　绘制同心圆

**15** 选择菜单栏中的【绘图】|【多边形】命令，绘制一个正六边形，如图3-59所示。命令行操作提示如下：

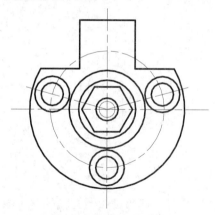

图3-59　绘制正六边形

```
命令: _polygon 输入侧面数 <6>: 6↙          //输入多边形的边数
指定正多边形的中心点或 [边(E)]:            //指定中心线交点为圆心
输入选项 [内接于圆(I)/外切于圆(C)] <C>: I↙    //内接于圆
指定圆的半径: 16↙                        //输入内接圆的半径
```

**16** 选择菜单栏中的【修改】|【旋转】命令，将绘制的多边形旋转90°，如图3-60所示。命令行操作提示如下：

```
命令: _rotate
UCS 当前的正角方向: ANGDIR=逆时针  ANGBASE=0.0
选择对象: 找到 1 个                      //选择多边形
选择对象: ↙                            //回车结束对象选择
指定基点:                              //指定中心线的交点为基点
指定旋转角度, 或 [复制(C)/参照(R)] <90.0>: 90↙    //输入旋转角度90
```

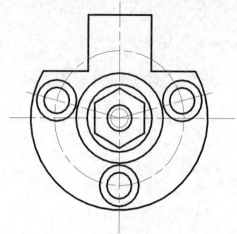

图3-60　旋转多边形

**17** 选择菜单栏中的【绘图】|【圆】|【相切、相切、相切】命令，捕捉与多边形的3个切点并绘制一个圆，如图3-61所示。

**18** 选择菜单栏中的【修改】|【偏移】命令，将图形最上端的直线向下平移14个单位，如图3-62所示。

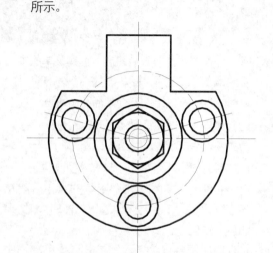

图3-61　绘制相切圆

**19** 选择菜单栏中的【绘图】|【直线】命令,以偏移直线与垂直直线的交点为第一点,输入第二点坐标(@14<76),绘制一条直线。

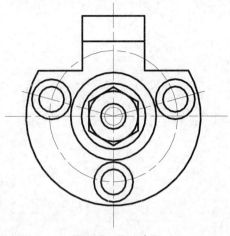

图3-62 偏移直线

**20** 重复调用【直线】命令,以偏移直线与垂直直线的交点为第一点,输入第二点坐标

```
命令: _fillet
当前设置: 模式 = 修剪, 半径 = 5.0
选择第一个对象或 [放弃(U)/多段线(P)/半径(R)/修剪(T)/多个(M)]: R↙
指定圆角半径 <5.0>: 2↙                              //设置半径值为2
选择第一个对象或 [放弃(U)/多段线(P)/半径(R)/修剪(T)/多个(M)]:   //选择垂直直线
选择第二个对象, 或按住 Shift 键选择对象以应用角点或 [半径(R)]:   //选择上步绘制的直线
```

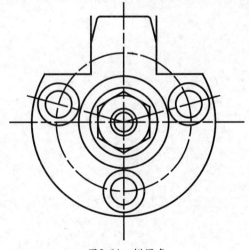

图3-64 倒圆角

**22** 选择菜单栏中的【修改】|【修剪】命令,修剪多余直线,如图3-65所示。

(@14<104),绘制另一条直线,然后删除偏移直线。结果如图3-63所示。

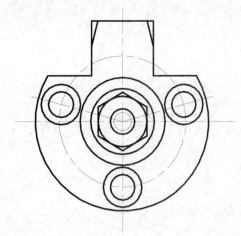

图3-63 绘制直线

**21** 选择菜单栏中的【修改】|【倒圆角】命令,在两个顶点创建圆角,如图3-64所示。命令行操作如下:

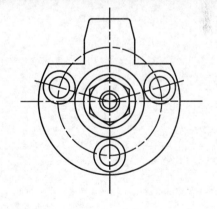

图3-65 修剪直线

**23** 选择菜单栏中的【修改】|【打断】命令,将圆打断。命令行操作如下:

```
命令: _break
选择对象:
指定第二个打断点 或 [第一点(F)]: F↙              //重新指定第一点
指定第一个打断点:                                //选定图3-66所示的第一点
```

指定第二个打断点： //选定第二点

**24** 重复调用【打断】命令，完成打断操作，最终的结果如图3-67所示。

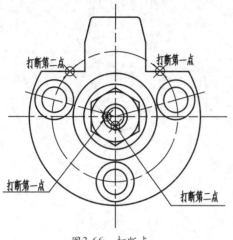

图3-66 打断点

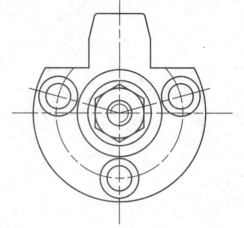

图3-67 最终效果图

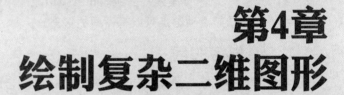

# 第4章
# 绘制复杂二维图形

AutoCAD 2014提供了大量复杂的对象，如多线段、样条曲线、多线、面域、图案填充等，这些对象可以帮助用户构建专业、精准的图形。通过本章的学习，读者将会对二维图形的绘制有更加全面的认识，同时还能全面提高绘制复杂图形的能力。

# 4.1 多段线

多段线是由线段和圆弧组成的单个对象，另外多段线可以有一个线宽值，而且每个线段从起点到终点可以有不同的线宽。

## 4.1.1 绘制多段线

多段线又称为多义线，是AutoCAD中常用的一类复合图形对象。使用多段线命令可以生成若干条直线和曲线首尾连接形成的复合线实体。

与使用直线绘制的首尾相连的多条图形不同，使用多段命令绘制的图形是一个整体，单击时会选择整个图形，不能对其分别进行编辑，如图4-1所示。而使用直线绘制图形的各条线段是彼此独立的不同图形对象，可以对各条线段分别进行编辑，如图4-2所示。

另外，用直线命令绘制的直线只有唯一的线宽值，而多段线可以设置渐变的线宽值，也就是说同一线段的不同位置可以具有不同的线宽值。图4-3所示为使用多段线绘制的箭头。

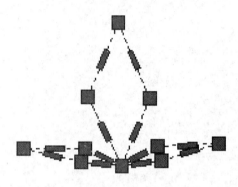

图4-1 多段线

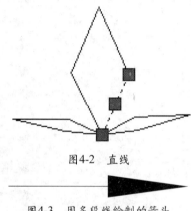

图4-2 直线

图4-3 用多段线绘制的箭头

在AutoCAD 2014中可以通过以下几种方法调用【多段线】命令。

★ 菜单栏：执行【绘图】|【多段线】命令。

★ 工具栏：【绘图】工具栏【多段线】按钮 ⊸ 。

★ 命令行：在命令行中输入"PLINE/PL"并按回车。

调用【多段线】命令之后，命令行提示如下：

指定下一个点或 [圆弧(A)/半宽(H)/长度(L)/放弃(U)/宽度(W)]：

★ 圆弧(A)：以绘制圆弧的方式绘制多段线。

★ 半宽(H)：指定多段线的半宽值，命令行将提示用户输入多段线的起点宽度和终点宽度，常用来绘制箭头。

★ 长度(L)：指定下一段多段线的长度。

★ 放弃(U)：取消上一次绘制的一段多段线。

★ 宽度(W)：指定多段线的宽度值。

## 4.1.2 编辑多段线

多段线绘制完成以后，可以根据不同的需要对其进行编辑，除了可以使用修剪的方式编辑多段线外，还可以使用多段线编辑命令进行编辑。

调用【编辑多段线】命令有以下两种方法。

★ 菜单栏：选择菜单栏上的【修改】|【对象】|【多段线】命令。

★ 命令行：在命令行中输入"PEDIT/PE"命令并按回车键。

执行该命令后命令行提示如下：

```
命令: PEDIT选择多段线或 [多条(M)]:
```

选择多线段后，命令行提示如下：

```
输入选项 [闭合()/合并(J)/宽度(W)/编辑顶点(E)/拟合(F)/样条曲线(S)/非曲线化(D)/线型生成(L)/反转(R)/放弃(U)]:
```

其中各选项的含义如下所述。

★ 闭合(C)：可以将原多段线通过修改的方式闭合起来。选择此选项后，命令将自动变为——打开(O)，如果再执行打开命令又会切换回来。

★ 合并(J)：可以将多段线与其他直线合并成为一个整体。注意，"其他直线"必须要与多段线首或尾相连接。此选项在绘图过程中应用相当广泛。

★ 宽度(W)：可以将多线段的各部分线宽设置为所输入的宽度（不管原线宽为多少）。

★ 编辑顶点(E)：通过在屏幕上绘制X来标记多段线的第一个顶点。如果已指定此顶点的切线方向，则在此方向上绘制箭头。

★ 拟合(F)：创建连接每一对顶点的平滑圆弧曲线。曲线经过多段线的所有顶点并使用任何指定的切线方向。

★ 样条曲线(S)：将选定多段线的顶点用作样条曲线拟合多段线的控制点或边框。除非原始多段线闭合，否则曲线经过第一个和最后一个控制点。

★ 非曲线化(D)：删除圆弧拟合或样条曲线拟合多段线插入的其他顶点并拉直多段线的所有线段。

★ 线型生成(L)：生成通过多段线顶点的连续图案的线型。此选项关闭时，将生成始末顶点处为虚线的线型。

## ▌4.1.3 实战——绘制插销

本实例通过绘制插销，使读者熟练掌握绘制多段线的方法。

**01** 绘制辅助线和辅助圆。绘制两条相互垂直的中心线，将水平线向上、向下各偏移4.3和5个单位，将竖直线向左偏移2.5个单位，向右偏移66个单位。然后以右下角的交点为圆心绘制半径为9的辅助圆，如图4-4所示。

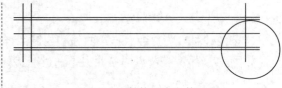

图4-4 绘制辅助线和辅助圆

**02** 绘制多段线。在命令行输入"PLINE"，调用【多段线】命令，开启【交点】捕捉模式，绘制肋板外轮廓，如图4-5所示。命令行操作过程如下：

```
命令: PLINE↙                                              //调用多段线命令
指定起点:                                                 //捕捉右上角交点A为起点
当前线宽为 0.0000
指定下一个点或 [圆弧(A)/半宽(H)/长度(L)/放弃(U)/宽度(W)]:    //依次捕捉B、C、D、E、F交点为多段线各点
指定下一个点或 [圆弧(A)/半宽(H)/长度(L)/放弃(U)/宽度(W)]:A↙   //选择"圆弧(A)"选项
指定圆弧的端点或[角度(A)/圆心(CE)/方向(D)/半宽(H)/直线(L)/半径(R)/第二个点(S)/放弃(U)/宽度
(W)]:CE↙                                                 //选择圆心方式绘制圆弧
指定圆弧的圆心:                                            //捕捉圆弧与中心线的交点O
```

指定圆弧的端点或 [角度(A)/长度(L)]：　　　　　　//捕捉A点

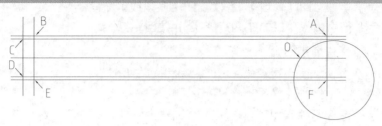

图4-5　绘制多段线

最后调用PL或L命令来连接A、F点，并绘制直线，完成插销的绘制，结果如图4-6所示。

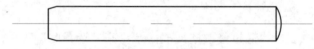

图4-6　插销的最终效果

# 4.2　样条曲线

样条曲线是指定一组控制点而得到的一条光滑曲线，曲线的大致形状由这些点控制。与前面介绍过的圆、圆弧之类的标准曲线不同，它能自由编辑。样条曲线的绘制要通过一系列的点来定义，并需要指定端点的切向或者用【闭合】选项将其构成封闭曲线。另外，样条曲线可以指定拟合公差，它决定了所生成的曲线和数据点之间的逼近程度。

## 4.2.1　绘制样条曲线

在AutoCAD 2014中可以通过以下几种方法绘制样条曲线。

★ 菜单栏：选择【绘图】｜【样条曲线】菜单命令，然后在子菜单中选择【拟合点】或【控制点】命令。

★ 工具栏：单击【绘图】工具栏上的【样条曲线】按钮～。

★ 功能区：在【默认】选项卡中，单击【绘图】滑出面板上的【拟合点】按钮～或【控制点】按钮～。

★ 命令行：输入"SPLINE/SPL"。

样条曲线可分为拟合点样条曲线和控制点样条曲线两种，拟合点样条曲线的拟合点与曲线重合，如图4-7所示；控制点样条曲线是通过曲线外的控制点来控制曲线的形状，如图4-8所示。

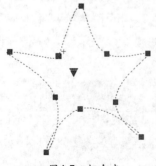

图4-7　拟合点

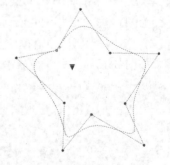

图4-8　控制点

### 1. 使用拟合方式创建样条曲线

使用拟合方式创建样条曲线的命令操作过程如下：

```
命令: _spline
当前设置: 方式=拟合    节点=弦
指定第一个点或 [方式(M)/节点(K)/对象(O)]:
输入下一个点或 [起点切向(T)/公差(L)]:
输入下一个点或 [端点相切(T)/公差(L)/放弃(U)]:
输入下一个点或 [端点相切(T)/公差(L)/放弃(U)/闭合(C)]:
```

★ 方式(M): 控制样条曲线的创建方式, 此处是使用拟合的方式绘制样条曲线。

★ 节点(K): 控制样条曲线节点参数化的运算方式, 以确定样条曲线中连续拟合点之间的零部件曲线如何过渡, 即影响曲线在通过拟合点时的形状。

★ 弦: 使用代表编辑点在曲线上位置的十进制数值对被编辑点进行编号。

★ 平方根: 根据连续节点间弦长的平方根对编辑点进行编号。

★ 统一: 使用连续的整数对编辑点进行编号。

★ 对象(O): 用于将多段线转换为等价的样条曲线, 即将二维或三维的二次或三次样条曲线拟合多段线转换成等效的样条曲线并删除多段线。

★ 下一点: 指定下一点, 直到样条曲线绘制完成。

★ 起点切向: 基于切向创建样条曲线, 如图4-9所示。直线段为切线方向。

图4-9　起点切向

★ 端点相切: 停止基于切向创建曲线。可以通过指定拟合点来继续创建样条曲线。选择端点相切后, 将提示用户指定最后输入拟合点的最后一个切点。如图4-10所示。直线段为切线方向。

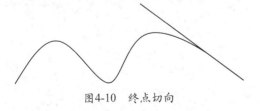

图4-10　终点切向

★ 公差: 设定曲线与点之间的拟合公差, 用于起点和端点外的所有拟合点, 如图4-11和图4-12所示。

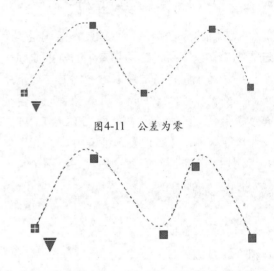

图4-11　公差为零

图4-12　公差为正数

### 2. 使用控制点创建样条曲线

使用控制点建立样条曲线的命令过程如下:

```
当前设置: 方式=控制点    阶数=3
指定第一个点或 [方式(M)/阶数(D)/对象(O)]:
输入下一个点:
输入下一个点或 [放弃(U)]:
输入下一个点或 [闭合(C)/放弃(U)]:
```

★ 阶数: 设定可在每个范围中获得的最大"折弯"数; 阶数可以为1、2或3。控制点的数量将比阶数多1, 因此, 3阶样条曲线具有4个控制点, 如图4-13~图4-15所示。

图4-13　阶数为1

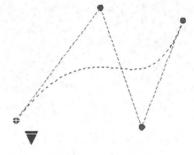

图4-14　阶数为2　　　　　　　　　　图4-15　阶数为3

## 4.2.2　编辑样条曲线

绘制完样条曲线后，往往还不能满足实际使用的要求，此时可以用样条曲线编辑命令对其进行编辑，以得到符合绘制要求的样条曲线。

调用【编辑样条曲线】命令的方法如下所述。

★　菜单栏：选择【修改】|【对象】|【样条曲线】菜单命令。

★　命令行：在命令行中输入"SPLINEDIT"。

★　功能区：在【默认】选项卡中，单击【修改】面板中的【编辑样条曲线】按钮 ⚆。

调用【样条曲线】命令后，在绘图区选择要编辑的样条曲线，命令行出现如下提示：

> 输入选项[闭合（C）/合并（J）/拟合数据(F)/编辑顶点(E)/转换为多段线(P)/反转(R)/放弃(U)/退出（X）]<退出>:

命令行各选项的含义如下所述。

### 1. 拟合数据（F）

修改样条曲线所通过的主要控制点。使用该选项后，样条曲线上各控制点将会被激活，命令行会出现进一步的提示信息。

> 输入拟合数据选项[添加（A）/闭合(C)/删除(D)/扭折(K)/移动(M)/清理(P)/切线(T)/公差(L)/退出(X)]<退出>

各选项含义如下所述。

★　添加：为样条曲线添加新的控制点。

★　删除：删除样条曲线中的控制点。

★　移动：移动控制点在图形中的位置，按回车键可以依次选取各点。

★　清理：从图形数据库中清除样条曲线的拟合数据。

★　切线：修改样条曲线在起点和端点的切线方向。

★　公差：重新设置拟合公差的值。

### 2. 闭合

选取该选项，可以将样条曲线封闭。

### 3. 编辑顶点

选择该选项，然后通过拖动鼠标的方式，可以移动样条曲线各控制点处的夹点，以达到编辑样条曲线的目的。

## 4.2.3　实战——绘制局部剖视图

本实战为利用样条曲线绘制局部剖视图的边界。

**01** 打开文件。打开本书配套光盘中的素材文件"4.2.3绘制局部剖视图.dwg"，如图4-16所示。

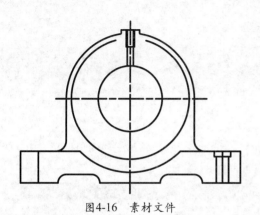

图4-16 素材文件

示。命令行操作过程如下：

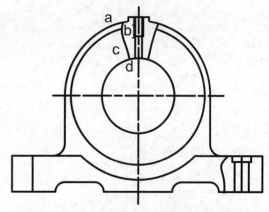

图4-17 绘制样条曲线

**02** 绘制样条曲线。在命令行输入"SPLINE"并回车，绘制局部剖边界线，如图4-17所

```
命令:spline                                        //调用样条曲线命令
当前设置：方式=拟合    节点=弦
指定第一个点或 [方式(M)/节点(K)/对象(O)]:          //指定图中的a点
输入下一个点或 [起点切向(T)/公差(L)]:              //指定图中的b点
输入下一个点或 [端点相切(T)/公差(L)/放弃(U)]:      //指定图中的c点
输入下一个点或 [端点相切(T)/公差(L)/放弃(U)/闭合(C)]:  //指定图中的d点
输入下一个点或 [端点相切(T)/公差(L)/放弃(U)/闭合(C)]:  //按回车键结束
```

**03** 重复调用【样条曲线】命令，绘制另外两条样条曲线。

**04** 填充剖面线。单击【绘图】工具栏上的【图案填充】按钮，在打开的【图案填充和渐变色】对话框中选择ANSI31图案，单击【添加：拾取点】按钮，在绘图区选中要填充的区域，按回车键返回对话框，单击对话框中的【确定】按钮，填充的效果如图4-18所示。

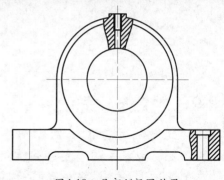

图4-18 局部剖视图效果

# 4.3 多线

多线是一种由多条平行线组成的组合图形对象，它可以由1~16条平行直线组成，如图4-19所示。其中组成多线的单个平行线称为元素，每个元素由其到多线中心线的偏移量来定位。

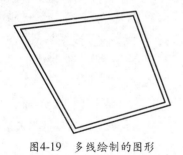

图4-19 多线绘制的图形

## 4.3.1 绘制多线

在AutoCAD 2014中可以通过以下几种方法绘制多线。

★ 菜单栏：执行【绘图】|【多线】命令。

★ 命令行：在命令行中输入"MLINE/ML"。

执行【多线】命令之后，命令行提示如下：

```
命令：MLINE
当前设置：对正=<当前值>，比例=<当前值>，样式=STANDARD
指定起点或[对正（J）/比例（S）/样式（ST）]：
指定下一点或[闭合（C）/放弃（U）]：
```

其中各选项的含义如下所述。

★ 对正(J)：确定多线的元素与指定点之间的对齐方式，包括"上"、"无"和"下"3种类型，如图4-20所示。

★ 比例(S)：设置多线的宽度。

★ 样式(ST)：用于在多线样式库中选择当前所需的多线样式。

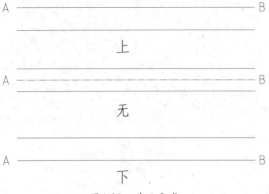

图4-20　对正方式

## 4.3.2　定义多线样式

多线样式控制元素的个数和每个元素的特性，还可以设置每条多线的背景颜色及端点的形状。系统默认的多线样式为STANDARD样式，它定义两线之间的距离为1个单位。MLSTYLE命令可以修改原有的多线样式，也可以设置新的样式。

在AutoCAD 2014中可以通过以下两种方法来定义多线样式：

★ 菜单栏：执行【格式】|【多线样式】命令。

★ 命令行：在命令行中输入"MLSTYLE"。

执行以上操作，系统弹出【多线样式】对话框，如图4-21所示，对话框中各选项的功能介绍如下。

### 1. 样式列表框

该列表列出了当前图形加载的可用多线样式，用户可以从中选择一种所需的样式，然后将此种样式列为当前，单击【确定】按钮，那么该样式被设置为当前样式，用于绘制当前图形。

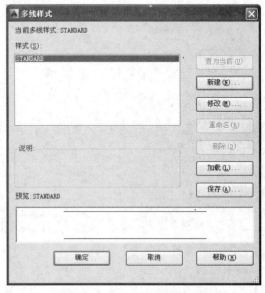

图4-21　【多线样式】对话框

### 2. 修改

在多线样式列表中选择一个样式，然后单击【修改】按钮，即可对该样式重新进行设置，如果已经使用该样式绘制多线，则不能对该样式进行修改。

### 3. 加载

用于从多线样式中加载多线样式到当前图形中，此时将显示【加载多线样式】对话框。如果要从另外的库文件加载多线样式，则可单击【文件】按钮。在【文件】按钮后面显示的是当前使用的库文件名。

### 4. 保存

用于保存创建的样式，单击该按钮，AutoCAD将显示【保存多线样式】对话框，供用户选择存储路径。在默认的情况下，AutoCAD将多线样式的定义存储在acm.mln库文件中。用户也可以按照自己的需要，在选择另外的文件后指定一个以MLN为扩展名的新文件名。

**5. 新建**

单击【新建】按钮，系统将弹出一个【创建新的多线样式】对话框，如图4-22所示。首先输入多线样式的名称，然后单击【确定】按钮，系统将会弹出【新建多线样式：名称】对话框，如图4-23所示。用户可以在对话框中设置元素的偏移量、添加多线元素、设置起点和终点的图形、填充颜色、元素的线型、元素的颜色。

图4-22　新样式命名对话框

★　封口：此区域设置的是多线两端的样式，不同的封口样式效果如图4-24所示。

图4-23　【新建多线样式】对话框

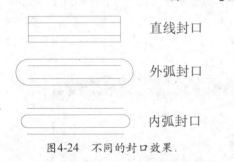

直线封口

外弧封口

内弧封口

图4-24　不同的封口效果

★　填充：一般情况下，如果图形需要设置多线内部的颜色，那么就需要选择合理的颜色，否则均选择默认状态，即没有填充颜色。

★　图元：用户可以在此区域中添加和删除调节偏移元素的数目，除此之外还可以修改元素的偏移值。偏移值有正负之分，修改偏移值时需要先选中列表中的数值才能修改。这里的参数和多线命令提示行中的"比例"设置相关，例如要绘制一条宽为60的多线，默认情况下需要在绘图时将比例设置为60，如果将这里的"偏移"量分别放大3倍，设置为1.5和-1.5，那么绘图时，就要将比例设置为20，也就是缩小相应的倍数。

### 4.3.3　编辑多线

在AutoCAD中编辑多线有两种途径：一是使用多线编辑工具；二是使用X【分解】命令将多线分解为普通直线，然后再进行编辑。

在AutoCAD 2014中可以通过以下几种方法调用【多线编辑】的命令。

★　菜单栏：执行【修改】|【对象】|【多线】命令。

★　命令行：在命令行中输入"MLEDIT"。

★　绘图区：双击要编辑的多线对象。

执行以上任意一种操作，系统弹出【多线编辑工具】对话框，如图4-25所示。对话框共有4列12种多线编辑工具：第一列编辑交叉的多线，第二列编辑T形相接的多线，第三列编辑角点和顶点,第四列编辑多线的中断或接合。选择一种编辑方式,然后再选择要编辑的多线即可。

形打开"图标,然后在绘图区域中选择两条相交的多线,单击鼠标右键或按回车键就可完成操作,效果如图4-26和图4-27所示。

图4-25 【多线编辑工具】对话框

要编辑多线,首先选择要使用的方式,比如使用"T形打开",在对话框中单击"T

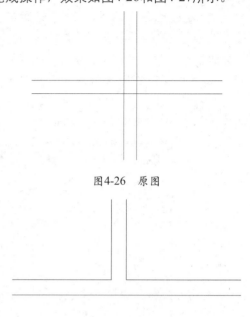

图4-26 原图

图4-27 T形打开

## 4.3.4 实战——绘制平键

本实战通过绘制平键,使读者熟练掌握多线的绘制和编辑方法。

**01** 新建AutoCAD文件。选择菜单中的【格式】|【多线样式】命令,打开【多线样式】对话框。

**02** 单击对话框上的【新建】按钮,分别新建"键1"和"键2"两个多线样式。设置"键1"的封口为外弧,偏移值为默认,如图4-28所示。设置"键2"的封口为直线,偏移值和偏移元素均为默认,如图4-29所示。

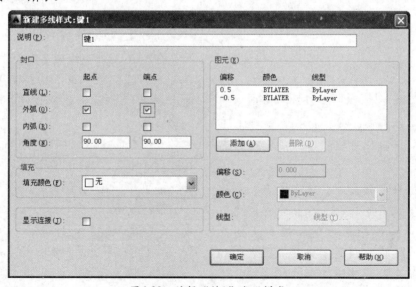

图4-28 编辑"键1"多线样式

**03** 绘制平键的俯视图。在命令行输入"MLINE",调用【多线】命令,使用"键1"多线样式绘制平键俯视图,如图4-30所示。命令行操作过程如下:

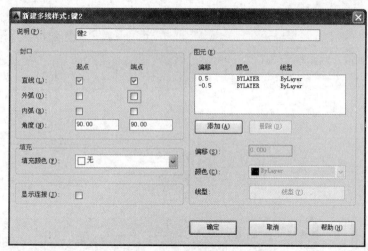

图4-29 编辑"键2"多线样式

```
命令: MLINE✓                                              //调用多线命令
当前设置: 对正 = 上, 比例 = 20.00, 样式 = STANDARD
指定起点或 [对正(J)/比例(S)/样式(ST)]: J✓                 //设置对正类型
输入对正类型 [上(T)/无(Z)/下(B)] <上>: Z✓
当前设置: 对正 = 无, 比例 = 20.00, 样式 = STANDARD
指定起点或 [对正(J)/比例(S)/样式(ST)]: S✓                 //设置比例大小
输入多线比例<20.00>: 8✓
当前设置: 对正 = 无, 比例 = 8.00, 样式 = STANDARD
指定起点或 [对正(J)/比例(S)/样式(ST)]: ST✓                //选择多线样式
输入多线样式名或 [?]: 键1✓                                //输入多线样式名称
当前设置: 对正 = 上, 比例 = 20.00, 样式 = 键1
指定起点或 [对正(J)/比例(S)/样式(ST)]:                     //在任意一点单击作为起点
指定下一点:22✓                                           //捕捉到水平方向,输入多线长度
指定下一点或 [放弃(U)]:                                   //按回车键完成多线绘制
```

**04** 绘制平键的正视图。在命令行输入"MLINE",调用【多线】命令,使用"键2"多线样式绘制平键正视图,如图4-31所示。命令行操作如下:

```
命令: MLINE
当前设置: 对正 = 上, 比例 = 8.00, 样式 = 键1
指定起点或 [对正(J)/比例(S)/样式(ST)]: ST✓                //设置多线样式
输入多线样式名或 [?]: 键2✓
当前设置: 对正 = 上, 比例 = 8.00, 样式 = 键2
指定起点或 [对正(J)/比例(S)/样式(ST)]: S✓                 //设置多线的宽度
输入多线比例 <8.00>: 7✓
当前设置: 对正 = 上, 比例 = 7.00, 样式 = 键2
指定起点或 [对正(J)/比例(S)/样式(ST)]: J✓                 //设置对正类型
输入对正类型 [上(T)/无(Z)/下(B)] <上>: Z✓
当前设置: 对正 = 无, 比例 = 7.00, 样式 = 键2
指定起点或 [对正(J)/比例(S)/样式(ST)]:                     //在任意一点单击作为起点
指定下一点: 30✓                                          //捕捉到水平方向,输入多线长度
指定下一点或 [放弃(U)]:                                   //按回车键完成多线绘制
```

图4-30 平键俯视图

图4-31 平键二视图

**05** 标注平键尺寸。对所绘的平键俯视图和正视图的长宽高分别进行标注，如图4-32所示。

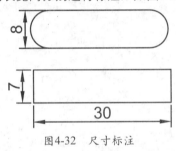

图4-32 尺寸标注

# 4.4 图案填充

图案填充是指一些具有特定样式的用来表现特定（剖面）材质的图形。从工程图的角度来讲，AutoCAD的填充图案主要用来表现不同的剖面材料或者为了分清零件的实心和空心部分，机械制图国家标准规定被剖切到的部分应绘制填充图案，同时不同的材料应采用不同的填充图案。

## 4.4.1 创建图案填充

在AutoCAD 2014中可以通过以下几种方法调用【图案填充】命令。

★ 菜单栏：调用【绘图】│【图案填充】菜单命令。

★ 工具栏：单击【绘图】工具栏上的【图案填充】按钮。

★ 功能区：在【默认】选项卡中，单击【绘图】面板中的【图案填充】按钮。

★ 命令行：输入"BHATCH/H"。

使用以上任意一种方法启动【图案填充】命令后，命令行提示如下：

拾取内部点或 [选择对象(S)/放弃(U)/设置(T)]：

其中各选项的含义如下所述。

★ 选择对象(S)：根据构成封闭区域的选定对象确定边界。

★ 放弃(U)：放弃对已经选择对象的操作。

★ 设置(T)：弹出【图案填充和渐变色】对话框，如图4-33所示，在其中可以设置详细的填充参数。

在【草图与注释】工作空间，调用【图案填充】命令之后，系统弹出【图案填充创建】选项卡，如图4-34所示。选项卡中各面板介绍如下。

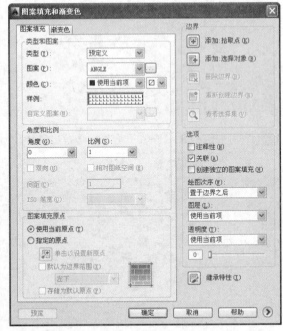

图 4-33 【图案填充和渐变色】对话框

### 1. 边界

该面板主要用于设置图案填充的边界，也可以通过对边界的删除或重新创建等操作修改填充区域。该面板上工具按钮含义如下所述。

图4-34 【图案填充创建】选项卡

★ 拾取点：单击该按钮，将切换至绘图区，在需要填充的区域内单击鼠标，程序自动搜索周围边界并进行图案填充。

★ 选择：单击该按钮，可在绘图区中选择组成所有填充区域的边界。

★ 删除：删除边界是重新定义边界的一种方法，单击此按钮可以取消系统自动选取或用户选取的边界，从而形成新的填充区域。

**2. 图案**

该面板如图4-35所示，用于设置填充图案和颜色等。面板左侧是图案选项，右侧包含两个翻页箭头和一个展开箭头，单击展开箭头可以展开更多选项，如图4-36所示。

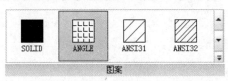

图4-35 填充图案选项面板

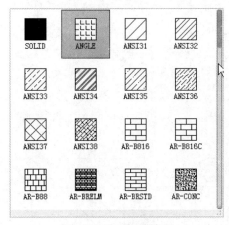

图4-36 展开图案选项

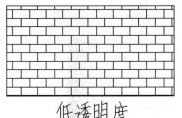

**3. 特性**

该面板展开后如图4-37所示，主要用于设置图案的填充类型、填充比例和填充角度等特性。面板中包含以下选项。

★ 图案填充类型：可选择填充实体、图案或渐变色，渐变色的填充效果如图4-38所示。

★ 图案填充颜色：设置图案填充的颜色，系统默认为使用当前项，即由当前激活图层的颜色决定。

图4-37 【特性】面板

图4-38 渐变色填充效果

★ 背景色：在图案填充的同时，给填充区域添加一种背景颜色。

★ 图案填充透明度：设置填充线的透明度，透明度越高填充效果越不明显，如图4-39所示。

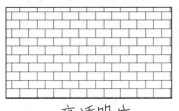

图4-39 透明度对填充效果的影响

★ 角度：设置图案填充相对当前UCS的X轴角度。

★ 填充图案比例 ⬚：设置图案填充的比例，即将填充图案按一定比例缩放，所以比例越大填充越稀疏。

★ 图层替代 ✦：用于设置填充线所在的图层。如果不设置，则系统默认应用当前激活图层。

### 4. 原点

该面板展开后如图4-40所示，用于设置填充图案生成的起始位置，因为许多图案填充时，需要对齐填充边界上的某一个点。该面板包含以下按钮。

★ 【设定原点】：由用户自定义图案填充原点。

★ 【使用当前原点】（此选项处于隐藏状态）：使用当前UCS的原点（0，0）作为图案填充的原点。

图4-40 【原点】面板

### 5. 选项

该面板展开后如图4-41所示，用于设置图案填充的一些附属功能，包含以下选项。

★ 关联：用于控制填充图案与边界"关联"或"非关联"。关联图案填充随边界的变化而自动更新，非关联图案则不会随边界的变化自动更新。

图4-41 【选项】面板

★ 创建独立的图案填充：选择该复选项，则可以创建独立的图案填充，它不随边界的修改而更新图案填充。

★ 绘图次序（此选项处于隐藏状态）：主要为图案填充指定绘图顺序。

★ 继承特性（此选项处于隐藏状态）：使用选定对象的图案填充特性对指定边界进行填充。

★ 孤岛检测：孤岛是指位于填充区域内的嵌套区域。"普通孤岛检测"表示从最外层的外边界向内边界填充，第一层填充，第二层不填充，第三层填充，第四层不填充，如此交替进行，直到选定边界被填充完毕为止；"外部孤岛检测"表示只填充从最外层边界向内到第一层边界之间的区域；"忽略孤岛检测"表示忽略内边界，全部填充最外层边界的内部。各种孤岛检测的填充效果如图4-42所示。

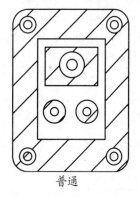
普通

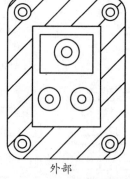
外部

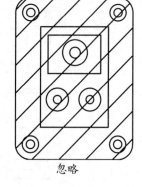
忽略

图4-42 孤岛的填充方式

★ 允许的间隙：当允许将近似闭合的区域识别为闭合区域时，设置识别的最大间隙。默认值为0，表示不允许近似闭合。

**6. 关闭**

单击面板上的【关闭图案填充创建】按钮，退出图案填充。也可按Esc键代替此按钮操作。

在【AutoCAD经典】工作空间调用【图案填充】命令，系统不弹出选项卡，而是弹出【图案填充和渐变色】对话框，如图4-43所示。单击该对话框右下角的【更多选项】按钮 ⊙，展开对话框，如图4-44所示，显示出更多选项。该对话框中的选项含义与【图案填充创建】选项卡中的基本相同，在此不再赘述。

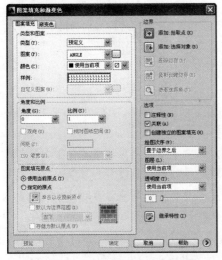

图4-43【图案填充和渐变色】对话框

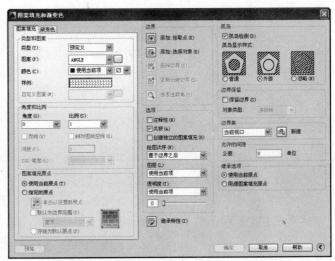

图4-44 展开【图案填充和渐变色】对话框

## 4.4.2 编辑图案填充

在为图形填充了图案后，如果对填充效果不满意，还可以通过【编辑图案填充】命令对其进行编辑。可编辑内容包括填充比例、旋转角度和填充图案等。AutoCAD 2014增强了图案填充的编辑功能，可以同时选择并编辑多个图案填充对象。

调用【编辑图案填充】命令主要有以下3种方法：

★ 菜单栏：调用【修改】|【对象】|【图案填充】菜单命令。

★ 功能区：在【默认】选项卡中，单击【修改】面板中的【编辑图案填充】按钮 𝌑。

★ 命令行：输入"HATCHEDIT"。

使用以上任意一种方法启动调用【编辑图案填充】命令，选择图案填充对象后，将会出现【图案填充编辑】对话框，如图4-45所示。

在【图案填充编辑】对话框中，只能对亮显的选项进行操作。该对话框中各选项含义与【图案填充和渐变色】对话框中各选项的含义相同，可以对已填充的图案进行一系列的编辑修改。

图 4-45 【图案填充编辑】对话框

### 4.4.3 实战——装配图剖面图案填充

本实战通过填充装配图的剖面图案，使读者熟练掌握图案填充和编辑填充图案的方法。

**01** 打开文件。打开本书配套光盘中的素材文件"4.4.3装配图剖面图案填充.dwg"，如图4-46所示。

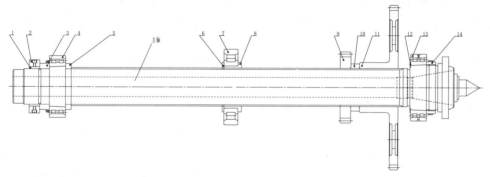

图4-46 素材文件

**02** 填充区域1。单击【绘图】工具栏中的【图案填充】按钮，弹出【填充图案和渐变色】对话框，将样例选为ANSI31，角度设置为270，比例设置为0.7，填充参数如图4-47所示。单击【添加：拾取点】按钮，然后在区域1内单击鼠标，按回车键返回【图案填充和渐变色】对话框，单击对话框上【确定】按钮，完成对区域1的填充。

图4-47 【图案填充创建】选项卡

**03** 使用同样的方法填充其他区域。区域2~14（除6和12）选择图案为ANSI31，角度设置为0度，比例设置为0.7。区域6和区域12选择的图案为SOLID，颜色为白色，填充的结果如图4-48所示。

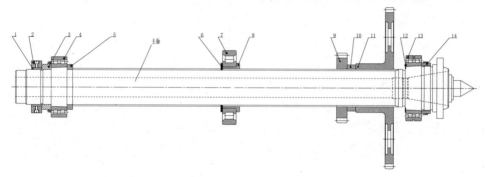

图4-48 填充效果图

# 4.5

## 综合实战——图案和渐变色填充

使用本章所学的图案和渐变色填充知识，绘制如图4-49所示的装配图。

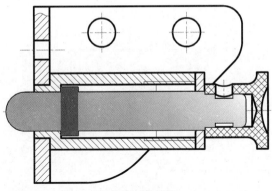

图4-49　装配图

**01** 打开文件。打开本书配套光盘中的素材文件"4.5图案和渐变色填充.dwg"，如图4-50所示。

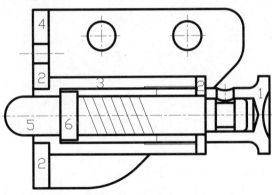

图4-50　素材图形

**02** 绘制样条曲线。单击【绘图】工具栏中的【样条曲线】按钮～，在区域4绘制填充边界，其起点和端点需与图中的竖直线重合。

**03** 填充图案。区域1图案填充的设置样例为ANSI37，角度为0，比例为1.5。区域2图案填充的设置样例为ANSI31，角度为0，比例为1.5。区域3图案填充的设置样例为ANSI31，角度为270，比例为1.5，填充的结果如图4-51所示。

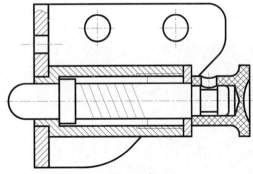

图4-51　填充图案

**04** 为区域5填充渐变色。在【图案填充和渐变色】对话框中切换到【渐变色】选项卡，选中【单色】单选项，同时设置填充颜色为青色和填充角度为45度，如图4-52所示。

图4-52　渐变色对话框

**05** 填充区域6。填充区域6依然使用图案填充，在颜色中选择洋红，填充图案选择SOLID，即可得到最终的填充效果。

# 读书笔记

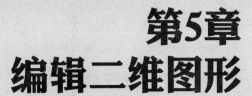

# 第5章
# 编辑二维图形

在AutoCAD中，单纯地使用绘图命令或绘图工具只能绘制一些基本的图形。为了绘制复杂图形，很多情况下都必须借助图形编辑命令。AutoCAD 2014提供了一系列如删除、复制、镜像、偏移、阵列、拉伸、修剪等操作命令，可以方便快捷地修改图形的大小、方向、位置和形状，从而绘制出符合用户要求的图形。本章将重点讲述这些修改命令的用法，方便用户能够熟练掌握AutoCAD二维图形的编辑命令。

# 5.1 选择图形

对图形进行任何编辑和修改操作的时候，必须先选择图形对象。针对不同的情况，采用最佳的选择方法，能大幅提高图形的编辑效率。AutoCAD 2014提供了多种选择对象的基本方法，如点选、框选、栏选、围选等。

## 5.1.1 设置选择集

为了提高绘图效率，AutoCAD允许用户根据个人习惯设置选择集，包括拾取框大小、夹点显示以及选择视觉效果等。

在绘图区的空白处单击鼠标右键，在弹出的快捷菜单中选择【选项】命令，或者在菜单栏中选择【工具】|【选项】命令，打开【选项】对话框，单击【选项集】选项卡，如图5-1所示，在其中即可对拾取框大小、夹点显示及选择集模式进行设置。

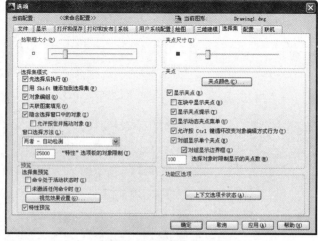

图5-1 【选择集】选项卡

在【选项集】选项卡中，各选项的含义如下所述。

拾取框大小：拖动滑块可以设置十字光标中部的方形图框大小，如图5-2所示。

夹点尺寸：拖动滑块可以设置图形夹点大小，如图5-3所示。

图5-2 调整拾取框大小                    图5-3 调整夹点大小

预览：当光标的拾取框移动到图形对象上时，图形对象以加粗或虚线显示为预览效果，它包含下列选项。

★ 命令处于激活状态时：只有当某个命令处于激活状态，同时在命令行中显示"选取对象"，只有将拾取框移动到图像上，该对象才会显示出预览。

★ 未激活任何命令时：该复选项的作用同上述复选项相反，即选择此复选项时，只有在没有任何命令处于激活状态时，才可以显示预览。

★ 视觉效果设置：选择集的视觉效果包括被选择对象的线型、线宽及选择区的颜色、透明度等，单击该按钮即可进行相关设置。

选择集模式：该选项包括6种，用以定义选择集同命令之间的先后执行顺序、选择集的添加方式、对象编组、关联图案填充等有关选择集的各类详细设置。

- ★ 先选择后执行：只有勾选该复选项后，才能先选择图形，再执行命令，此选项默认为勾选状态。"先执行后选择"模式在任何时候都可以使用。

- ★ 用Shift键添加到选择集：在没有勾选该复选项的时候，用鼠标左键连续单击多个图形可以将它们选中，Shift键用于减选；而勾选了该复选项后，无论如何单击，都只能选中最后拾取的那一个图形，要添加则要按住Shift键不放，才能同时进行选择。

- ★ 对象编组：打开或者关闭自动组选择。设置为打开时，选择组中的任意一个对象，就相当于选择了整个组。

- ★ 关联图案填充：该选项应用于封闭图形及其内部的填充图案，勾选该复选项时，在封闭图形和填充图案中选择其一即可将两者都选中；而关闭该复选项后，选择一个对象的同时则不能选中另一个对象。

- ★ 隐含选择窗口中的对象：该复选项被选中时（此为默认设置），从左向右定义选择窗口，可使完全位于选择窗口内的所有图形被选中；而从右向左定义选择窗口时，则完全位于选择窗口内以及与窗口相交的图形会被选中。该复选项未选中时，无法进行框选，只能使用窗口或交叉选择法生成选择窗口。

- ★ 允许按住并拖动对象：该参数实际意义并不大，不推荐勾选。

- ★ 窗口选择方法：该参数有一个下拉表，可以通过更改窗口选择对象的方法，其中"两次单击"表示通过单击两次来定义矩形窗口的选择范围；"按住并拖动"表示按住鼠标左键不放并拖动，释放鼠标左键即确定选择范围；而"两者-自动检测"表示以上两种方法之一。

## 5.1.2 点选图形

如果选择的是单个图形对象，可以使用点选的方法。直接将拾取光标移动到选择对象上方，此时该图形对象会以虚线亮显显示，单击鼠标左键即可完成单个对象的选择。

点选方式一次只能选中一个对象，如图5-4所示。连续单击需要选择的对象，可以同时选择多个对象，如图5-5所示，虚线显示被选中的部分。

图5-5 点选多个对象

> **技巧**
>
> 按下Shift键并再次单击已经选中的对象，可以将这些对象从当前选择集中删除。按Esc键可以取消对当前全部选定对象的选择。

如果需要同时选择多个或者大量的对象，再使用点选的方法不仅费时费力，而且容易出错。此时，宜使用AutoCAD 2014提供的窗口、窗交、栏选等选择方法。

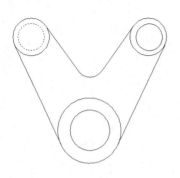

图5-4 点选单个对象

## 5.1.3 窗选图形

窗选方式是通过定义矩形窗口来选择对象的一种方法，可以一次性选择多个对象。依鼠标拖动方向的不同，窗选又分为窗口选择和窗交选择。

**1. 窗口选择对象**

窗口选择对象是指按着鼠标向右上方或右下方拖动，框住需要选择的对象，此时绘图区将会出现一个实线的蓝色矩形方框，如图5-6所示。释放鼠标后，被方框完全包围的对象将被选中，图5-7所示的虚线显示部分为被选择的部分。

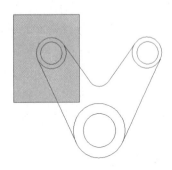

图5-6　窗口选择

图5-7　窗口选择结果

**2. 窗交选择对象**

窗交选择对象的选择方向正好与窗口选择相反，它是按住鼠标左键向左上方或左下方拖动，框住需要选择的对象，此时绘图区将出现一个虚线的绿色矩形方框，如图5-8所示。释放鼠标后，与方框相交和被方框完全包围的对象都将被选中，图5-9所示的虚线显示部分为被选择的部分。

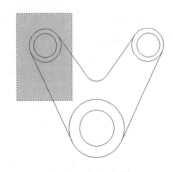

图5-8　窗交选择

图5-9　窗交选择结果

## 5.1.4　圈选图形

圈选方式通过绘制多边形的选择范围框来选择图形，包括圈围和圈交两种方法。

**1. 圈围对象**

圈围是一种多边形窗口选择方法，与窗口选择对象的方法类似，不同的是圈围方法可以构造任意形状的多边形，如图5-10所示。完全包含在多边形区域内的对象才能被选中，图5-11所示的虚线显示部分为被选择的部分。

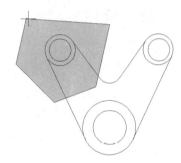

图5-10　圈围对象

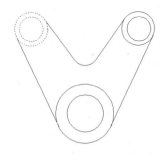

图5-11　圈围选择结果

当命令行中提示选择对象时，输入"WP"并回车即可启动圈围选择方式。

**2. 圈交对象**

圈交是一种多边形窗交选择方法，与圈围选择对象的方法类似，不同的是在圈交选择中被选对象为与选择框相交和被选择框包围的图形，如图5-12所示。图5-13中的虚线显示部分为被选择的图形。

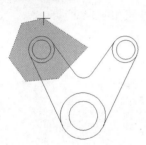

图5-12 圈交对象

图5-13 圈交选择结果

当命令行中提示选择对象时，输入CP并回车即可启动圈交选择方式。

## 5.1.5 栏选图形

栏选图形可在选择图形时拖曳出任意折线，如图5-14所示。凡是与折线相交的图形对象均被选中，图5-15所示的虚线显示部分为被选择的部分。使用该方式选择连续性对象非常方便，但栏选线不能封闭与相交。

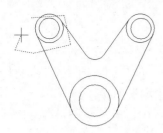

图5-14 栏选对象

图5-15 栏选对象结果

当命令行中提示选择对象时，输入F并回车即可启动栏选选择方式。

## 5.1.6 快速选择

快速选择可以根据对象的图层、线型、颜色、图案填充等特性选择对象，从而可以准确快速地从复杂的图形中选择满足某种特性的图形对象。

在AutoCAD 2014中常用以下方法调用【快速选择】命令：

★ 菜单栏：执行【工具】|【快速选择】命令。

★ 命令行：在命令行中输入"QSELECT"并回车。

★ 功能区：在【默认】选项卡中，单击【实用工具】面板中的【快速选择】按钮。

执行上述任意一种操作后，系统弹出图5-16所示的对话框，用户可以根据要求设置选择范围。

图5-16 【快速选择】对话框

## 5.1.7 实战——快速选择

01 打开文件。按Ctrl+O快捷键，打开本书配套光盘中的"5.1.7 快速选择.dwg"素材文件，如图5-17所示。

图5-17 素材文件

**02** 调用【快速选择】命令。在功能区中的【默认】|【实用工具】上单击【快速选择】按钮 ，系统弹出【快速选择】对话框。在对话框的【对象类型】下拉菜单中选择"圆"选项，如图5-18所示。

**03** 快速选择图形。单击【快速选择】对话框中的【确定】按钮，即可快速选择图形中所有圆，效果如图5-19所示。

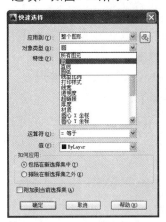

图5-18 设置【快速选择】对话框

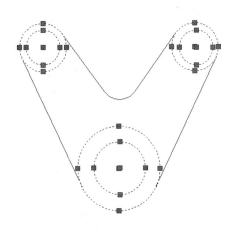

图5-19 快速选择结果

# 5.2 修改图形

在绘制完各种图形对象之后，图形中难免存在交叉、间隙，或者错误、冗余的对象，因此需要对其进行修整。常用的修整操作有删除、修剪、延伸、打断、合并和分解等。

## 5.2.1 删除图形

【删除】命令是常用的命令，它的作用是将多余的图形删除，同时保留用户所需的图形。

在AutoCAD 2014中常用以下方法调用【删除】命令。

★ 菜单栏：执行【修改】|【删除】命令。

★ 工具栏：单击【修改】工具栏中的【删除】按钮 。

★ 命令行：在命令行中输入"ERASE/E"。

★ 功能区：在【默认】选项卡中，单击【修改】面板中的【删除】按钮。

★ 快捷键：选择对象按Delete键。

执行以上任意一种操作调用【删除】命令后，命令行提示如下：

| 命令：ERASE✓ | //调用删除命令 |
|---|---|
| 选择对象：✓ | //选择要删除的对象，按回车键删除选择的对象 |

**提示**

在没有执行命令的情况下，选中需要删除的图形对象，直接按Delete键或单击【修改】工具栏中的【删除】按钮 来删除对象。在没有选中任何对象的情况下，单击【修改】工具栏中的【删除】按钮 ，然后根据命令提示选择需要删除的对象，按Enter键确认也可删除对象。

### 5.2.2 修剪图形

【修剪】命令是将超出边界的多余部分修剪删除掉。在命令执行过程中，需要设置的参数有修剪边界和修剪对象两类。要注意在选择修剪对象时光标所在的位置，需要删除哪一部分，则在靠近该部分的位置单击鼠标。

在AutoCAD 2014中常用以下方法调用【修剪】命令。

★ 菜单栏：执行【修改】|【修剪】命令。

★ 工具栏：单击【修改】工具栏中的【修剪】按钮 /‑。

★ 命令行：在命令行中输入"TRIM/TR"并回车。

★ 功能区：在【默认】选项卡中，单击【修改】面板中的【修剪】按钮 /‑。

执行上述任意一种操作后，命令行提示如下：

```
命令：_trim
当前设置:投影=UCS,边=无
选择剪切边...
选择对象或 <全部选择>:
选择要修剪的对象,或按住 Shift键选择要延伸的对象,或[栏选(F)/窗交(C)/投影(P)/边(E)/删除(R)/放弃(U)]:
```

其中各选项的含义如下所述。

★ 栏选（F）：选择与选择栏相交的所有对象。选择栏是一系列临时线段，它们是用两个或多个栏选点指定的。选择栏不构成闭合环。

★ 窗交（C）：选择矩形区域（由两点确定）内部或与之相交的对象。

★ 投影（P）：指定修剪对象时使用的投影方式。

★ 边（E）：确定对象是在另一对象的延长边处进行修剪，还是仅在三维空间中与该对象相交的对象处进行修剪。

★ 删除（R）：删除选定的对象。此选项提供了一种删除不需要的对象的简便方式，而无需退出 TRIM 命令。

★ 放弃（U）：放弃修剪操作。

> **提示**
>
> 在修剪操作过程中，首先需要选中修剪的边界线，然后再选择被修剪的对象。在修剪图形时，可以一次选择多个边界修剪对象，从而实现快速修剪。若直接按Enter键，则将选择的所有对象作为可能的边界对象。

### 5.2.3 实战——绘制铰套

01 打开文件。打开本书配套光盘中的素材文件"5.2.3 绘制铰套.dwg"，如图5-20所示。

02 在命令行输入"TRIM"，调用【修剪】命令，此时光标变成小四方形，按Enter键，将所有对象选作剪切边，然后依次单击编号1~10的各条边线，修剪出铰套的效果如图5-21所示。

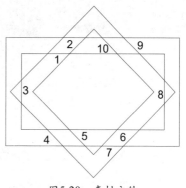

图5-20 素材文件

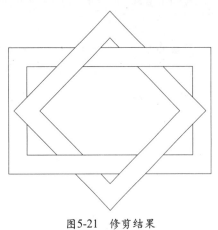

图5-21　修剪结果

### 5.2.4　延伸图形

【延伸】命令是将没有和边界相交的部分延伸补齐，它和修剪命令是一组相对的命令。系统规定可以用作有效的边界线的对象为：直线、射线、构造线、圆和圆弧、椭圆和椭圆弧、二维/三维多义线、多段线、样条曲线以及文本等。如果选择二维多义线作为边界对象，系统会忽略其宽度而把对象延伸至多义线的中心线。在命令执行过程中，需要设置的参数有延伸边界和延伸对象两类。

在AutoCAD 2014中，常用以下方法调用【延伸】命令。

★　菜单栏：执行【修改】|【延伸】命令。

★　工具栏：单击【修改】工具栏上的【延伸】按钮 。

★　命令行：在命令行中输入 "EXTEND/EX" 并回车。

★　功能区：在【默认】选项卡中，单击【修改】面板中的【延伸】按钮。

执行以上任意一种操作调用【延伸】命令后，命令行提示如下：

| | |
|---|---|
| 命令：EXTEND✓ | //调用延伸命令 |
| 选择对象或 <全部选择>： | //选择延伸边界 |
| [栏选(F)/窗交(C)/投影(P)/边(E)/放弃(U)]： | //选择延伸对象 |

其中各选项的含义如下所述。

★　栏选（F）：选择与选择栏相交的所有对象。选择栏是一系列临时线段，它们是用两个或多个栏选点指定的。选择栏不能构成闭合环。

★　窗交（C）：选择矩形区域（由两点确定）内部或与之相交的对象。

★　投影（P）：指定延伸对象时使用的投影方法。

★　边（E）：将对象延伸到另一个对象的隐含边，或仅延伸到三维空间中与其实际相交的对象。

在延伸操作过程中，首先需要选中边界线，然后再选择需要延伸的对象。在使用【修剪】命令时，选择修剪对象时按住Shift键也能达到延伸效果；在使用【延伸】命令时，选择延伸对象时按住Shift键也能达到修剪效果，它们是一组相对的命令。在修剪过程中，想往哪边延伸，则在靠近该边界的那端单击鼠标。

如果要延伸的对象是适配样条多义线，则延伸后会在多义线的控制框上增加新节点；如果是锥形的多义线，系统会修正延伸端的宽度，使多义线从始端平滑地延伸至新终止端；如果延伸操作导致终止端宽度为负值，则宽度值为0，操作示例如图5-22所示。

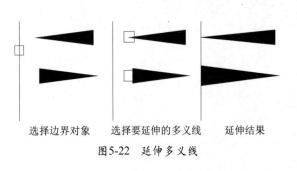

选择边界对象　　选择要延伸的多义线　　延伸结果

图5-22　延伸多义线

### 5.2.5　实战——延伸圆弧

**01** 打开文件。打开本书配套光盘中的素材文件 "5.2.5延伸圆弧.dwg"，如图5-23所示。

**02** 选择菜单栏中的【修改】|【延伸】命令，延伸圆弧，命令行操作如下：

```
命令:extend↙                                    //调用延伸命令
当前设置:投影=UCS，边=无
选择边界的边...                                  //选择边1作为延伸边界
选择对象或 <全部选择>：找到 1 个                  //选择左半段圆弧为延伸对象
```

**03** 重复调用【延伸】命令，选定其他边为延伸边界，延伸圆弧。最终的效果如图5-24所示。

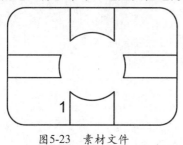

图5-23  素材文件

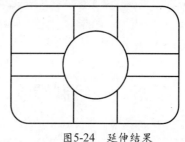

图5-24  延伸结果

## 5.2.6  打断图形

打断是把原本是一个整体的线条分离成两段。该命令只能打断单独的线条，不能打断组合形体，如图块等。

在AutoCAD 2014常用以下方法调用【打断】命令。

★ 菜单栏：选择【修改】|【打断】菜单命令。

★ 工具栏：单击【修改】工具栏中的【打断】按钮🔲或【打断于点】按钮🔲。

★ 功能区：在【默认】选项卡中，单击【修改】面板中的【打断】按钮🔲。

★ 命令行：输入"BREAK/BR"。

根据打断点数量的不同，【打断】命令可分为打断和打断于点。

### 1. 打断

打断是指在线条上创建两个打断点，从而将线条断开。默认情况下，系统会以选择对象时的拾取点作为第一个打断点，若直接在对象上选取另一点，即可去除两点之间的线段。如果在对象之外指定一点为第二打断点的参数点，系统将以该点到被打断对象垂直点位置为第二打断点，除去两点间的线段，如图5-25所示。

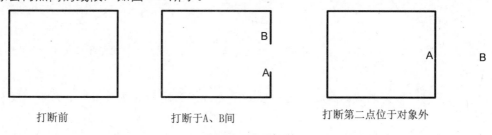

打断前                    打断于A、B间              打断第二点位于对象外

图5-25  图形打断

调用【打断】命令后，命令行提示如下：

```
命令：break↙
选择对象：
指定第二个打断点 或 [第一点(F)]：F↙            //选择"第一点(F)"选项
指定第一个打断点：
指定第二个打断点：
```

选择对象的时候，默认用户单击的位置是第一个打断点的位置，因此在命令行输入字母F后，才能选择打断第一点。在选择打断点的时候要注意顺序，AutoCAD的打断顺序是逆时针方向，如果从上到下选择打断点，则打断的就是图形对象左侧的部分；如果从下到上选择打断点，那么打断的就是右侧部分，如图5-26所示。另外如果两个打断点都选择同一点，那么图形只是被打断为两部分，在外观上不会有明显变化（使用这种方法不能打断封闭图形）。

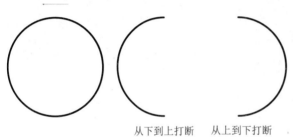

从下到上打断　　从上到下打断

图5-26　打断点顺序不同的结果

## 5.2.7　实战——绘制螺纹

01　打开文件。打开本书配套光盘中的素材文件"5.2.7 绘制螺纹.dwg"，如图5-27所示。

02　选择菜单栏中的【修改】|【打断】命令，打断细实线的圆，如图5-28所示。

```
命令: _break
选择对象:
指定第二个打断点 或 [第一点(F)]:F✓              \\输入F指定第一点
指定第一个打断点:                              \\指定细实线圆的左象限点为第一点
指定第二个打断点:                              \\指定细实线圆的下象限点为第二点
```

> **提示**
>
> 由于AutoCAD的打断顺序是逆时针方向，所以如果将第一、二点的顺序交换，则打断结果如图5-29所示。

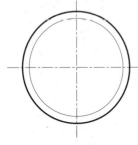

图5-27　素材文件

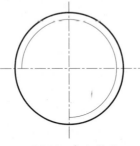

图5-28　打断效果

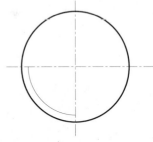

图5-29　改变打断点顺序后的打断结果

### 2. 打断于点

打断于点工具可以将对象断开，并且打断对象之间没有间隙，图5-30所示为图形打断于点的效果。

调用【打断于点】命令后，命令行提示如下：

```
命令: _break
选择对象:                                    //选择打断对象
指定第二个打断点 或 [第一点(F)]: _f           //系统自动选择"第一点(F)"选项
指定第一个打断点:                            //指定打断点
指定第二个打断点:@                           //系统自动跳过指定第二点操作
```

打断前　　打断于A点　　打断于A、B

图5-30　打断于点

在命令执行过程中，需要输入的参数有

打断对象和第一个打断点。

注意

不能用【打断于点】工具将圆一分为二。

## 5.2.8　合并图形

【合并】命令用于将独立的图形对象合并为一个整体。它可以将多个对象进行合并，对象包括圆弧、椭圆弧、直线、多线段和样条曲线等。在执行【合并】命令时，直线对象必须共线，但它们之间可以有间隙；圆弧对象必须位于同一假想的圆上，它们之间可以有间隙；多段线可以与直线、多段线或圆弧合并，但对象之间不能有间隙，并且必须位于同一平面上。

在AutoCAD 2014中常用以下方法调用【合并】命令。

★ 命令行：在命令行中输入"JOIN/J"并回车。

★ 菜单栏：执行【修改】|【合并】命令。

★ 工具栏：单击【修改】工具栏中的【合并】按钮￼。

★ 功能区：在【默认】选项卡中，单击【修改】面板中的【合并】按钮。

执行该命令，选择要合并的图形对象，按Enter键即可完成合并对象操作。

## 5.2.9　实战——合并线段

01 打开文件。打开本书配套光盘中的素材文件"5.2.9合并线段.dwg"，如图5-31所示。

02 选择菜单栏中的【修改】|【合并】命令，将外围轮廓线段进行合并，命令行操作如下：

```
命令：_join                                      //调用【合并】命令
选择源对象或要一次合并的多个对象：找到 1 个
选择要合并的对象：找到 1 个，总计 2 个          //选择底座上的两条直线段
选择要合并的对象：                              //按Enter键结束选择
2 条直线已合并为 1 条直线
```

03 使用同样的方法合并其他各边的直线，操作的结果如图5-32所示。

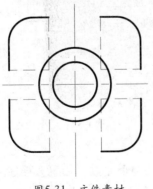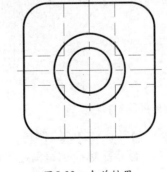

图5-31　文件素材　　　　图5-32　合并结果

## 5.2.10　倒角图形

【倒角】命令用于将两条非平行直线或多段线以一斜线相连，可以创建倒角的对象有直线、多段线、射线、构造线和三维实体。【倒角】命令在机械制图中经常使用。构建倒角主要

分两步，首先确定如何制作倒角，需指定某个倒角的两个距离或一个距离和一个角度，然后选择要构建倒角的两条边。

在AutoCAD 2014中常用以下几种方法调用【倒角】命令。

★　菜单栏：执行【修改】|【倒角】命令。

★　工具栏：单击【修改】工具栏中的【倒角】按钮。

★　命令行：在命令行中输入"CHAMFER/CHA"并回车。

★　功能区：在【默认】选项卡中，单击【修改】面板中的【倒角】按钮。

执行以上任意一种操作调用【倒角】命令后，命令行提示如下：

命令：CHAMFER✓　　　　　　　　　　　　　　　　　　　　　　　　　　　//调用【倒角】命令
选择第一条直线或 [放弃(U)/多段线(P)/距离(D)/角度(A)/修剪(T)/方式(E)/多个(M)]：　//选择倒角类型

其中各选项的含义如下所述。

★　多线段（P）：对整个二维多段线倒角，相交的多段线线段在每个多段线顶点被倒角，倒角成为多段线的新线段。如果多段线包含的线段过短以至于无法容纳倒角距离，则不对这些线段倒角，如图5-33所示。

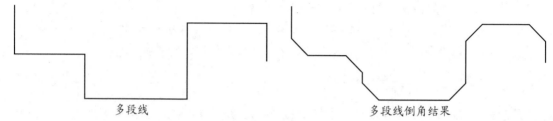

图5-33　多段线倒角

★　距离（D）：设定倒角至选定边端点的距离。如果将两个距离均设定为零，CHAMFER将延伸或修剪两条直线，以使它们终止于同一点。

★　角度（A）：用第一条线的倒角距离和第二条线的角度设定倒角距离。

★　修剪（T）：控制CHAMFER是否将选定的边修剪到倒角直线的端点，如图5-34所示。

★　方式（E）：控制CHAMFER使用两个距离还是一个距离和一个角度来创建倒角，如图5-35所示。

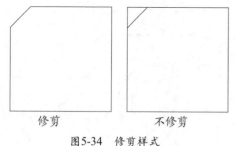

图5-34　修剪样式

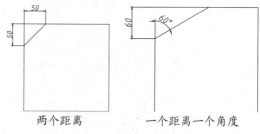

图5-35　创建样式

★　多个（M）：为多组对象的边倒角。

绘制倒角时，倒角距离或倒角角度不能太大，否则倒角无效。如果直接按Shift键选择两倒角的直线，则以0代替倒角半径值。在修剪模式下，可以对两条不平行的直线倒圆角，那样这两条直线将自动延伸并相交，如图5-36所示。

图5-36　对两条不平行的直线倒角

> **提示**
>
> AutoCAD 2014新增了倒角和圆角预览功能，在分别选择了倒角或圆角后，倒角位置会出现相应的最终倒角或圆角预览效果，以方便用户查看操作结果。

## 5.2.11 实战——绘制轴类零件的倒角

**01** 打开文件。打开本书配套光盘中的素材文件"5.2.11 绘制轴类零件的倒角.dwg"，如图5-37所示。

**02** 选择菜单栏中的【修改】|【倒角】命令，在各轴段创建倒角，命令行操作提示如下：

```
命令：_chamfer                                                    //调用【倒角】命令
（"修剪"模式）当前倒角距离 1 = 0.0000，距离 2 = 0.0000
选择第一条直线或 [放弃(U)/多段线(P)/距离(D)/角度(A)/修剪(T)/方式(E)/多个(M)]：T✓
输入修剪模式选项 [修剪(T)/不修剪(N)] <修剪>：T✓                    //设置修剪模式
选择第一条直线或 [放弃(U)/多段线(P)/距离(D)/角度(A)/修剪(T)/方式(E)/多个(M)]：A✓  选择角度模式
指定第一条直线的倒角长度 <0.0000>：1.5✓                          //设置倒角长度
指定第一条直线的倒角角度 <0>：45✓                                //设置倒角角度
选择第一条直线或 [放弃(U)/多段线(P)/距离(D)/角度(A)/修剪(T)/方式(E)/多个(M)]：  //选定第一条直线
选择第二条直线或按住 Shift 键选择直线以应用角点或 [距离(D)/角度(A)/方法(M)]：  //选择第二条直线
```

**03** 重复调用【倒角】命令，倒角的最终结果如图5-38所示。

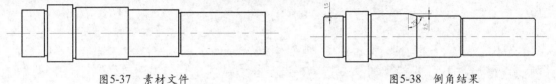

图5-37　素材文件　　　　　　　　　　　　　图5-38　倒角结果

## 5.2.12 圆角图形

　　【圆角】命令是将两条相交的直线通过一个圆弧连接起来。圆角与倒角类似，区别就是圆角是将两条相交的直线通过一个圆弧连接起来。【圆角】命令的使用分为两步：第一步确定圆角的大小，通常用【半径】参数确定；第二步选定两条需要倒圆角的边。

　　在AutoCAD 2014中可以通过以下几种方法启动【圆角】命令。

★ 菜单栏：执行【修改】|【圆角】命令。

★ 工具栏：单击【修改】工具栏中的【圆角】按钮。

★ 命令行：在命令行中输入"FILLET/F"。

★ 功能区：在【默认】选项卡中，单击【修改】面板中的【圆角】按钮。

　　使用以上任意一种方法启动【圆角】命令后，命令行提示如下：

```
命令：FILLET✓                                                    //调用【圆角】命令
选择第一个对象或 [放弃(U)/多段线(P)/半径(R)/修剪(T)/多个(M)]：       //选择对象或设置参数
```

　　命令行的主要选项介绍如下。

★ 多线段（P）：在二维多段线中的两条直线段相交的每个顶点处插入圆角圆弧，如图5-39所示。

★ 半径（R）：定义圆角圆弧的半径。输入的值将成为后续FILLET命令的当前半径。修改此值并不影响现有的圆角圆弧。

★ 修剪（T）：控制 FILLET 是否将选定的边修剪到圆角圆弧的端点，如图5-40所示。

多段线            多段线圆角结果              修剪      不修剪

图5-39  多段线圆角                          图5-40  修剪样式

★ 多个（M）：为多个对象进行圆角。

调用【圆角】和【倒角】命令可以使两条分开的不平行的线段连接起来，相当于优化的【延伸】命令。在AutoCAD 2014中，还允许对两条平行线倒圆角，圆角的半径为两条平行线距离的一半，如图5-41所示。

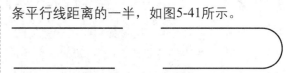

图5-41  对两条平行直线倒圆角

## 5.2.13  实战——绘制倒圆角

**01** 打开文件。打开本书配套光盘中的素材文件"5.2.13 绘制倒圆角.dwg"，如图5-42所示。

**02** 选择菜单栏中的【修改】|【圆角】命令，在直线与圆弧交点处倒圆角，命令行操作如下：

```
命令：_fillet
当前设置：模式 = 不修剪，半径 = 5.0
选择第一个对象或 [放弃(U)/多段线(P)/半径(R)/修剪(T)/多个(M)]：T↙        //设置修剪模式
输入修剪模式选项 [修剪(T)/不修剪(N)] <不修剪>：T↙                   //设置修剪
选择第一个对象或 [放弃(U)/多段线(P)/半径(R)/修剪(T)/多个(M)]：R↙      //选择"半径(R)"选项
指定圆角半径 <5.0>：5↙                                         //设置圆角半径值为5
选择第一个对象或[放弃(U)/多段线(P)/半径(R)/修剪(T)/多个(M)]：        //选择倒圆角的边
选择第二个对象或按住 Shift 键选择对象以应用角点或 [半径(R)]：        //选择倒圆角的边
```

**03** 重复调用【圆角】命令，对其他交点进行倒圆角，最终的结果如图5-43所示。

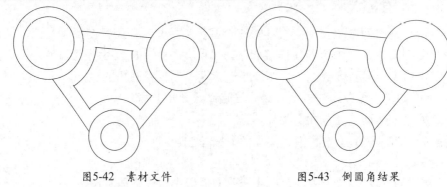

图5-42  素材文件                          图5-43  倒圆角结果

## 5.2.14  分解图形

对于由多个对象组成的组合对象，如矩形、多边形、从外部引用的块或是阵列的图形对象，如果需要对其中的单个对象进行编辑操作，就需要先利用【分解】命令将这些对象拆分为单个的图形对象，然后再利用编辑工具进行编辑。

调用【分解】命令有以下几种方法。

★ 菜单栏：选择菜单栏上的【修改】|【分解】命令。

★ 工具栏：在【修改】工具栏上单击【分解】按钮 。

★ 命令行：在命令行中输入"EXPLODE/X"命令并回车。

★　功能区：在【默认】选项卡中，单击【修改】面板中的【分解】按钮。

执行该命令后，选择要分解的图形对象，按Enter键即可完成分解操作。图形被分解之后，从图形的外观上似乎看不出变化，但将其选中后，就可以发现分解前后的变化，如图5-44和图5-45所示。

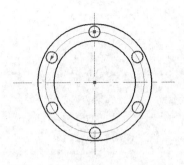　　　　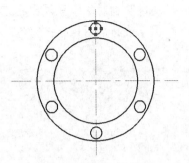

　　图5-44　分解前选择阵列的圆　　　　　　图5-45　分解后选择单独的圆

**提示**

　　【分解】命令不能分解用MINSERT和外部参照插入的块以及外部参照依赖的块。分解一个包含属性的块将删除属性值并重新显示属性定义。

# 5.3 复制图形

　　　　一个零件图中通常有大量重复的图形对象，它们的差别只是相对位置的不同。复制是以现有图形对象为源对象，绘制出与源对象相同或相似的图形，从而简化绘制具有重复性或近似性特点图形的绘制步骤，达到提高绘图效率和绘图精度的作用。使用AutoCAD提供的复制、镜像、偏移和阵列工具，可以快速创建这些相同的对象。

## 5.3.1 复制

　　【复制】命令是将源图形对象在指定的方向上按指定的距离重新生成一个或多个与源对象一样的图形，它在平移图形的同时，会在源图形位置处创建一个副本。复制命令需要输入的参数是复制对象、基点起点和基点终点。

　　在AutoCAD 2014中常用以下方法调用【复制】命令。

★　菜单栏：执行【修改】|【复制】命令。

★　工具栏：单击【修改】工具栏中的【复制】按钮 。

★　命令行：在命令行中输入"COPY/CO"并回车。

★　功能区：在【默认】选项卡中，单击【修改】面板中的【复制】按钮。

　　执行以上任意一种操作调用【复制】命令后，命令行提示如下：

| 命令： COPY✓ | //调用【复制】命令 |
| --- | --- |
| 选择对象： | //选择要复制的对象 |
| 指定基点或 〔位移(D)/模式(O)〕 <位移>： | //指定复制基点 |
| 指定第二个点或 〔阵列(A)〕 <使用第一个点作为位移>： | //指定目标点 |
| 指定第二个点或 〔阵列(A)/退出(E)/放弃(U)〕 <退出>： | //按回车键结束操作 |

其中各选项的含义如下所述。

★ 位移（D）：使用坐标指定相对距离和方向。指定的两点定义一个矢量，指示复制对象的放置离原位置有多远以及在哪个方向上放置。

★ 模式（O）：控制命令是否自动重复（COPYMODE 系统变量）。

★ 阵列（A）：快速复制对象以呈现出指定数目和角度的效果。

★ 放弃（U）：用于放弃最后执行的操作。

**提示**

　　激活"多个（M）"选项即可对一次选择的图形对象进行多次复制。AutoCAD 2014执行复制操作时，系统默认的复制是多次复制，此时利用COPYMODE系统变量或上面介绍的"模式"选项指定是否重复命令。将COPYMODE系统变量的值设为1，即可在执行一次复制后结束COPY命令。

## 5.3.2　实战——复制套筒的左视图

01 打开文件。打开本书配套光盘中的素材文件"5.3.2 绘制套筒左视图.dwg"，如图5-46所示。

02 选择菜单栏中的【修改】|【复制】命令，复制左视图图形，得到右视图，如图5-47所示。命令行操作如下：

| 命令：copy✓ | //调用【复制】命令 |
|---|---|
| 选择对象：指定对角点：找到 4 个 | //选择套筒左视图 |
| 选择对象： | //回车以结束对象选择 |
| 当前设置：复制模式 = 多个 | |
| 指定基点或 [位移(D)/模式(O)] <位移>： | //选择圆心作为基点 |
| 指定位移 <3416.2665, 2198.4289, 0.0000>：177✓ | //方向水平向右，输入距离为177 |

 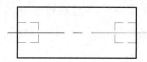　　　　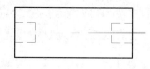

　图5-46　素材文件　　　　　　　　　　　　图5-47　复制结果

## 5.3.3　镜像

　　镜像是沿着指定的轴线来对称复制某个图形。在实际工程中，许多物体都设计成对称形状，如果绘制了这些图例的一半，就可以利用MIRROR命令迅速得到另一半。在执行命令过程中，需要确定镜像复制的对象和对称轴。对称轴可以是任意方向的，所选的对象将根据该轴线进行对称复制，并且还可以选择删除或保留源对象。

　　在AutoCAD 2014中常用以下方法调用【镜像】命令。

★ 菜单栏：执行【修改】|【镜像】命令。

★ 工具栏：单击【修改】工具栏中的【镜像】按钮▲。

★ 命令行：在命令行中输入"MIRROR/MI"。

★ 功能区：在【默认】选项卡中，单击【修改】面板中的【镜像】按钮。

　　执行以上任意一种操作调用【镜像】命令后，命令行提示如下：

| 命令：MIRROR✓ | //调用【镜像】命令 |
|---|---|
| 选择对象： | //选择镜像对象 |

| 指定镜像线的第一点： | |
| 指定镜像线的第二点： | //通过2点指定镜像线 |
| 要删除源对象吗？〔是(Y)/否(N)〕<N>：✓ | //确定是否删除源对象 |

　　如果是在水平或者竖直方向镜像图形，可以使用【正交】功能快速指定镜像线。镜像线是一条辅助绘图线，实际上并不存在，执行完毕后看不到镜像线。镜像线是直线，可以是水平直线或垂直直线，也可以是倾斜的直线。文字、属性和属性定义也可以按照轴对称规则进行镜像，但它们将反转或倒置。可以通过改变Mirrtext的值来控制文字的镜像方向。在默认设置下，Mirrtext系统变量值为1，这样镜像出来的文字就变得不能识别；将Mirrtext系统变量的值设置为0，可以对文字镜像并且使文字可读。

## 5.3.4　实战——绘制工字钢

**01** 打开文件。打开本书配套光盘中的素材文件"5.3.4绘制工字钢.dwg"，如图5-48所示。

**02** 选择菜单栏中的【修改】|【镜像】命令，镜像中心线一侧的图形如图5-49所示。命令行操作提示如下：

| 命令：_mirror | |
| 选择对象：指定对角点：找到 1 个 | //选择中心线左侧的图形 |
| 选择对象： | //回车以结束对象选择 |
| 指定镜像线的第一点：指定镜像线的第二点： | //选择中心线的两端点为镜像点 |
| 要删除源对象吗？〔是(Y)/否(N)〕<N>： | //直接回车，不删除源对象 |

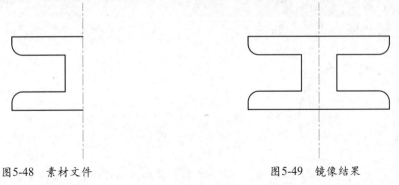

图5-48　素材文件　　　　　　　　　　　　　　图5-49　镜像结果

## 5.3.5　偏移

　　【偏移】命令是保持选择对象的形状，在不同位置以指定距离或通过点，新建一个与所选对象平行的图形。可以进行偏移的图形对象包括直线、曲线、多边形、圆、弧等，可生成等间距的平行直线、平行曲线或同心圆。在命令执行过程中，需要确定偏移源对象、偏移距离和偏移方向。在进行偏移操作时，可以向源对象的左侧或右侧、上方或下方、外部或内部偏移。只要在需要偏移一侧的任意位置单击即可确定偏移方向，也可以指定偏移对象通过已知的点。

　　在AutoCAD 2014中可以通过以下几种方法启动【偏移】命令。

★　菜单栏：执行【修改】|【偏移】命令。

★　工具栏：单击【修改】工具栏中的【偏移】按钮　。

★　命令行：在命令行中输入"OFFSET/O"。

★　功能区：在【默认】选项卡中，单击【修改】面板中的【偏移】按钮。

　　执行以上任意一种操作之后，命令行提示如下：

| 命令：OFFSET✓ | //调用【偏移】命令 |
| 指定偏移距离或 [通过(T)/删除(E)/图层(L)] <通过>： | //指定偏移方式 |
| 选择要偏移的对象或 [退出(E)/放弃(U)] <退出>： | //选择偏移对象 |
| 指定通过点或 [退出(E)/多个(M)/放弃(U)] <退出>： | //输入偏移距离或指定目标点 |

其中各选项的含义如下所述。

★ 偏移距离：副本对象与源对象的距离。

★ 通过（T）：创建通过指定点的对象。

★ 删除（E）：偏移源对象后将其删除。

★ 图层（L）：确定将偏移对象创建在当前图层上还是源对象所在的图层上。

> 【偏移】命令也是一个可以连续执行的命令，如果偏移距离相同，可以创建多个平行对象；如果偏移距离不同，必须重新启动偏移工具来指定新的偏移距离。

## 5.3.6 实战——绘制挡圈

通过挡圈的绘制，重点回顾【偏移】命令的操作方法。

**01** 单击【绘图】工具栏 ╱ 按钮，绘制垂直和水平两条中心线。

**02** 设置"轮廓线"为当前图层，使用快捷键C来激活【圆】命令，以中心线的交点为圆心绘制半径为5的圆，如图5-50所示。

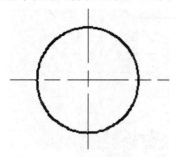

图5-50 绘制圆

**03** 选择菜单栏中的【修改】|【偏移】命令，将水平中心线分别向上下两侧偏移0.5个绘图单位，结果如图5-51所示。

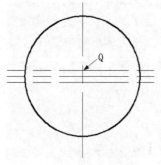

图5-51 偏移结果

**04** 单击【绘图】工具栏中的 ⊙ 按钮，激活【圆】命令，以图5-87所示的Q点为圆心绘制半径为5.75的圆，结果如图5-52所示。

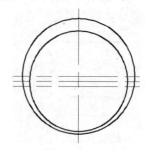

图5-52 绘制圆

**05** 使用快捷键O激活【偏移】命令，将垂直中心线分别向左右两侧偏移0.6和2.5个绘图单位，结果如图5-53所示。

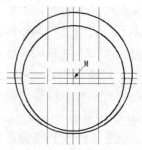

图5-53 偏移垂直辅助线

**06** 使用快捷键C激活【圆】命令，以图5-53所示的点M为圆心，绘制半径为5.75的圆，结果如图5-54所示。

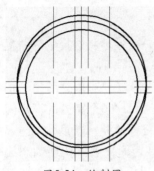

图5-54 绘制圆

**07** 单击【修改】工具栏中的 按钮，激活【修剪】命令，对图形进行修剪处理，结果如图5-55所示。

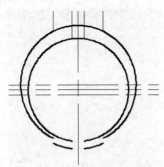

图5-55 修剪直线

**08** 使用【删除】命令来删除辅助线，并单击【绘图】工具栏中的 按钮，捕捉端点，绘制如图5-56所示的4条直线。

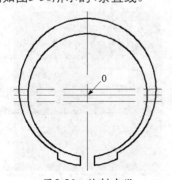

图5-56 绘制直线

**09** 将"点划线"设置为当前图层，单击【绘图】工具栏中的 按钮，以图5-56所示的O点为圆心，绘制半径为5.4的圆，如图5-57所示。

**10** 使用快捷键O激活【偏移】命令，将垂直中心线分别向左右两边偏移1.5个绘图单位。

**11** 单击【修改】工具栏中的 按钮，对偏移的垂直中心线进行修剪处理，修剪的结果如图5-58所示。

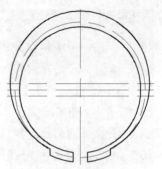

图5-57 绘制辅助圆

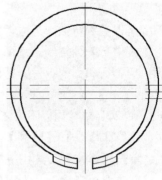

图5-58 修剪图形

**12** 将"轮廓线"切换为当前层，使用快捷键C激活【圆】命令，以刚修剪的辅助线交点为圆心绘制半径为0.3的圆，结果如图5-59所示。

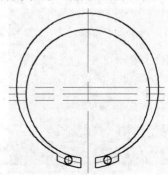

图5-59 绘制圆

**13** 使用【删除】命令，删除多余的辅助线，最终的结果如图5-60所示。

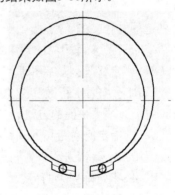

图5-60 最终结果

## 5.3.7 阵列

【阵列】命令是一个功能强大的多重复制命令，它可以一次性地将选择的对象复制多个并按一定规律进行排列。阵列方式有矩形阵列、路径阵列和极轴阵列3种。

AutoCAD 2014对【阵列】命令进行了增强，在选择了矩形阵列对象之后，它们会立即显示在3行4列的栅格中。在创建环形阵列时，指定圆心后，将立即在6个完整的环形阵列中显示选定的对象。为路径阵列选择对象和路径后，对象会立即沿路径的整个长度均匀显示。对于每种类型的阵列（矩形、环形和路径），使用阵列对象上的多功能夹点可实现动态编辑功能。AutoCAD 2014的阵列方式更为智能、直观和灵活，用户可以边操作边调整效果。

### 1. 矩形阵列

矩形阵列是以控制行数、列数以及行和列之间的距离，或添加倾斜角度的方式，使选取的对象以矩形方式进行阵列复制，从而创建出源对象的多个副本。使用矩形阵列需要设置的参数有阵列的源对象、行和列的数目、行距和列距。行和列的数目决定了需要复制的图形对象有多少个。

在AutoCAD 2014中常用以下方法调用【矩形阵列】命令。

★ 菜单栏：执行【修改】|【阵列】|【矩形阵列】命令。
★ 工具栏：单击【修改】工具栏中的【矩形阵列】按钮品。
★ 命令行：在命令行中输入"ARRAY/AR"并回车。
★ 功能区：在【默认】选项卡中，单击【修改】面板中的【矩形阵列】按钮。

执行以上任意一种操作调用【矩形阵列】命令后，如果是在AutoCAD 2014【草图与注释】空间进行阵列操作，则在选择阵列类型后，系统弹出【阵列创建】选项卡。如图5-61所示，同时命令行提示如下：

```
选择对象：                                        //选择阵列对象
输入阵列类型[矩形(R)/路径(PA)/极轴(PO)]：R↙        //激活"矩形"选项
选择夹点以编辑阵列或 [关联(AS)/基点(B)/计数(COU)/间距(S)/列数(COL)/行数(R)/层数(L)/退出(X)]
<退出>：↙                                        //设置阵列参数，按回车键退出
```

图5-61 【阵列创建】选项卡

其中各选项的含义如下所述。

★ 关联（AS）：指定阵列中的对象是关联的还是独立的。
★ 基点（B）：定义阵列基点和基点夹点的位置。
★ 计数（COU）：指定行数和列数并使用户在移动光标时可以动态观察结果（一种比选择"行和列"选项更快捷的方法）。
★ 间距（S）：指定行间距和列间距并使用户在移动光标时可以动态观察结果。
★ 列数（COL）：编辑列数和列间距。
★ 行数（R）：指定阵列中的行数、行之间的距离以及行之间的增量标高。
★ 层数（L）：指定三维阵列的层数和层间距。

**2. 路径阵列**

在路径阵列中，项目将均匀地沿路径分布，其中的路径可以是直线、多段线、三维多段线、样条曲线、螺旋、圆、圆弧或椭圆。路径阵列需要设置的参数有阵列路径、阵列对象和阵列数量、方向等。

在AutoCAD 2014中常用以下方法调用【路径阵列】命令。

★ 菜单栏：执行【修改】|【阵列】|【路径阵列】命令。

★ 工具栏：单击【修改】工具栏中的【路径阵列】按钮 🗺。

★ 命令行：在命令行中输入"ARRAY/AR"并回车。

★ 功能区：在【默认】选项卡中，单击【修改】面板中的【路径阵列】按钮。

执行以上任意一种操作之后，如果是在AutoCAD 2014【草图与注释】空间进行阵列操作，则在选择阵列类型后，系统弹出【阵列创建】选项卡，如图5-62所示，同时命令行提示如下：

```
选择对象:                                              //选择要阵列的对象
输入阵列类型[矩形(R)/路径(PA)/极轴(PO)]: PA↙          //激活"路径"选项
选择路径曲线:                                          //选取阵列路径
选择夹点以编辑阵列或 [关联(AS)/方法(M)/基点(B)/切向(T)/项目(I)/行(R)/层(L)/对齐项目(A)/Z 方向(Z)/
退出(X)] <退出>: ↙                                    //设置阵列参数并按回车键退出
```

图5-62 【阵列创建】选项卡

其中各选项的含义如下所述。

★ 关联（AS）：指定是否创建阵列对象，或者指定是否创建选定对象的非关联副本。

★ 方法（M）：控制如何沿路径分布项目。

★ 基点（B）：定义阵列的基点和路径阵列中的项目相对于基点放置。

★ 切向（T）：指定阵列中的项目如何相对于路径的起始方向对齐。

★ 项目（I）：根据"方法"设置，指定项目数或项目之间的距离。

★ 行（R）：指定阵列中的行数、行之间的距离以及行之间的增量标高。

★ 层（L）：指定三维阵列的层数和层间距。

★ 对齐项目（A）：指定是否对齐每个项目并与路径的方向相切。对齐相对于第一个项目的方向。

★ Z方向（Z）：控制是否保持项目的原始Z方向或沿三维路径自然倾斜项目。

**3. 环形阵列**

【环形阵列】即极轴阵列，是以某一点为中心点进行环形复制，阵列结果是使阵列对象沿中心点或旋转轴以循环运动均匀分布。环形阵列需要设置的参数有阵列的源对象、项目总数、中心点位置和填充角度。填充角度是指全部项目排成的环形所占有的角度，例如，对于360°填充，所有项目将排满一圈；对于270°填充，所有项目只排满四分之三圈。

在AutoCAD 2014中常用以下方法调用【环形阵列】命令。

★ 菜单栏：执行【修改】|【阵列】|【环形阵列】命令。

★ 工具栏：单击【修改】工具栏中的【环形阵列】按钮 🔡。

★ 命令行：在命令行中输入"ARRAY/AR"并回车。

★ 功能区：在【默认】选项卡中，单击【修改】面板中的【环形阵列】按钮。

执行以上任意一种方法调用【环形阵列】命令后，如果是在AutoCAD 2014【草图与注释】空间进行阵列操作，则在选择阵列类型后，系统弹出【阵列创建】选项卡，如图5-63所示，同时命令行提示如下：

```
选择对象：                                            //选择阵列对象
输入阵列类型[矩形(R)/路径(PA)/极轴(PO)]：PO✓          //激活"极轴"选项
指定阵列的中心点或 [基点(B)/旋转轴(A)]：               //指定阵列中心点
选择夹点以编辑阵列或 [关联(AS)/基点(B)/项目(I)/项目间角度(A)/填充角度(F)/行(ROW)/层(L)/旋转项目
(ROT)/退出(X)] <退出>：✓                             //设置阵列参数并按回车键退出
```

图5-63 【阵列创建】选项卡

其中各选项的含义如下所述。

★ 旋转轴（A）：指定由两个指定点定义的旋转轴。

★ 项目（I）：使用值或表达式来指定阵列中的项目数。

★ 项目间角度（A）：每个对象环形阵列后相隔的角度。

★ 填充角度（F）：对象环形阵列的总角度。

★ 旋转项目（ROT）：控制在阵列项目时是否旋转项目。

### 4. 编辑关联阵列

在阵列被创建完成后，所有阵列对象可以作为一个整体来进行编辑。要编辑阵列特性，可使用ARRAYEDIT命令、【特性】选项板或夹点对阵列进行编辑。选择阵列对象后，阵列对象上将显示三角形和方形的蓝色夹点，拖动中间的三角形夹点，可以调整项目间的距离，如图5-64所示；拖动一端的三角形夹点，可以调整阵列的数目，如图5-65所示。

按Ctrl键并单击阵列中的项目，可以单独删除、移动、旋转或缩放选定的项目，而不会影响其余阵列，如图5-66所示。

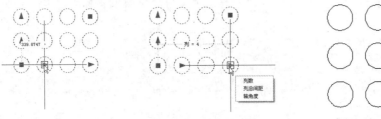
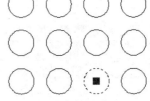

图5-64 调整项目间距　　　　图5-65 调整项目数量　　　　图5-66 选择单个项目

## 5.3.8 实战——绘制止动垫圈

本实战通过绘制止动垫圈，使读者熟练掌握【阵列】命令的操作方法。

**01** 新建空白文件。单击【绘图】工具栏上的【直线】按钮，绘制两条正交的中心线。

**02** 使用快捷键O激活【偏移】命令，将垂直中心线分别向左右两边偏移3.5个绘图单位，结果如图5-67所示。

**03** 单击【绘图】工具栏上的【圆】按钮，以中间中心线与水平中心线交点为圆心，分别绘制直径为50.5、61和76的圆，如图5-68所示。

**04** 单击【绘图】工具栏上的【直线】按钮，绘制图5-69所示的垂直直线。

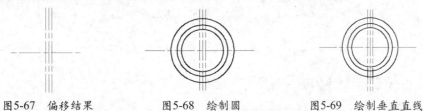

图5-67 偏移结果    图5-68 绘制圆    图5-69 绘制垂直直线

**05** 选择菜单栏中的【修改】|【阵列】命令，对刚绘制的两条线段进行三次环形阵列，第一次阵列总数为3，填充角度设置为-60°；第二次阵列总数为2，填充角度设置为105°；第三次阵列选择第二次阵列后得到的直线作为阵列对象，阵列总数设置为3，填充角度设置为60°；三次阵列的中心都选择中心线的交点，结果如图5-70所示。

**06** 使用【修剪】和【删除】命令，对图形进行修剪操作，结果如图5-71所示。

**07** 使用【拉长】命令，将中心线向两端拉长3个绘图单位，最终的结果如图5-72所示。

图5-70 阵列结果    图5-71 操作结果    图5-72 最终结果

# 5.4 改变图形大小及位置

对于已经绘制好的图形对象，有时需要改变图形的大小及其位置，改变的方式有很多种，例如移动、旋转、拉伸和缩放等，本小节将做详细的介绍。

## 5.4.1 移动图形

【移动】命令是指图形对象的位置平行移动，在移动过程中图形的大小、形状和角度都不改变。在命令执行过程中，需要选择移动的对象和移动的基点，才能将图形移动至相应的位置。

在AutoCAD 2014中常用以下方法调用【移动】命令。

★ 菜单栏：执行【修改】|【移动】命令。

★ 工具栏：单击【修改】工具栏中的【移动】按钮 ✥。

★ 命令行：在命令行中输入"MOVE/M"。

★ 功能区：在【默认】选项卡中，单击【修改】面板中的【移动】按钮。

使用以上任意一种方法启动【移动】命令后，命令行提示如下：

| 命令：MOVE↙ | //调用【移动】命令 |
|---|---|
| 选择对象： | //选择移动对象 |
| 指定基点或[位移(D)] <位移>： | //指定基点 |
| 指定第二个点或 <使用第一个点作为位移>： | //指定目标点 |

命令行中的【位移】选项表示用所输入的坐标来表示矢量，输入的坐标值将指定相对距离和方向。

> **提示**
>
> 用户可以在命令行中输入基点和位移的坐标值，也可以启动状态栏中的对象捕捉功能，在视图中捕捉已知点的位置。

## 5.4.2　实战——移动对象

**01** 打开文件。打开本书配套光盘中的素材文件 "5.4.2 移动对象.dwg"，如图5-73所示。

**02** 选择菜单栏中的【修改】|【移动】命令来移动图形，如图5-74所示。命令行操作如下：

| 命令：_move | |
|---|---|
| 选择对象：指定对角点：找到 2 个 | //选择多边形和圆为对象 |
| 选择对象： | //回车以结束对象选择 |
| 指定基点或 [位移(D)] <位移>： | //捕捉移动对象圆的圆心为基点 |
| 指定第二个点或 <使用第一个点作为位移>： | //捕捉中心线的交点为第二点 |

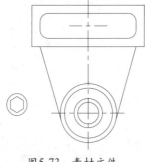　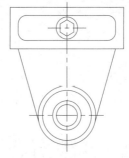

图5-73　素材文件　　　　　　图5-74　移动结果

## 5.4.3　旋转图形

【旋转】是指将图形对象围绕一个指定的基点旋转一定的角度，旋转后图形的大小不会发生改变。在执行命令过程中，需要确定的参数有旋转对象、基点起点和旋转角度。逆时针旋转的角度为正值，顺时针旋转的角度为负值。

在AutoCAD 2014中常用以下方法调用【旋转】命令。

★　菜单栏：执行【修改】|【旋转】命令。

★　工具栏：单击【修改】工具栏中的【旋转】按钮 ⟳ 。

★　命令行：在命令行中输入 "ROTATE/RO"。

★　功能区：在【默认】选项卡中，单击【修改】面板中的【旋转】按钮。

执行以上任意一种操作之后，命令行提示如下：

| 命令：ROTATE↙ | //调用【旋转】命令 |
|---|---|

| 选择对象： | //选择旋转对象 |
|---|---|
| 指定基点： | //指定旋转基点 |
| 指定旋转角度或 〔复制(C)/参照(R)〕<0>: ✓ | //输入旋转角度 |

其中各选项的含义如下所述。

★ 旋转角度：逆时针旋转的角度为正值，顺时针旋转的角度为负值。

★ 复制（C）：创建要旋转的对象的副本，即保留源对象。

★ 参照（R）：按参照角度和指定的新角度旋转对象。

在AutoCAD 2014中有两种旋转方法，即默认旋转和复制旋转。

★ 默认旋转：利用该方法旋转图形时，源对象将按指定的旋转中心和旋转角度旋转至新位置，不保留对象的原始副本。在执行【旋转】命令后，选取旋转对象，同时单击鼠标右键，然后指定旋转中心，根据命令行提示设置旋转角度，按Enter键即可完成旋转对象操作。

★ 复制旋转：使用该旋转方法进行对象的旋转时，不仅可以将对象的放置方向调整一定角度，还可以在旋转出新对象时保留源对象。在执行【旋转】命令后，选取旋转对象并单击鼠标右键，然后指定旋转中心，根据命令行提示输入字母C，同时指定旋转角度，按Enter键即可完成复制旋转对象操作。

## 5.4.4 实战——旋转图形

**01** 打开文件。打开本书配套光盘中的素材文件"5.4.4 旋转图形.dwg"，如图5-75所示。

**02** 选择菜单栏中的【修改】|【旋转】命令，旋转的结果如图5-76所示。命令行操作提示如下：

```
命令: _rotate
UCS 当前的正角方向: ANGDIR=逆时针 ANGBASE=0
选择对象: 找到 1 个
选择对象: 找到 1 个，总计 2 个          //选择中心线作为旋转对象
选择对象:                            //回车结束对象选择
指定基点:                            //指定大圆圆心为基点
指定旋转角度或 〔复制(C)/参照(R)〕<0>: -51   //输入旋转角度，旋转如图5-76所示
```

**03** 重复调用【旋转】命令，选择整个图形，以大圆圆心为基点，设置旋转角度为-39°，旋转的结果如图5-77所示。

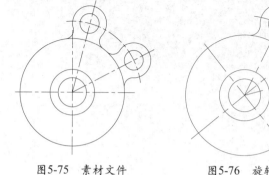

图5-75 素材文件 　　图5-76 旋转中心线

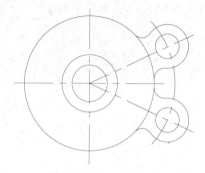

图5-77 旋转结果

## 5.4.5 缩放图形

【缩放】是指将图形对象以指定基点为参照进行等比例缩放，它可以调整对象的大小，使其在一个方向上按照要求增大或缩小一定的比例，创建出与源对象成一定比例且形状相同的新

图形对象。当比例因子大于1时，对图形放大，反之则对图形缩小。在执行【缩放】命令过程中，需要确定的参数有缩放对象、基点和比例因子。

在AutoCAD 2014中常用以下方法调用【缩放】命令：

★ 菜单栏：执行【修改】|【缩放】命令。

★ 工具栏：单击【修改】工具栏上的【缩放】按钮 🔲。

★ 命令行：在命令行中输入"SCALE/SC"。

★ 功能区：在【默认】选项卡中，单击【修改】面板中的【缩放】按钮。

执行以上任意一种操作调用【缩放】命令后，命令行提示如下：

| | |
|---|---|
| 命令：SCALE✓ | //调用【缩放】命令 |
| 选择对象： | //选择缩放对象 |
| 指定基点： | //指定缩放基点 |
| 指定比例因子或 [复制(C)/参照(R)]：✓ | //输入缩放比例 |

其中各选项的含义如下所述。

★ 比例因子：缩小或放大的比例值，当比例因子大于1时，缩放结果是放大图形；当比例因子小于1时，缩放结果是缩小图形；当比例因子为1时，图形不变。

★ 复制（C）：创建要缩放的对象的副本，即保留源对象。

★ 参照（R）：按参照长度和指定的新长度缩放所选对象。

> **提示**
>
> 直接输入比例因子时，缩放但不保留源图形，如果在命令行中输入C，则缩放时保留源图形。如果没有输入比例因子数值，可以在视图中拖曳并单击鼠标，以指定比例因子来缩放选择对象。在缩放对象时，如果不能准确地知道缩放的比例，但知道缩放后的尺寸，这时就可以使用参照长度的方法来缩放对象。

## 5.4.6 实战——缩放图形

01 打开文件。打开本书配套光盘中的素材文件"5.4.6 缩放图形.dwg"，如图5-78所示。

02 选择菜单栏中的【修改】|【缩放】命令，缩放的结果如图5-79所示。命令行操作提示如下：

| | |
|---|---|
| 命令：_scale | |
| 选择对象：指定对角点：找到 11 个 | //选择放大图 |
| 选择对象：✓ | //回车结束对象选择 |
| 指定基点： | //捕捉局部放大图的中点 |
| 指定比例因子或 [复制(C)/参照(R)]：2✓ | //输入比例因子2 |

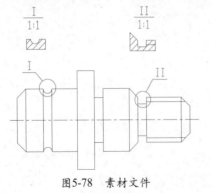

图5-78　素材文件

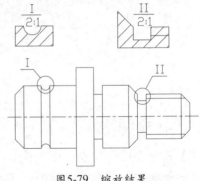

图5-79　缩放结果

## 5.4.7 拉伸图形

【拉伸】是指拖拉选择的对象，使对象的长度发生改变。【拉伸】命令不仅可以改变对象的长度，还可以缩小对象的尺寸。【拉伸】命令通过沿拉伸路径平移图形夹点的位置，使图形产生拉伸变形的效果。所谓夹点是指图形对象上的一些特征点，如端点、顶点、中点、中心点等，图形的位置和形状通常是由夹点的位置决定的。在命令执行过程中，需要确定拉伸对象、拉伸基点的起点和拉伸的位移。

在AutoCAD 2014中常用以下方法调用【拉伸】命令。

★ 菜单栏：执行【修改】|【拉伸】命令。

★ 工具栏：单击【修改】工具栏中的【拉伸】按钮。

★ 命令行：在命令行中输入"STRETCH/S"。

★ 功能区：在【默认】选项卡中，单击【修改】面板中的【拉伸】按钮。

执行以上任意一种操作调用【缩放】命令后，命令行提示如下：

```
命令：STRETCH                                    //调用【拉伸】命令
选择对象：                                       //选择拉伸对象
指定基点或 [位移(D)] <位移>：                      //指定拉伸基点
指定第二个点或 <使用第一个点作为位移>：              //指定拉伸的移至点
```

> **提示**
>
> 拉伸需要遵循以下原则：通过单击选择和窗口选择所获得的拉伸对象将只能被平移，不能被拉伸。通过交叉选择获得的拉伸对象，如果其所有夹点都落入选择框内，则该图形对象将发生平移；如果只有部分夹点落入选择框，则该图形对象将沿拉伸位移进行拉伸；如果没有夹点落入选择窗口，则该图形对象将保持不变。

## 5.4.8 实战——拉伸螺杆

本实战通过调整螺杆的长度来练习拉伸的操作方法。

**01** 打开文件。单击快速访问工具栏上的【打开】按钮，打开素材"第5章\5.4.8 拉伸螺杆.dwg"文件，如图5-80所示。

**02** 单击【修改】工具栏上的【拉伸】按钮，拉伸增加螺杆的长度，命令行操作如下：

```
命令:stretch
以交叉窗口或交叉多边形选择要拉伸的对象...
选择对象：指定对角点：找到 9 个              //以窗交方式框选图5-81所示的图形并将其作为拉伸对象
选择对象：                                 //按回车键结束对象选择
指定基点或 [位移(D)] <位移>：               //选择图5-82所示的端点并将其作为拉伸基点
指定第二个点或 <使用第一个点作为位移>：20↙   //捕捉到水平方向，输入拉伸的距离
```

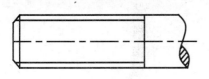

图5-80 螺杆零件图

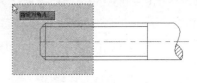

图5-81 选择拉伸对象

**03** 螺杆的拉伸结果如图5-83所示。

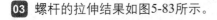

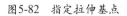

图5-82　指定拉伸基点

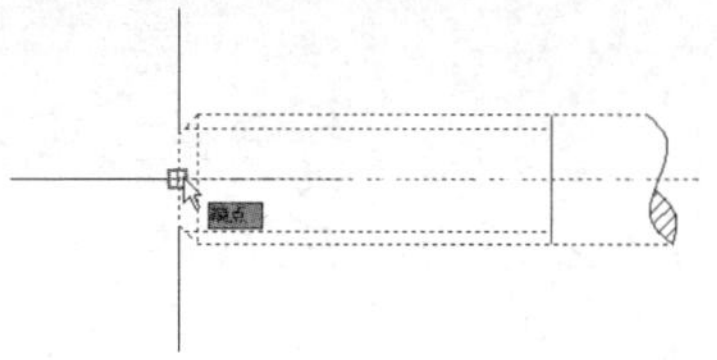

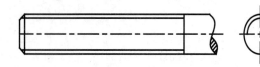

图5-83　拉伸螺杆的结果

# 5.5 夹点编辑图形

在AutoCAD中，夹点是一种集成的编辑模式，利用夹点可以编辑图形的大小、位置、方向以及对图形进行镜像复制操作等。所谓"夹点"，其实就是图形对象上的一些特征点，如端点、顶点、中点、中心点等，图形的位置和形状通常是由夹点的位置决定的。在夹点模式下，图形对象以虚线显示，图形上的特征点将显示为蓝色的小方框，这些小方框就被称为夹点。

夹点有激活和未激活两种状态。以蓝色小方框显示的夹点处于未激活状态，单击某个未激活夹点，该夹点就以红色小方框显示，处于被激活状态。被激活的夹点称为热夹点。以热夹点为基点，可以对图像进行拉伸、平移、复制、缩放和镜像等操作，这样大大方便了用户绘图。激活热夹点时按住Shift键，可以选择激活多个热夹点。

对热夹点进行编辑操作时，可以在命令行输入S、M、CO、SC、MI等基本修改命令，也可以按回车键或空格键在不同的修改命令间切换。

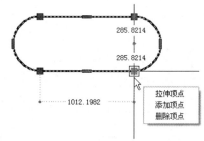

AutoCAD 2014的夹点编辑功能中还提供了添加顶点和删除顶点等功能。将光标放置于多段线或样条曲线的夹点处，系统弹出图5-84所示的快捷菜单。选择其中的【删除顶点】命令即可删除所选中的顶点。

图5-84　多段线的夹点菜单

## ▍5.5.1　夹点移动

如果想通过夹点移动图形，只需在选定夹点后，按一次空格键即可（选定夹点后，默认是拉伸模式，按一次空格键将切换到移动模式）。还可在夹点编辑模式下确定基点后，在命令行输入"MO"来进入移动模式。命令行提示如下：

```
** MOVE **
指定移动点或 [基点(B)/复制(C)/放弃(U)/退出(X)]：
```

通过输入点的坐标或拾取点的方式来确定平移对象的终点位置，即可以基点为平移的起点，以目的点为终点，将所选对象平移至新位置。

命令行中各选项的含义如下所述。

★　基点（B）：重新指定夹点移动的基点。

★　复制（C）：将热夹点移动到多个指定的点，创建多个副本对象，并且不删除源对象。

提示

打开【动态输入】模式，移动时就可以直观地指示移动的距离和角度。

## 5.5.2 实战——夹点移动图形

**01** 打开文件。打开本书配套光盘中的素材文件"5.5.2夹点移动图形.dwg",如图5-85所示。

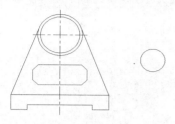

图5-85 素材文件

**02** 选择右侧的圆,使其呈夹点显示,单击其圆心夹点,使其变成热夹点,如图5-86所示。

图5-86 选择图形并使其变为热夹点

**03** 移动鼠标至中心线的交点位置,单击鼠标左键以完成移动,结果如图5-87所示。

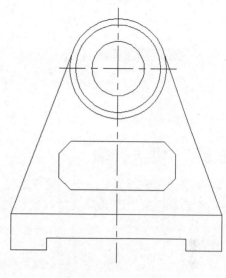

图5-87 夹点移动结果

## 5.5.3 夹点复制

在夹点编辑模式下确定基点后,单击鼠标右键并在快捷菜单中选择【复制】命令,或在命令行输入"CO"以进入复制模式。命令行提示如下:

```
** 拉伸 **
指定拉伸点或 [基点(B)/复制(C)/放弃(U)/退出(X)]: _copy
```

★ 基点(B):重新指定夹点复制的基点。

★ 复制(C):将热夹点移动到多个指定的点,创建多个副本对象,并且不删除源对象。

## 5.5.4 实战——夹点复制图形

**01** 打开文件。打开本书配套光盘中的素材文件"5.5.4夹点复制图形.dwg",如图5-88所示。

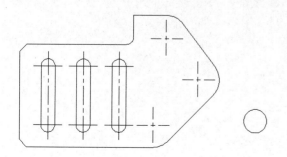

图5-88 素材文件

**02** 选择右侧的圆并单击其圆心,使其变成热夹点,如图5-89所示。

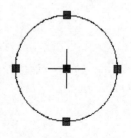

图5-89 选择图形并使其变为热夹点

**03** 右击鼠标右键,弹出快捷菜单,如图5-89所示,选择【复制】命令。

**04** 移动鼠标至中心线的交点位置,单击左键确定,结果如图5-91所示,按Esc键退出夹点编辑。

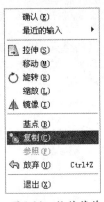

图5-90 快捷菜单

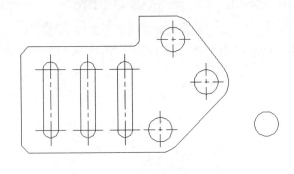

图5-91 复制结果

## 5.5.5 夹点镜像

如果想通过夹点镜像图形，需在选定夹点后，按两次空格键。或在夹点编辑模式下确定基点后，在命令行输入"MI"来进入缩放模式。命令行提示如下：

```
** 镜像 **
指定第二点或 [基点(B)/复制(C)/放弃(U)/退出(X)]：
```

命令行中各选项的含义如下所述。

★ 基点（B）：重新指定夹点作为镜像轴线上的第一点。

★ 复制（C）：创建多个对象副本，并且不删除源对象。

指定镜像线上的第二点后，系统将自动以基点作为镜像线上的第一点，对图形对象进行镜像操作并删除源对象。

## 5.5.6 实战——夹点镜像图形

**01** 打开文件。打开本书配套光盘中的素材文件"5.5.6夹点镜像图形.dwg"，如图5-92所示。

**02** 框选图形并单击中心线的一个端点，使其变成热夹点，如图5-93所示。

**03** 单击鼠标右键，弹出快捷菜单，选择【镜像】命令。

**04** 在命令行输入"C"，不删除源对象。

**05** 移动鼠标至中心线的另一端点位置并回车确定，结果如图5-94所示，按Esc键退出夹点编辑。

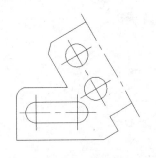

图5-92 素材文件

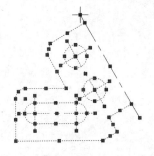

图5-93 框选图形并使其变为热夹点

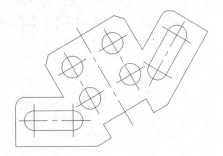

图5-94 夹点镜像结果

## 5.5.7 夹点旋转

如果想通过夹点旋转图形，需在选定夹点后，按两次空格键。或在夹点编辑模式下确定基点后，在命令行输入"RO"来进入移动模式。命令行提示如下：

** 旋转 **

指定旋转角度或 [基点(B)/复制(C)/放弃(U)/参照(R)/退出(X)]:

命令行中各选项的含义如下所述。

★ 基点（B）：重新指定夹点作为对象旋转的基点。

★ 复制（C）：创建多个对象副本，并且不删除源对象。

★ 参照（R）：通过指定相对角度来旋转对象。

　　默认情况下，输入旋转角度值或通过拖动方式确定旋转角度之后，便可将所选对象绕基点旋转指定角度。也可以选择【参照】选项，以参照方式旋转对象。

## 5.5.8 实战——夹点旋转图形

01 打开文件。打开本书配套光盘中的素材文件"5.5.8 夹点旋转图形.dwg"，如图5-95所示。

02 框选图形并单击中心线交点，使其变成热夹点，如图5-96所示。

03 单击鼠标右键，弹出快捷菜单，选择【旋转】命令。

04 在命令行输入"C"，不删除源对象。

05 输入旋转角度值-120并回车确定，结果如图5-97所示。按Esc键退出夹点编辑。

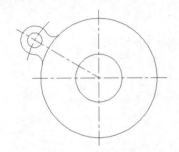
图5-95　素材文件

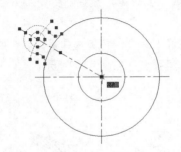
图5-96　框选图形并使其变为热夹点

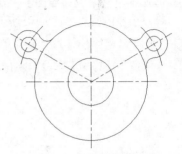
图5-97　夹点旋转结果

# 5.9 综合实战——绘制碟形弹簧

本实战为绘制图5-98所示的碟形弹簧零件图，主要运用了【偏移】、【修剪】、【合并】和【镜像】等图形编辑命令。

01 新建AutoCAD文件。单击【绘图】工具栏上的【直线】按钮，绘制一条长160的水平直线，重复调用【直线】命令，绘制一条竖直中心线，如图5-99所示。

02 单击【修改】工具栏上的【偏移】按钮，将水平直线向上偏移15，将竖直中心线向两侧各偏移40，偏移的结果如图5-100所示。

03 单击【绘图】工具栏上的【直线】按钮，绘制直线，如图5-101所示。

04 单击【修改】工具栏上的【修剪】按钮，修剪多余直线，结果如图5-102所示。

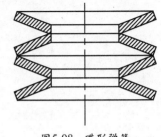
图5-98　碟形弹簧

05 选择菜单栏中的【修改】|【合并】命令，或在命令行输入"J"快捷命令，选择梯形的顶边和两腰作为合并对象，将其合并为一条多段线。

06 单击【修改】工具栏上的【复制】按钮，将合并后的多段线向上偏移10个单位，复制的结果如图5-103所示。

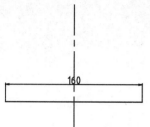

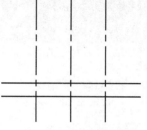

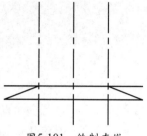

图5-99　绘制直线和中心线　　　图5-100　偏移直线　　　　图5-101　绘制直线

**07** 单击【绘图】工具栏上的【直线】按钮，绘制连接直线，将直线两端封闭，如图5-104所示。

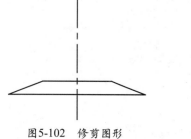

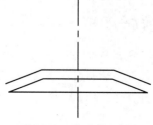

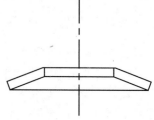

图5-102　修剪图形　　　　　图5-103　偏移多段线　　　　图5-104　绘制连接线

**08** 选择菜单栏中的【绘图】│【填充】命令，或在命令行输入"H"快捷命令，使用ANSI31图案，填充的效果如图5-105所示。

**09** 选择菜单栏中的【修改】│【镜像】命令，将单片弹簧镜像，如图5-106所示。

**10** 重复使用【镜像】命令，生成一组弹簧，如图5-107所示。

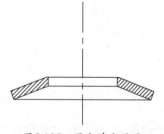

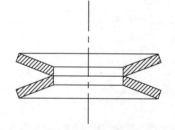

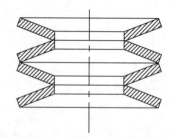

图5-105　图案填充效果　　　图5-106　镜像图形的结果　　　图5-107　再次镜像的结果

# 第6章
# 高效绘制图形

AutoCAD提供了大量的高效绘图工具，这些工具能够以简单的操作实现快速定位、快速插入图形，例如利用正交、极轴模式绘制直线，利用图块或设计中心插入外部图形等。本章将介绍这些辅助绘图工具的使用方法和技巧。

# 6.1 利用辅助功能绘图

辅助绘图功能是AutoCAD为方便用户绘图而设置的一系列辅助工具，用户可以在绘图之前设置相关的辅助功能，也可以在绘图过程中根据需要设置。

辅助绘图功能主要有对象捕捉、栅格捕捉、正交模式等，这些功能的控制按钮位于工作界面底部的状态栏中，如图6-1所示。

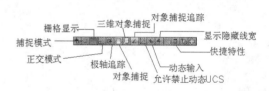

图6-1  辅助绘图工具

## 6.1.1  栅格

栅格是一些按照相等间距排布的网格，就像传统的坐标纸一样，能直观地显示图形界限的范围，如图6-2所示，其作用是方便用户在绘图时进行定位。用户可以根据绘图的需要，开启或关闭栅格在绘图区的显示，并在【草图设置】对话框中设置栅格的间距大小。

打开和关闭栅格显示的方法有如下两种。

★ 状态栏：单击状态栏中的【栅格显示】按钮▦。

★ 快捷键：按F7快捷键。

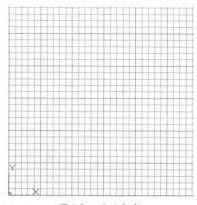

图6-2  显示栅格

 **提示**

栅格仅仅是一种视觉辅助工具，并不是图形的一部分，所以在打印输出时并不会被打印。

## 6.1.2  捕捉

捕捉可以控制光标移动的距离，它经常和【栅格】功能联用。打开【捕捉】功能，光标只能停留在栅格上，此时只能移动栅格间距整数倍的距离。

开启与关闭【捕捉模式】功能的方法有如下两种。

★ 状态栏：单击状态栏中的【捕捉模式】按钮▦。

★ 快捷键：按F9快捷键。

## 6.1.3  捕捉和栅格设置

开启栅格和捕捉功能之后，光标只能捕捉到栅格交点和栅格间距即控制了捕捉精度，如果用户对精度有特定的要求，则可通过设置捕捉和栅格来自定义捕捉间距和栅格间距等参数。

设置捕捉和栅格的方法如下所述。

★ 命令行：输入"DSETTINGS\DS"。

★ 状态栏：用鼠标右键单击状态栏中的【捕捉和栅格】按钮▦，在快捷菜单中选择【设置】命令，如图6-3所示。

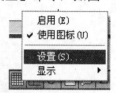

图6-3  快捷菜单

执行以上任意一种操作之后，系统打开【草图设置】对话框，如图6-4所示。在该对话框的【捕捉和栅格】选项卡中即可设置捕捉和栅格的相关参数。

对话框中各个选项的详细说明如下。

★ 【启用捕捉】复选项：用来打开或者关闭捕捉模式。用户也可以通过单击状态栏上的【捕捉模式】按钮或按F9键来打开或关闭捕捉模式。

★ 【捕捉间距】选项组：用来控制捕捉位置处的不可见矩形栅格，以限制光标仅在指定的X和Y间隔内移动。指定的【捕捉X轴间距】和【捕捉Y轴间距】的间距值必须为正实数。勾选【X轴和Y轴间距相等】复选项则为捕捉间距和栅格间距强制使用同一X和Y轴间距。

★ 【极轴间距】选项组：此选项组只能在"极轴捕捉"时才可以用。在【极轴距离】文本框输入距离值，也可以通过SNAP命令设置捕捉参数。

图6-4 【草图设置】对话框

```
命令：SNAP
指定捕捉间距或 [打开(ON)/关闭(OFF)/纵横向间距(A)/传统(L)/样式(S)/类型(T)] <10.0000>:
```

命令行中的各选项的含义介绍如下。

★ 打开和关闭：默认情况下，必须指定捕捉间距并选择【开】选项，以当前栅格的分辨率和样式激活捕捉模式，选择【关】选项时，关闭捕捉模式，但保留当前设置。

★ 纵横向间距：可以在X轴、Y轴方向指定不同的间距。如果当前的捕捉模式为等轴测，则不能使用该选项。

★ 样式：可以设置栅格捕捉的样式为【标准】或【等轴测】。【标准】样式显示为当前UCS的XY平面平行的矩形栅格，X间距与Y间距可能不同；【等轴测】样式显示等轴测栅格，栅格点初始化为30度和150度，等轴测捕捉可以旋转，但不能有不同的纵横向间距值，等轴测包括上等轴测平面、左等轴测平面、右等轴测平面。

★ 类型：用于指定捕捉类型为极轴或栅格。

## 6.1.4 正交

在绘制机械图形时，有相当一部分直线是水平或垂直的。针对这种情况，AutoCAD提供了一个正交开关，以此方便绘制水平或垂直直线。

打开和关闭正交模式的方法有如下两种。

★ 快捷键：按F8快捷键，可在开、关状态间切换。

★ 状态栏：单击状态栏上的【正交】按钮。

★ 命令行：在命令行输入"ORTHO"。

## 6.1.5 实战——绘制垫块

本实例通过绘制图6-5所示的轮廓图，学习利用正交功能绘图的操作方法。

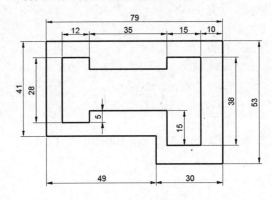

图6-5 垫块图形

01 新建AutoCAD图形文件，使用Z命令，将当前视口高度调整到100，命令行操作如下：

```
命令：Z✔ZOOM                    //调用ZOOM缩放命令
指定窗口的角点，输入比例因子 (nX 或 nXP)，或者[全部(A)/中心(C)/动态(D)/范围(E)/上一个(P)/比例(S)
```

| | |
|---|---|
| /窗口(W)/对象(O)] <实时>: C✓ | //激活"中心"选项 |
| 指定中心点: | //在绘图区单击左键，拾取一点作为新视口的中心点 |
| 输入比例或高度 <100.0000>: 100✓ | //输入新视口的高度 |

**02** 单击状态栏中的【正交】按钮，或按F8功能键开启正交模式。

**03** 单击【绘图】工具栏中的【直线】按钮，激活【直线】命令，配合正交模式，绘制图形的外框轮廓线。命令行操作如下：

| | |
|---|---|
| 命令：_line | |
| 指定第一个点： | //在适当位置单击左键，拾取一点为起点 |
| 指定下一点或 [放弃(U)]:49✓ | //向右移动光标，引出0度的正交追踪线，输入49定位第二点 |
| 指定下一点或 [放弃(U)]:12✓ | //向下移动光标，引出270度的正交追踪线，输入12定位第三点 |
| 指定下一点或 [闭合(C)/放弃(U)]:30✓ | //向右移动光标输入30，定位第四点 |
| 指定下一点或 [闭合(C)/放弃(U)]:53✓ | //向上移动光标，输入53，定位第五点 |
| 指定下一点或 [闭合(C)/放弃(U)]:79✓ | //向左移动光标，输入79，定位第六点 |
| 指定下一点或 [闭合(C)/放弃(U)]:C✓ | //激活"闭合"选项，闭合图形，绘制的结果如图6-6所示 |

**04** 重复调用【直线】命令，配合【捕捉自】和【正交追踪】功能绘制内轮廓线。命令操作过程如下：

| | |
|---|---|
| 命令：_line | |
| 指定第一个点：_from 基点：<偏移>:@7,6✓ | //按住Shift键并单击右键，从弹出的快捷菜单上选择【自】选项，如图6-7所示。按下F3功能键，打开【对象捕捉】功能，然后捕捉外轮廓的左下角点，作为偏移的基点，如图6-8所示，输入偏移点的相对坐标 |
| 指定下一点或 [放弃(U)]:12✓ | //向右移动光标，输入12 |
| 指定下一点或 [放弃(U)]:5✓ | //向上移动光标，输入5 |
| 指定下一点或 [闭合(C)/放弃(U)]:35✓ | //向右移动光标，输入35 |
| 指定下一点或 [闭合(C)/放弃(U)]:15✓ | //向下移动光标，输入15 |
| 指定下一点或 [闭合(C)/放弃(U)]:15✓ | //向右移动光标，输入15 |
| 指定下一点或 [闭合(C)/放弃(U)]:38✓ | //向上移动光标，输入38 |
| 指定下一点或 [闭合(C)/放弃(U)]:15✓ | //向左移动光标，输入15 |
| 指定下一点或 [闭合(C)/放弃(U)]:5✓ | //向下移动光标，输入5 |
| 指定下一点或 [闭合(C)/放弃(U)]:35✓ | //向左移动光标，输入35 |
| 指定下一点或 [闭合(C)/放弃(U)]:5✓ | //向上移动光标，输入5 |
| 指定下一点或 [闭合(C)/放弃(U)]:12✓ | //向左移动光标，输入12 |
| 指定下一点或 [闭合(C)/放弃(U)]:C✓ | //激活"闭合"选项，闭合图形，完成内轮廓的绘制 |

**05** 绘制完成的垫块图形如图6-8所示。

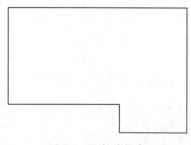

图6-6　绘制外轮廓

图6-7　【捕捉】快捷菜单

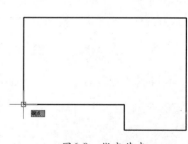

图6-8　指定基点

# 6.2 对象捕捉

【对象捕捉】是AutoCAD中最为重要的工具之一，使用【对象捕捉】工具可以精确定位图形对象的特征点，如圆心、端点、垂足等。

## 6.2.1 开启对象捕捉

要使用对象捕捉，首先必须将【对象捕捉】功能开启。

开启和关闭【对象捕捉】功能的方法如下所述。

★ 快捷键：F3快捷键，切换开、关状态。
★ 状态栏：单击状态栏上的【对象捕捉】按钮□。

## 6.2.2 对象捕捉设置

在使用【对象捕捉】功能之前，需要根据绘图的需要设置捕捉对象，这样才能快速准确地定位目标点。

### 1. 使用对象捕捉工具栏

打开【对象捕捉】工具栏，如图6-9所示。单击【对象捕捉】工具栏中的相应特征点按钮，然后移动光标到要捕捉的特殊点附近，便可捕捉到相应的对象特征点。在工具栏中共有13种捕捉模式，较为常用的捕捉模式为端点、中点、圆心、象限点、交点、垂足等。

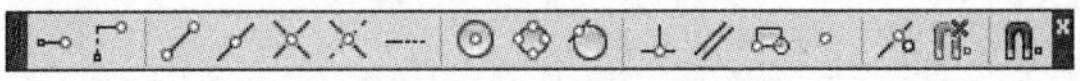

图6-9 【对象捕捉】工具栏

各种捕捉工具的功能介绍如下。

★ 临时追踪点：创建对象捕捉所使用的临时点。
★ 捕捉自：从临时参照点偏移。
★ 捕捉到端点：捕捉到线段等对象的端点，如图6-10所示。
★ 捕捉到中点：捕捉到线段等对象的中点，如图6-11所示。

图6-10 捕捉到端点

图6-11 捕捉到中点

★ 捕捉到交点✕：捕捉到各对象间的交点。如图6-12所示。
★ 捕捉到外观交点✕：捕捉到两个对象的外观的交点。
★ 捕捉到延长线上┅：捕捉到直线或圆弧的延长线上的点。
★ 捕捉到圆心◎：捕捉到圆或圆弧的圆心，如图6-13所示。

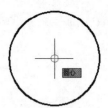

图6-12 捕捉到交点    图6-13 捕捉到圆心

★ 捕捉到象限点⬦：捕捉到圆或圆弧的象限点，如图6-14所示。
★ 捕捉到切点○：捕捉到圆或圆弧的切点。
★ 捕捉到垂足⊥：捕捉到垂直于线或圆上的点，如图6-15所示。

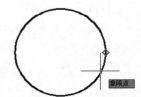

图6-14 捕捉到象限点     图6-15 捕捉到垂足

★ 捕捉到平行线∥：捕捉到与指定平行的线上的点。
★ 捕捉到插入点⬚：捕捉块、图形、文字或属性的插入点。
★ 捕捉到节点⊙：捕捉到节点对象。
★ 捕捉最近点✕：捕捉离拾取点最近的线段、圆、圆弧或点等对象上的点。
★ 无捕捉⬚：关闭对象捕捉模式。
★ 对象捕捉设置⬚：设置自动捕捉模式。

### 2. 使用自动捕捉功能

用户在绘图过程中，会频繁地使用对

象捕捉功能，若每捕捉一个对象特征点都要选择捕捉模式，会使工作效率大大降低。因此，AutoCAD提供了自动对象捕捉模式。

自动捕捉就是当用户将光标停靠在一个对象上时，系统就会自动捕捉到此对象上一切符合条件的几何特征点并显示出相应的标记。若用户将光标在捕捉点上多停留一会，系统还会显示捕捉提示，这样用户在选点之前就可以预览和确认捕捉点了。

用鼠标右键单击状态栏中的【对象捕捉】按钮，在弹出的快捷菜单中选择【设置】命令，如图6-16所示，系统弹出【草图设置】对话框，如图6-17所示，在【对象捕捉模式】选项区域中勾选用户需要的特征点，单击【确定】按钮，退出对话框即可。

### 3. 对象捕捉快捷菜单

在绘图过程中，当需要指定点时，用户可按Shift键或Ctrl键，并单击鼠标右键以打开【对象捕捉】快捷菜单，如图6-18所示，从该菜单中可快速选择所需的捕捉对象。

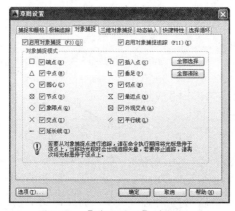

图6-16 选择【设置】命令　　图6-17 【草图设置】对话框　　图6-18 【对象捕捉】快捷菜单

### 4. 捕捉基点

绘图过程中，有时需要将某个点指定为基点，此时用户可以利用基点捕捉功能来捕捉此点。基点捕捉要求确定一个临时的参考点来作为指定后继的基点。通常情况下，该功能可与其他对象捕捉模式及相关坐标联合使用。

在绘图过程中需要指定点的情况下（例如直线的起点、圆的圆心），在命令行中输入"FROM"，命令行提示如下：

```
指定第一个点：from
基点：              //指定基点
<偏移>：            //此时输入相对于基点的偏移量，即可得到一个点，此点与基点之间的坐标值为指定的偏移量。
```

## 6.2.3 实战——对象捕捉绘制垂直线

**01** 单击状态栏中的【对象捕捉】按钮和【正交模式】按钮，使其呈亮色显示状态，启用这两项辅助绘图功能。

**02** 单击【绘图】工具栏中的【正多边形】按钮，绘制正三角形，如图6-19所示，命令操作如下：

```
命令：_polygon 输入侧面数 <4>：3✓              //输入多边形的边数为3
指定正多边形的中心点或 [边(E)]：                //用鼠标左键拾取一点并将其作为三角形的中心点
输入选项 [内接于圆(I)/外切于圆(C)] <I>：I✓      //输入选项I，绘制内接于圆的多边形
指定圆的半径：10✓                             //输入内接圆的半径，完成多边形的绘制
```

**03** 单击【正交模式】按钮 ，关闭正交模式。

**04** 执行【绘图】|【直线】菜单命令，绘制三角形的垂线，命令行操作如下：

```
命令：_line
指定第一个点：                    //捕捉三角形的顶点
指定下一点或 [放弃(U)]：_per 到   //单击【对象捕捉】工具栏上的【捕捉到垂足】按钮 ，移动指针到底边，当
                                   出现垂足符号时单击鼠标，如图6-20所示
指定下一点或 [放弃(U)]：          //按ESC键退出【直线】命令
```

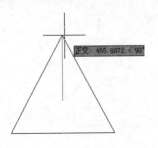

图6-19 绘制正三角形

图6-20 捕捉到垂足

## 6.2.4 实战——绘制阶梯轴

本实例综合运用正交模式和对象捕捉功能绘制阶梯轴零件图。

**01** 新建空白文件。按F8键，打开正交模式。

**02** 调用【草图设置】命令，打开【草图设置】对话框，单击【对象捕捉】选项卡，并设置对象捕捉模式，如图6-21所示。

图6-21 设置捕捉模式

**03** 单击【绘图】工具栏上的【直线】按钮，绘制水平和垂直定位基准线，如图6-22所示。

图6-22 绘制基准线

**04** 单击【修改】工具栏上的【偏移】按钮，根据图6-23所示的尺寸，对垂直定位线进行多次偏移。

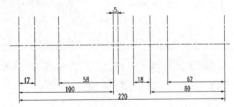

图6-23 偏移垂直线

**05** 单击【绘图】工具栏上的【直线】按钮，绘制图6-24所示的轮廓线。

图6-24 绘制轮廓线

**06** 使用同样的方法调用【直线】命令，配合正交和对象捕捉绘制其他位置的轮廓线，结果如图6-25所示。

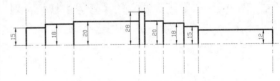

图6-25 绘制轮廓线

**07** 单击【修改】工具栏中的【倒角】 按钮，激活【倒角】命令，倒角为C2，对轮廓线

进行倒角细化。

**08** 单击【绘图】工具栏上的【直线】按钮，配合捕捉与追踪功能，绘制连接线，如图6-26所示。

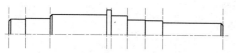

图6-26 倒角并绘制连接线

**09** 单击【修改】工具栏中的【镜像】按钮，对轮廓线进行镜像复制，结果如图6-27所示。

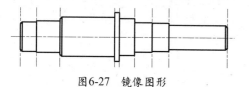

图6-27 镜像图形

**10** 单击【修改】工具栏中的【偏移】按钮，创建图6-28所示的偏移辅助线。

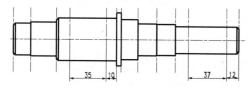

图6-28 偏移辅助线

**11** 单击【绘图】工具栏上的【圆】按钮，以刚偏移的垂直辅助线的交点为圆心，分别绘制直径为12和8的圆，如图6-29所示。

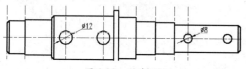

图6-29 绘制圆

**12** 单击【绘图】工具栏上的【直线】按钮，配合捕捉切点功能，绘制键槽轮廓，如图6-30所示。

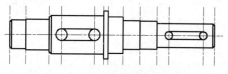

图6-30 绘制外切线

**13** 单击【修改】工具栏上的【修剪】按钮，对键槽轮廓进行修剪并删除多余的辅助线，结果如图6-31所示。

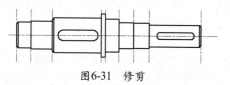

图6-31 修剪

**14** 单击【绘图】工具栏上的【构造线】按钮，绘制图6-32所示的水平和垂直构造线并将其作为剖面图的定位辅助线。

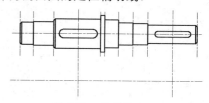

图6-32 绘制构造线

**15** 单击【绘图】工具栏上的【圆】按钮，以构造线的交点为圆心，分别绘制直径为40和25的圆，如图6-33所示。

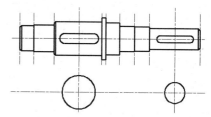

图6-33 绘制圆

**16** 单击【修改】工具栏上的【偏移】按钮，对水平和垂直构造线进行偏移，如图6-34所示。

图6-34 偏移辅助线

**17** 使用快捷键L激活【直线】命令，绘制键深，结果如图6-35所示。

图6-35 绘制键深

**18** 综合使用【删除】和【修剪】命令，去掉不需要的构造线和轮廓线，如图6-36所示。

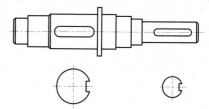

图6-36 修剪图形

**19** 执行【绘图】|【图案填充】命令，为此剖面图填充"ANSI31"图案，填充比例为1.5，角度为0，填充的结果如图6-37所示。

图6-37 填充图案

图6-38所示。

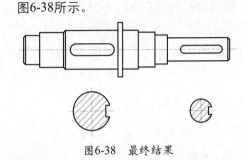

**20** 选择菜单栏中的【修改】|【拉长】命令，对中心线进行拉长，将中心线超出轮廓线的长度设置为6个绘图单位，最终的结果如

图6-38 最终结果

# 6.3 极轴追踪

自动追踪的作用也是辅助精确绘图，制图时自动追踪能够显示出许多临时辅助线，从而可以帮助用户在精确的角度或位置上创建图形对象。自动追踪包括极轴追踪和对象捕捉追踪两种模式。

## 6.3.1 开启极轴追踪

【极轴追踪】是按事先给定的角度增量来追踪特征点，它实际上是极坐标的特殊应用。

控制【极轴追踪】功能的方法如下所述。

★ 快捷键：F10快捷键，切换该功能的开、关状态。

★ 状态栏：单击状态栏上的【极轴追踪】按钮 。

## 6.3.2 极轴角设置

用户可以根据绘图的需要设置极轴追踪的角度。移动光标至【极轴追踪】按钮 上并单击鼠标右键，在弹出快捷菜单中可以快速选择极轴追踪的角度，如90°、45°、30°、22.5°等，如图6-39所示。

如果需要设置其他的极轴角，可选择【设置】选项，系统将打开【草图设置】对话框，在【极轴追踪】选项卡中自定义需要追踪的角度和方式即可，如图6-40所示。

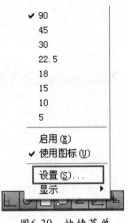

图6-39 快捷菜单

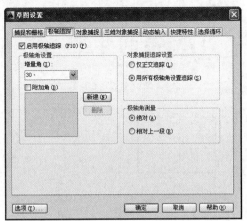

图6-40 【草图设置】对话框

对话框中各选项的功能介绍如下。

★ 增量角：单击【增量角】的下拉箭头，可以在5°~90°的范围内选择角度，还可以在文本框中输入增量角度。极轴追踪可追踪该角度及其整数倍的角度。

★ 附加角：如果需要其他角度，可以在选中【附加角】复选项后，单击【新建】按钮，然后输入新的角度，但最多只能添加10个附加角。需要注意的是，添加的附加角不是增量角，例如在其中输入25°，那么只有25°被标记，而50°以及25°的其他整数倍角则不会被标记。要删除附加角，先选中所需的角度，然后单击【删除】按钮即可。

## 6.3.3 对象捕捉追踪

【对象捕捉追踪】是在【对象捕捉】功能的基础上发展起来的，应与对象捕捉功能配合使用。该功能可以使光标从对象捕捉点开始，沿着对齐路径进行追踪，并可以找到需要的精确位置。对齐路径是指和对象捕捉点水平对齐、垂直对齐，或者按设置的极轴追踪角度对齐的方向，如图6-41所示。

开启【对象捕捉追踪】功能的方法如下所述。

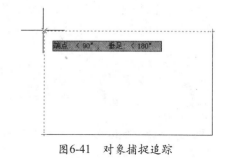

图6-41 对象捕捉追踪

★ 快捷键：F11快捷键，切换该功能的开、关状态。

★ 状态栏：单击状态栏上的【对象捕捉追踪】按钮。

使用对象捕捉追踪，可以沿着基于对象捕捉点的对齐路径进行追踪。已获取的点将显示为（+）标识，一次最多可以获取7个追踪点。获取点之后，当在绘图路径上移动光标时，将显示相对于获取点的水平、垂直或极轴对齐的路径。

## 6.3.4 实战——绘制零件俯视图

本实例综合运用【极轴追踪】与【对象捕捉追踪】功能来绘制零件的俯视图，最终的效果如图6-42所示。

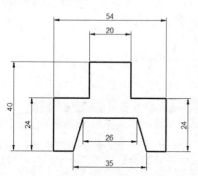

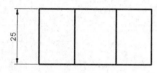

图6-42 零件图

打开【草图设置】对话框，分别勾选【启用对象捕捉】和【启用对象捕捉追踪】复选项，同时设置捕捉模式，如图6-44所示。

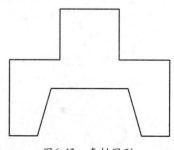

图6-43 素材图形

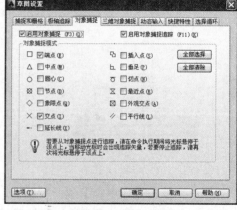

图6-44 设置捕捉追踪参数

**01** 打开文件。按下Ctrl+O快捷键，打开随书光盘"第6章\6.3.4 绘制零件俯视图.dwg"文件，如图6-43所示。

**02** 设置捕捉模式，在状态栏中的【对象捕捉】按钮上单击鼠标右键，选择【设置】选项，

**03** 单击【绘图】工具栏上的【直线】按钮 ✏，配合端点捕捉、对象追踪和相对坐标，绘制俯视图的外轮廓。命令行操作如下：

```
命令：_line
指定第一个点：                          //捕捉图形左下角点，引出图6-45所示垂直追踪虚线，然后在适当位置单
                                          击左键，指定起点
指定下一点或 [放弃(U)]: @25<270✓       //输入第二点的极坐标
指定下一点或 [放弃(U)]: @54,0✓         //输入第三点的相对直角坐标
指定下一点或 [闭合(C)/放弃(U)]:        //由图形的端点引出两条垂直追踪虚线，如图6-46所示，捕捉两条追踪虚
                                          线的交点并将其作为第四点
指定下一点或 [闭合(C)/放弃(U)]: c✓    //激活【闭合】选项，闭合图形
```

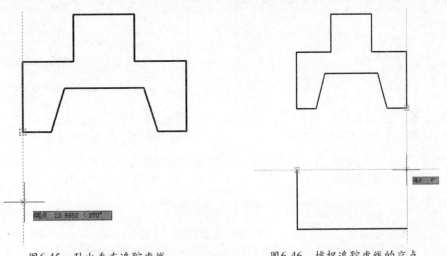

图6-45  引出垂直追踪虚线          图6-46  捕捉追踪虚线的交点

**04** 按回车键，重复执行【直线】命令，配合端点捕捉、交点捕捉和对象追踪功能，绘制内部的垂直轮廓线。命令行操作过程如下：

```
命令：_line
指定第一个点：                          //由主视图的端点引出垂直追踪虚线，以追踪线与俯视图的上边交点作为起点，如图
                                          6-47所示
指定下一点或 [放弃(U)]:                //以追踪线与俯视图的下边交点作为终点，如图6-48所示。
指定下一点或 [放弃(U)]:                //按回车键结束直线命令，绘制结果如图6-49所示
```

**05** 使用同样的方法绘制另一侧的竖直直线，完成零件俯视图的绘制，如图6-50所示。

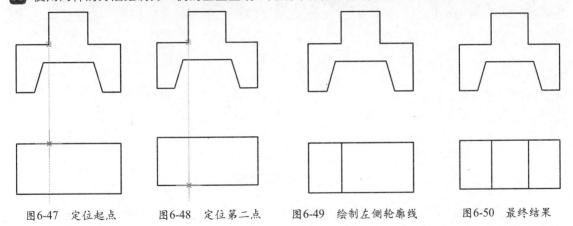

图6-47  定位起点      图6-48  定位第二点      图6-49  绘制左侧轮廓线      图6-50  最终结果

## 6.3.5 实战——绘制倾斜结构

**01** 新建AutoCAD图形文件。选择【工具】|【草图设置】命令，设置当前的极轴追踪功能以及增量角参数，如图6-51所示。

**02** 在【草图设置】对话框中展开【对象捕捉】选项卡，打开对象捕捉功能并设置对象捕捉模式，如图6-52所示。

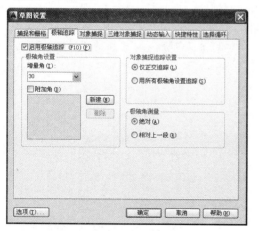

图6-51 设置【极轴追踪】参数

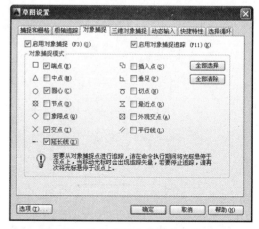

图6-52 设置【对象捕捉】参数

**03** 选择菜单栏中的【绘图】|【直线】命令，配合正交或极轴追踪功能，绘制外侧的垂直结构轮廓图。命令操作行如下：

```
命令：_line
指定第一个点：                      //在绘图区域的任意位置单击作为起点
指定下一点或 [放弃(U)]：3.34↙       //向左移动光标，引出图6-53所示的极轴追踪虚线
指定下一点或 [放弃(U)]：13↙          //垂直向下移动光标，引出图6-54所示的极轴追踪虚线，输入13，定位
                                      第三点
指定下一点或 [闭合(C)/放弃(U)]：5↙   //水平向左移动光标，引出图6-55所示的极轴追踪虚线，输入5，定位第
                                      四点
指定下一点或 [闭合(C)/放弃(U)]：3↙   //打开【正交追踪】功能，向下移动光标，定位图6-56所示的方向，输入
                                      3，定位第五点
指定下一点或 [闭合(C)/放弃(U)]：20↙  //水平向右移动光标，定位图6-57所示的方向，输入20，定位第六点
指定下一点或 [闭合(C)/放弃(U)]：3↙   //垂直向上移动光标，定位图6-58所示的方向，输入3，定位第七点
指定下一点或 [闭合(C)/放弃(U)]：3↙   //水平向左移动光标，定位图6-59所示的方向，输入3，定位第八点
指定下一点或 [闭合(C)/放弃(U)]：8↙   //向上移动光标，定位图6-60所示的方向，输入8，定位第九点
指定下一点或 [闭合(C)/放弃(U)]：C↙   //输入c，闭合图形，结果如图6-61所示
```

图6-53 水平向左的追踪线　　图6-54 竖直向下的追踪线　　图6-55 水平向左的追踪线

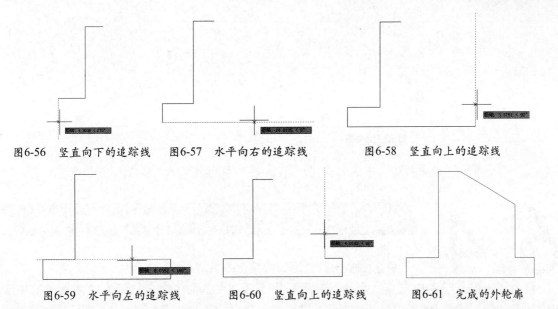

图6-56　竖直向下的追踪线　　图6-57　水平向右的追踪线　　图6-58　竖直向上的追踪线

图6-59　水平向左的追踪线　　　图6-60　竖直向上的追踪线　　　图6-61　完成的外轮廓

**04** 选择菜单栏中的【修改】|【偏移】命令，将右边的竖直线向右偏移3个单位，将顶边水平线向下偏移5个单位，如图6-62所示。

**05** 选择菜单栏中的【绘图】|【圆】命令，以偏移线的交点为圆心绘制半径为2的圆，然后删除两辅助线，如图6-63所示。

图6-62　偏移直线　　　　　　　　　　　　图6-63　绘制圆

**06** 选择菜单栏中的【绘图】|【直线】命令，配合极轴追踪功能，绘制内部的倾斜结构。命令行操作过程如下：

```
命令: _line
指定第一个点:                            //由圆心和端点引出图6-64所示两追踪虚线的交点，定位第一点
指定下一点或 [放弃(U)]: <极轴 开> 5↙     //引出图6-65所示的30°极轴虚线，输入5
指定下一点或 [放弃(U)]: 2↙              //引出图6-66所示的300°极轴追踪虚线，输入2
指定下一点或 [闭合(C)/放弃(U)]: 5↙      //引出图6-67所示的210°极轴追踪线，输入5
指定下一点或 [闭合(C)/放弃(U)]:C↙       //输入C，闭合图形，结果如图6-68所示
```

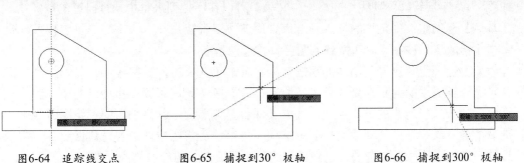

图6-64　追踪线交点　　　　　　图6-65　捕捉到30°极轴　　　　　图6-66　捕捉到300°极轴

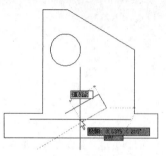

图6-67　捕捉到210°极轴

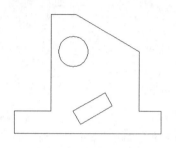

图6-68　绘制的结果

# 6.4 创建和插入图块

图块是由多个对象组成的集合并具有块名。

使用块之前，首先应定义一个块，然后利用【插入块】命令将定义好的块插入当前图形中。块是作为一个整体存在的，用户可以对块进行移动、旋转和复制等操作，也可以用【分解】命令将其分解成多个独立的对象。当块带有属性时，用户还可以对块进行属性编辑。

块可以分为内部块和外部块两种。内部块不能作为图形文件存盘，只能在当前图形文件中使用，若想在其他图形文件中使用图块，只能重新定义图块。外部块可以以图形文件的形式保存到计算机中，当需要该图形文件时，可以将其作为一个图块插入到其他图形文件中。

## 6.4.1 创建内部块

内部图块是存储在图形文件内部的块，只能在存储文件中使用，而不能在其他图形文件中使用。

调用【创建内部块】命令的方法如下所述。

★ 菜单栏：选择【绘图】|【块】|【创建】命令。

★ 工具栏：单击【绘图】工具栏中的【创建块】按钮🔲。

★ 命令行：输入"BLOCK/B"。

执行以上任意一种操作，系统弹出【块定义】对话框，如图6-69所示，输入块名，选

择块图形并指定基点和单位即可将已绘制的对象创建为块。

图6-69　【块定义】对话框

【块定义】对话框中主要选项的功能说明如下。

★ 【名称】文本框：用于输入块名称。在块名称中，可以包括字母、数字和一些特殊字符，如"$"、连接符、下划线、空格、中文等。可以在下拉列表框中选择已有的块。

★ 【基点】选项组：确定块的插入基准点。用户可以直接在X、Y、Z文本框中输入，也可以单击【拾取点】按钮🔲，切换到绘图窗口并选择基点。

★ 【对象】选项组：选择创建块的图形对象。单击【选择对象】按钮🔲，可切换到绘图窗口并可选择组成块的各个对象；单击【快速选择】按钮🔲，可以使用弹出的【快速选择】对话框设置所选择对象的过滤条件；选中【保留】单选项，创建块后仍在绘图窗口中保留组成块的各对象；选中【转换为块】单选项，创建块后将组成块的各对象保留并把它们转换成块；选中【删除】单选项，创建块后删除绘图窗口上组成块的源对象。

★ 【方式】选项组：设置组成块的对象显示方式。选择【注释性】复选项，可以将对象设置成注释性对象；选择【按同一比例缩放】复选项，设置对象是否按统一的比例进行缩放；选择【允许分解】复选项，设置对象是否允许被分解。

★ 【设置】选项组：用来指定块的单位。

★ 【说明】文本框：用来输入当前块的说明部分。

## 6.4.2 创建外部块

内部块仅限于在创建块的图形文件中使用，当在其他文件中也需要使用时，则需要创建外部块，也就是永久块。外部图块不依赖于当前图形，可以在任意图形文件中调用并插入。使用【写块】命令可以创建外部块。

调用【写块】命令的方法如下所述。

★ 命令行：在命令行中输入"WBLOCK/W"。

执行该命令后，系统弹出【写块】对话框，如图6-70所示。

★ 【源】选项组：用来指定块和对象，将其保存为文件并指定插入点。【块】选项可以创建的内部图块作为外部图块来保存，可以从下拉列表中选择需要的内部图块。【整个图形】选项用来将当前图形文件中的所有对象作为外部图块存盘。【对象】选项用来将当前绘制的图形对象作为外部图块存盘。

图6-70　【写块】对话框

★ 【基点】、【对象】选项组：这两个选项组用于指定块的基点和块对象，其中各选项的含义与【块定义】对话框中的含义相同。

★ 【目标】选项组：用来指定文件的新名称和新位置以及插入块时所用的测量单位。【文件名和路径】用于输入块文件的名称和保存位置，可以单击其右边的【浏览】按钮，使用打开【浏览文件夹】对话框来设置文件的保存位置。在指定文件名称时，只需输入文件名称而不用带扩展名。系统一般将其扩展名定义为.dwg。此时，如果在【目标】选项组中未指定文件名，则系统将在默认位置保存该文件。

## 6.4.3 实战——创建粗糙度图块

01 利用【直线】命令，在绘图区绘制表示粗糙度的图形，如图6-71所示。

02 单击【绘图】工具栏上的【多行文字】按钮，在绘图区输入6.4，如图6-72所示。

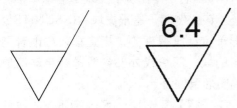

图6-71　粗糙度符号　　图6-72　输入粗糙度大小

03 选择菜单栏中的【绘图】|【块】|【创建】命令，系统弹出【定义块】对话框。

04 在【名称】文本框中输入块的名称"粗糙度"。在【基点】选项区域中单击【拾取

点】按钮，然后单击图6-73所示的端点，确定基点位置。在【对象】选项区域中选中【转换为块】单选项，再单击【选择对象】按钮，切换到绘图窗口，选择整个图形，然后按Enter键，返回【定义块】对话框。在【块单位】下拉列表中选择【毫米】选项，如图6-74所示。

图6-73　指定基点

05 单击【确定】按钮，完成内部块的创建。

**提 示**

【创建块】命令所创建的块保存在当前图形文件中，可以随时调用并将其插入到当前图形文件中。若其他图形文件要调用该图块，可通过设计中心或剪贴板来实现。

图6-74　设置块参数

## 6.4.4　插入图块

将要重复绘制的图形创建成块，并在需要时通过【插入块】命令直接调用它们，插入到图形中的块被称为块参照。无论是外部块还是内部块，用户都可以重复插入块以提高绘图效率。

调用【插入块】命令的方法如下所述。

★ 菜单栏：选择【插入】|【块】命令。

★ 工具栏：单击【绘图】工具栏中的【插入块】按钮。

★ 命令行：在命令行中输入"INSERT/I"。

★ 功能区：在【默认】选项卡中，单击【块】面板中的【插入】按钮。

执行以上任意一种操作，系统弹出【插入】对话框，如图6-75所示。

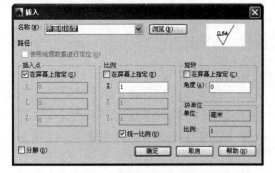

图6-75　【插入】对话框

该对话框中各选项的含义如下所述。

【名称】下拉列表框：用于指定要插入块的名称。也可以单击其后的【浏览】按钮，系统弹出【打开图形文件】对话框，在其中选择保存的块和外部图形。

【插入点】选项组：用于指定一个插入点以便插入块参照定义的一个副本。用户可以直接在X、Y、Z文本框中输入，也可以通过选中【在屏幕上指定】复选项，在屏幕上选择插入点。

【比例】选项组：用于设置块的插入比例。可直接在X、Y、Z文本框中输入块在3个方向的比例，也可以通过选中【在屏幕上指定】复选项，在屏幕上指定。此外，该选项区域中的【统一比例】复选项用于确定所插入块在X、Y、Z 3个方向的插入比例是否相同，选中该复选项时表示相同，用户只需在X文本框中输入比例值即可。

【旋转】选项组：用于参照插入时的旋转角度。可直接在【角度】文本框中输入角度值，也可以通过选中【在屏幕上指定】复选项，然后在屏幕上指定旋转角度。

【块单位】选项组：显示有关图块单位的信息。【单位】文本框用于指定插入块的INSUNITS值。【比例】文本框显示单位比例因子，该比例因子是根据块的INSUNITS值和图形单位计算得来的，指定插入或附着到图形中的块，图像或外部参照进行自动缩放所用的图形单位值。

【分解】复选项：可以将插入的块分解成块的各基本对象。

## 6.4.5　实战——插入粗糙度图块

给轴套的剖面图标注粗糙度，效果如图6-76所示。

**01** 打开文件，打开随书光盘"第6章\6.4.5 插入粗糙度图块.dwg"文件。

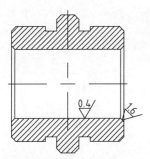

图6-76　导套的粗糙度标注

**02** 按照前面介绍的方法，创建两个粗糙度图块，粗糙度数值分别为1.6和0.4。

**03** 单击【绘图】工具栏中的【插入块】![icon]按钮。系统弹出【插入】对话框，单击【浏览】按钮，选择要插入的粗糙度符号，在【旋转】选项组中选择【在屏幕上指定】复选项，如图6-77所示。

图6-77　【插入】对话框

**04** 单击【插入】对话框上的【确定】按钮，在要标注粗糙度的位置单击鼠标并指定合适的旋转角度，即完成图块的插入。

## 6.4.6　动态块

动态图块就是将一系列内容相同或相近的图形通过块编辑将图形创建为块，并设置该块具有参数化的动态特性，在操作时通过自定义夹点或自定义特性来操作动态块。相对于常规图块来说，该类图块具有极大的灵活性和智能性，在提高绘图效率的同时还减少图块库中的块数量。

要定义动态块，首先要创建该块需要的对象或者显示现有的某个块，也就是说动态块是建立在块的基础上的。【块编辑器】是专门用于创建块定义并添加动态行为的编写区域。

调用【块编辑器】的方法如下所述。

★ 菜单栏：选择【工具】|【块编辑器】命令。

★ 命令行：输入"BEDIT / BE"。

执行该命令，系统弹出【编辑块定义】对话框，如图6-78所示。在该对话框中列出了当前文件中包含的块，选择某一个块，则可在对话框右侧预览块效果。单击【确定】按钮，系统进入默认为黄色背景的绘图区域，一般称该区域为块编辑界面，如图6-79所示。该界面右侧自动弹出块编辑选项板，该选项板包含参数、动作、参数集和约束4个选项卡，可创建动态块的所有特征；该界面的上方包含一个【块编辑器】工具栏，该工具栏是创建动态块并设置可见性的专门工具，工具栏中各按钮的功能如表6-1所示。

图6-78　【编辑块定义】对话框

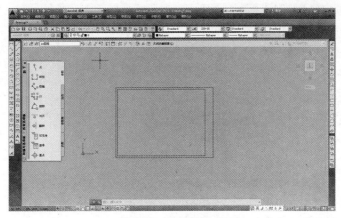

图6-79　块编辑界面

表 6-1 【块编辑器】工具栏各按钮的功能

| 图标 | 名 称 | 功 能 |
|---|---|---|
| | 编辑或创建块定义 | 单击该按钮，系统弹出【编辑块定义】对话框，用户可重新选择需要创建的动态块 |
| | 保存块定义 | 单击该按钮，保存当前块定义 |
| | 将块另存为 | 单击此按钮，系统弹出【将块另存为】对话框，用户可以在重新输入块名称后保存此块 |
| | 测试块 | 测试此块能否被加载到图形中 |
| | 自动约束对象 | 对选择的块对象进行自动约束 |
| | 应用几何约束 | 对块对象进行几何约束 |
| | 显示/隐藏约束栏 | 显示或者隐藏约束符号 |
| | 参数约束 | 对块对象进行参数约束 |
| | 块表 | 单击【块表】按钮，系统弹出【块特性表】对话框，通过此对话框可以对参数约束进行函数设置 |
| | 参数 | 单击该按钮，向动态块定义中添加参数 |
| | 动作 | 单击该按钮，向动态块定义中添加动作 |
| | 属性 | 单击此按钮，系统弹出【属性定义】对话框，从中可定义模式、属性标记、提示、值等的文字选项 |
| | 编写选项板 | 显示或隐藏编写选项板 |
| | 参数管理器 | 打开或者关闭参数管理器 |

在该绘图区域中UCS命令是被禁用的，绘图区域显示一个UCS图标，该图标的原点定义了块的基点。用户可以通过相对UCS图标原点移动几何体图形或者添加基点参数来更改块的基点。这样在完成参数的基础上添加相关动作，然后通过【保存块定义】工具保存块定义，此时可以立即关闭编辑器并在图形中测试块。

如果在块编辑窗口中选择【文件】|【保存】选项，则保存的是图形而不是块定义。因此处于块编辑窗口时，必须专门对块定义进行保存。

【块编辑】选项板中一共4个选项卡，即【参数】、【动作】、【参数集】和【约束】选项卡。

★ 【约束】选项卡：如图6-80所示，用于在块编辑器中向动态块进行几何约束或参数约束。

★ 【参数集】选项卡：如图6-81所示，用于在块编辑器中向动态块定义中添加一个参数和至少一个动作的工具时，创建动态块的一种快捷方式。

★ 【动作】选项卡：如图6-82所示，用于向块编辑器中的动态块添加动作，包括移动动作、缩放动作、拉伸动作、极轴拉伸动作等。

★ 【参数】选项卡：如图6-83所示，用于向块编辑器中的动态块添加参数，动态块的参数包括点参数、线型参数、极轴参数等。

图6-80 【约束】选项卡　　图6-81 【参数集】选项卡

图6-82 【动作】选项卡　　图6-83 【参数】选项卡

# 6.5 使用图块属性

块属性是块的组成部分，是特定的可包含在块定义中的文字对象。

## 6.5.1 定义图块属性

定义块属性必须在定义块之前进行。调用【属性定义】命令，可以创建图块的非图形信息。插入图形时，AutoCAD 将提示输入属性值。

调用【属性定义】命令的方法如下所述。

★ 菜单栏：选择【绘图】|【块】|【定义属性】命令。

★ 命令行：输入"ATTDEF / ATT"。

执行该命令，系统弹出【属性定义】对话框，如图6-84所示。

该对话框中各选项的含义如下所述。

★ 模式：用于设置属性模式，其中包括【不可见】、【固定】、【验证】、【预设】、【锁定位置】和【多行】5个复选项，利用这些复选项可设置相应的属性值。

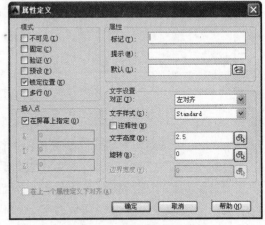

图6-84 【属性定义】对话框

★ 属性：用于设置属性数据，包括【标记】、【提示】、【默认】3个文本框。

★ 插入点：该选项组用于指定图块属性的位置，若选中【在屏幕上指定】复选项，则在绘图区中指定插入点，用户可以直接在X、Y、Z文本框中输入坐标值来确定插入点。

★ 文字设置：该选项组用于设置属性文字的对正、样式、高度和旋转。其中包括对正、文字样式、文字高度、旋转和边界宽度5个选项。

★ 在上一个属性定义下对齐：选择该复选项，将属性标记直接置于定义的上一个属性的下面。若之前没有创建属性定义，则此项不可用。

> **注意**
>
> 通过【属性定义】对话框，用户只能定义一个属性，并不能指定该属性属于哪个图块，因此用户必须通过【块定义】对话框将图块和定义的属性重新定义为一个新的图块。

## 6.5.2 修改属性的定义

直接双击块属性，系统弹出【增强属性编辑器】对话框，如图6-85所示。在【属性】选项卡的列表中选择要修改的文字属性，然后在下面的【值】文本框中可以输入块中定义的标记和值属性。

在【增强属性编辑器】对话框中，各选项卡的含义如下所述。

★ 属性：显示块中每个属性的标识、提示和值。在列表框中选择某一属性后，在

【值】文本框中将显示出该属性对应的属性值，并可以在其中修改属性值。

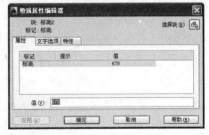

图6-85 【增强属性编辑器】对话框

★ 文字选项：用于修改属性文字的格式，该选项卡如图6-86所示。在其中可以设置文字样式、对齐方式、高度、旋转角度、宽度比例、倾斜角度等内容。

★ 特性：用于修改属性文字的图层以及其线宽、线型、颜色及打印样式等，该选项卡如图6-87所示。

图6-86　【文字选项】选项卡

图6-87　【特性】选项卡

## 6.5.3　图块属性编辑

Attedit命令可对图形中所有的属性块进行全局性的编辑。它可以一次性对多个属性块进行编辑，对每个属性块也可以进行多方面的编辑，它可修改属性值、属性位置、属性文本高度、角度、字体、图层、颜色。

调用【编辑属性】命令有以下方式。

★ 菜单栏：选择【修改】|【对象】|【属性】|【单个】命令。

★ 命令行：输入"ATTEDIT"。

执行以上任意一种操作之后，选择带属性的块，系统弹出【编辑属性】对话框，如图6-88所示。

图6-88　【编辑属性】对话框

> **提示**
>
> 要创建属性，首先应创建描述属性特征的属性定义。特征包括标记（标识属性的名称）、插入块时显示的提示、值的信息、文字格式、位置和任何可选模式（不可见、固定、验证和预置）等。创建属性定义之后，在定义块时应将它选为对象，然后只要插入此块，AutoCAD就会使用指定的文字来提示用户输入属性。对于每个新的插入块，可以为属性指定不同的值。

## 6.5.4　实战——绘制基准符号属性块

**01** 新建AutoCAD图形文件。单击【绘图】工具栏上的【圆】按钮，绘制一个直径为10的圆，然后单击【绘图】工具栏上的【直线】按钮，绘制两条直线，如图6-89所示。

**02** 选择菜单栏中的【绘图】|【块】|【定义属性】命令，打开【属性定义】对话框，在【标记】文本框中输入"A"，在【提示】文本框中输入"请输入基准符号："，在【值】文本框中输入"A"。在【插入点】选项组中选择【在屏幕上

图6-89　绘制基准符号

指定】复选项。在【文字设置】选项组的【对正】下拉列表中选择【中间】选项，

在【文字高度】文本框中输入"7"，其他选项采用默认设置，如图6-90所示。

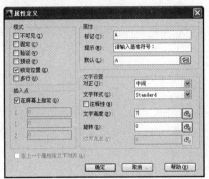

图6-90 输入属性值

**03** 单击【确定】按钮，在绘图区中的圆内放置该属性定义，如图6-91所示。

图6-91 属性的标记

**04** 在命令行中输入"B"来调用【创建块】命令，将创建的属性和图形定义为块，即完成属性块的创建。

# 6.6 使用设计中心管理图形

AutoCAD设计中心为用户提供了一个与Windows资源管理器类似的直观且高效的工具。通过设计中心，用户可以浏览、查找、预览、管理、利用和共享AutoCAD图形，还可以使用其他图形文件中的图层定义、块、文字样式、尺寸标注样式、布局等信息，从而提高了图形管理和图形设计的效率。

## 6.6.1 设计中心的概述

【设计中心】为用户提供了一种直观、有效的操作界面，读者可以通过【设计中心】调用图形中的块、图层定义、尺寸样式和文字样式、外部参照、布局以及用户自定义等内容，其主要功能有以下几点。

★ 浏览用户计算机、网络驱动器和Web站点上的图形内容。

★ 创建指向常用图形、文件夹和Internet网址的快捷方式。

★ 更新（重定义）块定义，向图形中添加内容（例如外部参照、块和填充）。

★ 在新窗口中打开图形文件，将图形、块和填充拖动到工具选项板上以便于访问。

## 6.6.2 启动设计中心

AutoCAD中可以用以下方式打开【设计中心】。

★ 菜单栏：选择【工具】|【选项板】|【设计中心】命令。

★ 工具栏：单击【标准】工具栏中的【设计中心】按钮▦。

★ 命令行：输入"ADCENTER/ADC"。

★ 快捷键：Ctrl+2。

执行以上任意一种操作之后，打开【设计中心】窗口，如图6-92所示。

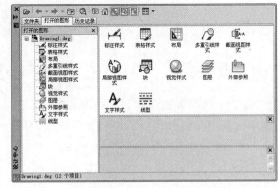

图6-92 【设计中心】窗口

## 6.6.3 利用设计中心插入图块

使用AutoCAD设计中心的最终目的是在当前图形中调入块、引用图像和外部参照，并且在图形之间复制块、图层、线型、文字样式、标注样式以及用户定义的内容等。也就是说，根据插入内容类型的不同，对应插入设计中心图形的方法也不相同。通常情况下执行插入块操作可根据设计需要确定插入方式。

★ 自动换算比例插入块：选择该方法插入块时，可从【设计中心】窗口中选择要插入的块并将其拖动到绘图窗口。移到插入位置时释放鼠标，即可实现块的插入操作。

★ 常规插入块：采用插入时通过确定插入点、插入比例和旋转角度的方法来插入块特征，可在【设计中心】对话框中选择要插入的块，单击鼠标右键，展开快捷菜单，如图6-93所示，选择【插入块】选

项，即可弹出【插入块】对话框，可按照插入块的方法确定插入点、插入比例和旋转角度，最后将该块插入到当前图形中。

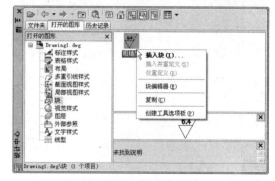

图6-93　右键快捷菜单

## 6.6.4　利用设计中心复制图层

在控制板中展开相应的块、图层、标注样式列表，然后选中某个块、图层或标注样式并将其拖入到当前图形，即可复制该对象。可在【设计中心】窗口中选择要复制的对象，单击鼠标右键，展开快捷菜单，如图6-94所示，切换到复制的目标文件窗口，在绘图区的空白位置展开右键快捷菜单，选择【剪贴板】|【粘贴】命令，如图6-95所示，即可将复制的对象粘贴到该文件中。

图6-94　利用【设计中心】复制对象

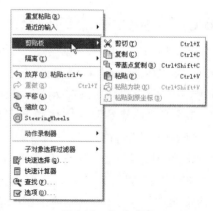

图6-95　粘贴对象

## 6.6.5　实战——利用设计中心复制图层

**01** 选择"acadiso.dwt"样板，新建图形文件。

**02** 按Ctrl+O快捷键，打开素材文件"第6章\6.6.5利用设计中心复制图层.dwg"，该文件中包含多种图层。

**03** 按Ctrl+2快捷键，打开【设计中心】窗口。在【打开的图形】选项卡中，选择"6.4.5. dwg"文件的图层项目，此时在窗口右侧列出所有图层，如图6-96所示。

**04** 框选所有图层并展开右键快捷菜单，选择【复制】命令，如图6-97所示。

图6-96　展开【图层】项目

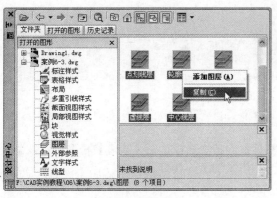

图6-97　复制图层

图6-98　粘贴图层

**05** 激活"Drawing1.dwg"文件(用户新建的文件)窗口，在绘图区的空白位置单击鼠标右键，在展开的菜单中选择【剪贴板】|【粘贴】命令，如图6-98所示，即将选择的图层复制到新文件中。

**06** 在"Drawing1.dwg"文件中展开图层下拉列表，复制出的图层如图6-99所示。

图6-99　新文件中的图层

# 6.7 综合实战——绘制六角螺母动态块

本实例综合运用本章所学的图块创建、编辑知识，绘制六角螺母的俯视图动态块，该图块中包含M5、M6和M8共3种规格。

**01** 新建AutoCAD文件，在绘图区绘制图6-100所示的M5螺母俯视图，注意以原点为中心，且不要标注尺寸。

**02** 选择菜单栏中的【绘图】|【块】|【创建】命令，系统弹出【块定义】对话框，选择螺母的圆心为插入基点，选择整个螺母为创建对象，输入块名称为"C级螺母"，块单位设置为"毫米"，然后单击【确定】按钮创建此块。

**03** 选择菜单栏中的【工具】|【块编辑器】命令，系统弹出【编辑块定义】对话框，如图6-101所示。在列表中选择"C级螺母"为编辑对象，单击【确定】按钮，系统进入块编辑状态并弹出【块编写】选项板，如图6-102所示。

**04** 在【块编写】选项板中展开【参数】选项卡，单击【线性】按钮，在螺母上添加一个线性参数，命令行操作如下：

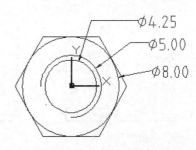

图6-100　绘制螺母俯视图

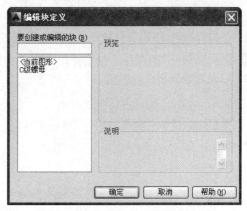

图6-101　【编辑块定义】对话框

145

命令： _BParameter 线性                              //调用【线性参数】命令
指定起点或 〔名称(N)/标签(L)/链(C)/说明(D)/基点(B)/选项板(P)/值集(V)〕：L✓    //选择【标签】选项
输入距离特性标签 <距离1>：螺母外径✓              //将此标签重命名为"螺母外径"
指定起点或 〔名称(N)/标签(L)/链(C)/说明(D)/基点(B)/选项板(P)/值集(V)〕：     //选择Φ8圆的左侧象限点
指定端点：                                        //选择Φ8圆的右侧象限点
指定标签位置：                                    //上下拖动标签至合适的位置，创建的参数标签如图6-103所示

**05** 选中该参数标签，按Ctrl+1快捷键，弹出该线性参数的特性面板，在【集值】栏将距离类型设置为"列表"，在【其他】栏中将夹点数修改为"0"，如图6-104所示。

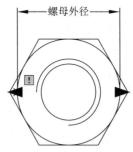

图6-102  块编写选项板    图6-103  "螺母外径"线性参数    图6-104  编辑参数集值

**06** 单击距离数值右侧的 ··· 按钮，系统弹出【添加距离值】对话框，如图6-105所示。在【要添加的距离】文本栏输入"10"和"13"，并用逗号隔开，如图6-106所示。单击【添加】按钮即可添加两个距离参数，如图6-107所示。

图6-105  【添加距离值】对话框    图6-106  添加距离值    图6-107  添加后的集值列表

**07** 单击【确定】按钮以关闭【添加距离】对话框，然后关闭特性面板。

**08** 重复步骤4~7的操作，创建第二个距离参数，命名为"螺纹内径"，如图6-108所示，并为此距离添加5和6.75两个参数值。

**09** 重复步骤4~7的操作，创建第三个距离参数，命名为"螺母内径"，如图6-109所示，并为此距离添加6和8两个参数值。

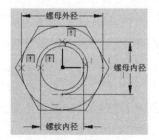

图6-108  "螺纹内径"线性参数    图6-109  "螺母内径"线性参数

**10** 在【块编写】选项板中展开【动作】选项卡，单击【缩放】按钮 🔳，为螺母外径添加缩放动作，命令行操作如下：

```
命令：_BActionTool 缩放
选择参数：                                    //选择"螺母外径"参数
指定动作的选择集
选择对象：找到 1 个
选择对象：找到 1 个，总计 2 个                   //选择正六边形和外圆为缩放的对象
选择对象：✓                                   //按Enter键确认选择，完成创建。
```

**11** 将鼠标移动至缩放动作图标上，如图6-110所示，单击即可选中该动作，然后按Ctrl+1快捷键，弹出该缩放动作的特性面板，将缩放基准类型修改为"独立"，将基准X、基准Y都设为"0"，如图6-111所示。

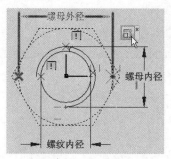

图6-110 缩放动作标签

图6-111 编辑缩放基准

**12** 重复步骤10~11的操作，为"螺纹内径"添加缩放动作，缩放的对象选择内圆。

**13** 重复步骤10~11的操作，为"螺母内径"添加缩放动作，缩放对象选择中间圆弧。

**14** 在【块编写】选项板中展开【参数】选项卡，单击【查寻】按钮 🔳，在块中添加一个查寻参数，命令行操作如下：

```
命令：_BParameter 查寻
指定参数位置或 [名称(N)/标签(L)/说明(D)/选项板(P)]：L✓    //选择【标签】选项
输入查寻特性标签 <查寻1>：选择螺母规格✓                   //将参数标签修改为"选择螺母规格"
指定参数位置或 [名称(N)/标签(L)/说明(D)/选项板(P)]：
          //在螺母附近的任意空白位置单击以放置查寻标签，如图6-112所示
```

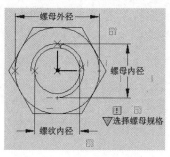

图6-112 添加的查询参数

图6-113 【特性查寻表】对话框

**15** 在【块编写】选项板中展开【动作】选项卡，单击【查寻】按钮 🔳，命令行提示选择参数，单击"选择螺母规格"参数，弹出【特性查寻表】对话框，如图6-113所示。单击【添加特性】按钮，弹出【添加参数特性】对话框，如图6-114所示，将3个距离参数都添加到查寻表中。

16 回到【特性查寻表】对话框，在【查寻特性】栏输入螺母名称"M5"、"M6"和"M8"，在
【输入特性】栏选择各种规格对应的尺寸参数，填写完成的表格如图6-115所示，单击【确定】
按钮以关闭【特性查寻表】对话框。

17 单击块编辑界面上【关闭块编辑器】按钮，系统弹出提示对话框，如图6-116所示，选择【将更
改保存到 C级螺母（S）】选项，回到绘图界面。

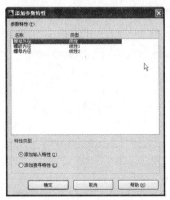

图6-114 添加输入参数

图6-115 填写特性查寻表

18 单击螺母块，块上出现三角形查寻夹点，单击该夹点，弹出螺母的规格列表，如图6-117所示，
选择不同的规格，螺母的尺寸会随之变化。

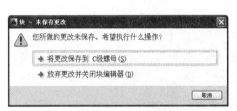

图6-116 保存提示

图6-117 完成的动态块

148

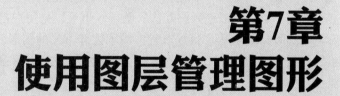

# 第7章
# 使用图层管理图形

在机械工程制图中，图形中主要包括基准线、轮廓线、虚线、剖面线、尺寸标注，以及文字说明等元素，如果用图层来管理它们，不仅能使图形的各种信息清晰有序，便于观察，而且能为图形的编辑、修改和输出带来很大的方便。

# 7.1 创建图层

图层是AutoCAD组织图形的工具。AutoCAD的图形对象必须绘制在某个图层上，它可以是系统默认的图层，也可以是用户自己创建的图层。利用图层的特性，如颜色、线型、线宽等，可以非常方便地区分不同的图形对象。另外，AutoCAD 2014提供了大量的图层管理功能，如打开/关闭、冻结/解冻、加锁/解锁等，这些功能有利于用户更加便捷地组织图层。

## 7.1.1 认识图层

### 1. 图层概述

为了根据图形的相关属性对图形进行分类，AutoCAD引入了"图层"的概念，也就是把线型、线宽、颜色和状态等属性相同的图形对象放进同一个图层，以方便用户管理图形。

【图层】工具栏上显示了当前图层的各种属性，如图7-1所示。

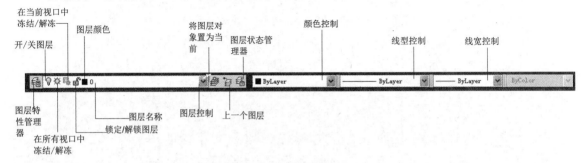

图7-1 【图层】工具栏

每个图层都可以被假想成一张没有厚度的透明片，相同属性的画在一张上，各层画完后重叠在一起构成一张完整的图纸。在绘图前指定每一个图层的线型、线宽、颜色和状态等属性，可使凡具有与之相同属性的图形对象都放到该图层上。而绘图时只需要指定每个图形对象的几何数据和其所在的图层就可以了。这样既简化了绘图过程，又便于图形管理。

图层的应用使用户在组织图形时拥有极大的灵活性和可控性。规划好图层结构是尤为重要的一步。例如，图形的哪些部分放置在哪个图层，共需设置多少个图层，每个图层的命名、线型、线宽与颜色等属性如何设置。

在绘制复杂的二维图形时，需要创建数十种甚至上百种图层，这些图层将表现出图形各个部分的特性。通过图层的特性管理，可以达到高效绘制或编辑图形的目的，因此对图层特性进行管理是一项非常重要的工作。

### 2. 图层的分类设置原则

在绘制图形之前，应该规划好图层结构，合理分布图层是AutoCAD设计人员的一个良好习惯。多人协同设计时，更应该设计好一个统一规范的图层结构，以便进行数据交换和共享。切忌将所有图层对象全部放在同一个图层中。

图层可以按照以下的原则分类。

★ 按照图形对象的使用性质分层。例如在建筑设计中，可以将墙体、门窗、家具、绿化分属不同的层。

★ 按照外观属性分层。具有不同线型或线宽的实体分属不同的图层，这是一个很重要的原则。例如在机械设计中，粗实线（外轮廓线）、虚线（隐藏线）、和点划线（中心线）就要分属3个不同的层，方便打印控制。

★ 按照模型和非模型分层。AutoCAD制图的过程实际上是建模的过程。图形对象是模型的一部分，文字标注、尺寸标注、图框、图例符号等并不属于模型本身，是设计人员为了便于设计文件的阅读而人为添加的说明性内容。所以模型和非模型应当分属不同的层。

### 3. 图层的特点

在AutoCAD 2014中，图层具有以下特点。

在一幅图形中可指定任意数量的图层。系统对图层没有限制，对任意图层上的对象数目也没有任何限制。

每个图层有一个名称加以区别。绘制新图时，AutoCAD自动创建名为"0"的图层，这是系统默认图层，其余图层可进行自定义。

相同图层上的对象应具有相同的线型、颜色、线宽。各图层的特性可以改变。

允许建立多个图层，但只能在当前图层上绘图。

各图层具有相同的坐标系、绘图界线及显示时的缩放倍数。可以对位于不同图层上的对象同时进行编辑操作。

可以对各个图层进行打开、关闭、冻结、解冻、锁定与解锁操作，以决定各图层的可见性与可操作性。

**提示**

> 每个图形都包括命名为"0"的图层，该图层不能删除或重命名。它的作用是确保每个图形中至少包括一个图层，提供与块中的控制颜色相关的特殊图层。

## 7.1.2 图层特性管理器层

图形对象越多越复杂，所涉及的图层也就越多，这就需要绘图者正确地创建和管理图层。【图层特性管理器】是管理和组织AutoCAD图层的强有力工具。

打开【图层特性管理器】的方法有以下几种。

★ 菜单栏：执行【格式】|【图层】菜单命令。

★ 工具栏：单击【图层】工具栏中的【图层特性管理器】按钮。

★ 命令行：在命令行输入"LAYER（或LA）"并回车。

进行上述操作后，打开【图层特性管理器】对话框，如图7-2所示。

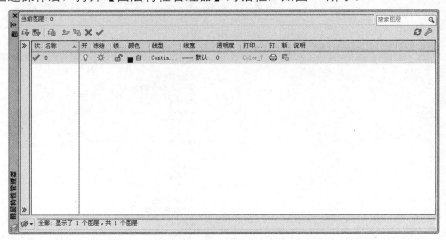

图7-2 【图层特性管理器】对话框

【图层特性管理器】对话框显示了图形中图层列表及其特性，可以添加、删除和重命名图层，或者更改图层的特性，对话框列表中各选项的功能如下所述。

★ 【状态】：用来指示和设置当前图层，双击某个图层【状态】图标可以快速切换至该图层。

★ 【名称】：用于设置图层名称。选中一个图层使其以蓝色高亮显示，再单击【名称】特性项或按下F2快捷键，层名变为可编辑，输入新名称后，按Enter键即可。单击【名称】特性列的表头，可以让图层按照图层名称进行升序或降序排列。

★ 【打开/关闭】：用于控制图层是否在屏幕上显示。隐藏的图层将不被打印输出。

★ 【冻结/解冻】：用于将长期不需要显示的图层冻结。可以提高系统运行速度，减少图形刷新时间。AutoCAD不会在被冻结的图层上显示、打印或重生成对象。

★ 【锁定/解锁】：如果某个图层上的对象只需要显示、不需要选择和编辑，那么可以锁定该图层。

★ 【颜色、线型、线宽】：用于设置图层的颜色、线型及线宽属性。如选择【颜色】属性选项，可以打开【选择颜色】对话框，选择需要的图层颜色即可。

★ 【透明度】：更改整个图层的透明度。

★ 【打印样式】：更改整个图形中的打印样式，用于为每个图层选择不同的打印样式。如同每个图层都有颜色值，每个图层也都有打印样式特性。AutoCAD有颜色打印样式和图层打印样式两种，如果当前文档使用颜色打印样式，该属性不可用。

★ 【打印】：确定整个图形中的图层是否均可打印出来。

★ 【新视口冻结】：视口冻结新创建视口中的图层。

★ 【说明】：更改整个图形中的说明。

## 7.1.3 创建图层

创建图形的首要步骤是创建图层，在【图层特性管理器】对话框中用户可以创建新的图层，具体操作步骤如下。

**01** 选择菜单栏中的【格式】|【图层】命令，打开【图层特性管理器】对话框。

**02** 单击对话框中的【新建】按钮 ，或选择对话框图层快捷菜单中的【新建图层】命令，如图7-3所示，系统自动新建"图层1"，并显示在图层列表中。

**03** 单击【名称】列表框，输入新的图层名称，最后按回车键完成输入。

**04** 重复以上操作，可创建多个图层。

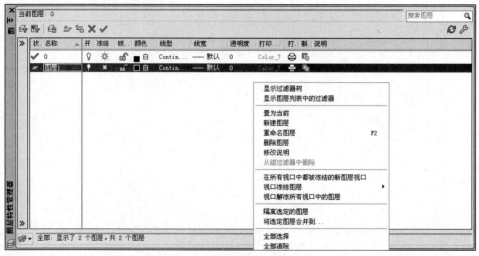

图7-3 新建图层

### 7.1.4 重命名图层

默认情况下，创建的图层会以"图层1"、"图层2"等顺序进行命名。为图层取一个规范的命名，可以方便图层的查找和管理。

重命名图层有如下两种方法。

★ 在【图层特性管理器】对话框中选中要修改的图层名称，右击选择【重命名图层】命令（或按下快捷键F2），如图7-4所示，然后输入新的图层名称即可。

★ 在【图层特性管理器】对话框中选中要修改的图层名称，双击其名称框，然后

输入新的名称即可。

图7-4 重命名图层

# 7.2 图层管理

在AutoCAD中，所有图形对象都具有线型、线宽、颜色和图层等基本属性。用户可以用不同的线型和颜色绘图，也可以将所绘对象放在不同的图层上。充分利用系统提供的这些功能，可以提高绘制复杂图形的效率，节省图形存储空间。

### 7.2.1 设置当前图层

当设定某一图层为当前图层后，接下来所绘制的图形对象全部都将位于该图层中。如果希望在其他图层中绘图，就需要更改当前层的设置。

在AutoCAD 2014中常用以下方法将图层设置为当前图层。

在【默认】选项卡中，单击【图层】面板中的【图层控制】按钮，并在下拉列表中选择需要的图层，即可切换为当前图层，如图7-5所示。

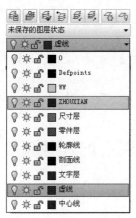

图7-5 图层面板设置

选择菜单栏中的【格式】|【图层】命令，打开【图层特性管理器】对话框，单击

对话框上方的【置为当前】按钮✔。如图7-6所示。

图7-6 对话框中设置

在【图层】工具栏的下拉列表中直接选择需要置为当前图层的层，如图7-7所示。

图7-7 工具栏设置

## 7.2.2 转换图形所在层

转换图形图层，是指将一个图层中的图形转换到另一个图层中。在AutoCAD 2014中可以十分灵活地进行图层转换，首先选择需要转换图层的图形，然后单击打开【图层】工具栏或【图层】面板中的图层下拉列表，在其中选择目标图层即可。

另外，使用【图层转换器】也可以转换图层，从而实现图层的标准化和规范化。【图层转换器】能够转换当前图形中的图层，使之与其他图形的结构或CAD标准文件相匹配。选择菜单栏上的【工具】|【CAD标准】|【图层转换器】命令，系统将会弹出图7-8所示的对话框，在其中可以进行图层的转换工作。

其中各选项含义如下所述。

★ 【转换自】选区：显示当前图形即将被转换的图层结构，可以在列表框中选择，也可以通过"选择过滤器"来选择。

★ 【转换为】选区：显示可以将当前图形的图层转换成的图层名称。单击【加载】按钮打开【选择图形文件】对话框，可以从中选择作为图层标准的图形文件，并将该图层结构显示在【转换为】列表框中。单击【新建】按钮，打开【新图层】对话框，如图7-9所示。可以从中创建新的图层作为转换匹配图层，新建的图层也会显示在【转换为】列表框中。

图7-8 【图层转换器】对话框

图7-9 【新图层】对话框

★ 【映射】按钮：单击该按钮，可以将在【转换自】列表框中选中的图层映射到【转换为】列表框中，并且当图层被映射后，将从【转换自】列表框中删除。

★ 【映射相同】：将【转换自】和【转换为】列表框中名称相同的图层进行转换映射。

★ 【图层转换映射】选区：显示已经映射的图层名称和相关特性值。当选中一个图层后，单击【编辑】按钮，将打开【编辑图层】对话框，可以从中修改转换后的图层特性，如图7-10所示。单击【删除】按钮，可以取消该图层的转换映射，该图层将重新显示在【转换自】选区中。单击【保存】按钮，将打开【保存图层映射】对话框，可以将图层转换关系保存到一个标准配置的文件中。

★ 【设置】按钮：单击该按钮，将打开【设置】对话框，可以设置图层的转换规则，如图7-11所示。

图7-10 【编辑图层】对话框

图7-11 【设置】对话框

## 7.2.3 实战——转换图形图层

**01** 打开文件。打开光盘中的素材文件"7.2.3转换图形图层.dwg",如图7-12所示。

图7-12 素材文件

**02** 选中键槽的外轮廓线,如图7-13所示。

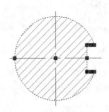

图7-13 选定外轮廓线

**03** 单击【图层】工具栏中的【图层控制】下拉列表,选择"轮廓线"为目标图层,如图7-14所示。

图7-14 选定目标图层

**04** 转换图层的效果如图7-15所示,零件外轮廓图形自动继承了"轮廓线"图层的相关特性。

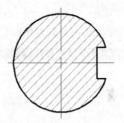

图7-15 转换图层结果

## 7.2.4 控制图层状态

图层状态是用户对图层整体特性的开/关设置,包括隐藏或显示、冻结或解冻、解锁或锁定、打印或不打印等。当使用AutoCAD绘制复杂图形时,通过有效地控制图层,可以减少错误操作,提高绘图效率。

### 1. 打开与关闭图层

在绘图的过程中可以将暂时不用的图层关闭,被关闭的图层中的图形对象将不可见,并且不能被选择、编辑、修改和打印。

在AutoCAD 2014中常用以下方法关闭图层。

在【图层特性管理器】对话框中选中要关闭的图层,单击 按钮,即可关闭选择图层,图层被关闭后该按钮将显示为 ,表明该图层已经被关闭了,如图7-16所示。

在【功能区】|【常用】选项卡内,打开【图层】面板中的【图层控制】下拉菜单,单击【目标图层】按钮 即可关闭该图层,如图7-17所示。

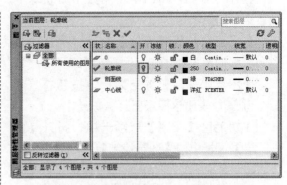

图7-16 通过【图层特性管理器】关闭图层

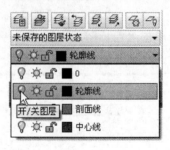

图7-17 通过【图层】面板关闭图层

在【AutoCAD经典】工作空间，打开【图层】工具栏图层下拉列表，单击目标图层的列表按钮即可关闭该图层，如图7-18所示。

> **提示**
> 当关闭的图层为"当前图层"时，将弹出图7-19所示的【确认】对话框，此时选择【关闭当前图层】选项即可。如果要恢复关闭图层，重复以上操作，单击关闭图层前的按钮 即可。

图7-18 通过【图层】工具栏关闭图层

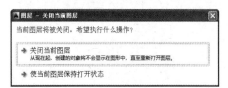

图7-19 确定关闭当前图层

### 2. 冻结与解冻图层

将长期不需要显示的图层冻结，可以提高运行速度，减少图形刷新时间。AutoCAD 2014不会在被冻结的图层上显示、打印或重生成对象。

在AutoCAD 2014中常用以下方法冻结图层。

★ 在【图层特性管理器】对话框中选中要冻结的图层，单击 ✳ 按钮，即可冻结选择图层，图层被冻结后，该按钮将显示为 ，表明该图层已经被冻结了。

★ 在功能区【常用】选项卡中，打开【图层】面板中的【图层控制】下拉列表，单击"目标图层"按钮 ✳ 即可冻结该图层。

★ 在【AutoCAD经典】工作空间，打开【图层】工具栏中的【图层】下拉列表，单击"目标图层"按钮 ✳ 即可冻结该图层，如图7-20所示。

图7-20 冻结图层

> **提示**
> 当冻结的图层为"当前图层"时，将弹出图7-21所示的对话框，提示无法冻结"当前图层"，此时需要将其他图层设置为"当前图层"才能冻结该图层。如果要恢复冻结图层，重复以上操作，单击冻结图层前的 ✳ 按钮即可。

图7-21 无法冻结图层提示信息

### 3. 锁定与解锁图层

如果某个图层上的对象只需要显示、不需要选择和编辑，那么可以锁定该图层。被锁定的图层上的对象不能被编辑、选择和删除，但该层的对象仍然可见，且可以在该层上添加新的图形对象。

在AutoCAD 2014中常用以下方法锁定图层。

★ 在【图层特性管理器】对话框中选中要锁定的图层，单击 按钮，即可锁定选择图层，图层被锁定后，该按钮将显示为 ，表明该图层已经被锁定了。

★ 在功能区【常用】选项卡中，打开【图层】面板中的【图层控制】下拉列表，单击【目标图层】按钮 即可锁定该图层。

★ 在【AutoCAD经典】工作空间，打开【图层】工具栏中的【图层】下拉列表，单击【目标图层】按钮 即可锁定该图层。

> **提示**
> 如果要恢复锁定图层，重复以上操作，单击锁定图层前的 按钮即可。

### 4. 打印或不打印

在图纸输出过程中，如果不想打印某个图层，那么可以使用此功能。在【图层特性管理器】对话框中选中不需要打印的图层，单击 按钮，即可不打印该图层，不打印的图层将显示为 。

**5. 透明度**

　　透明度用于设定当前图形中选定图层的透明度级别。在【图层特性管理器】对话框中选中图层，单击图层透明度数值即可，系统将弹出图7-22所示的【图层透明度】对话框，即可设置图层的透明度。

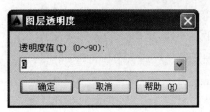

图7-22　【目标图层】对话框

## 7.2.5　删除图层

　　如果新建了多余图层时，可以将其删除。但AutoCAD 2014中规定以下5类图层不能被删除。

★　0层。

★　Defpoints图层。

★　当前层。要删除当前层，可以先改变当前层到其他层。

★　插入了外部参照的图层。要删除该层，必须先删除外部参照。

★　包含了可见图像对象的层。要删除该层，必须先删除该图层中所有的图形对象。

　　在AutoCAD 2014中常用以下方法删除图层。

★　在【图层特性管理器】对话框中选中需要删除的图层，单击 ✕ 按钮。

★　在【图层特性管理器】对话框中右击需要删除的图层，在弹出的快捷菜单中选择【删除图层】命令。

## 7.2.6　实战——删除图层

01　打开文件。打开素材文件"第7章\7.2.6 删除图层.dwg"文件。

02　调用LA命令打开【图层特性管理器】对话框，选中要删除的图层"图层1"，单击【删除】按钮 ✕，如图7-23所示。

03　"图层1"即被删除。

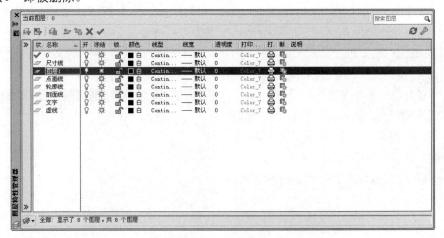

图7-23　删除图层

## 7.2.7　保存并输出图层设置

　　在绘制复杂图形时，常常需要创建多个图层，并为其设置相应的图层特性。若每次绘制新的图形都要重建图层，则操作繁琐，效率低下。因此AutoCAD 2014提供了保存并输出图层设置的功能，可以将创建好的图层以文件形式保存起来，在绘制其他图形时，直接将其调用到当前图形即可。

### 1. 保存图层状态

保存图层状态的步骤如下所述。

**01** 设置好图层的状态和特性。

**02** 在【图层特性管理器】对话框中单击【图层状态管理器】按钮，打开【图层状态管理器】对话框，如图7-24所示。

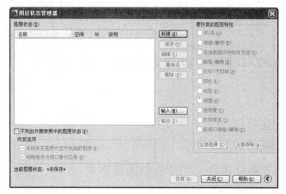

图7-24　【图层状态管理器】对话框

**03** 单击【新建】按钮，系统弹出【要保存的新图层状态】对话框，在该对话框中的【新图层状态名】文本框中输入新图层的状态名，如图7-25所示，单击【确定】按钮确认。

图7-25　【要保存的新图层状态】对话框

**04** 系统返回【图层状态管理器】对话框，单击对话框右下角的 按钮，然后在【要恢复的图层特性】区域内选择要保存的图层状态和特性，如图7-26所示。

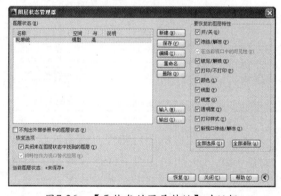

图7-26　【要恢复的图层特性】对话框

**提示**

要恢复图层状态，同样先打开【图层状态管理器】对话框，然后选择图层状态，并单击【恢复】按钮即可。没有保存的图层状态和特性将不会被恢复。

### 2. 输出图层状态

输出图层状态步骤如下所述。

**01** 在命令行中输入"LAYERSTATE（图层状态管理器）"命令，并按Enter键确认，弹出【图层状态管理器】对话框，在"图层状态"列表中选择一项，如图7-27所示。

图7-27 【图层状态管理器】对话框

**02** 单击【输出】按钮，弹出【输出图层状态】对话框，设置相应的文件名及保存路径，如图7-28所示。

图7-28 【输出图层状态】对话框

**03** 设置完成后，单击【保存】按钮，返回【图层状态管理器】对话框，单击【关闭】按钮，即可输出图层状态。

## 7.2.8 调用图层状态

要在新建的图形文件中调用已保存的图层设置，可以在【图层状态管理器】对话框中进行输入，操作步骤如下所述。

**01** 打开【图层状态管理器】对话框，单击【输入】按钮，打开【输入图层状态】对话框，如图7-29所示。在【文件类型】下拉列表中选择【图层状态】选项，在列表框中选择需调用的图层状态文件。

**02** 单击【打开】按钮，在弹出的提示对话框中单击【是】按钮，即完成图层状态的调用。

图7-29 【输入图层状态】对话框

## 7.2.9 实战——图层匹配

图层匹配是指更改选定对象的所在图层，以使其匹配目标图层。

**01** 打开文件。打开本书配套光盘中的素材文件"7.2.9图层匹配.dwg"，如图7-30所示。

**02** 在功能区的【默认】选项卡中，单击【图层】面板上的【匹配】按钮 ，将上部分的剖面线匹配到与下部分剖面线相同的图层，如图7-31所示。命令行操作如下：

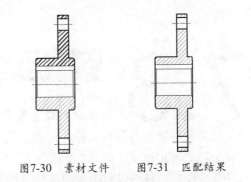

图7-30 素材文件    图7-31 匹配结果

```
命令：_laymch                    //调用【图层匹配】命令
选择要更改的对象：               //选择上部分的剖面线
选择对象：找到 1 个
选择对象：                      //回车结束选择
选择目标图层上的对象或 [名称(N)]：  //选择下部分的剖面线
一个对象已更改到图层"剖面线"上 (当前图层)。
```

## 7.2.10 实战——使用图层特性管理零件图

图层为复杂图形的管理带来了便利，本实例通过零件图的图层操作，以练习本节所学的图层相关操作。

**01** 打开文件。打开光盘中的素材文件"第7章\7.2.10 使用图层特性管理零件图.dwg"文件，如图7-32所示。

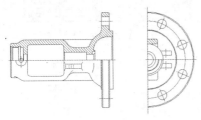

图7-32 素材文件

**02** 将轮廓线置为当前。在【图层】工具栏的下拉菜单中选择轮廓线，如图7-33所示。

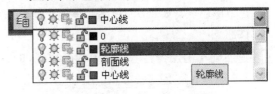

图7-33 将轮廓线置为当前

**03** 将剖面线转换到剖面线图层。选定剖面线，进入【图层】面板中的【图层控制】下拉菜单，选择要转换到的剖面线图层，结果如图7-34所示。

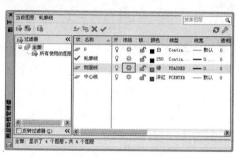

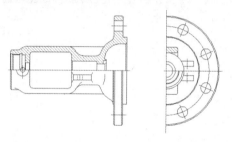

图7-35　冻结剖面线层

图7-34　转换图层

**04** 冻结剖面线层。在【图层特性管理器】对话框中选中"剖面线"图层，单击 ※ 按钮，如图7-35所示，冻结该图层的效果如图7-36所示。

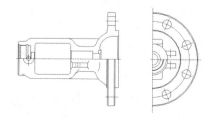

图7-36　冻结图层的效果

# 7.3 设置图层特性

图层特性是属于该图层的图形对象所共有的外观特性，包括层名、颜色、线型、线宽和打印样式等。对图层的这些特性进行设置后，该图层上的所有图形对象的特性就会随之发生改变。默认的情况下创建的图层的特性是延续上一个图层的特性，为了更好地区别各个图层，还可以对图层的特性进行设置。

## 7.3.1　实战——设置图层颜色

为图形中的各个图层设置不同的颜色，可以直观地查看图形中各个部分的结构特征，也可以在图形中清楚地区分每一个图层。

**01** 选择菜单栏中的【格式】|【图层】命令，打开【图层特性管理器】对话框。

**02** 单击对话框中的【新建】按钮 ≥ ，或右击快捷菜单选择【新建图层】命令，将图层命名为"中心线"。

**03** 返回到【图层特性管理器】对话框，单击"中心线"图层对应的"颜色"图标□白，打开【选择颜色】对话框，在其中单击"红色"颜色块，如图7-37所示，单击【确定】按钮。

**04** 返回到【图层特性管理器】对话框，即可

查看到该图层颜色变为 ■ 红，如图7-38所示。图层颜色设置完成。

图7-37　【选择颜色】对话框

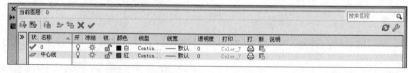

图7-38　设置颜色结果

## 7.3.2 实战——设置图层线型

图层线型表示图层中图形线条的特性，不同的线型表示的含义不同。设置图层的线型有助于清楚地区分不同的图形对象。在AutoCAD中既有简单线型，也有一些特殊符号组成的复杂线型，可以满足不同行业标准的要求，默认情况下是Continuous线型。

**01** 选择菜单栏中的【格式】|【图层】命令，打开【图层特性管理器】对话框。

**02** 单击对话框中的【新建】按钮 ，或在右键快捷菜单选择【新建图层】命令，将图层命名为"中心线"。

**03** 返回到【图层特性管理器】对话框，单击"中心线"图层对应的"线型"图标，打开【选择线型】对话框，如图7-39所示。在其中单击【加载】按钮，弹出【加载或重载线型】对话框，如图7-40所示，选择CENTER线型，单击【确定】按钮。

**04** 返回【选择线型】对话框，可以看到CENTER线型已经加载到对话框，如图7-41所示。

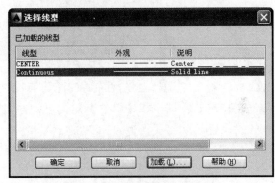

图7-41 加载的CENTER线型

**05** 选择已加载的CENTER线型，单击对话框上的【确定】按钮，返回【图层特性管理器】，"中心线"图层对应的线型即被修改，如图7-42所示。

图7-39 【选择线型】对话框

图7-40 【加载或重载线型】对话框

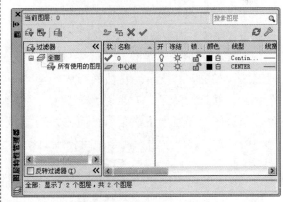

图7-42 修改图层线型的结果

## 7.3.3 实战——设置图层线宽

线宽设置就是改变图层线条的宽度。使用不同宽度的线条区分不同的对象类型，突出主要轮廓，可以提高图形的表达能力和可读性，如图7-43所示。

**01** 选择菜单栏中的【格式】|【图层】命令，打开【图层特性管理器】对话框。

**02** 单击对话框中的【新建】按钮 ，或在右键快捷菜单选择【新建图层】命令，新建一个图层，将图层命名为"轮廓线"。

**03** 单击"轮廓线"图层对应的"线宽"值（当前为"默认"），打开【线宽】对话框，如图7-44所示，选择0.5mm，单击【确定】按钮，完成图层线宽的设置。

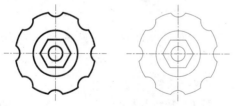

图7-43 不同线宽的显示效果

图7-44 【线宽】对话框

# 7.4 设置对象特性

除了通过【图层特性管理器】对图层的状态和特性进行设置，还可以通过【特性】工具栏和【特性】对话框，对具体的图形对象单独进行颜色、线宽、线型和打印样式的设置。

## 7.4.1 设置对象特性

一般情况下，图形对象的显示特性都是"随层"（Bylayer），表示图形对象的属性与所在当前层的图层特性相同；若选择"随块"（ByBlock）选项，则选择对象将从它所在的块中继承颜色或线型。

在用户需要的情况下，可以通过【特性】面板或【特性】工具栏为所选择的图形对象单独设置特性，绘制出既属于当前层，又具有不同于当前层特性的图形对象。但频繁设置对象特性，会使图层的共同特性减少，不利于图层的管理。

### 1. 利用【特性】面板编辑对象特性

如果要单独查看并修改某个对象的特性，可以通过功能区【常用】选项卡的【特性】面板完成，如图7-45所示。在该面板内包含了颜色、线宽、线型、打印样式、透明度及列表等多个特性。默认设置下，对象颜色、线宽、线型3个特性为"随层"（Bylayer），即与所在层一致，通过图7-46所示下拉菜单，可修改对象颜色；通过如图7-47所示下拉列表，可修改对象线宽；通过图7-48所示下拉列表，可修改对象线型。

图7-45 特性面板　　　图7-46 调整颜色　　　图7-47 调整线宽　　　图7-48 调整线型

**2.利用【特性】工具栏修改对象特性**

同一图层上的不同对象有时也需要使用不同的特性，这时就可以利用【特性】工具栏对同一图层上的不同元素进行单独设置，如图7-49所示。在设置时，只要选中需要的图形元素，然后单击【特性】工具栏中的各下拉菜单，选择合适的特性即可。

图7-49 【特性】工具栏

**3.利用【特性】选项板修改对象特性**

【特性】选项板能查看并修改多种对象特性，在AutoCAD中打开【特性】选项板的方法如下所述。

★ 快捷键：Ctrl+1。

★ 功能区：在【默认】选项卡中，单击【特性】面板右下角的展开按钮 ↘。

★ 菜单栏：执行菜单栏中的【修改】|【特性】命令。

执行以上任意一种操作后，系统弹出图7-50所示的【特性】选项板，在该选项板中可以设置对象的线型比例、颜色、线宽和打印样式等特性。

图7-50 【特性】选项板

## 7.4.2 特性匹配

特性匹配就是将选定图形的属性应用到其他图形上。在特性匹配执行过程中，需要选择两类对象：源对象和目标对象。操作完成后，目标对象的部分特性或全部特性和源对象相同。

在AutoCAD 2014中常用以下方法调用【特性匹配】命令。

★ 命令行：在命令行中输入"MATCHPROP/MA"并回车。

★ 菜单栏：选择菜单栏中的【修改】|【特性匹配】命令。

★ 工具栏：单击【标准】工具栏上的【特性匹配】按钮 ▤。

## 7.4.3 实战——特性匹配

**01** 打开文件。打开光盘素材文件"7.4.4 特性匹配.dwg"，如图7-51所示。

**02** 选择菜单栏中的【修改】|【特性匹配】命令，将两个圆匹配到中心线图形，如图7-52所示。命令行操作提示如下：

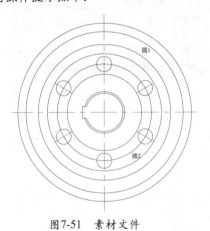

图7-51 素材文件

图7-52 匹配结果

命令：'_matchprop　　　　　　　　　//调用【特性匹配】命令

选择源对象：　　　　　　　　　　　//选择中心线（虚线）为源对象

当前活动设置：颜色 图层 线型 线型比例 线宽 透明度 厚度 打印样式 标注 文字 图案填充 多段线 视口 表格 材
质 阴影显示 多重引线

选择目标对象或〔设置(S)〕：

选择目标对象或〔设置(S)〕：　　　　//选择目标对象圆1和圆2

选择目标对象或〔设置(S)〕：✓　　　//按回车键结束命令

# 7.5 综合实战——图层管理

本实战运用本章所学的图层工具，管理图7-53所示的涡轮零件图。

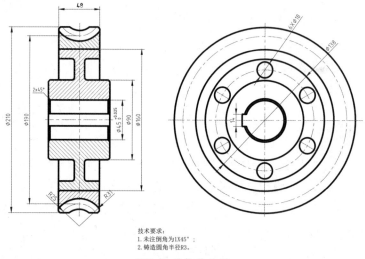

技术要求：
1. 未注倒角为1X45°；
2. 转造圆角半径R3。

图7-53 涡轮零件图

**01** 打开文件。打开本书配套光盘中的素材文件"7.5涡轮零件图.dwg"。

**02** 新建一个图层。选择菜单栏中的【格式】|【图层】命令，打开【图层特性管理器】对话框。单
击对话框中的【新建】按钮，新建一个图层，图层的默认名称为"图层1"。

**03** 重命名图层。单击新建的图层，呈现可编辑状态时，输入图层新名称"剖面线"，如图7-54所示。

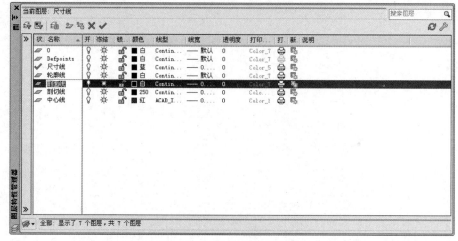

图7-54 新建"剖面线"图层

**04** 选择剖面线。单击【图层】面板中的【图层控制】下拉菜单，选择"剖面线"图层作为目标图层。

**05** 冻结尺寸线图层。在功能区【常用】选项卡中，展开【图层】面板中的【图层控制】下拉菜单，单击"尺寸线"图层对应的 ☀ 按钮，冻结图层的结果如图7-55所示。

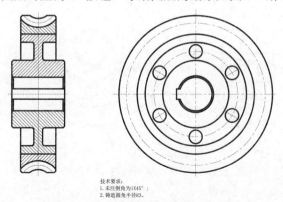

图7-55 冻结【尺寸线】图层的效果

**06** 设置当前图层。选择【剖面线】图层，单击对话框上方的【置为当前】按钮 ✔。

**07** 通过【特性】工具栏改变图层特性。选定图形中的剖面线，单击【特性】工具栏中的颜色栏，然后在打开的下拉菜单中选择绿色，结果如图7-56所示。

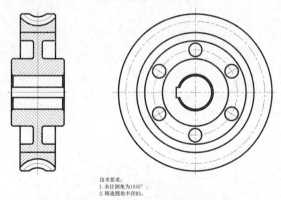

图7-56 修改对象的颜色

**08** 删除图层。选择菜单栏【格式】|【图层】命令，打开【图层特性管理器】对话框。选中"剖切线"图层，右击快捷菜单并选择【删除图层】命令，如图7-57所示。

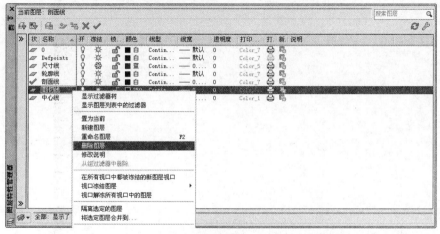

图7-57 删除剖切线图层

**09** 特性匹配。选择菜单栏中的【修改】|【特性匹配】命令，选择主视图中垂直中心线为源对象，选择主视图中水平中线为要匹配的对象，最终的结果如图7-58所示。

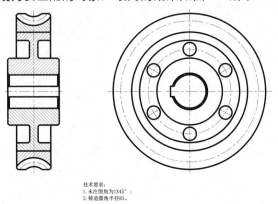

技术要求：
1. 未注倒角为1X45°；
2. 铸造圆角半径R3。

图7-58 中心线特性匹配的结果

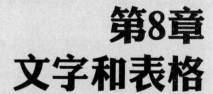

# 第8章
# 文字和表格

文字和表格是机械制图和工程制图中不可缺少的组成部分，用于各种注释说明、零件明细等。本章介绍有关文字与表格的知识，包括设置文字样式、创建单行文字与多行文字、编辑文字、创建表格和编辑表格的方法。

# 8.1 输入及编辑文字

文字注解也是机械图形的一个组成部分，用于表达几何图形无法表达的内容，比如零件加工要求、明细表及一些特殊的符号注释等。AutoCAD不仅为用户提供了一些基本的文字标注工具和修改编辑工具，还提供了一些常用符号的转换码。

## 8.1.1 文字样式

文字样式定义了文字的外观，是对文字特性的一种描述，包括字体、高度、宽度比例、倾斜角度及排列方式等。工程图中所标注的文字往往需要采用不同的文字样式，因此在注释文字之前首先应创建或设置所需的文字样式。

创建文字样式主要通过【文字样式】对话框来设定。该对话框不仅显示了当前图形文件中已经创建的所有文字样式，并显示当前文字样式及其有关设置、外观预览。在该对话框中可以新建并设置文字样式，也可以修改或删除已有的文字样式。

打开文字样式对话框的方式有如下几种。

★ 命令行：在命令行中输入"STYLE/ST"。

★ 功能区：在【默认】选项卡中，单击【注释】选项卡中的【文字】面板右下角按钮。

★ 工具栏：单击【文字】工具栏上的【文字样式】工具按钮 A。

★ 菜单栏：选择【格式】|【文字样式】菜单命令。

通过以上任意一种方法执行该命令后，系统弹出图8-1所示【文字样式】对话框。对话框中各选项和参数的含义介绍如下。

图8-2　正常字体

图8-3　垂直字体

★ 高度：该参数控制文字的高度，也就是控制文字的大小。

★ 颠倒：勾选【颠倒】复选项之后，文字方向将反转。图8-4所示是文字颠倒后的效果。

★ 反向：勾选【反向】复选项，文字的阅读顺序将与开始输入的文字顺序相反。如图8-5所示，该文字的输入顺序是从左到右，反向之后文字顺序就变成了从右向左。

图8-1　【文字样式】对话框

★ 【字体】列表：在该下拉列表中可以选择不同的字体，比如宋体、黑体等，如图8-2和图8-3所示。

**AgBbCcD**

图8-4　颠倒文字

**AaBbCcD**

图8-5　反向文字

★ 宽度因子：该参数控制了文字的宽度，正常情况下的宽度比例为1，如果增大比例，那么文字将会变宽。

★ 倾斜角度：控制文字的倾斜角度，用户只能输入-85°~85°之间的角度值，超过这个区间的角度值将无效。

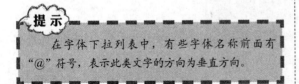

**提示**

在字体下拉列表中，有些字体名称前面有"@"符号，表示此类文字的方向为垂直方向。

## 8.1.2 创建单行文字

【单行文字】命令用于创建一行或多行文字，每行文字都是独立的对象，可对其进行重定位、调整格式或进行其他修改。

启动【单行文字】命令的方式有如下几种。

★ 命令行：在命令行中输入"DTEXT/DT"。

★ 功能区：在【常用】选项卡中，单击【注释】面板中的【单行文字】按钮 **AI** 单行文字。

★ 工具栏：单击【文字】工具栏中的【单行文字】工具按钮 **AI**。

★ 菜单栏：执行【绘图】|【文字】|【单行文字】命令。

通过以上任意一种方式执行该命令后，其命令行会有如下提示：

```
命令: _text1
当前文字样式: "标注"  文字高度: 2.5000  注释性: 否↙
指定文字的起点或 [对正(J)/样式(S)]:
```

【单行文字】命令行中各选项的含义如下。

★ 指定文字的起点：默认情况下，所指定的起点位置即是文字行基线的起点位置。在指定起点位置后，继续输入文字的旋转角度即可进行文字的输入。在输入完成后，按两次回车键或将鼠标移至图纸的其他任意位置并单击，然后按Esc键，即可结束单行文字的输入。

★ 对正：在"指定文字的起点或 [对正(J)/样式(S)]"提示信息后输入J，可以设置文字的对正方式，命令行显示如下：

```
输入选项 [对齐(A)/布满(F)/居中(C)/中间(M)/右对齐(R)/左上(TL)/中上(TC)/右上(TR)/左中(ML)/正中(MC)/
右中(MR)/左下(BL)/中下(BC)/右下(BR)]:
```

各对正选项的含义如下所述。

★ 对齐（A）：可使生成的文字在指定的两点之间均匀分布。

★ 布满（F）：可使生成的文字充满在指定的两点之间，并可控制其高度。

★ 居中（C）：可使生成的文字以插入点为中心向两边排列。

★ 中间（M）：可使生成的文字以插入点为中央向两边排列。

★ 右对齐（R）：可使生成的文字以插入点为基点向右对齐。

★ 左上（TL）：可使生成的文字以插入点为字符串的左上角。

★ 中上（TC）：可使生成的文字以插入点为字符串顶线的中心点。

★ 右上（TR）：可使生成的文字以插入点为字符串的右上角。

★ 左中（ML）：可使生成的文字以插入点为字符串的左中点。

★ 正中（MC）：可使生成的文字以插入点为字符串的正中点。

★ 右中（MR）：可使生成的文字以插入点为字符串的右中点。

★ 左下（BL）：可使生成的文字以插入点为字符串的左下角。

★ 中下（BC）：可使生成的文字以插入点为字符串底线的中点。

★ 右下（BR）：可使生成的文字以插入点为字符串的右下角。

在系统默认情况下，文字的对齐方式为左对齐。当选择其他对齐方式时，输入文字仍旧按默认方式对齐，直到按Enter键，文字才按设置的方式对齐。

★ 样式：在"指定文字的起点或 [对正(J)/样式(S)]"提示信息后输入S，可以设置当前使用的文字样式。可以在命令行中直接输入文字样式的名称，也可以输入"？"，在"AutoCAD文本窗口"中显示当前图形已有的文字样式。

## 8.1.3 实战——创建单行文字

01 选择菜单栏中的【格式】|【文字样式】命令，打开【文字样式】对话框，单击对话框【新建】按钮，打开【新建文字样式】对话框，输入新样式的名称"仿宋"，如图8-6所示，单击【确定】按钮，在【字体名】下拉列表中选择字体为"仿宋_GB2312"，在"宽度因子"文本框中输入0.7，如图8-7所示。

图8-7 设置文字样式

02 单击对话框中的【应用】按钮，完成文字样式的创建，然后关闭【文字样式】对话框。

图8-6 输入样式名称

03 选择【绘图】|【文字】|【单行文字】命令，输入单行文字，命令行操作如下。

```
当前文字样式： "仿宋"  文字高度： 2.5000 注释性： 否 对正： 左
指定文字的起点 或 [对正(J)/样式(S)]：      //在绘图窗口中的适当位置单击，指定文字的左对齐点
指定高度 <2.5000>: 5
指定文字的旋转角度 <0>:      //使用默认角度0，绘图区出现文本窗口，输入相应文字，效果如图8-8所示
```

（4）在绘图区中的其他位置单击，可以继续输入其他的多行文字。按Ctrl+Enter快捷键以结束输入，退出【单行文字】命令。

公差基准

图8-8 单行文字效果

## 8.1.4 创建多行文字

采用单行文字的输入方法虽然也可以输入多行文字，但是每行文字都是独立的对象，无法进行整体改编和修改。因此AutoCAD为用户提供多行文字输入功能，创建的多行文字可以进行整体移动、编辑格式。

调用【多行文字】命令的方式如下所述。

★ 菜单栏：选择【绘图】|【文字】|【多行文字】命令。

★ 工具栏：单击【文字】工具栏中的【多行文字】按钮A。

★ 功能栏：单击【默认】|【诠释】|【多行文字】按钮A

★ 命令行：输入"MTEXT / MT"。

启动【多行文字】命令之后，命令行的提示如下：

```
命令：_mtext
当前文字样式："Standard" 文字高度： 24 注释性： 否
```

指定第一角点： //指定多行文字矩形边界的第1个角点
指定对角点或 [高度(H)/对正(J)/行距(L)/旋转(R)/样式(S)/宽度(W)/栏(C)]： //指定多行文字矩形边界的第2个角点

命令行中给出了7个选项，它们的作用如下所述。

★ 高度(H)：用于指定文字高度。

★ 对正(J)：用于指定文字对齐方式，与单行文字类似，系统默认的对齐方式为【左上】。

★ 行距(L)：用于设置多行文字行距。

★ 旋转(R)：用于设置文字边界的旋转角度。

★ 样式(S)：用于设置多行文字采用的文字样式。

★ 宽度(W)：用于设置矩形多行文字框的宽度。

★ 栏(C)：用于创建分栏格式的多行文字。可以指定每一栏的宽度、两栏之间的距离、每一栏的高度等。

通过以上操作定义文本区域，区域的宽度即为段落文本的宽度，多行文字对象每行中的单字可自动换行，以适应文字边界的宽度。矩形框底部向下的箭头说明整个段落文本的高度可根据文字的多少自动伸缩，如图8-9所示，不受边界高度的限制。

在指定输入文字的对角点之后，弹出图8-10所示的多行文字编辑器，用户可以在编辑框中输入文字，并设置文字和段落的格式。多行文字编辑器由多行文字编辑框和【文字格式】工具栏组成，多行文字编辑框包含了制表和缩进，因此可以轻松地设置文字和段落格式。在多行文字编辑框中，可以选择文字，在【文字格式】工具栏中修改文字的大小、字体、颜色等格式，可以完成在一般文字编辑中常用的一些操作。

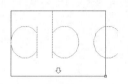

图8-9　矩形框

图8-10　多行文字编辑器

提 示

如果要对文字进行修改，则可以鼠标左键双击文字，打开"文字格式"编辑器，在其中修改文字内容或属性。

## 8.1.5　输入特殊符号

单行文字中没有提供可用于特殊符号的输入工具，因此必须使用特殊的代码来创建特殊字符和格式。表 8-1中列出了这些代码所对应的符号含义。

表8-1　代码与文字效果

| 代码 | 效果 | 代码 | 效果 |
| --- | --- | --- | --- |
| %%o | 开/ | %%p | 正/负公差符号 |
| %%u | 开/关下划线模式 | %%c | 圆直径标注符号 |
| %%d | 度符号（°） | | |

## 8.1.6　编辑文字

文字输入完成后，还可以对其内容、对齐方式和格式进行修改。

## 1. 编辑文字内容

对于输入的文字，可以使用【编辑文字】命令对其进行编辑。调用【编辑文字】命令的方法如下所述。

★ 命令行：在命令行中输入"DDEDIT/ED"。

★ 工具栏：单击【文字】工具栏中的【编辑文字】按钮 。

★ 菜单栏：执行【修改】|【对象】|【文字】|【编辑】命令。

执行以上任意一种操作或直接双击文字，即可以对文字的内容进行编辑。用户可以使用光标在图形中选择需要修改的文字对象，单行文字只能对文字的内容进行修改，若需要修改文字的字体样式、字高等属性，用户可以修改该单行文字所采用的文字样式来进行修改。

## 2. 使用数字标记

选择需要编辑的多行文字，输入"MTEDIT"命令，进入"编辑多行文字"选项。选中需编辑的部分文本内容，单击鼠标右键，选择【项目符号和列表】|【以数字标记】命令，即可以数字序号标注各行，如图8-11所示。

```
技术要求：
进行时效处理，清除内应力。
进行圆角和倒角处理

技术要求：
1.  进行时效处理，清除内应力。
2.  进行圆角和倒角处理
```

图8-11 "以数字标记"编辑文字

## 3. 缩放多行文字

在【注释】选项卡中，单击【文字】面板中的【缩放】按钮 缩放，能对多行文字进行缩放操作。

## 4. 对正多行文字

在命令行中输入"JUSTIFYTEXT"（对正）命令，选择多行文字。右击弹出快捷菜单，选择【左对齐】选项，效果如图8-12所示。选择【右对齐】选项，效果如图8-13所示。

```
技术要求：
1.  进行时效处理，清除内应力。
2.  进行圆角和倒角处理
```

图8-12 左对齐效果

```
技术要求：
1.  进行时效处理，清除内应力。
2.  进行圆角和倒角处理
```

图8-13 右对齐效果

## 5. 堆叠文字

如果要创建堆叠文字（一种垂直对齐的文字或分数），可先输入要堆叠的文字，然后在其间使用/、#或^分隔。选中要堆叠的字符，单击【文字格式】工具栏中的【堆叠】按钮 ，则文字按照要求自动堆叠，如图8-14所示。

$$14/23 \Longrightarrow \frac{14}{23} \qquad 200\hat{\ }-0.01 \Longrightarrow 20^0_{-0.01}$$

图8-14 文字堆叠效果

# 8.1.7 实战——标注电动机装配图文字

**01** 打开随书光盘素材中的"\第8章\实例8.1.7标注电动机装配图文字.dwg"文件，如图8-15所示。

**02** 选择菜单中的【格式】|【文字样式】命令，或单击【样式】工具栏中的 按钮，激活【文字样式】命令，打开图8-16所示的对话框。

图8-15 素材文件

图8-16 【文字样式】对话框

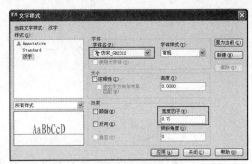

图8-18 设置新样式的字体及效果

**03** 单击 新建(N)... 按钮，在弹出【新建文字样式】对话框中输入新样式的名称，如图8-17所示。

图8-17 为新样式命名

**04** 单击 确定 按钮返回【文字样式】对话框，分别设置字体及宽度比例，如图8-18所示。

**05** 单击 应用(A) 按钮，在当前文件中创建名为"汉字"的字体样式。单击 关闭(C) 按钮，关闭对话框。

**06** 使用快捷键"L"激活【直线】命令，绘制图8-19所示的线段作为文字注释的指示线。

**07** 选择菜单栏中的【绘图】|【文字】|【单行文字】命令，或单击【文字】工具栏中的 AI 按钮，激活【单行文字】命令，标注单行文字。命令行操作过程如下：

```
命令: _dtext
当前文字样式: "汉字"  文字高度: 2.5  注释性: 否
指定文字的起点或 [对正(J)/样式(S)]:        //在左侧指示线的上端拾取文字的起点
指定高度 <2.5>:3.51                        //设置字体高度为3.5
指定文字的旋转角度 <0>:                     //采用系统默认的角度，此时在绘图区自动出现一个单行文字输入框，
                                          然后输入图8-20所示的文字
```

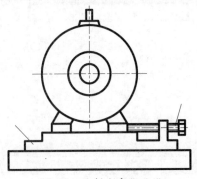

图8-19 绘制文字指示线

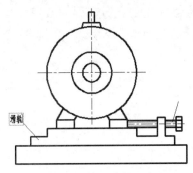

图8-20 输入单行文字

**08** 连续按两次回车键，结束【单行文字】命令，最终的结果如图8-21所示。

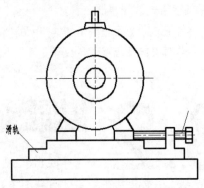

图8-21 创建单行文字

**09** 根据第8步和第9步的操作步骤，标注右边单行文字，结果如图8-22所示。

**10** 选择菜单栏中的【绘图】|【文字】|【多行文字】命令，或单击【绘图】工具栏中的 A 按钮，激活【多行文字】命令。

**11** 在命令行"指定第一角点："提示下，在图

8-23所示的位置单击左键，拾取矩形框的左上角点。

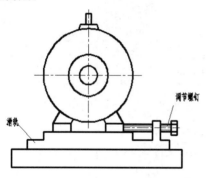

图8-22　创建单行文字

**12** 在命令行"指定对角点或："提示下，在图8-23所示的适当位置单击左键，拾取矩形的右下角点。

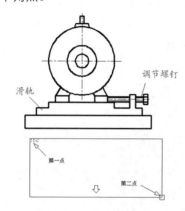

图8-23　多行文字拾取框

**13** 在指定右下角点后，系统弹出图8-24所示的【文字格式】编辑器。

**14** 在【文字格式】编辑器中，采用当前的文字样式、字体及字体高度等参数不变，在下侧的文字输入框内输入图8-25所示的段落文字。

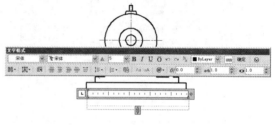

图8-24　【文字格式】编辑器

图8-25　输入段落文字

**15** 单击【文字格式】编辑器中的 确定 按钮，结束【多行文字】命令，标注结果如图8-26所示。

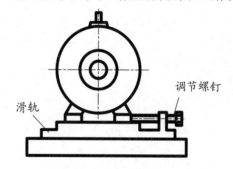

利用滑轨和调节螺钉改变中心距获得张紧，用于水平或接近水平的传动。

图8-26　标注结果

# 8.2 使用表格

使用AutoCAD的表格功能，能够创建指定行、列的表格，其操作方法与Word、Excel相似。在机械制图中，表格主要用于标题栏、零件参数表、材料明细表等内容的创建。

## 8.2.1 表格样式

在创建表格前，先要设置表格的样式，包括表格内文字的字体、颜色、高度及表格的行高、行距等。

创建表格样式的方法有以下几种。

★ 菜单栏：选择【格式】|【表格样式】命令。

★ 工具栏：单击【样式】工具栏上的【表格样式】按钮。

★ 功能区：在【默认】选项卡中，单击【注释】面板中【表格样式】按钮。

★ 命令行：输入 "TABLESTYLE/TS"。

执行该命令后，系统弹出【表格样式】对话框，如图8-27所示。

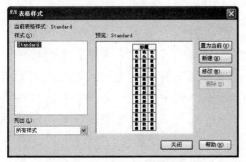

图8-27 【表格样式】对话框

通过该对话框可执行将表格样式置为当前、修改、删除和新建操作。单击【新建】按钮，系统弹出【创建新的表格样式】对话框，如图8-28所示。在【新样式名】文本框中输入表格样式名称，在【基础样式】下拉列表框中选择一个表格样式，为新的表格样式提供默认设置，单击【继续】按钮，系统弹出【新建表格样式】对话框，如图8-29所示，可以对样式进行具体设置。

图8-28 【创建新的表格样式】对话框

图8-29 【新建表格样式】对话框

【新建表格样式】对话框由【起始表格】、【常规】、【单元样式】和【单元样式预览】4个选项组组成，其各选项的含义如下所述。

### 1. 【起始表格】选项组

该选项组允许用户在图形中指定一个表格用作样列来设置此表格样式的格式。单击【选择表格】按钮，进入绘图区，可以在绘图区选择表格，录入表格。【删除表格】按钮与【选择表格】按钮作用相反。

### 2. 【常规】选项组

该选项组用于更改表格方向，通过【表格方向】下拉列表框选择【向下】或【向上】来设置表格方向，【向上】创建由下而上读取的表格，标题行和列标题行都在表格的底部。【预览框】显示当前表格样式设置效果的样例。

### 3. 【单元样式】选项组

该选项组用于定义新的单元样式或修改现有单元样式。【单元样式】列表中显示表格中的单元样式，系统默认提供了数据、标题和表头3种单元样式。如果需要创建新的单元样式，可以单击【创建新单元样式】按钮，系统弹出【创建新单元样式】对话框。单击【新建表格样式】对话框中的【管理单元样式】按钮时，弹出图8-30所示【管理单元样式】对话框，在该对话框里可以对单元格式进行添加、删除和重命名。

图8-30 【管理单元样式】对话框

## 8.2.2 绘制表格

表格是在行和列中包含数据的对象，在设置表格样式后便可以从空格或表格样式创建表格对象，还可以将表格链接至Microsoft

Excel电子表格中的数据。

启动绘制表格命令有以下几种常用方法。

★ 命令行：在命令行输入"TABLE/TB"。

★ 功能区：在【默认】选项卡中，单击【注释】面板中的【表格】按钮🞑。

★ 工具栏：单击【绘图】工具栏中的【表格】按钮🞑。

★ 菜单栏：执行【绘图】|【表格】命令。

单击【绘图】工具栏中的【表格】按钮🞑，系统弹出【插入表格】对话框，如图8-31所示。

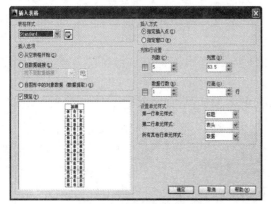

图8-31　【插入表格】对话框

在该对话框中包含多个选项组和对应选项，参数对应的设置方法如下所述。

★ 表格样式：在该选项组中不仅可以从【表格样式】下拉列表框中选择表格样式，也可以单击🞑按钮后创建新表格样式。

★ 插入选项：在该选项组中包含3个单选按钮，选中【从空表格开始】单选按钮可以创建一个空的表格；选中【自数据链接】单选按钮，可以从外部导入数据来创建表格；选中【自图形中的对象数据（数据提取）】单选按钮，可以用于从可输出到表格或外部的图形中提取数据来创建表格。

★ 插入方式：该选项组中包含两个单选按钮，选中【指定插入点】单选按钮，可以在绘图窗口中的某点插入固定大小的表格；选中【指定窗口】单选按钮可以在绘图窗口中通过指定表格两对角点的方式来创建任意大小的表格。

★ 列和行设置：在此选区中，可以通过改变【列】、【列宽】、【数据行】和【行高】文本框中的数值来调整表格的外观大小。

★ 设置单元样式：在此选项组中可以设置【第一行单元样式】、【第二行单元样式】和【所有其他行单元样式】选项。默认情况下，系统均以【从空表格开始】方式插入表格。

设置好列数和列宽、行数和行宽后，单击【确定】按钮，并在绘图区指定插入点，将会在当前位置按照表格设置插入一个表格。

## 8.2.3　实战——绘制装配明细表

本实战为绘制图8-32所示的装配明细表。

| 9 | 螺母M25 | 1 | 35 | GB6170-86 |
| 8 | 特制螺母 | 1 | 35 | |
| 7 | 销A5X27 | 1 | 40 | GB119-86 |
| 6 | 衬套 | 1 | 45 | |
| 5 | 开口垫圈 | 1 | 40 | |
| 4 | 轴 | 1 | 40 | |
| 3 | 钻套 | 3 | 78 | |
| 2 | 钻模板 | 1 | 40 | |
| 1 | 底座 | 1 | HT150 | |
| 序号 | 名称 | 数量 | 材料、 | 备注 |
| 钻模装配表 | | | | |

图8-32　装配明细表

**01** 新建AutoCAD文件，选择菜单栏中的【格式】|【表格样式】命令，打开【表格样式】对话框，单击对话框上【新建】按钮，打开【创建新的表格样式】对话框，新建一个名为"明细表"的表格样式，如图8-33所示。

**02** 单击【继续】按钮，打开【新建表格样式：明细表】对话框，在【表格方向】下拉列表中选择

【向上】选项，在【常规】选项卡中设置对齐方式为正中，如图8-34所示，在【文字】选项卡中设置文字高度为4.5，如图8-35所示，其他参数按默认设置。

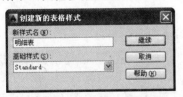

图8-33　输入新样式名

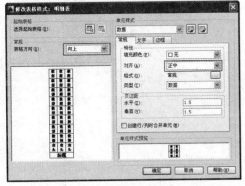

图8-34　设置表格方向

**03** 单击【绘图】工具栏中的【表格】按钮 ，系统将弹出【插入表格】对话框。设置列数为5，列宽为400，行数为9，行高为10，如图8-36所示。

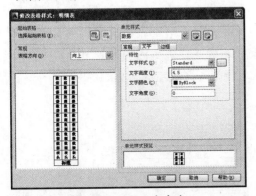

图8-35　设置文字高度

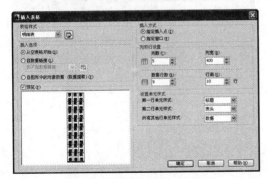

图8-36　【插入表格】对话框

**04** 单击【插入表格】对话框上的【确定】按钮，然后在绘图区的合适位置单击，放置该表格，如图8-37所示。

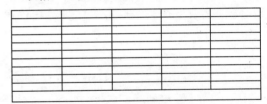

图8-37　插入的表格

**05** 双击标题栏单元格，在【文字格式】工具栏中选择文字字体为宋体，设置文字高度为20，然后输入标题文字如图8-38所示，按Ctrl+Enter快捷键退出单元格文字编辑。

图8-38　输入文字内容

**06** 使用同样的方法在其他单元格中输入文字，完成明细表的创建。

## 8.2.4　编辑表格

在添加完表格后，不仅可根据需要对表格整体或表格单元执行拉伸、合并或添加等编辑操作，而且可以对表格进行所需的编辑，其中包括编辑表格形状和添加表格颜色等设置。

编辑表格的执行方式有以下几种。

★ 命令行：输入"TABLEDIT"。

★ 快捷菜单：选定表格一个或多个单元后，用鼠标右击，在弹出的快捷菜单上选择相应的命令，如图8-39所示。

**1. 编辑表格**

在图8-39所示的快捷菜单中，可以对表格进行剪切、复制、删除、移动、缩放和旋转等简单操作，还可以均匀调整表格的行、列大小，删除所有特性替代。当选择【输出】命令时，还可以打开【输出数据】对话框，以".csv"格式输出表格中的数据。

当选中表格后，在表格的四周、标题行上将显示许多夹点，也可以通过拖动这些夹点来编辑表格，各夹点的含义如图8-40所示。使用表格底部的表格打断夹点，可以将包含大量数据的表格打断成主要和次要的表格片段，可以使表格覆盖图形中的多列或操作已创建不同的表格部分。

图8-39　快捷菜单

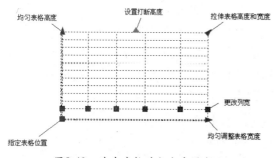

图8-40　选中表格时各夹点的含义

## 2. 编辑表格单元

选中表格单元并展开右键快捷菜单，如图8-41所示。使用其快捷菜单可以编辑表格单元，其主要命令选项的功能说明如下。

★ 对齐：在该命令子菜单中可以选择表格单元的对齐方式，如左上、左中、左下等。

★ 边框：单击该命令，将弹出【单元边框

特性】对话框，可以设置单元格边框的线宽、颜色等特性，如图8-42所示。

★ 匹配单元：用当前选中的表格单元格式（源对象）匹配其他表格单元（目标对象），此时鼠标指针呈![]形状，单击目标对象即可进行匹配。

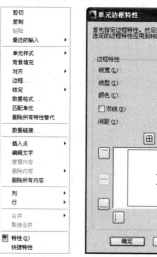

图8-41　快捷菜单 图8-42　【单元边框特性】对话框

★ 插入点：选择命令的子命令，可以从中选择插入到表格中的块、字段和公式。

★ 合并：当选中多个连续的单元格后，使用该子菜单中的命令，可以全部、按列或按行合并表格单元。

当选中表格单元格后，在表格单元格周围出现夹点，也可以通过拖动这些夹点来编辑单元格，各夹点的含义如图8-43所示。

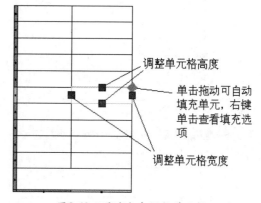

图8-43　通过夹点调整单元格

要选择多个单元，可以按鼠标左键，并在要选择的单元上拖动；也可以按住Shift键并在要选择的单元内按鼠标左键，可以同时选中这两个单元及它们之间的所有单元。

## 8.2.5 实战——绘制齿轮参数表

本实战为绘制图8-44所示的齿轮参数表。

| 齿数 | z | 24 |
|---|---|---|
| 模数 | m | 3 |
| 压力角 | a | 30° |
| 公差等级及配合类别 | 6H−GB | T3478.1−1995 |
| 作用齿槽宽最小值 | Evmin | 4.7120 |
| 实际齿槽宽最大值 | Emax | 4.8370 |
| 实际齿槽宽最小值 | Emin | 4.7590 |
| 作用齿槽宽最大值 | Evmax | 4.7900 |

图8-44 齿轮参数表

**01** 设置表格样式。选择菜单栏中的【格式】|【表格样式】命令，弹出【表格样式】对话框。

**02** 单击对话框上的【修改】按钮，系统打开【修改表格样式】对话框，如图8-45所示。在该对话框中进行如下设置：数据文字样式为Standard，文字高度为4.5，文字颜色为ByBlock，填充颜色为【无】，对齐方式为【正中】，在【边框特性】选项组中单击第一个按钮，设置栅格颜色为"洋红"；表格方向向下，水平单元边距和垂直单元边距为1.5的表格样式。设置完成之后，单击【确定】按钮退出该对话框。

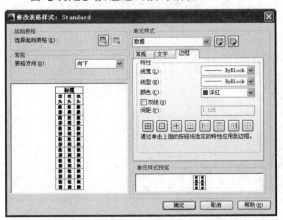

图8-45 【修改表格样式】对话框

**03** 创建表格。单击【绘图】工具栏上的【表格】按钮，系统打开【插入表格】对话框，设置插入方式为"指定插入点"，将第一、二行单元样式指定为"数据"，行和列设置为6行3列，列宽为8，行高为1，如图8-46所示。单击【确定】按钮后，在绘图平面指定插入点，则插入空表格。

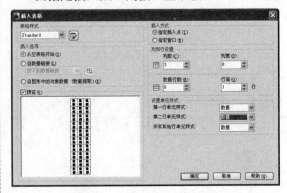

图8-46 【插入表格】对话框

**04** 单击第一列中的某一个单元格，出现夹点后，拖动夹点修改单元格宽度。用同样的方法，调整第二列和第三列的列宽，结果如图8-47所示。

图8-47 改变列宽

**05** 双击单元格，重新打开多行文字编辑器，在各单元格中输入相应的文字或数据，完成齿轮参数表的绘制。

# 8.3 综合实战——绘制材料明细表

本实例综合运用本章所学的表格、文字工具，创建图8-48所示的材料明细表。

| 4 | 加强筋 | 120x60x6 | 16 | 1.7500 | 14.4000 |
| 3 | 圆管 | ∅168x6-1200 | 4 | 35 | 140 |
| 2 | 底板 | 200x270x20 | 4 | 3.6000 | 14.4000 |
| 1 | 六角头螺栓C级 | M10x30 | 24 | 0.0200 | 0.480000 |
| 序号 | 名称 | 规格 | 数量 | 单重 | 总重 |

图8-48 材料明细表

**01** 新建AutoCAD文件，选择菜单栏中的【格式】|【表格样式】命令，打开【表格样式】对话框，单击对话框上的【新建】按钮，打开【创建新的表格样式】对话框，新建一个名为"明细表"的表格样式。

**02** 单击【继续】按钮，打开【新建表格样式：明细表】对话框，在【表格方向】下拉列表中选择【向上】选项，在【常规】选项卡中设置对齐方式为【正中】，如图8-49所示。在【文字】选项卡中设置文字高度为6，如图8-50所示，单击【文字样式】选项后的按钮，修改文字样式，如图8-51所示，其他参数按默认设置。

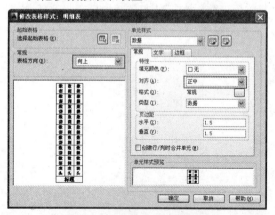

图8-49 设置表格方向和对齐方式

图8-50 设置文字高度

**03** 单击【绘图】工具栏中的【表格】按钮，系统将弹出【插入表格】对话框。设置列数为5，列宽35，数据行数为5，行高为1，并将所有单元样式设置为【数据】，如图8-52所示。

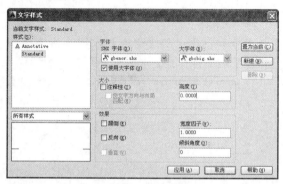

图8-51 设置文字样式

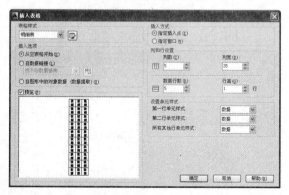

图8-52 设置表格参数

**04** 在绘图区的合适位置单击，放置该表格，如图8-53所示。

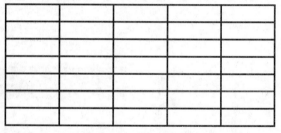

图8-53 插入的表格

**05** 双击激活A7单元格，在【文字格式】工具栏中选择文字样式“Standard”，然后输入文字“序号”，按Ctrl+Enter快捷键完成文字输入，如图8-54所示。

| | | | | |
|---|---|---|---|---|
| | | | | |
| | | | | |
| | | | | |
| | | | | |
| | | | | |
| | | | | |
| 序号 | | | | |

图8-54 输入文字的结果

**06** 使用同样的方法输入其他文字，如图8-55所示。

| | | | | |
|---|---|---|---|---|
| | | | | |
| | | | | |
| 4 | 加强筋 | 120x60x6 | 1.7500 | |
| 3 | 圆管 | Φ168x6-1200 | 35 | |
| 2 | 底板 | 200x270x20 | 3.6000 | |
| 1 | 六角头螺栓C级 | M10x30 | 0.0200 | |
| 序号 | 名称 | 规格 | 单重 | 总重 |

图8-55 输入其他文字

**07** 选中D列上任意一个单元格，系统弹出【表格单元】选项卡，单击【列】面板上的【从左侧插入】按钮，插入的新列如图8-56所示。

| | A | B | C | D | E | F |
|---|---|---|---|---|---|---|
| 1 | | | | | | |
| 2 | | | | | | |
| 3 | 4 | 加强筋 | 120x60x6 | | 1.7500 | |
| 4 | 3 | 圆管 | Φ168x6-1200 | | 35 | |
| 5 | 2 | 底板 | 200x270x20 | | 3.6000 | |
| 6 | 1 | 六角头螺栓C级 | M10x30 | | 0.0200 | |
| 7 | 序号 | 名称 | 规格 | | 单重 | 总重 |

图8-56 插入列的结果

**08** 在D7单元格输入表头名称“数量”，然后在D列其他单元格输入对应的数量，如图8-57所示。

| | | | | | |
|---|---|---|---|---|---|
| | | | | | |
| | | | | | |
| 4 | 加强筋 | 120x60x6 | 16.0000 | 1.7500 | |
| 3 | 圆管 | Φ168x6-1200 | 4 | 35 | |
| 2 | 底板 | 200x270x20 | 4 | 3.6000 | |
| 1 | 六角头螺栓C级 | M10x30 | 24.0000 | 0.0200 | |
| 序号 | 名称 | 规格 | 数量 | 单重 | 总重 |

图8-57 填写单元格内容

**09** 单击选中F6单元格，系统弹出【表格单元】选项卡，单击【插入】面板上的【公式】按钮，选择【方程式】选项，系统激活该单元格，进入文字编辑模式，输入公式如图8-58所示，注意乘号使用数字键盘上的“*”号。

| | A | B | C | D | E | F |
|---|---|---|---|---|---|---|
| 1 | | | | | | |
| 2 | | | | | | |
| 3 | 4 | 加强筋 | 120x60x6 | 16.0000 | 1.7500 | |
| 4 | 3 | 圆管 | Φ168x6-1200 | 4 | 35 | |
| 5 | 2 | 底板 | 200x270x20 | 4 | 3.6000 | |
| 6 | 1 | 六角头螺栓C级 | M10x30 | 24.0000 | 0.0200 | =D6×E6 |
| 7 | 序号 | 名称 | 规格 | 数量 | 单重 | 总重 |

图8-58 输入方程式

**10** 按Ctrl+Enter快捷键完成公式输入，系统自动计算出方程的结果，如图8-59所示。

| 4 | 加强筋 | 120x60x6 | 16.0000 | 1.7500 | |
| 3 | 圆管 | Φ168x6-1200 | 4 | 35 | |
| 2 | 底板 | 200x270x20 | 4 | 3.6000 | |
| 1 | 六角头螺栓C级 | M10x30 | 24.0000 | 0.0200 | 0.480000 |
| 序号 | 名称 | 规格 | 数量 | 单重 | 总重 |

图8-59  方程式的计算结果

**11** 用同样的方法为F列的其他单元格输入公式，运算的结果如图8-60所示。

| 4 | 加强筋 | 120x60x6 | 16.0000 | 1.7500 | 14.4000 |
| 3 | 圆管 | Φ168x6-1200 | 4 | 35 | 140 |
| 2 | 底板 | 200x270x20 | 4 | 3.6000 | 14.4000 |
| 1 | 六角头螺栓C级 | M10x30 | 24.0000 | 0.0200 | 0.480000 |
| 序号 | 名称 | 规格 | 数量 | 单重 | 总重 |

图8-60  重量的计算结果

**12** 选中第1行和第2行的任意两个单元格，如图8-61所示。然后单击【行】面板上的【删除行】按钮，将选中的两行删除。

图8-61  选中两个单元格

**14** 框选"数量栏"所有单元格，如图8-62所示。单击【单元格式】面板上的【数据格式】按钮，在弹出选项中选择【整数】，将数据转换为整数显示。

图8-62  选中多个单元格

**15** 框选第1到第4行所有单元格，然后单击【单元样式】面板上的【对齐】按钮，在展开的选项中选择【正中】，对齐的效果如图8-63所示。

| 4 | 加强筋 | 120x60x6 | 16 | 1.7500 | 14.4000 |
| 3 | 圆管 | Φ168x6-1200 | 4 | 35 | 140 |
| 2 | 底板 | 200x270x20 | 4 | 3.6000 | 14.4000 |
| 1 | 六角头螺栓C级 | M10x30 | 24 | 0.0200 | 0.480000 |
| 序号 | 名称 | 规格 | 数量 | 单重 | 总重 |

图8-63  文字内容的对齐效果

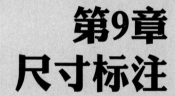

# 第9章
# 尺寸标注

在机械制图中，尺寸标注是非常重要的一个环节。标注的尺寸可以准确地反映物体的形状、大小和相互关系，是零件加工和装配的主要依据。熟练地使用尺寸标注命令，可以有效地提高绘图质量和绘图效率。

# 9.1 机械标注规定

## 9.1.1 尺寸标注的基本规则

尺寸标注在各个绘图领域中都会用到，如建筑、室内、机械和景观等，不同的领域有不同的规定。对机械图形进行尺寸标注时，应遵循如下规定。

★ 符合国家标准的相关规定，标注制造零件所需的全部尺寸，不重复、不遗漏，尺寸排列整齐并符合设计和工艺的要求。

★ 每个尺寸一般只标注一次，尺寸数值为零件的真实大小，与所绘图形的比例及准确性无关。尺寸标注以毫米（mm）为单位，若采用其他单位，则必须注明单位名称。

★ 标注文字中的字体按照国家标准规定书写，图样中的字体为仿宋体，字号分1.8、2.5、3.5、5、7、10、14和20等8种，其字体高度应按$\sqrt{2}$的比例递增。

★ 字母和数字分A型和B型，A型字体的笔画宽度（d）与字体高度（h）符合d=h/14，B型字体的笔画宽度（d）与字体高度（h）符合d=h/10。在同一张图样上，只允许选用一种形式的字体。

★ 字母和数字分垂直和斜体两种，但在同一张图样上，只允许选用一种书写形式，常用的是斜体。

## 9.1.2 尺寸标注的组成

一个完整的尺寸标注由尺寸线、尺寸界线和标注文本等几部分组成，如图9-1所示。

★ 尺寸线：尺寸线是两端带箭头的直线，通常与标注的对象平行，位于两条尺寸线之间。

★ 尺寸界线：尺寸界线位于尺寸线两侧，并与尺寸线垂直，用于表示标注的界限。

★ 标注文本：标注文本是尺寸线上显示的文本，用户可以自定义文本的格式和内容。

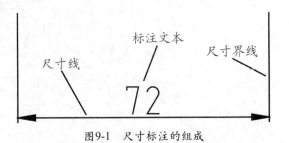

图9-1 尺寸标注的组成

# 9.2 机械尺寸样式设置

标注样式是标注设置的集合，可以用来控制标注的外观，如箭头样式、文字位置和尺寸公差等。用户可以创建标注样式，以快速指定标注的格式，并确保标注符合行业和项目标准。在进行标注之前，首先要选择一种尺寸标注样式，被选中的标注样式即为当前尺寸标注样式。如果没有选择标注样式，则系统以默认标注样式进行尺寸标注。如果修改标注样式中的设置，那么图形中的所有标注将自动更新所应用的样式。

## 9.2.1 新建尺寸样式

AutoCAD标注样式的创建和编辑都是在【标注样式管理器】对话框中进行的，打开【标注样式管理器】对话框的方法有以下几种。

★ 菜单栏：选择【格式】|【标注样式】命令。

★ 工具栏：单击【标注】工具栏中的【标注样式】按钮 ◢。

★ 功能区：在【注释】选项卡，单击【标注】面板，右下角 ■ 按钮。

★ 命令行：输入"DIMSTYLE/D"。

执行上述任何一种操作后，都将打开图9-2所示的【标注样式管理器】对话框，该对话框各区域含义如下所述。

★ 【样式】区域：用来显示已创建的尺寸样式列表，其中蓝色背景显示的是当前尺寸样式。

★ 【列出】下拉列表框：用来控制"样式"区域显示的是"所用样式"还是"正在使用的样式"。

★ 【预览】区域：用来显示当前样式的预览效果。

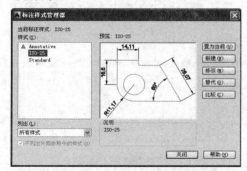

图9-2　【标注样式管理器】对话框

单击对话框中的【新建】按钮，将打开【创建新标注样式】对话框，如图9-3所示，按照提示一步步操作，即可创建所需的尺寸样式。【创建新标注样式】对话框中主要选项的含义如下所述。

★ 新样式名：表示新标注样式的名称。

★ 基础样式：选择该下拉列表的一种基础样式，新样式在该基础样式上进行修改。

图9-3　【创建新标注样式】对话框

★ 用于：指定新标注样式的使用范围。

★ 注释性：注释说明其他类型的说明符号或对象，通常用于向图形中添加信息。选择此选项指定尺寸标注为注释性。

## 9.2.2　设置标注样式特性

单击图9-3所示对话框中的【继续】按钮，可进入图9-4所示"新建标注样式"特性设置对话框，该对话框有【线】、【符号和箭头】、【文字】、【调整】、【主单位】、【换算单位】和【公差】7个选项卡，可以分别对创建的机械标注样式相关特性进行设置。

### 1.【线】选项卡

【新建标注样式】对话框中的【线】选项卡如图9-4所示，其中有【尺寸线】和【尺寸界线】两个选项组，用户可以在此对话框中设置尺寸线和尺寸界线的颜色、线型、线宽等属性。

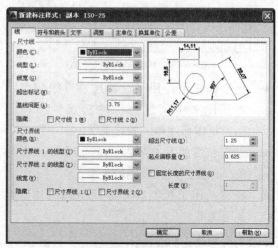

图9-4　【线】选项卡

（1）【尺寸线】选项组

★ 颜色、线型、线宽：分别用来设置尺寸线的颜色、线型和线宽。一般设置为"ByLayer"（随层）即可。

★ 超出标记：用于设置尺寸线超出量。当尺寸箭头符号为45°的粗短斜线、建筑标记、完整标记或无标记时，可以设置尺寸线超过尺寸界线外的距离，如图9-5所示。

★ 【基线间距】这个距离是针对使用【基线标注】命令创建的多个标注尺寸线之

间的距离。

★ 隐藏：这里的两个复选项用于控制是否显示标注两端的尺寸线，或者在文字打断尺寸线时，隐藏尺寸线的一半或全部。

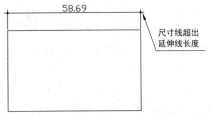

图9-5 尺寸线超出尺寸界限

（2）【尺寸界线】选项组

★ 超出尺寸线：用于设定尺寸界线超出尺寸线的距离，如图9-6所示。机械标注中通常设置为2。

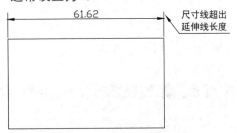

图9-6 尺寸界限超出尺寸线

★ 起点偏移量：用于设置尺寸界线起点相对于图形中指定为标注起点的偏移距离。机械标注中一般设置为0。

★ 固定长度的尺寸线：用于设置一个数值，以固定尺寸界线的长度。

★ 隐藏：用于控制尺寸线两侧的尺寸界线是否隐藏。

**2．【符号和箭头】选项卡**

选择【新建标准样式】对话框中的【符号和箭头】选项卡，可以设置标注箭头和圆心标记，包括其类型、尺寸及可见性，如图9-7所示。

（1）【箭头】选区

在【箭头】选项组中可以设置尺寸标注的箭头样式和大小。

★ 【第一个】、【第二个】下拉列表框：用于设置尺寸标注中第一个标注箭头和第二个标注箭头的外观样式。AutoCAD提供了20种箭头形式，在建筑绘图中通常设置为"建筑标记"或"倾斜"样式。机械制图中通常设为"实心闭合"样式。

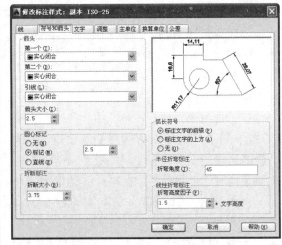

图9-7 【符号和箭头】选项卡

★ 【引线】下拉列表框：用于设置快速引线标注中箭头的类型。

★ 【箭头大小】数值框：用于设置尺寸标注中箭头的大小。机械标注箭头一般设置为3。

**提示**

如果选择箭头列表框中的最后一个选项——"用户箭头"，系统会弹出一个如图9-8所示的对话框，以选择自定义的图块作为箭头。

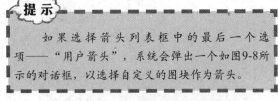

图9-8 【选择自定义箭头】对话框

（2）【圆心标记】选区

在【圆心标记】选项组中可以设置尺寸标注中圆心标记的格式。各选项的含义如下所述。

★ 【无】、【标记】、【直线】单选按钮：用于设置圆心标记的类型。

★ 【大小】数值框：用于设置圆心标记的显示大小。

（3）【折断标注】选项组

【折断标注】选项组【打断大小】文本框用于设置折断间距，即在折断标注时对象之间或对象之间相交处打断的距离。

（4）【弧长符号】选区

在【弧长符号】选项组可以设置弧长符号显示的位置，包括"标注文字的前缀"、"标注文字的上方"和"无"3种方式，分别如图9-9～图9-11所示。

图9-9　标注文字的上方　　　图9-10　标注文字的前缀　　　　图9-11　　无

（5）【半径折弯标注】选项组

该选项组中的【折弯角度】用于设置折弯角度值，即折弯半径中连接尺寸界线和尺寸线的横向直线的角度，如图9-12和图9-13所示。

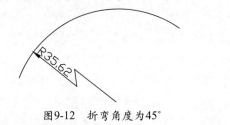

图9-12　折弯角度为45°　　　　　　　　　　图9-13　折弯角度为90°

（6）【线型折弯标注】选项组

该选项组用于设置线型标注折弯的高度，在【折弯高度因子】文本框中输入折弯符号的高度因子，则该值与尺寸数字高度的乘积即折弯高度。线性尺寸的折弯标注表示图形中的实际测量值和标注的实际尺寸不同。

**3.【文字】选项卡**

【新建标注样式】对话框中的【文字】选项卡用于设置文字外观样式、文字在尺寸线的位置和文字对齐方式等，如图9-14所示。

（1）【文字外观】选项组

该选项组用于设置标注文字的外观。

★ 【文字样式】下拉列表框：用于设置尺寸文字的样式。可以单击右边的按钮，打开【文字样式】对话框，新建或修改文字样式。尺寸文字的字体由文字样式控制。

★ 【文字颜色】文本框：用于设置尺寸文字的颜色。

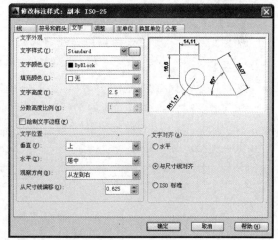

图9-14　【文字】选项卡

★ 【填充颜色】文本框：用于设置尺寸文字的背景颜色。

★ 【文字高度】文本框：用于设置尺寸文字的高度，设置该值时要确保文字样式中的"高度"值为0。否则将被文字样式中的高度值代替。

★ 【分数高度比例】文本框：当尺寸文字中存在分数时，设置分数部分的字高相对整数部分字高比例。仅当【主单位】选项卡中【单位格式】下拉列表中选择"分数"时，此选项才有用。

★ 【绘制文字边框】复选项：用于设置是否给尺寸文字加边框。

（2）【文字位置】选项组

该选项组控制标注文字的位置，使用文字位置选项，可以将文字自动放置在尺寸线的中心、尺寸界限之内或尺寸界限上方。在【垂直】下拉列表中可以指定文字相对于尺寸线的位置，设置效果可以在对话框中快速预览。

★ 【垂直】下拉列表框：用于设置尺寸文字在垂直方向上相对于尺寸线的位置。"置中"表示将文字放在尺寸线正中间；"上方"表示当标注与尺寸线平行时，将文字放在尺寸线上方；"外部"表示将文字放于被标注对象的外部。如图9-15～图9-17所示。

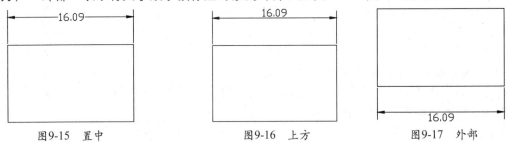

图9-15　置中　　　　　　　　　图9-16　上方　　　　　　　　　图9-17　外部

★ 【水平】下拉列表框：用于设置尺寸文字在水平方向上相对于尺寸界线的位置。"置中"表示在尺寸界线之间居中放置文字；"第一条尺寸界线"表示靠近第一条尺寸界线放置文字，与尺寸界线的距离是箭头大小加上文字偏移量的两倍；"第二条尺寸界线"表示靠近第二条尺寸界线放置文字；"第一条尺寸界线上方"表示将文字沿第一条尺寸界线放置或放置在上方；"第二条尺寸界线上方"表示将文字沿第二条尺寸界线放置或放置在上方。

★ 【从尺寸线偏移】数值框：可以控制标注文字与尺寸线之间的距离。如果尺寸线是断开的，则距离值为标注文字与两段尺寸线间的距离。如果尺寸线是连续的，并且文字位于尺寸线之上，则该值为文字底部与尺寸线之间的距离。该值也用于控制基本公差标注的方框同其中文字的距离。

（3）【文字对齐】选项组

该选项组用于指定文字与尺寸线对齐的方式，不论文字在尺寸界线之内还是之外，都可以选择文字与尺寸线是否对齐或保持水平。如图9-18～图9-20所示。

★ 水平：无论尺寸线的方向如何，文字始终水平放置。

★ 与尺寸线对齐：文字的方向与尺寸线平行。

★ ISO标准：按照ISO标准对齐文字。当文字在尺寸界线内时，文字与尺寸线对齐。当文字在尺寸界线外时，文字水平排列。

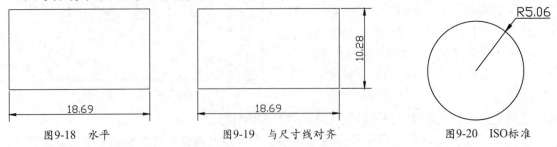

图9-18　水平　　　　　　　　　图9-19　与尺寸线对齐　　　　　　　图9-20　ISO标准

**4．【调整】选项卡**

在【调整】选项卡中，可以设置标注文字、尺寸线、尺寸箭头的位置，如图9-21所示。

（1）【调整选项】选项组

在没有足够空间放置箭头、尺寸线和标注文字时，可以在此选项组中设置这些元素放置于何处。

★ 文字或箭头（最佳效果）：表示由系统选择一种最佳方式来安排尺寸文字和尺寸箭头的位置。

★ 箭头：当尺寸界线之间没有足够的空间放置二者时，则将箭头置于尺寸界线之外。

★ 文字：当尺寸界线之间没有足够的空间放置二者时，则将文字置于尺寸界线之外。

★ 文字和箭头：空间足够时将文字和箭头放在一起，都位于尺寸界线之间；若没有足够空间时，则两者都放在尺寸界线外。

★ 文字始终保持在尺寸界线之间：表示标注文字始终放置在尺寸界线之间。

★ 若箭头不能放在尺寸界线内，则将其消：如果尺寸界线内没有足够的空间显示箭头，则不显示箭头。

（2）【文字位置】选项组

★ 尺寸线旁边：表示当标注文字在尺寸界线外部时，将文字放置在尺寸线旁边。

★ 尺寸线上方，带引线：表示当标注文字在尺寸界线外部时，将文字放置在尺寸线上方并加一条引线相连。

★ 尺寸线上方，不带引线：表示当标注文字在尺寸界线外部时，将文字放置在尺寸线上方，不加引线。

（3）【标注特征比例】选项组

★ 注释性：可以将该标注定义成可注释对象。

★ 将标注缩放到布局：表示根据模型空间视口比例设置标注比例。

★ 使用全局比例：表示在其后的数值框中可指定尺寸标注的比例，所指定的比例值将影响尺寸标注所有组成元素的大小。如：将标注文字的高度设为5mm，比例因子设为2，则标注时字高为10mm。

（4）【优化】选项组

★ 手动放置文字：表示忽略所有水平对正设置，并将文字手动放置在"尺寸线位置"的相应位置。

★ 在尺寸界线之间绘制尺寸线：表示在标注对象时，始终在尺寸界线之间绘制尺寸线。

（5）【主单位】选项卡

在【主单位】选项卡中可以设置标注单位类型，如图9-22所示。要注意标注中的主单位与图中主单位是不同的，后者影响的是坐标的显示，但不影响标注。

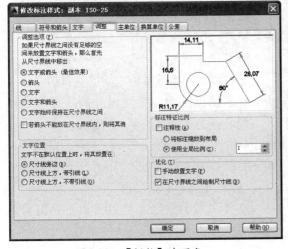

图9-21　【调整】选项卡

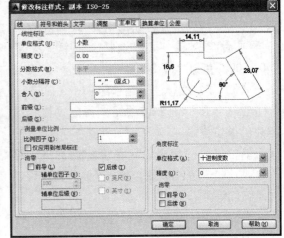

图9-22　【主单位】选项卡

★ 单位格式：在下拉列表中选择标注的单位格式，与【图形单位】对话框中的选择相同。

★ 精度：在下拉列表中选择一个精度，也就是选择小数点后的位数。

★ 分数格式：当选择分数时候，该选项才可用。"水平"选项将在分子和分母之间放置水平线；"对角"选项将在堆叠的分子和分母之间放置斜杠。而非堆叠的分子和分母之间放置斜杠。在预览框中可以看到每种选择的效果。

★ 小数分隔符：选择小数分隔符，只有格式为"小数"时，该选项才可用。

★ 舍入：对线性标注的距离值进行舍入。

★ 前缀：使用前缀可以在标注文本内容的前面加上一个前缀，例如在此输入"%%c"，那么标注的尺寸前面就会加上一个直径符号。

★ 后缀：在标注的后面加上后缀，例如加上"mm"。

（1）【测量单位比例】选项组

在【测量单位比例】选项组中，可以设置单位比例和限制使用的范围。各选项含义如下：

★ 比例因子：用于设置线性测量值的比例因子，AutoCAD将标注测量值与此处输入值相乘。如：输入3，AutoCAD将把1mm的测量值显示为3mm。该数值框中的值不影响角度标注效果。

★ 仅应用到布局标注：表示只对在布局中创建的标注应用线性比例值。

（2）【消零】选项组

在【消零】选项组，可以设置小数的消零情况。它用于消除所有小数标注中的前导或后续的零。如果选择"后续"，则"0.3500"变为"0.35"。

（3）【角度标注】选项组

在【角度标注】选项组，可以设置角度标注的单位样式。

★ 单位格式：用于设定角度标注的单位格式。如十进制度数、度/分/秒、百分度、弧度等。

★ 精度：用于设定角度标注的小数位数。

★ 消零：其含义与线性标注相同。

**6.【换算单位】选项卡**

在AutoCAD中可以同时创建两种测量系统的标注。此特性常用于将英尺和英寸标注添加到使用公制单位创建的图形中。标注文字的换算单位用方括号括起来。不能将换算单位应用到角度标注。切换到【换算单位】选项卡，首先勾选【显示换算单位】复选项，如图9-23所示。

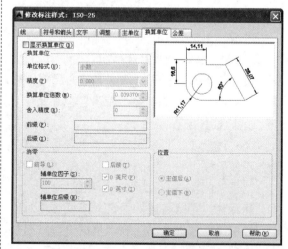

图9-23 【换算单位】选项卡

（1）【换算单位】选项组

编辑线性标注时，如果打开换算单位标注，则所指定的换算比例值应该乘以测量值。该值表示每一当前测量值单位相当于多少换算单位。英制单位的默认值是25.4，是指每英寸相当于多少毫米。公制单位的默认值为0.0394，是指每毫米相当于多少英寸。小数位数取决于换算单位的精度值。

★ 单位格式：用于设置换算单位格式。如：可以设置为科学、小数等。

★ 精度：用于设置换算单位的小数位数。

★ 换算单位倍数：可以指定一个倍数，作为主单位和换算单位之间的换算因子。

★ 舍入精度：为除角度以外的所有标注类型设置换算单位的舍入规则。

★ 前缀：为换算标注文字指定一个前缀。

★ 后缀：为换算标注文字指定一个后缀。

（2）【消零】选项组

在【消零】选项组可以设置不输出前导零和后续零及值为零的英尺和英寸。

（3）【位置】选项组

在【位置】选项组可设置换算单位的位置，各选项含义如下。

★ 主值后：表示将换算单位放在住单位后面。

★ 主值下：表示将换算单位放在主单位下面。

**7.【公差】选项卡**

【公差】是指允许尺寸的变动量，常用于进行机械标注中对零件加工的误差范围进行限定。一个完整的公差标注由基本尺寸、上偏差、下偏差组成，如图9-24所示。

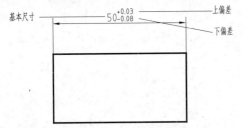

图9-24 公差标注的组成

可以通过为标注文字附加公差的方式，直接将公差应用到标注中，这些标注公差指示标注的最大和最小允许尺寸，还可以应用形位公差，用于指示形状、轮廓、方向、位置以及跳动的极限偏差，具体的参数如图9-25所示。

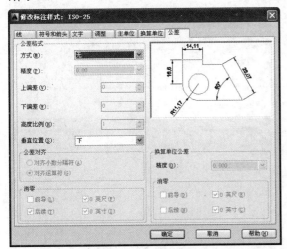

图9-25 【公差】选项卡

在【公差格式】选项组中，可以指定公差的显示方式。【方式】下拉列表框提供了以下4种标注公差的方式。

★ 对称公差：上下偏差值相同，只是在值的前面有加减号。

★ 极限偏差：公差上、下偏差值不同，分别位于加减号后面。如果选择了"极限偏差"公差，则"上偏差"和"下偏差"文本框同时被激活。

★ 极限尺寸：在"上偏差"和"下偏差"文本框中键入上下偏差值，程序将使用所提供的正值和负值计算包含实际测量中的最大和最小尺寸。

★ 基本尺寸：尺寸公差可以通过理论上精确地测量值指定，它们被称为基本尺寸，且将标注置于一个方框中。

在【精度】下拉列表中可以选择一个精度值。可以使用"上偏差"和"下偏差"文本框来为对称公差设置公差值。对于极限偏差和极限尺寸来说，则同时使用"上偏差"和"下偏差"文本框。

【高度比例】文本框中所设置的是相对于标注文字高度的公差高度。通常公差的文字要小一点。尺寸比例为1时，将创建与标注文字等高的公差文字。如果设置为0.5，则创建常规标注文字一半大的公差文字。

从【垂直位置】列表中选择对齐方式，可以控制公差值相对于标注文字的垂直位置，可以将公差与标注文字的上、中或下位置对齐。

## 9.2.3 尺寸样式的子样式

在AutoCAD中，可以对某类对象设置标注样式，这种标注样式是某一标注样式的子样式。

在【标注样式管理器】中选择一种已有的样式作为基础样式，然后单击【新建】按钮，弹出【创建新标注样式】对话框，如图9-26所示。在【用于】列表框中选择应用范围，例如选择【半径标注】，如图9-27所示。单击【继续】按钮，在【新建标注样式】对话框中设置子样式的参数。单击【确定】按钮，完成子样式创建，在其基础样式下以列表形式显示，如图9-28所示。

图9-26 【创建新标注样式】对话框

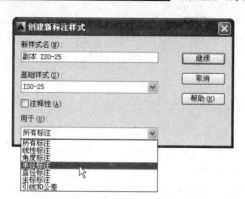

图9-27　选择应用范围

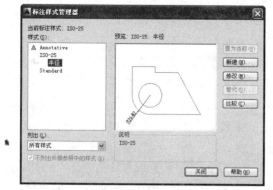

图9-28　创建的子样式

## ▌9.2.4 尺寸样式的替代

用户在标注尺寸的过程中，可以在原标注样式内临时改变标注样式的某些变量，以便对当前标注进行编辑，但是这种替代只能对当前进行的标注起作用，而不会影响原系统标注的变量。

替代尺寸样式好比是标注样式的子样式。创建替代样式后，使用这种样式创建的所有新标注都将包含这些更改。要回到原始的标注样式，必须删除替代样式。也可以将替代样式加入到标注样式中，将它另存为一种新样式。

在【标注样式管理器】对话框中选择一个标注样式，然后单击【替代】按钮，系统打开【替代当前样式】对话框，该对话框与【新建标注样式】对话框相同，如图9-29所示，在此进行修改，并单击【确定】按钮。

此时在【标注样式管理器】对话框中选中的样式下面列出了替代样式，如图9-30所示，使用所选中的标注样式创建的新标注就包含了替代特性。要停止使用替代样式，打

开【标注样式管理器】对话框，然后在样式替代上单击鼠标右键，打开其快捷菜单，如图9-31所示。

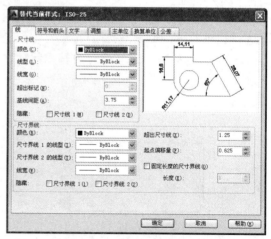

图9-29　【替代当前样式】对话框

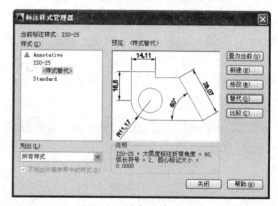

图9-30　创建的替代样式

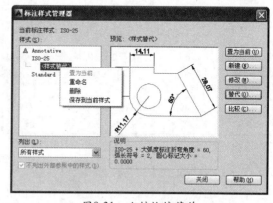

图9-31　右键快捷菜单

★　选择【重命名】选项以代替样式创建新的标注样式。在名字的四周会显示一个框。输入一个新样式名，然后按回车键。该操作会移除替代样式，使其成为新的标注样式。

★　选择【删除】选项删除替代样式。删除

替代样式不会更改已经用该替代样式创建的标注。

★ 选择"保存到当前样式"选项，横向将替代样式载入到当前标注样式。

# 9.3 尺寸的标注

为了更方便、快捷地标注图纸中的各个方向和形式的尺寸，AutoCAD提供了线性标注、径向标注、角度标注和引线标注等多种标注类型。掌握这些标注方法，可以为各种图形灵活添加尺寸标注，使其成为生产制造或施工的依据。

## 9.3.1 线性标注

【线性标注】用于标注对象的水平或垂直尺寸。即使所需对象是倾斜的，仍生成水平或竖直方向的标注。

在AutoCAD中调用【线性标注】有如下几种常用方法。

★ 命令行：在命令行中输入"DIMLINEAR/DLI"。

★ 功能区：在【注释】选项卡中，单击【标注】面板中的【线性】按钮 ⊢线性。

★ 工具栏：单击【标注】工具栏中的【线性标注】按钮 ⊢。

★ 菜单栏：执行【标注】|【线性】命令。

【线性标注】有指定标注原点和标注对象两种方式。通过拾取两个尺寸界线原点定义标注的长度，命令提示如下：

```
命令：_dimlinear
指定第一个尺寸界线原点或 <选择对象>：          //拾取一点作为第一个尺寸界线原点
指定第二条尺寸界线原点：                      //拾取另一点作为第二个尺寸界线原点
指定尺寸线位置或[多行文字(M)/文字(T)/角度(A)/水平(H)/垂直(V)/旋转(R)]：
```

选择标注对象进行标注时，命令行操作如下：

```
命令：_dimlinear
指定第一个尺寸界线原点或 <选择对象>：          //直接回车表示将选择对象
选择标注对象：                              //选择标注的对象
指定尺寸线位置或[多行文字(M)/文字(T)/角度(A)/水平(H)/垂直(V)/旋转(R)]：
```

> **技巧**
>
> 使用"选择对象"选项可以得到最精准的结果。如果未使用"选择对象"选项，则一定要使用对象捕捉，以力求精确。

无论是使用哪种方法标注图形，在选择标注对象或指定尺寸界线原点后，接下来就需要指定尺寸线位置或通过下面的选项来选择相应的操作。

```
指定尺寸线位置或[多行文字(M)/文字(T)/角度(A)/水平(H)/垂直(V)/旋转(R)]：
```

## 9.3.2 实战——标注底座线性尺寸

**01** 按下Ctrl+O快捷键，打开图形文件"第9章\9.3.2标注底座线性尺寸.dwg"，如图9-32所示。

**02** 标注水平尺寸15。单击【标注】工具栏中的 ⊢┤ 按钮，或选择菜单栏中的【标注】|【线性】命令，命令行提示如下：

```
命令: _dimlinear
指定第一个尺寸界线原点或 <选择对象>:                //捕捉A点
指定第二条尺寸界线原点:                              //捕捉B点
指定尺寸线位置或[多行文字(M)/文字(T)/角度(A)/水平(H)/垂直(V)/旋转(R)]:
                              //沿竖直方向拖动指针，在合适的位置单击放置水平尺寸
标注文字 = 15
```

**03** 标注垂直尺寸25。再次执行DIMLINEAR命令，命令行提示如下：

```
命令: _dimlinear
指定第一个尺寸界线原点或 <选择对象>:                //捕捉A点
指定第二条尺寸界线原点:                              //捕捉B点
指定尺寸线位置或[多行文字(M)/文字(T)/角度(A)/水平(H)/垂直(V)/旋转(R)]:
                              //沿水平方向拖动指针，在合适的位置单击放置水平尺寸
标注文字 = 25
```

**04** 使用同样的方法，继续标注水平尺寸50和垂直尺寸40，结果如图9-33所示。

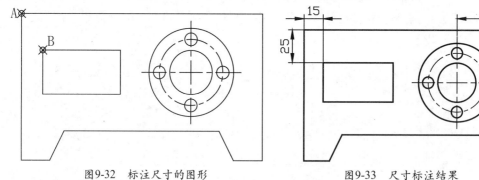

图9-32 标注尺寸的图形　　　　　　　　　　图9-33 尺寸标注结果

**05** 标注水平尺寸170。执行DIMLINEAR命令，命令行提示如下：

```
命令: _dimlinear
指定第一个尺寸界线原点或 <选择对象>:                //按Enter键
选择标注对象:                                        //选择最上方的水平边
指定尺寸线位置或[多行文字(M)/文字(T)/角度(A)/水平(H)/垂直(V)/旋转(R)]:
                    //向上拖动鼠标确定尺寸线的位置，确定位置后单击鼠标左键，即可标注出水平尺寸170
标注文字 = 170
```

**06** 标注垂直尺寸100。执行DIMLINEAR命令，命令行提示如下：

```
命令: _dimlinear
指定第一个尺寸界线原点或 <选择对象>:                //按Enter键
选择标注对象:           //选择最右侧的垂直边
指定尺寸线位置或[多行文字(M)/文字(T)/角度(A)/水平(H)/垂直(V)/旋转(R)]:
                    //向右拖动鼠标确定尺寸线的位置，确定位置后单击鼠标左键，即可标注出水平尺寸100
标注文字 = 100
```

**07** 用同样的方法标注内部矩形的长度和宽度，最后的结果如图9-34所示。

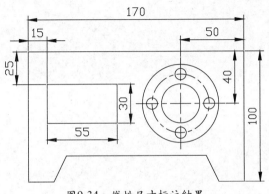

图9-34 线性尺寸标注结果

### 9.3.3 对齐标注

当要标注一个非水平或垂直的线性对象时，需要使用对齐标注。对齐标注的尺寸线总是平行于对象，类似【线性标注】命令中的"旋转"选项，不过在使用上比"旋转"选项更方便。

在AutoCAD中调用【对齐标注】有如下几种常用方法。

★ 命令行：在命令行中输入"DIMALIGNED/DAL"。

★ 功能区：在【注释】选项卡中，单击【标注】面板中的【对齐】按钮。

★ 工具栏：【标注】工具栏中的【对齐标注】工具按钮。

★ 菜单栏：执行【标注】|【对齐】命令。

★ 对齐标注时的命令行提示如下：

```
命令: _dimaligned
指定第一个尺寸界线原点或 <选择对象>:            //拾取一点作为第一个尺寸界线原点
指定第二条尺寸界线原点:                         //拾取另一个作为第二个尺寸界线原点
指定尺寸线位置或[多行文字(M)/文字(T)/角度(A)]:   //确定尺寸线的位置
标注文字 = 46.1
```

### 9.3.4 实战——标注斜支架的对齐尺寸

**01** 打开本书光盘中的素材文件"第9章\9.3.4标注斜支架的对齐尺寸.dwg"，如图9-35所示。

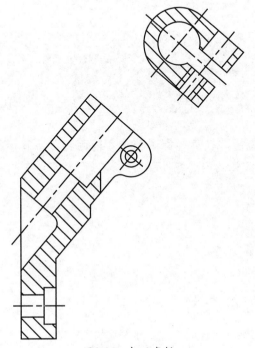

图9-35 打开素材

**02** 标注斜尺寸15，单击【标注】工具栏中的

【对齐】按钮，或选择菜单栏中的【标注】|【对齐】命令，标注对齐尺寸，如图9-36所示，命令行操作过程如下：

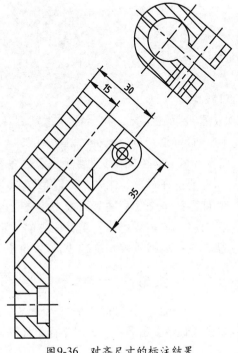

图9-36 对齐尺寸的标注结果

```
命令: _dimaligned
指定第一个尺寸界线原点或 <选择对象>:
    //捕捉主视图最上面一点
指定第二条尺寸界线原点:
    //捕捉中心线与边的交点
指定尺寸线位置或[多行文字(M)/文字(T)/角度(A)]:
    //向右上方拖动鼠标确定尺寸线的位置，确定位置
        后单击鼠标左键
标注文字 = 15
```

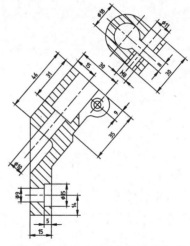

图9-37 其他对齐尺寸的标注结果

**03** 用同样的方法标注其他对齐尺寸，结果如图
9-37所示。

# 9.3.5 径向标注

径向标注包括直径标注和半径标注两种类型。

**1. 半径标注**

【半径标注】命令用于标注指定圆或圆弧的半径，在半径标注的文本前面将显示半径符号。半径标注有两种方式，一种是标注在圆或圆弧内部，另一类是标注在圆或圆弧外部。

在AutoCAD中调用【半径标注】命令有如下几种常用方法。

★ 命令行：在命令行中输入"DIMRADIUS/DRA"。

★ 功能区：在【注释】选项卡中，单击【标注】面板上的【半径】按钮 ◉半径 。

★ 工具栏：单击【标注】工具栏中的【半径】工具按钮 ◉ 。

★ 菜单栏：执行菜单栏中的【标注】|【半径】命令。

标注半径时的命令行提示如下：

```
命令: _dimradius
选择圆弧或圆:
标注文字 = 330.65
指定尺寸线位置或 [多行文字(M)/文字(T)/角度(A)]:
```

**2. 直径标注**

【直径标注】命令用于标注指定圆或圆弧的直径，在直径标注的文本前面将显示直径符号。同半径标注一样，直径标注也可以标注在圆或圆弧的内部或外部。

在AutoCAD中调用【直径标注】命令有如下几种方法。

★ 命令行：在命令行中输入"DIMDIAMETER/DDI"。

★ 功能区：单击【标注】面板中的【直径】按钮 ◉ 。

★ 工具栏：单击【标注】工具栏中的【直径标注】按钮 ◉ 。

★ 菜单栏：执行菜单栏中的【标注】|【直径】命令。

# 9.3.6 实战——标注盘形零件的径向尺寸

**01** 打开本书光盘中的素材文件"第9章\9.3.6标注盘形零件的径向尺寸.dwg"，如图9-38所示。

**02** 单击【标注】工具栏中的【半径】按钮 ◉ ，标注弧形槽的半径，如图9-39所示，命令行的操作过程如下：

命令: _dimradius
选择圆弧或圆: //单击选择圆弧
标注文字 = 7
指定尺寸线位置或 [多行文字(M)/文字(T)/角度(A)]: //拖动指针，在合适的位置单击放置尺寸标注

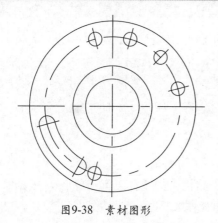

图9-38 素材图形　　　　　　　　　　图9-39 标注圆弧半径

**03** 单击【标注】工具栏中的【半径】按钮◎，标注圆孔的直径，如图9-40所示，命令行的操作过程如下：

命令: _dimdiameter
选择圆弧或圆: //单击选择圆 标注文字 = 40
指定尺寸线位置或 [多行文字(M)/文字(T)/角度(A)]: //拖动指针，在合适的位置单击放置尺寸标注

**04** 使用同样的方法标注其他的径向尺寸，结果如图9-41所示。

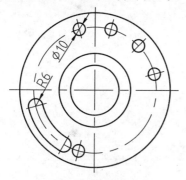
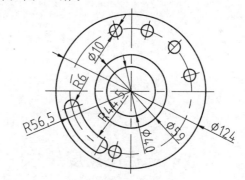

图9-40 标注圆的直径　　　　　　　　图9-41 标注其他径向尺寸

## 9.3.7 角度标注

　　【角度标注】命令不仅可以标注两条呈一定角度的直线或3个点之间的夹角，还可以标注圆弧的圆心角。在AutoCAD中调用【角度标注】命令有如下几种方法。

★ 命令行：在命令行中输入"DIMANGULAR/DAN"。
★ 功能区：在【注释】选项卡中，单击【标注】面板中的【角度】按钮△角度。
★ 工具栏：单击【标注】工具栏中的【角度标注】按钮△。
★ 菜单栏：执行【标注】|【角度】命令。

**1. 标注直线、圆或圆弧的角度**

　　如果要标注两直线的角度，执行【标注】|【角度】菜单命令，然后根据命令提示选择标注的两条直线即可，标注的效果如图9-42所示。命令行操作过程如下：

```
命令: _dimangular
选择圆弧、圆、直线或 <指定顶点>:                              //选择第一条直线
选择第二条直线:                                              //选择第二条直线
指定标注弧线位置或 [多行文字(M)/文字(T)/角度(A)/象限点(Q)]:   //确定尺寸线的位置
标注文字 = 21
```

标注的圆弧角度如图9-43所示，命令行操作如下：

```
命令: _dimangular
选择圆弧、圆、直线或 <指定顶点>:                              //选择圆弧
指定标注弧线位置或 [多行文字(M)/文字(T)/角度(A)/象限点(Q)]:   //确定尺寸线的位置
标注文字 = 105
```

**2. 标注顶点之间的角度**

如果要标注顶点之间的角度，单击【标注】工具栏中的【角度】按钮△，根据命令行的提示进行操作，标注的效果如图9-44所示，命令行的操作如下：

```
命令: _dimangular
选择圆弧、圆、直线或 <指定顶点>:                              //直接按回车键，表示下面要将要确定定点的位置
指定角的顶点:                                                //捕捉图中最下面的顶点
指定角的第一个端点:                                          //任意选择一点
指定角的第二个端点:                                          //选择剩下的点
指定标注弧线位置或 [多行文字(M)/文字(T)/角度(A)/象限点(Q)]:   //确定尺寸标注的位置
标注文字 = 54
```

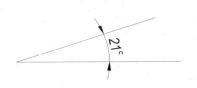
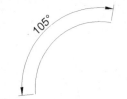
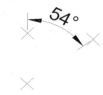

图9-42　标注直线夹角　　　图9-43　标注圆弧角度　图9-44　标注三点之间的角度

## 9.3.8　实战——标注角度尺寸

**01** 打开本书光盘素材文件"第9章\9.3.8标注角度尺寸.dwg"，如图9-45所示。

**02** 单击【标注】工具栏中的【角度】按钮△，标注圆孔的间距角度，如图9-46所示，命令行操作如下：

```
命令: _dimangular
选择圆弧、圆、直线或 <指定顶点>:                              //指定圆孔的中心线
选择第二条直线:                                              //指定相邻圆孔另一条中心线
指定标注弧线位置或 [多行文字(M)/文字(T)/角度(A)/象限点(Q)]:   //指定尺寸标注的位置
标注文字 = 30
```

**03** 单击【标注】工具栏中的【角度】按钮△，标注弧形槽的位置角度，如图9-47所示，命令行操作如下：

```
命令: _dimangular
选择圆弧、圆、直线或 <指定顶点>:                              //直接按回车键表示下面将要确定定点的位置
```

| 指定角的顶点: | //捕捉O点 |
|---|---|
| 指定角的第一个端点: | //捕捉A点 |
| 指定角的第二个端点: | //捕捉B点 |
| 指定标注弧线位置或 [多行文字(M)/文字(T)/角度(A)/象限点(Q)]: | //指定尺寸标注的位置 |
| 标注文字 = 15 | |

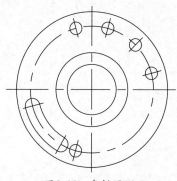

图9-45　素材图形

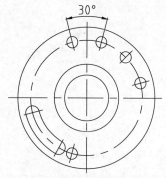

图9-46　标注直线夹角

**04** 使用同样的方法标注其他角度，结果如图9-48所示。

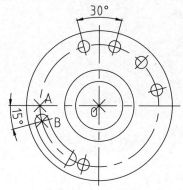

图9-47　标注三点之间角度

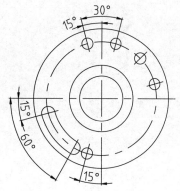

图9-48　标注其他角度

## 9.3.9　基线标注

【基线标注】用于以同一尺寸界线为基准的一系列尺寸标注，即从某一点引出的尺寸界线作为第一条尺寸界线，依次进行多个对象的尺寸标注。

在AutoCAD中调用【基线标注】有如下几种常用方法。

★　命令行：在命令行中输入"DIMBASELINE/DBA"。

★　功能区：在【注释】选项卡中，单击【标注】面板上的【基线】按钮 。

★　工具栏：单击【标注】工具栏上的【基线标注】按钮 。

★　菜单栏：执行【标注】|【基线】命令。

## 9.3.10　实战——基线标注

**01** 打开光盘素材文件"第9章\9.3.10 基线标注.dwg"，如图9-49所示。

**02** 选择菜单栏中的【格式】|【标注样式】命令，修改当前的标注样式，将基线间距设置为10，如图9-50所示。

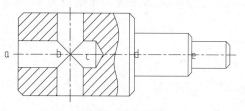

图9-49　素材图形

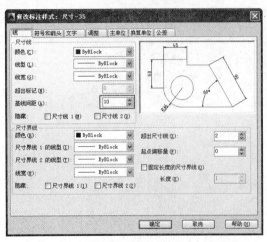

图9-50　设置基线间距

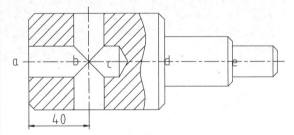

**03** 单击【标注】工具栏上的【线性】按钮，标注水平尺寸40作为基准尺寸，如图9-51所示。

图9-51　标注线性尺寸

**04** 单击【标注】工具栏中的【基线】按钮 🔛，或选择菜单栏中的【标注】|【基线】命令，标注基线尺寸，如图9-52所示，命令行的操作如下：

```
命令: _dimbaseline
指定第二条尺寸界线原点或 [放弃(U)/选择(S)] <选择>:          //捕捉c点
标注文字 = 60
指定第二条尺寸界线原点或 [放弃(U)/选择(S)] <选择>:          //捕捉d点
标注文字 = 90
指定第二条尺寸界线原点或 [放弃(U)/选择(S)] <选择>:          //捕捉e点
标注文字 = 135
指定第二条尺寸界线原点或 [放弃(U)/选择(S)] <选择>:          //捕捉最右端点
标注文字 = 165
指定第二条尺寸界线原点或 [放弃(U)/选择(S)] <选择>:          //按Enter键结束基线标注
```

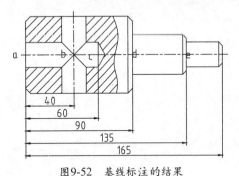

图9-52　基线标注的结果

## 9.3.11　连续标注

　　【连续标注】是以指定的尺寸界线（必须以线性、坐标或角度标注界限）为基线进行标注，但连续标注所指定的基线仅作为与该尺寸标注相邻的连续标注尺寸的基线，依此类推，下一个尺寸标注都以前一个标注与其相邻的尺寸界线为基线进行标注。

　　调用【连续标注】命令有如下几种常用方法。

★　命令行：在命令行中输入"DIMCONTINUE/DCO"。

★　功能区：在【注释】选项卡中，单击【标注】面板上的【连续】按钮 ⊬⊬⊬。

★　工具栏：单击【标注】工具栏上的【连续标注】工具按钮 ⊬⊬⊬。

★　菜单栏：执行【标注】|【连续】命令。

## 9.3.12　实战——连续标注

**01** 打开光盘素材文件"第9章\9.3.12 连续标注.dwg"，如图9-53所示。

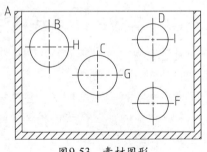

图9-53　素材图形

**02** 单击【标注】工具栏上的【线性】按钮，标注第一个水平尺寸如图9-54所示，命令行操作如下：

```
命令：_dimlinear
指定第一个尺寸界线原点或 <选择对象>：                    //捕捉A点
指定第二条尺寸界线原点：                                //捕捉B点
指定尺寸线位置或[多行文字(M)/文字(T)/角度(A)/水平(H)/垂直(V)/旋转(R)]：
                                                      //向上拖动鼠标确定尺寸线的位置，单击鼠标左键
标注文字 = 25
```

**03** 单击【标注】工具栏中的【连续】按钮，或选择【标注】|【连续】菜单命令，标注水平方向的连续尺寸，如图9-55所示，命令行操作如下：

```
命令：_dimcontinue
指定第二条尺寸界线原点或 [放弃(U)/选择(S)] <选择>：        //捕捉C点
标注文字 = 35
指定第二条尺寸界线原点或 [放弃(U)/选择(S)] <选择>：        //捕捉D点
标注文字 = 40
指定第二条尺寸界线原点或 [放弃(U)/选择(S)] <选择>：        //按Enter键结束连续标注
```

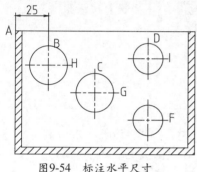

图9-54　标注水平尺寸　　　　　　图9-55　水平方向的连续尺寸

**04** 单击【标注】工具栏上的【线性】按钮，标注第一个竖直尺寸，如图9-56所示，命令行操作过程如下：

```
命令：_dimlinear
指定第一个尺寸界线原点或 <选择对象>：                    //捕捉E点
指定第二条尺寸界线原点：                                //捕捉F点
指定尺寸线位置或[多行文字(M)/文字(T)/角度(A)/水平(H)/垂直(V)/旋转(R)]：
                                                      //向右拖动鼠标确定尺寸线位置，单击鼠标左键
标注文字 = 25
```

**05** 单击【标注】工具栏中的【连续】按钮，或选择【标注】|【连续】菜单命令，标注竖直方向的连续尺寸，如图9-57所示，命令行操作过程如下：

```
命令：_dimbaseline
指定第二条尺寸界线原点或 [放弃(U)/选择(S)] <选择>：        //捕捉G点
标注文字 = 45
指定第二条尺寸界线原点或 [放弃(U)/选择(S)] <选择>：        //捕捉H点
标注文字 = 65
指定第二条尺寸界线原点或 [放弃(U)/选择(S)] <选择>：        //捕捉I点
```

标注文字 ＝ 70
指定第二条尺寸界线原点或 ［放弃(U)/选择(S)］<选择>：　　　　//按Enter键结束连续标注

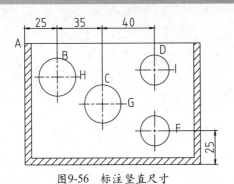

图9-56　标注竖直尺寸　　　　　　　　图9-57　竖直方向的连续标注

## 9.3.13　弧长标注

可以使用【弧长标注】工具标注圆弧、多段线圆弧或者其他弧线的长度。在AutoCAD中调用【弧长标注】命令有如下几种方法。

★　命令行：在命令行中输入"DIMARC"。

★　功能区：在【注释】选项卡中，单击【标注】面板中的【弧长】按钮 。

★　工具栏：单击【标注】工具栏中的【弧长标注】按钮 。

★　菜单栏：执行【标注】|【弧长】命令。

## 9.3.14　实战——弧长标注

01　打开光盘素材文件"第9章\9.3.14弧长标注.dwg"，如图9-58所示。

02　单击【标注】工具栏上的【半径】按钮，标注半径尺寸，如图9-59所示。

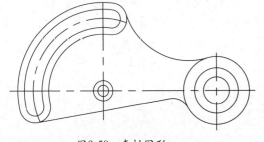
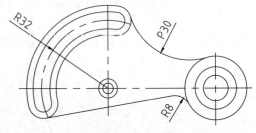

图9-58　素材图形　　　　　　　　　　图9-59　标注半径

03　单击【标注】工具栏上的【直径】按钮，标注直径尺寸，如图9-60所示。

04　单击【标注】工具栏上的【弧长】按钮，标注弧长尺寸，如图9-61所示，命令行操作过程如下：

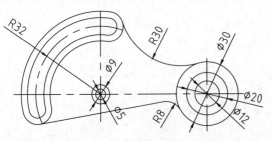
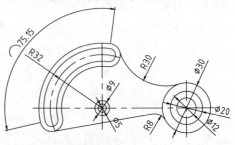

图9-60　标注直径　　　　　　　　　　图9-61　标注弧长

命令：_dimarc

选择弧线段或多段线圆弧段：　　　　　　　　//捕捉相应的圆弧

指定弧长标注位置或 [多行文字(M)/文字(T)/角度(A)/部分(P)/引线(L)]：

　　　　　　　　　　　　　　//向左上角拖动鼠标，确定位置后单击鼠标左键

标注文字 = 75.15

**05** 用同样的方法标注其他的径向尺寸和弧长尺寸，标注结果图如图9-62所示。

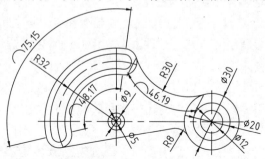

图9-62　标注其他尺寸

## 9.3.15　折弯标注

【折弯标注】是AutoCAD提供的一种特殊的半径标注方式，因此也称为"缩放的半径标注"。【折弯标注】一般用于标注圆或圆弧的圆心位于布局之外并且无法在其实际位置显示的情况。

调用【折弯标注】命令主要有如下几种方法。

★　菜单栏：选择【标注】|【折弯】命令。

★　功能区：在【注释】选项卡中，单击【标注】面板中的【折弯】按钮 。

★　命令行：在命令行中输入"DIMJOGGED"命令。

## 9.3.16　实战——折弯标注

**01** 打开光盘素材文件"第9章\9.3.16折弯标注.dwg"，如图9-63所示。

**02** 单击【标注】工具栏中的【折弯】按钮，标注圆弧半径，如图9-64所示，命令行操作过程如下：

命令：_dimjogged　　　　　　　　　　　　　//执行【折弯标注】命令

选择圆弧或圆：　　　　　　　　　　　　　　//选择要标注的圆弧

指定图示中心位置：　　　　　　　　　　　　//指定图示中心的位置

标注文字 = 25

指定尺寸线位置或 [多行文字(M)/文字(T)/角度(A)]：　　//指定尺寸线角度和标注文字的位置

指定折弯位置：　　　　　　　　　　　　　　//在合适的位置单击指定折弯的位置

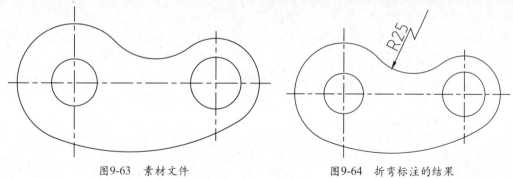

图9-63　素材文件　　　　　　　图9-64　折弯标注的结果

## 9.3.17　多重引线标注

引线标注用一条引线将注释文字指向被说明的对象，以对图形中的某一特征进行文字说明。

### 1. 设置多重引线样式

与尺寸、文字样式类似，用户可以在文档中创建多种不同的多重引线标注样式，在进行引线标注的时候，可以方便地修改或切换标注样式。

多重引线的创建和修改在【多重引线样式管理器】中操作，以设置多重引线的箭头、引线、文字等特征，打开【多重引线样式管理器】有如下几种常用方法。

★　命令行：在命令行中输入"MLEADERSTYLE/MLS"。

★　功能区：在【注释】选项卡中，单击【引线】面板右下角的按钮 ⌄。

★　工具栏：单击【多重引线】工具栏中的【多重引线样式】按钮 。

★　菜单栏：执行【格式】|【多重引线样式】命令。

执行上述任意一种操作，系统弹出【多重引线样式管理器】对话框，如图9-65所示。单击【新建】按钮可以创建一个新的多重引线样式，在弹出的【创建多重引线样式】对话框中，输入多重引线样式的名称，如图9-66所示。

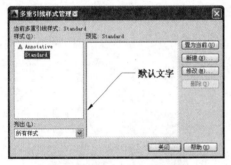

图9-65　多重引线样式管理器

图9-66　创建新多重引线样式

单击【继续】按钮，打开【修改多重引线样式】对话框，如图9-67所示，在该对话框中可以设置多重引线的各项参数。单击【确定】按钮，返回到【多重引线样式管理器】，即可完成多重引线样式的创建。单击【置为当前】按钮，可以将新建的多重引线样式设置为当前样式。

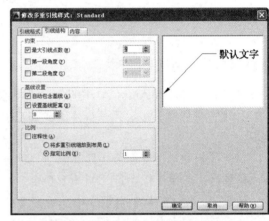

图9-67　【修改多重引线样式】对话框

### 2. 标注多重引线

多重引线样式创建完成后，即可调用【多重引线】命令来创建多重引线。

在AutoCAD中调用【多重引线】命令有如下几种常用方法。

★　命令行：在命令行中输入"MLEADER/MLD"。

★　功能区：在【注释】选项卡中，单击【引线】面板中的【多重引线】按钮 。

★　工具栏：单击【多重引线】工具栏中的【多重引线】按钮 。

★　菜单栏：执行【标注】|【多重引线】命令。

多重引线默认由两点来确定位置，第一个点指定箭头的位置，第二个点指定折线的位置，命令行提示如下：

```
命令：MLEADER
指定引线箭头的位置或 [引线基线优先(L)/内容优先(C)/选项(O)] <选项>:      //任意拾取一点
指定引线基线的位置：                                                  //拾取第二点
```

指定引线位置后，将弹出文字编辑器，在其中可以输入注释文字，如图9-68所示。也可以使用编辑器的工具栏设置文字格式，例如可以选择现有的文字样式、字体或文字高度。

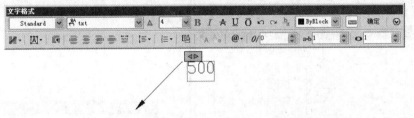

图9-68　编辑文字

## 9.3.18　实战——多重引线标注

**01** 按Ctrl+O快捷键，打开素材文件"第9章\9.3.18多重引线标注.dwg"，如图9-69所示。

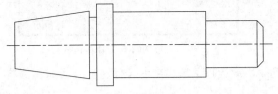

图9-69　素材图形

**02** 单击【多重引线】工具栏中的 按钮，或选择菜单栏中的【格式】|【多重引线样式】命令，弹出【多重引线样式管理器】对话框，如图9-70所示。

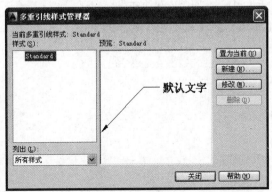

图9-70　多重引线样式管理器

**03** 单击对话框中的【新建】按钮，弹出【创建新多重引线样式】对话框，在【新样式名】文本框输入"无箭头"，如图9-71所示。单击【继续】按钮，弹出【修改多重引线样式】对话框，在【引线格式】选项卡中，将【箭头】中的【符号】项设置为"无"，如图9-72所示。

**04** 在【引线结构】选项卡中，将【最大引线点数】设置为2，且不使用基线，如图9-73所示。

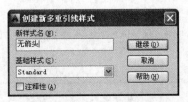

图9-71　输入新样式名称

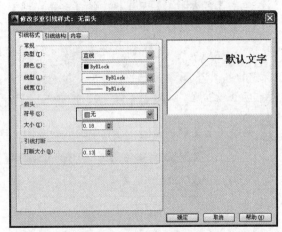

图9-72　设置引线格式

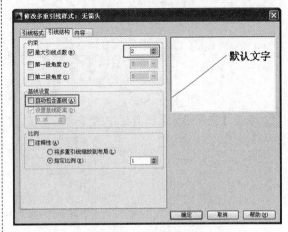

图9-73　设置引线结构

**05** 在【内容】选项卡中，将【文字样式】设置为"工程字-35"，将"连接位置-左"和"连接位置-右"均设置为"最后一行加下划线",如图9-74所示。

**06** 单击【确定】按钮,返回到【多重引线样式管理器】对话框,系统自动将"无箭头"多重引线样式设置为当前,如图9-75所示。

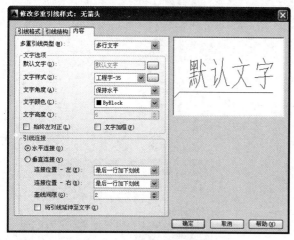

图9-74 设置文字和连接线

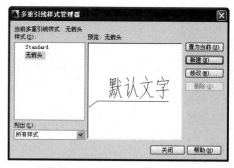

图9-75 新建的多重引线样式

**07** 单击【多重引线】工具栏中的【多重引线】按钮，或选择菜单栏中的【标注】|【多重引线样式】命令,标注多重引线,命令行的操作如下:

```
命令: _mleader
指定引线箭头的位置或 [引线基线优先(L)/内容优先(C)/选项(O)] <选项>:    //确定引线的引出点
指定引线基线的位置:                                            //确定引线的第二点
```

**08** 系统弹出文字编辑器,在其中输入对应的文字"中心孔",如图9-76所示。

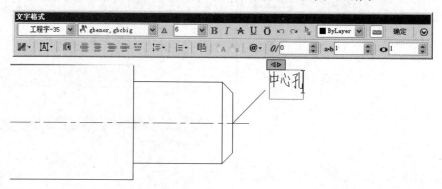

图9-76 输入文字内容

**09** 单击【文字格式】工具栏中的【确定】按钮,多重引线的标注效果如图9-77所示。

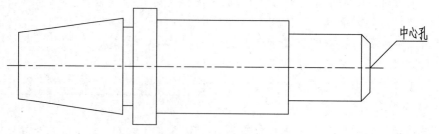

图9-77 标注的多重引线

**10** 使用同样的方法标注其他的多重引线,结果如图9-78所示。

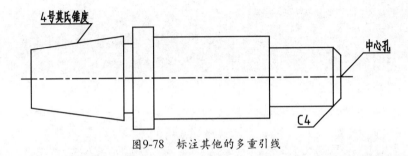

图9-78 标注其他的多重引线

# 9.4 尺寸标注的编辑

编辑尺寸标注不但可以单独地修改图形中现有标注对象，也可以使用标注样式批量修改现有标注对象。尺寸标注的编辑包括对已标注尺寸的标注位置、文字位置、文字内容、标注样式等内容进行修改。

## 9.4.1 编辑标注

通过DIMEDIT命令，用户可以修改一个或多个尺寸标注对象上的文字内容、方向、位置及倾斜尺寸界线。此命令可以同时对多个尺寸标注进行编辑。

调用【编辑标注】命令的方式如下所述。

★ 命令行：在命令行中输入"DIMEDIT"。

★ 工具栏：单击【标注】工具栏中的【编辑标注】按钮 ⬚。

执行以上任意一种操作之后，命令行提示如下：

输入标注编辑类型 [默认(H)/新建(N)/旋转(R)/倾斜(O)] <默认>：

命令行中各选项的作用介绍如下。

★ 默认：用于将尺寸文字移动到默认位置。

★ 新建：打开多行文字编辑器，以修改标注文字的内容。

★ 旋转：用于改变尺寸文本行的倾斜角度。尺寸文本的中心不变，而使文本沿给定的角度方向倾斜排列。图9-79所示的尺寸标注旋转效果如图9-80所示。

★ 倾斜：用于调整长度型尺寸界线的倾斜角度，如图9-81所示。

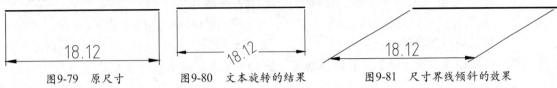

图9-79 原尺寸    图9-80 文本旋转的结果    图9-81 尺寸界线倾斜的效果

## 9.4.2 编辑标注文本

DIMTEDIT命令用于移动和旋转标注文字。可以使其位于尺寸线上面左端、右端或中间。也可以使文本倾斜一定的角度。

编辑标注文本执行方式如下。

★ 命令行：在命令行中输入"DIMTEDIT"。

★ 工具栏：单击【标注】工具栏中的【编辑标注文字】按钮 ⬚。

调用【编辑标注文字】命令后，命令行提示如下：

```
命令: _dimtedit
选择标注:                                                    //选择要编辑的文字
为标注文字指定新位置或 [左对齐(L)/右对齐(R)/居中(C)/默认(H)/角度(A)]:
```

各选项的具体说明如下。

★ 左对齐：用于更新尺寸文本的位置，使尺寸文本沿尺寸线左对齐，如图9-82所示。仅适用于线性、半径和直径标注。此时，系统变量DIMSHO为ON。

★ 右对齐：使尺寸文本沿尺寸线右对齐，如图9-83所示。仅适用于线性、半径和直径标注。

★ 居中：用于将尺寸文本沿尺寸线中间对齐。

★ 默认：用于将文本按默认位置放置。

★ 角度：按指定的角度来放置标注文字。

图9-82　左对齐　　　　　　　　　　　　　　图9-83　右对齐

## 9.4.3　编辑多重引线

多重引线对象是一个复杂的标注对象，为此AutoCAD提供了专门的【多重引线】工具栏和面板，如图9-84所示，以方便用户创建和编辑多重引线。

图9-84　【多重引线】工具栏和面板

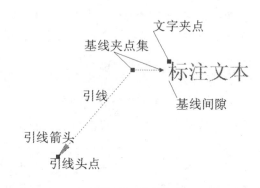

图9-85　引线夹点

#### 1. 多重引线夹点编辑

使用AutoCAD的夹点功能，可以对多重引线的引线箭头、引线、文字位置进行调整，如图9-85所示。在夹点上单击鼠标右键，在弹出的快捷菜单中还可以选择【添加引线】、【添加顶点】、【拉长基线】等命令，从而对多重引线进行相应的编辑。

#### 2. 合并多重引线

使用MLEADERCOLLECT命令，可以根据图形需要，水平、垂直或在指定区域内合并多重引线。单击【多重引线】工具栏中的【多重引线合并】按钮，然后按照命令行的提示进行操作：

```
命令: _mleadercollect
选择多重引线: 找到 1 个                                       //选择图9-86所示的1号引线
选择多重引线: 找到 1 个, 总计 2 个                             //选择2号引线
选择多重引线: 找到 1 个, 总计 3 个                             //选择3号引线
选择多重引线:                                                //按回车键结束对象选择
指定收集的多重引线位置或 [垂直(V)/水平(H)/缠绕(W)] <水平>:      //指定合并的位置
```

多重引线合并的效果如图9-87所示。

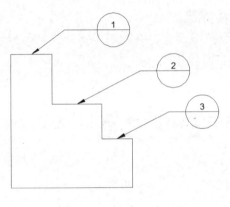

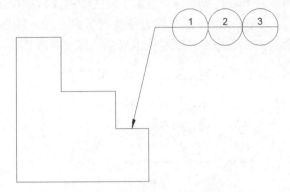

图9-86　原图　　　　　　　　　　　　　　　图9-87　合并多重引线的效果

### 3. 对齐多重引线

使用MLEADERALIGN命令，可以沿指定的线对齐若干多重引线对象。水平基线将沿指定的不可见的线放置，箭头将保留原来放置的位置。单击【多重引线】工具栏中的【多重引线对齐】按钮，然后按照命令行的提示进行操作：

```
命令：_mleaderalign
选择多重引线：找到 1 个                       //选择图9-88所示的1号引线
选择多重引线：找到 1 个，总计 2 个             //选择2号引线
选择多重引线：找到 1 个，总计 3 个             //选择3号引线
选择多重引线：                                //回车结束引线选择
当前模式：使用当前间距
选择要对齐到的多重引线或 [选项(O)]：          //选择3号引线
指定方向：
```

多重引线对齐的效果如图9-89所示。

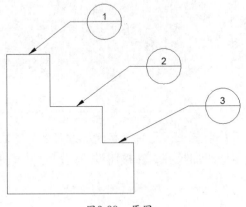

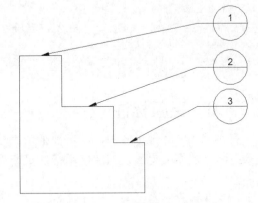

图9-88　原图　　　　　　　　　　　　　　　图9-89　对齐多重引线的效果

## ▐▌9.4.4　打断标注

使用【打断标注】命令可以在尺寸标注的尺寸线、尺寸界线或延伸线与其他的尺寸标注或图形中线段的交点处形成隔断，可以提高尺寸标注的清晰度和准确性。

AutoCAD中启用【打断标注】命令有如下几种常用方法。

★　命令行：在命令行中输入"DIMBREAK"。

★　功能区：在【注释】选项卡中，单击【标注】面板中的【打断】按钮。

★ 工具栏：单击【标注】工具栏中的【折断标注】按钮。

通过以上任意一种方法执行该命令后，按照命令行提示首先在图形中选取要打断的标注线，然后选取要打断标注的对象，即可完成该尺寸的打断操作。

## 9.4.5 实战——折断标注

**01** 打开光盘素材文件"第9章\9.4.5 折断标注.dwg"，如图9-90所示。

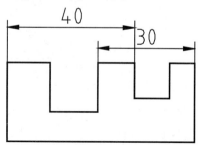

图9-90 打开素材

**02** 选择菜单栏中的【格式】|【标注样式】命令，修改当前的标注样式，在【修改标注样式】对话框中的【符号和箭头】选项卡中设置折断大小，如图9-91所示。

**03** 执行菜单栏中的【标注】|【标注打断】命令，或单击【标注】工具栏中的【折断标注】按钮，折断标注如图9-92所示，命令行操作过程如下：

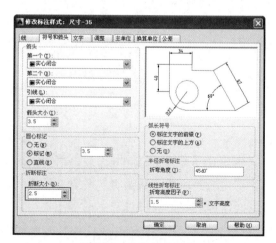

图9-91 设置折断大小

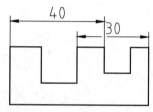

图9-92 打断标注的效果

```
命令: _DIMBREAK
选择要添加/删除折断的标注或 [多个(M)]:              //选择值为30的尺寸标注
选择要折断标注的对象或 [自动(A)/手动(M)/删除(R)] <自动>:  //选择值为40的尺寸标注
选择要折断标注的对象: *取消*                       //按ESC键退出【标注打断】命令
1 个对象已修改
```

## 9.4.6 更新标注

在创建尺寸标注过程中，若发现某个尺寸标注不符合要求，可采用替代标注样式的方式修改尺寸标注的相关变量，然后使用标注更新功能使要修改的尺寸标注按所设置的尺寸样式进行更新。

调用【更新】命令有以下几种方法。

★ 命令行：在命令行输入"DIMSTYLE"命令。

★ 菜单栏：选择【标注】|【更新】菜单命令。

★ 功能区：在【注释】选项卡中，单击【标注】工具栏上的【标注更新】按钮。

调用【更新】命令之后，命令行提示如下。

```
输入标注样式选项
[注释性(AN)/保存(S)/恢复(R)/状态(ST)/变量(V)/应用(A)/?] <恢复>: _apply
```

命令行中各选项含义如下所述。

★ 注释性：将标注更新为可注释的对象。

★ 保存：将标注系统变量的当前设置保存到标注样式。

★ 状态：显示所有标注系统变量的当前值，并自动结束DIMSTYLE命令。

★ 变量：列出某个标注样式或设置选定标注的系统变量，但不能修改当前设置。

★ 应用：将当前尺寸标注系统变量设置应用到选定标注对象，永久替代应用于这些对象的任何现有标注样式。选择该选项后，系统提示选择标注对象，选择标注对象后，所选择的标注对象将自动更新为当前标注格式。

## 9.4.7 实战——更新标注

01 打开光盘素材文件"第9章\9.4.7 更新标注.dwg"，如图9-93所示。

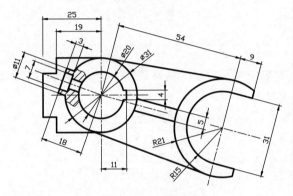

图9-93 素材图形

02 单击【标注】工具栏中的【标注样式】按钮 ，打开【标注样式管理器】对话框。

03 单击【新建】按钮，在弹出的【创建新标注样式】对话框中，设置新样式名为"新样式"，如图9-94所示。

图9-94 【创建新的标注样式】对话框

04 单击【继续】按钮，打开【新建标注样式：新样式】对话框，在【符号和箭头】选项卡中，将箭头大小设置为3，如图9-95所示。在【文字】选项卡中，将文字高度设置为5，如图9-96所示。

05 单击【确定】按钮返回【标注样式管理器】对话框，将新建的"新样式"设置为当前样式。

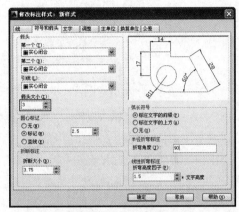

图9-95 设置箭头大小

06 选择菜单栏中的【标注】|【更新】命令，或单击【标注】工具栏中的【标注更新】按钮 ，将旧样式的尺寸全部更新为新样式。

图9-96 设置文字高度

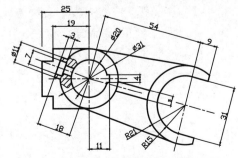

图9-97 更新标注的效果

## 9.4.8 翻转箭头

当标注的尺寸界线间距较窄时，可以将标注箭头置于尺寸界线之外，即翻转箭头。选择一个标注，然后将光标指向箭头旁边的夹点上，此时将弹出一个菜单，如图9-98所示，在此快捷菜单中选择【翻转箭头】命令，即可完成箭头的翻转，如图9-99所示。

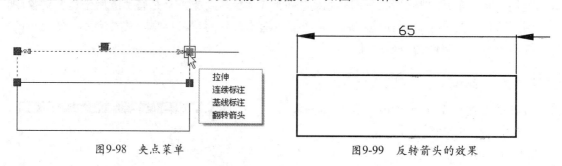

图9-98 夹点菜单            图9-99 反转箭头的效果

## 9.4.9 尺寸关联性

尺寸关联标注是指尺寸对象及其标注的图形对象之间建立了某种动态联系，当图形对象的位置、形状、大小等发生改变时，其尺寸对象也会随之更新。

如图9-100所示，任意绘制一个矩形，并对其矩形尺寸标注。然后使用【缩放】命令将该矩形放大一倍后，其相应的尺寸也会跟着放大一倍。

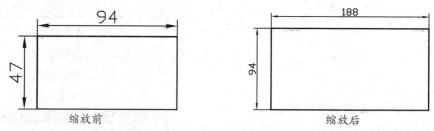

图9-100 缩放前后关联标注效果对比

对于已经建立了关联的尺寸对象及其图形对象，可以在命令行输入"DIMDISAS-SOCIATE"或"DDA"命令解除它们之间的关联性。解除之后，对图形对象进行修改，尺寸对象不会发生任何改变。

对于没有关联或已经解除了关联的尺寸对象和图形对象，可以用"DIMREASSOCIATE"或"DRE"命令重建关联。

## 9.4.10 调整标注间距

利用【标注间距】功能，可根据指定的间距数值，调整尺寸线互相平行的线性尺寸或角度尺寸之间的距离，使其处于平行等距或对齐状态。

启动【标注间距】命令有以下几种方式。

★ 命令行：输入"DIMSPACE"命令。

★ 菜单栏：选择【标注】|【标注间距】命令。

★ 工具栏：单击【标注】工具栏中的【等距标注】按钮。

★ 功能区：单击【标注】面板中的【调整间距】工具按钮。

## 9.4.11 实战——调整标注间距

**01** 打开光盘素材文件"第9章\9.4.11 调整标注间距.dwg"，如图9-101所示。

**02** 执行【标注】|【标注间距】菜单命令，将线性标注的各尺寸调整为等间距，如图9-102所示。命令操作过程如下：

```
命令：_DIMSPACE
选择基准标注：                                    //选择值为25 的标注作为基准标注
选择要产生间距的标注:找到 1 个                    //选择值为25的标注
选择要产生间距的标注:找到 1 个, 总计 2 个         //选择值为30的标注
选择要产生间距的标注:找到 1 个, 总计 3 个         //选择值为50的标注
选择要产生间距的标注:找到 1 个, 总计 4 个         //选择值为55的标注
选择要产生间距的标注:找到 1 个, 总计 5 个         //选择值为80的标注
选择要产生间距的标注:                             //按Enter键
输入值或 [自动(A)] <自动>: 12                     //输入间距值为12
```

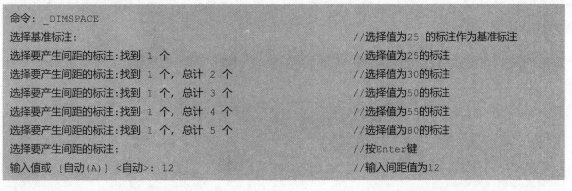

| 图9-101 素材图形 | 图9-102 调整尺寸间距的效果 |

## 9.4.12 折弯线性标注

　　【折弯线性标注】用于在线性或对齐标注上添加折弯线，以表示实际测量值小于显示的值。折弯有两条平行线和一条与平行线成52°角的交叉线组成，折弯的高度由标注样式的"折断大小"值决定。

　　执行【折弯线性标注】命令的方式有以下几种。

★ 菜单栏：执行【标注】|【折弯线性】菜单命令。

★ 工具栏：单击【标注】工具栏中的【折弯线性】按钮 。

★ 命令行：在命令行中输入"DIMJOGLINE"。

　　执行以上任意一种操作之后，在视图中选择线性标注。在尺寸线上指定一点以放置折弯，或者直接按Enter键将折弯定位在选择尺寸线的中点。将折弯添加到线性标注后，可以选择标注，再选择夹点，然后沿着尺寸线将夹点移动至另一点，如图9-103所示。

图9-103 移动夹点

　　用户也可以选中标注，并打开特性选项板，在特性选项板上的【直线和箭头】的【折弯高度因子】数值框中输入数值，调整现行标注上折弯符号的高度。

　　如果要删除折弯，执行【标注】|【折弯线性】菜单命令，然后在命令行中输入R，并按Enter键即可。

## 9.4.13　尺寸的其他编辑方式

### 1. 快捷菜单编辑

　　快捷菜单编辑不是一个具体的命令，是一系列命令的集合。用户可以运用它来重新编辑标注尺寸的精度、标注样式等，适合用于个别的标注编辑。选定需要修改的尺寸，单击鼠标右键，出现快捷菜单，如图9-104所示，利用该菜单可以修改标注的样式、精度等。

### 2. 特性选项板编辑

　　使用【特性】选项板编辑标注的方法与编辑其他对象特性相似。选择一个标注，并按Ctrl+1快捷键打开【特性】选项板，该选项板中列出了尺寸的直线和箭头、文字等特性，如图9-105所示。

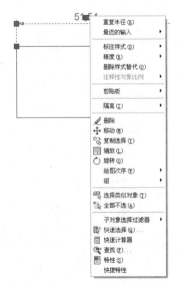

图9-104　尺寸的右键菜单

图9-105　尺寸的特性选项板

# 9.5　尺寸公差的标注

　　尺寸公差简称公差，是指最大极限尺寸减最小极限尺寸之差的绝对值，或上偏差减下偏差之差。它是容许尺寸的变动量。尺寸公差是一个没有符号的绝对值。尺寸公差是指在切削加工中零件尺寸允许的变动量。在基本尺寸相同的情况下，尺寸公差愈小，则尺寸精度愈高。

## 9.5.1　标注尺寸公差

　　标注尺寸公差的步骤如下所述。

　　（1）双击标注的尺寸，弹出【多行文字】对话框。

　　（2）输入公差值。

　　（3）选择公差值，单击【堆叠】按钮。

## 9.5.2 实战——标注轴公差

**01** 打开光盘素材文件"第9章\9.5.2 标注轴公差.dwg",如图9-106所示。

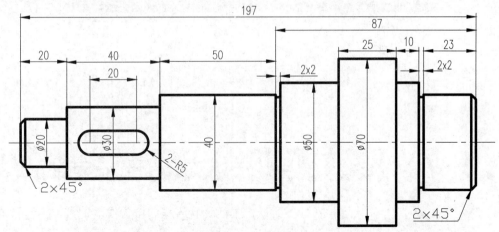

图9-106 素材图形

**02** 双击要添加公差的尺寸,弹出【多行文字】编辑器,输入尺寸公差,如图9-107所示。

图9-107 输入公差值

**03** 选择输入的尺寸公差,单击【文字格式】编辑器上的【堆叠】按钮,将公差进行堆叠,结果如图9-108所示。

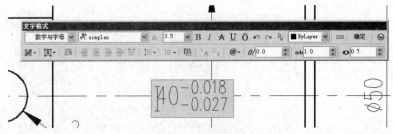

图9-108 文字堆叠的效果

**04** 单击【确定】按钮以返回绘图区,尺寸公差的标注效果如图9-109所示。

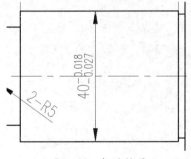

图9-109 标注结果

**05** 双击要标注公差的尺寸,弹出多行文字编辑栏,输入尺寸公差如图9-110所示,注意输入"0"之前要先按空格键。

图9-110 输入公差值

**06** 选择输入的尺寸公差,注意选择输入公差时应将空格一起选入。然后单击【文字格式】编辑器上的【堆叠】按钮，将公差进行堆叠，结果如图9-111所示。单击【确定】按钮，完成该尺寸的公差标注。

图9-111　文字堆叠的效果

# 9.6 形位公差的标注

　　如果零件在加工时所产生的形状误差和位置误差过大，将会影响机器的质量。因此对要求较高的零件，必须根据实际需要，在图纸上标注出相应表面的形状误差和相应表面之间的位置误差的允许范围，即标出表面形状和位置公差，简称形位公差。形位公差的组成如图9-112所示。

　　在AutoCAD中，使用【公差】命令可以创建形位公差标注，此命令可创建定义公差的功能控制框架，这种指示公差的方法符合国际标准。

　　执行【公差】命令有以下几种方法。

★　命令行：输入"TOLERANCE/TOL"命令。

★　菜单栏：选择【标注】|【公差】命令。

★　工具栏：单击【标注】工具栏中的【公差】按钮。

★　功能区：单击【标注】面板中的【公差】工具按钮。

　　执行以上任意一种操作，弹出【形位公差】对话框，如图9-113所示。对话框中各项目的含义介绍如下。

图9-112　形位公差的组成

图9-113　【形位公差】对话框

★　符号：设置公差标注的特征符号，单击黑色小方块，将打开【特征符号】对话框，如图9-114所示，该对话框中提供了14种常用的形位公差符号。用户也可以自定义公差符号，常用的方法是要通过定义块来定义基准符号或粗糙度符号。

　　公差1/公差2：用于设置公差的直径符号、公差值和附加符号，如图9-115所示。

图9-114　【特征符号】对话框

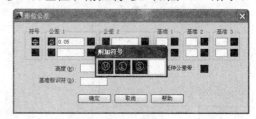

图9-115　附加符号

基准1/基准2/基准3：用于设置基准参照字母。

★ 高度：创建特征控制框中的投影公差零值。投影公差带控制固定垂直部分延伸区的高度变化，并以位置公差控制公差精度。

★ 基准标志符：创建由参照字母组成的基准标识符。

# 9.7 综合实战——零件图尺寸的标注

本实例综合运用本章所学的尺寸标注和公差标注知识，标注图9-116所示的零件图。

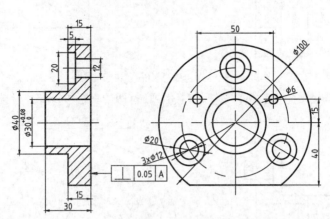

图9-116 标注结果

**01** 按下Ctrl+O快捷键，打开光盘素材文件"第9章\9.7 零件图尺寸的标注.dwg"，如图9-117所示。

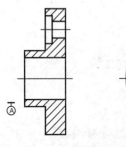

图9-117 素材图形

**02** 选择菜单栏中的【格式】|【标注样式】命令，打开【标注样式管理器】对话框，新建一个名为"机械标注"的标注样式，设置文字样式为"工程字-35"，如图9-118所示。设置线性标注的精度为整数，如图9-119所示。设置完成之后将新建的标注样式设置为当前。

**03** 单击【标注】工具栏中的【线性】按钮，标注零件图中的线性尺寸，如图9-120所示。

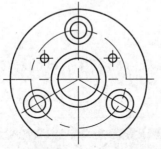

图9-118 设置文字样式

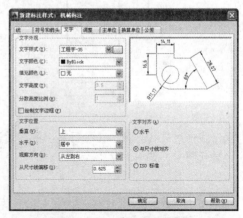

图9-119 设置单位

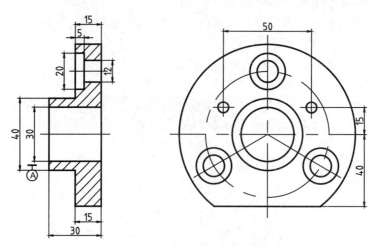

图9-120　线性标注的结果

**04** 单击【标注】工具栏中的【直径】按钮，对图中所有圆的直径进行标注，结果如图9-121所示。

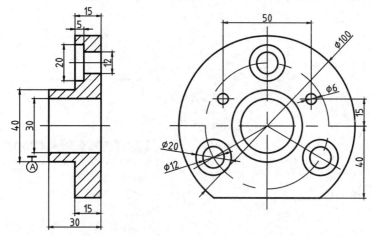

图9-121　标注直径尺寸

**05** 双击线性尺寸40，弹出【多行文字】编辑器，如图9-122所示。在尺寸值前面输入"%%c"的直径替代符号，如图9-123所示。

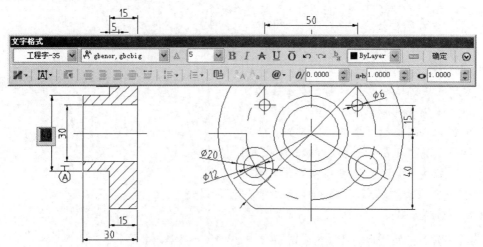

图9-122　【多行文字】编辑器

**06** 双击直径尺寸12，弹出【多行文字】编辑器，在直径12的前面输入"3×"，如图9-124所示。

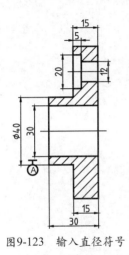

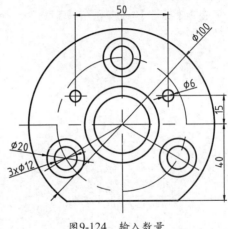

图9-123 输入直径符号 　　　　　图9-124 输入数量

**07** 标注尺寸公差，双击要标注公差的尺寸30，弹出【多行文字】编辑器，输入尺寸公差如图9-125
所示。选定尺寸公差，单击【文字格式】编辑器中的【堆叠】按钮，添加公差的效果如图9-126
所示。

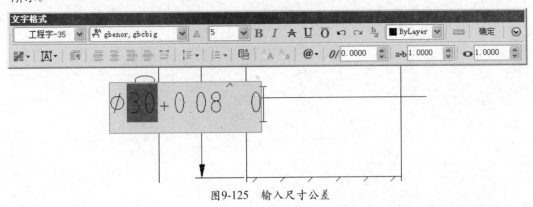

图9-125 输入尺寸公差

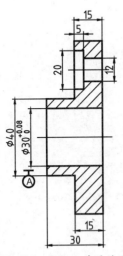

图9-126 添加公差的效果

**08** 标注形位公差，单击【标注】工具栏中的
【形位公差】按钮，弹出【形位公差】对话
框。选择公差符号为【垂直度】，输入公差
值0.05，公差基准为A，如图9-127所示。单
击对话框上【确定】按钮，在合适的位置单

击放置该形位公差，如图9-128所示。

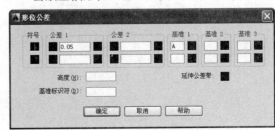

图9-127 【形位公差】对话框

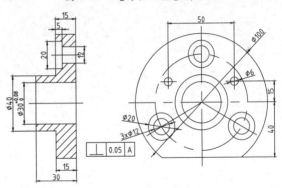

图9-128 添加形位公差

**09** 选择菜单栏中的【标注】|【多重引线】命令来标注引线，如图9-129所示。至此完成零件图的标注。

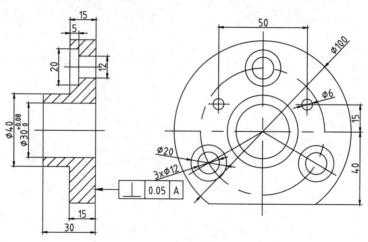

图9-129　多重引线标注的结果

# 第10章
# 机件的常用表达方法

在实际生产中，机件的形状和结构往往是复杂多样的，为了将机件的内外形状和结构表达清楚，国家标准《技术制图》和《机械制图》规定了视图、剖视图、断面图、局部放大图简化和规定画法等。掌握这些方法是正确绘制和阅读机械图样的基本条件，也是清楚表达机件形状和结构的有效方法。

# 10.1 视图

国家规定，将机件放在第一分角内，使机件处于观察者和投影面之间，用正投影法将机件投向投影面所得到的图形称为视图。视图主要用来表达机件的结构形状，分为基本视图、向视图、局部视图和斜视图。

## 10.1.1 基本视图

三视图是机械图样中最基本的图形，它是将物体放在三投影面体系中，分别向3个投影面做投射所得到的图形，即主视图、俯视图和左视图，如图10-1所示。

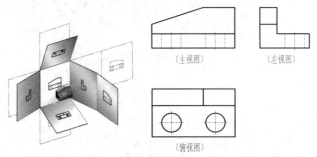

图10-1　基本三视图

当机件的形状结构复杂时，用3个视图不能清楚地表达机件的右面、底面和后面的形状。为此，国家规定，在原有的3个投影面上增加3个投影面组成一个正六面体，六面体的6个表面称为投影面。机件放在六面体内分别向基本投影面投影得到的视图称为基本视图，包含右视图、主视图、左视图、后视图、仰视图、俯视图，如图10-2所示。

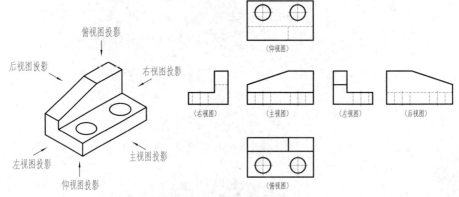

图10-2　6个基本视图的配置

★　主视图：由前向后投影所得到的视图。

★　俯视图：由上向下投影所得到的视图。

★　左视图：由左向右投影所得到的视图。

★　右视图：由右向左投影所得到的视图。

★　仰视图：由下向上投影所得到的视图。

★　后视图：由后向前投影所得到的视图。

> 各视图展开后都要遵循"长对齐、高平齐、宽相等"的投影原则。

## 10.1.2　向视图

向视图是未按投影关系，可以自由配置的视图。有时为了便于合理地布置基本视图，或当某视图不能按照投影关系配置时，可按向视图绘制。绘图时，应在向视图上方标注"X"（"X"为大写的英文字母，如"A"、"B"、"C"），并在相应的试图附近用箭头指明投影方向，并标注相同字母，图10-3所示为向视图示意图。

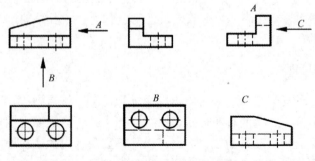

图10-3　向视图示意图

## 10.1.3　局部视图

将机件的某一部分向基本投影面投射所得到的视图称为局部视图。局部视图是不完整的基本视图。当采用一定数量的基本视图后，机件上仍有部分结构未表达清楚，又没必要画出完整的基本视图时，可以采用局部视图的画法。

局部视图是将机件的某一部分向基本投影面投射得到的视图。利用局部视图可以减少基本视图的数量，使表达简洁，重点突出。

局部视图常用于以下两种情况。

★　用于表达机件的局部形状，如图10-4所示。画局部视图时，一般可按向视图的配置形式配置，即指定某个方向对机件进行投影。当局部视图按基本视图的配置形式时，可省略标注，如图10-5所示。

★　用于节省时间和图幅。对称构件的视图可只画一半或四分之一，如图10-6和图10-7所示，并在对称中心线上画出两条与其垂直的平行细直线。

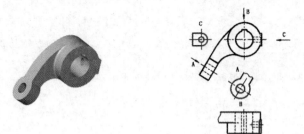

图10-4　向视图配置的局部视图

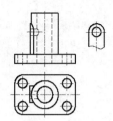

图10-5　省略标注的局部视图

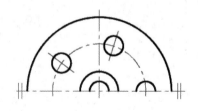

图10-6　画一半的局部视图

图10-7　画四分之一的局部视图

画局部视图时应注意以下几点内容。

★ 在局部视图的上方中间位置处标注视图名称"X"（"X"为大写的英文字母，如"A"、"B"、"C"），并在相应的视图附近用箭头指明投射方向，并标注上同样的大写字母。

★ 局部视图最好画在相关视图附近，并直接保持投影关系，也可以画在图纸内其他地方。当表示投影方向的箭头标在不同的视图上时，同一部位的局部视图的图形方向可能不同。

★ 局部视图的范围用波浪线表示。所表示的图形结构完整、且外轮廓又封闭时，则波浪线可省略。

## 10.1.4 斜视图

将机件向不平行于任何基本投影面的投影面进行投影，所得到的视图称为斜视图。斜视图主要用于表达机件上倾斜结构的真实形状。斜视图标注方法与局部视图相似，并且尽可能配置在与基本视图直接保持投影联系的位置，也可以平移到图纸内的适当地方。为了绘图方便，允许将斜视图旋转配置，此时应在斜视图上方画出旋转符号，箭头的方向为旋转方向，表示该视图名称的大写字母应靠近旋转符号的箭头端。也允许旋转角度标注在字母之后。旋转符号为带有箭头的半圆，半圆的线宽等于字体笔画的宽度，半圆的半径等于字体高度。

图10-8所示是一个弯板形机件，它的倾斜部分在主视图与俯视图都不反映实际形状，从A处向投影面做垂直投影，再将得到的视图绕投影面与正面的交线旋转，直到与正面重合，得到斜视图"A"。

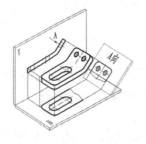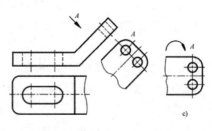

图10-8　斜视图

> **提示**
>
> 画斜视图时增设的投影面只垂直于一个基本投影面，因此，机件上不平行于基本投影面的一些结构，在斜视图中最好以波浪线为界而省略不画，以避免出现失真的投影。

## 10.1.5 实战——绘制轴承座的三视图

01 新建AutoCAD文件。新建"中心线"、"轮廓线"和"剖面线"3个图层，设置合适的线型和颜色。

02 将"中心线层"设置为当前图层，绘制两条正交中心线，如图10-9所示。

03 将水平中心线向下偏移38、52和60，将竖直中心线向两侧偏移40、45和86，偏移结果如图10-10所示。

图10-9　绘制正交中心线

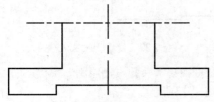

图10-10 偏移中心线

**04** 利用【修剪】命令，修剪出主视图的轮廓，并将线条图层转换到"轮廓线层"，如图10-11所示。

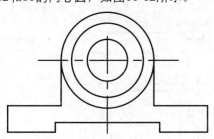

图10-11 修剪并更改图层

**05** 以两中心线的交点为圆心，绘制直径为35、62和80的同心圆，如图10-12所示。

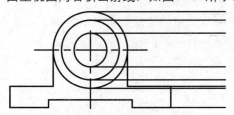

图10-12 绘制同心圆

**06** 选择菜单栏中的【绘图】|【射线】命令，由主视图向右引出射线，如图10-13所示。

图10-13 引出射线

**07** 绘制一条竖直直线，并向右偏移8、46、64和68，如图10-14所示。

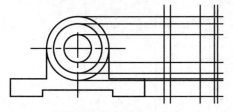

图10-14 绘制并偏移直线

**08** 利用【修剪】命令，修剪出左视图的轮廓，并修改线条图层到"轮廓线层"，如图10-15所示。

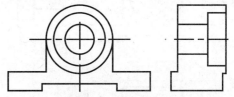

图10-15 修剪出左视图轮廓

**09** 选择菜单栏中的【修改】|【旋转】命令，将左视图旋转-90度，使用【复制】选项，复制出的视图再向下移动适当距离，如图10-16所示。

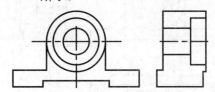

图10-16 旋转复制左视图

**10** 再次使用【射线】命令，由主视图向下引出射线，由旋转的左视图向左引出射线，如图10-17所示。

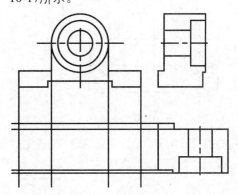

图10-17 引出射线

**11** 修剪出俯视图的轮廓，并将线条图层转换到"轮廓线层"，然后辅助右视图，如图10-18所示。

**12** 将俯视图上边线向下偏移34，并将偏移出的直线修改到中心线层，然后绘制竖直中心线，并向两侧偏移61，如图10-19所示。

**13** 在俯视图中心线的交点绘制直径为13和24的

同心圆，如图10-20所示。

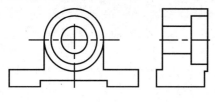

图10-18　修剪出俯视图轮廓

图10-19　绘制并偏移中心线

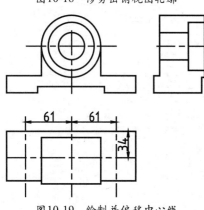

图10-20　绘制同心圆

14 由俯视图向主视图引出射线，并将主视图边线向下偏移5，如图10-21所示。

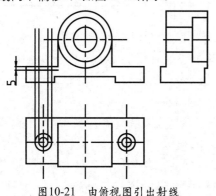

图10-21　由俯视图引出射线

15 修剪出沉头孔的轮廓，并修改线条为"轮廓线层"，如图10-22所示。

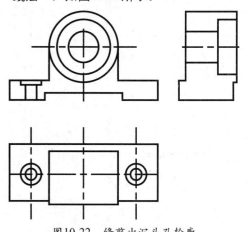

图10-22　修剪出沉头孔轮廓

16 在主视图沉头孔右侧绘制一条样条曲线，如图10-23所示。

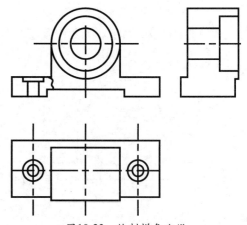

图10-23　绘制样条曲线

17 将"剖面线"图层设置为当前图层。选择菜单栏中的【绘图】|【图案填充】命令，填充右视图的区域和沉头孔的区域，如图10-24所示。

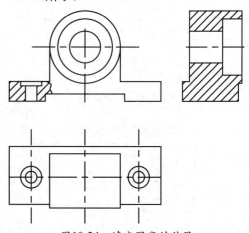

图10-24　填充图案的效果

# 10.2 剖视图

对内部复杂的机件，一般的三视图不能清楚完整地描述，视图中会出现很多虚线，这样使得图形不够清晰，不利于看图和标注尺寸。为了表达物体内部的结构形状，机械制图国标规定了剖视图的画法。采用剖视图的表达方法，可以让机件的内部形状清楚直接地展现出来。

## 10.2.1 剖视图的概念

剖视图是假想用剖切面剖切开机件，将处在观察者与剖切面之间的部分移去，并将余下部分向投影面投影所得到的图形。如图10-25所示。剖视图将机件剖开，使得内部原本不可见的孔、槽可见了，虚线变成了可见线。由此解决了内部虚线的问题，使视图表达清楚而直观。

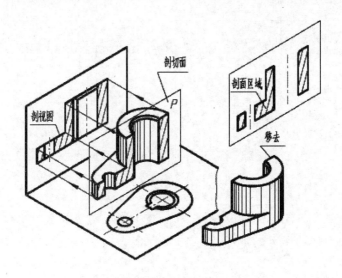

图10-25 剖视图的形成示意图

## 10.2.2 剖视图的画法

为了清楚地表达机件的内部形状，剖视图画法应遵循以下规则。

★ 应选择适当的剖切位置，使剖切平面尽量多地通过较多的内部结构（孔、槽等）的轴线或对称平面，平行于选定的投影面，并用剖切符号表示。

★ 内外轮廓要画齐。机件剖开后，处在剖切平面之后的所有可见轮廓都应画齐，不能遗漏。

★ 由于剖切是假想的，虽然机件的某个视图画成剖视图，但机件仍是完整的，因此机件的其他视图在绘制时不受影响。

★ 在剖视图中，已经表达清楚的结构形状在其他视图中的投影若为虚线，一般省略不画，未表达清楚的结构允许画必要的虚线。

★ 在剖视图中，剖切面与机件接触的部分称为剖切区域。国家规定，剖面区域要画剖面符号。不同材料用不同的剖面符号，表10-1列出了部分常用的剖面符号。

★ 金属材料的剖切剖面符号，应画成与水平方向成45度角，间隔相等的平行细实线。同一机件中所有的剖切面方向、间隔均应相同。

★ 剖切符号由粗短画和箭头组成，粗短画（长约5～10mm）表示出剖切位置，箭头（画在粗短线的外端，并与粗短线垂直）表示投射方向。

表10-1　部分常用剖面符号

| 金属材料（已有规定剖面符号者除外） | | 胶合板（不分层数） | |
| --- | --- | --- | --- |
| 线圈绕组元件 | | 基础周围的混土 | |
| 转子、电枢、变压器和电抗器等的迭钢片 | | 混凝土 | |
| 非金属材料（已有规定剖面符号者除外） | | 钢筋混凝土 | |
| 型砂、填砂、粉末冶金、砂轮、陶瓷刀片、硬质合金刀片等 | | 砖 | |
| 玻璃及供观察用的其他透明材料 | | 格网（筛网、过滤网等） | |
| 木材 | 纵剖面 | 液体 | |
| | 横剖面 | | |

## 10.2.3　剖视图的标注

为了能够清楚地表达剖视图与剖切位置及投射方向之间的对应关系，便于看图，画剖视图时应将剖切线、剖切符号和剖视图名称标注在相应的视图上。

剖视图的标注一般包括以下内容。

★　剖切线：指剖切位置的线，采用细单点长画线，一般情况下可省略。

★　剖切符号：指示剖切面起、止、转折位置及投射方向的符号。指示剖切面起、止和转折位置时用短粗直线表示，投射方向在机械制图中用箭头表示。此线尽可能不与机件的轮廓线相交。

★　视图名称：一般标注视图用"X－X"，X为数字或大写字母。写在剖切符号附近，并一律水平写，而在相应的剖视图的上方或下方标注出相同的数字或字母。

剖切符号、剖切线，视图名称的表达方式示例如图10-26所示。

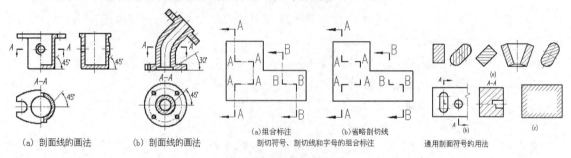

(a) 剖面线的画法　　(b) 剖面线的画法　　(a)组合标注　　(b)省略剖切线　　通用剖面符号的用法
剖切符号、剖切线和字母的组合标注

图10-26　剖视图的标注

当符合下列条件时，可简化或省略标注。

★　当剖切视图按投影关系配置，中间又无其他图形隔开时，可省略箭头。

★ 当单一剖切平面通过机件的对称平面或基本对称的平面，且剖视图按投影关系配置，中间又无其他图形隔开时，可省略标注。

## 10.2.4 剖视图的分类

按剖切范围的大小，视图可以分为全剖视图、半剖视图和局部剖视图。

### 1. 全剖视图

用剖切面完全的剖开机件所得的视图称为全剖视图。全剖视图一般用于外部结构简单、内部结构复杂的机件。当剖切平面通过机件的对称平面或基本对称的平面，且剖视图按投影关系配置，中间又无其他图形隔开时，可省略标注，否则必须按规定画法，如图10-27所示。

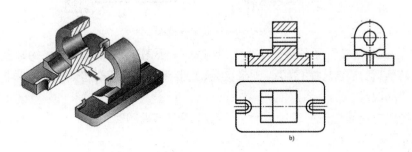

图10-27 全剖视图

### 2. 半剖视图

当机件具有对称平面时，向垂直于对称平面的投影面上投影所得的图形，可以以对称中心为界，一半画成剖视图，另一半画成视图。这种组合的图形称为半剖视图，如图10-28所示。

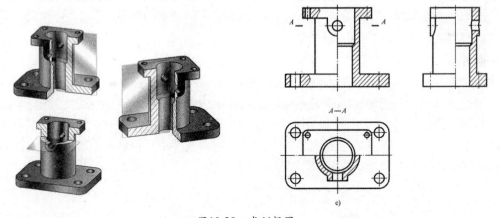

图10-28 半剖视图

半剖视图既充分表达了机件的内部结构，又保留了机件的外部形状，因此主要用于内、外形状都需要表达的对称机件。当机件的俯视图前后也对称时，也可以使用半剖视图表示。当机件的形状接近对称，并且不对称部分已另有图形表达清楚时，亦允许采用半剖视图。

画剖视图时，剖视图与视图应以点画线为分界线，剖视图一般位于主视图对称线的右侧、俯视图对称线的下方、左视图对称线的右侧。

### 3. 局部剖视图

用剖切面局部地剖开机件所得的剖视图称为局部剖视图，如图10-29所示。局部剖视图用波浪线或双折线分界，以示剖切范围。表示剖切范围的波浪线或双折线不应与图样中的其他图线重合。当被剖结构为回转体时，允许将该处结构的中心线作为局部剖视与视图的分界线。

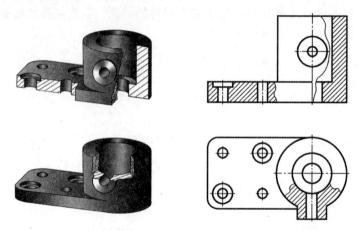

图10-29 局部剖视图

　　局部剖视是一种比较灵活的表达方式，但在同一视图中采用局部剖视的数量不宜过多，以免使图形支离破碎，影响视图清晰。局部剖视图在何处剖切、剖切范围大小根据实际需要决定，常用于以下情况。

★　机件只有局部内形需要剖切表达，而又不宜采用全剖视图时。

★　机件内、外形均较复杂，而图形又不对称时。

★　抽、手柄等实心杆件上有孔、键槽需要表达时。

★　对称机件的轮廓线与中心线重合，不宜采用半剖视图时。

## 10.2.5 剖切面的种类

　　剖视图是假想将机件剖开而得到的视图，因为机件内部结构形状的多样性，剖开机件的方法也不尽相同。按剖切平面和剖切方法分，剖视图分为单一剖切平面、几个平行的剖切平面、几个相交的剖切平面，复合的剖切平面。

**1. 单一剖切面**

　　用一个剖切平面剖开机件的方法称为单一剖，所画出的剖视图称为单一剖视图。单一剖切平面一般为平行于基本投影面的剖切平面。前面介绍的全剖视图、半剖视图、局部剖视图均为用单一剖切平面剖切而得到的。

　　用一个不平行于任何基本投影面的单一剖切平面，剖开机件得到的剖视图称为斜剖视图，如图10-30所示。

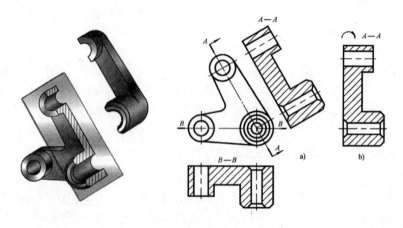

图10-30 斜剖视图

斜剖视图一般用来表示机件上倾斜部分的内部形状机构，其原理与斜视图相似。必要时允许将斜剖视图旋转配置，但必须在剖视图上方标注旋转符号（同斜视图），剖视图的名称应靠近旋转符号和箭头端，使用时注意以下几点。

★ 用斜剖视图画图时，必须用剖切符号、箭头和字母标明剖切位置及投射方向，并在剖视图上方标明"X-X"，同时字母一律水平书写。

★ 斜剖视图最好按照投影关系配置在箭头所指的方向上。

★ 当斜剖视图的主要轮廓与水平线成45度或接近45度时，应将图形中的剖面线画成与水平线成60度或30度的倾斜线，倾斜方向要与该机件的其他视图中剖面线一致。

## 2. 几个平行的剖切平面

用两个或多个互相平行的剖切平面把机件剖开的方法称为阶梯剖。所画出的剖视图称为阶梯剖视图，适宜于表达机件内部结构中心线排列在两个或多个互相平行的平面内的情况，多用于表达不具有公共旋转轴的机件，如图10-31所示。

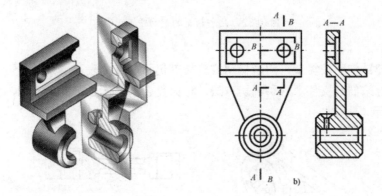

图10-31 几个平行的剖切面

采用这种方法画剖视图时，应注意以下几点。

★ 各剖切平面的转折处必须是直角，剖视图上的转折处不能画线。

★ 两剖切平面的转折处不应与图上的轮廓线重合，并且表达的内形不相互遮挡，剖视图内不能出现不完整要素。

★ 剖切平面不能相互重叠。

★ 当两个要素在图形上有公共对称中心线或轴线时，可以各画一半，此时应以对称中心线或轴线为界。

★ 画阶梯剖视图时必须标注，在剖切平面的起始、转折处画出剖切符号，标注相同字母，并在剖视图上方标注相应的名称"X-X"。

## 3. 几个相交的剖切平面

用两个相交的剖切平面（交线垂直于某一基本投影面）剖开机件的方法称为旋转剖，所画出的剖视图，称为旋转剖视图。当机件的内部结构形状用一个剖切平面不能表达完全，且机件又具有回转轴时，适合使用旋转剖视图画法，如图10-32所示。

使用旋转剖视图画法时，应注意以下问题。

★ 两剖切面的交线一般应与机件的轴线重合。

★ 应按"先剖切后旋转"的方法绘制剖视图。

★ 位于剖切平面后且与所表达的结构关系不甚密切的结构，或一起旋转容易引起误解的结构，一般仍按原来的位置投射。

★ 位于剖切平面后，与被切结构有直接联系且密切相关的结构，或不一起旋转难以表达的结构，应"先旋转后投射"。

★ 当剖切后产生不完整要素时，该部分按不剖绘制。

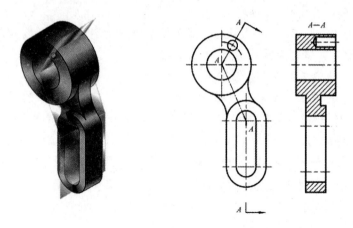

图10-32　几个相交的剖切平面

### 4. 复合的剖切平面

当机件的内部结构比较复杂，用阶梯剖或旋转剖仍不能完全表达清楚时，可以采用以上几种剖切平面的组合来剖开机件，这种剖切方法，称为复合剖，所画出的剖视图，称为复合剖视图，如图10-33所示。

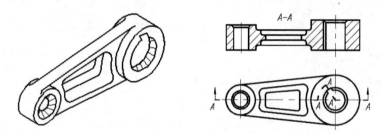

图10-33　复合剖视图

在绘制复合剖时，应注意以下几点。

★ 剖切平面的交线应与机件上的某孔中心线重合。

★ 倾斜剖面转平后，转平位置上原有结构不再画出，剖切平面后边的其他结构仍按原来的位置投射。

★ 当剖切后产生不完整要素时，应将该部分按照不剖绘制。

★ 画旋转剖和复合剖时，必须加以标注。

★ 当转折处地方有限又不至于引起误解时，允许省略字母。

★ 当剖视图按投影关系配置，中间又无其他图形隔开时，可省略箭头。

## ▌10.2.6　实战——绘制剖视图

**01** 打开光盘中的"第10章\10.2.6 绘制剖视图.dwg"文件，如图10-34所示。将"轮廓线层"设置为当前图层，选择菜单栏中的【绘图】|【射线】命令，或者在命令行输入"RAY"，由俯视图向上绘制射线，并绘制一条水平直线线1，如图10-35所示。

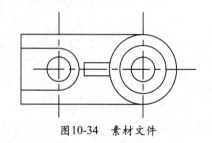

图10-34　素材文件

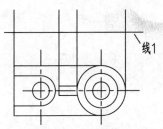

图10-35  绘制射线

**02** 将线1向上偏移30、70和75个单位，如图
10-36所示，然后绘制加强筋轮廓，如图
10-37所示。

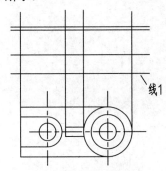

图10-36  偏移线1

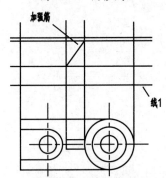

图10-37  绘制筋轮廓

**03** 选择菜单栏中的【修改】|【修剪】命令，
或者在命令行输入"TR"，修剪出主视图
的轮廓，如图10-38所示。

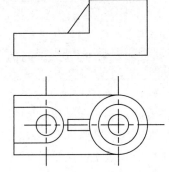

图10-38  修剪图形

**04** 再次使用【射线】命令，由俯视图向上引出
射线，如图10-39所示。

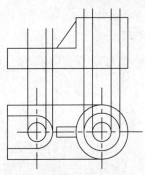

图10-39  绘制射线

**05** 将主视图底线分别向上偏移20和50个单位，
如图10-40所示。然后进行修剪，修剪出孔
的轮廓，如图10-41所示。

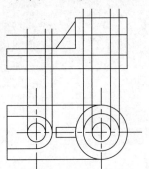

图10-40  偏移水平轮廓线

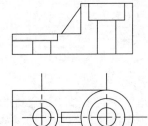

图10-41  修剪孔结构

**06** 将"细实线层"设置为当前图层，选择菜单
栏中的【绘图】|【图案填充】命令，使用
ANSI31图案，填充区域如图10-42所示。

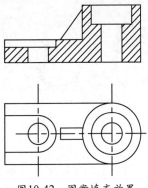

图10-42  图案填充效果

233

**07** 选择菜单栏中的【绘图】|【多段线】命令，或者在命令行输入"PL"，绘制剖切符号箭头，命令行操作如下：

```
命令：PL↙ PLINE                              //调用【多段线】命令
指定起点：                                     //在俯视图水平中心线延伸线上任意位置指定起点
当前线宽为 0.0000
指定下一个点或 ［圆弧(A)/半宽(H)/长度(L)/放弃(U)/宽度(W)]：@20,0↙
                                              //输入相对坐标，完成样条曲线第一段
指定下一点或 ［圆弧(A)/闭合(C)/半宽(H)/长度(L)/放弃(U)/宽度(W)]：@0,15↙
                                              //输入相对坐标，完成样条曲线第二段
指定下一点或 ［圆弧(A)/闭合(C)/半宽(H)/长度(L)/放弃(U)/宽度(W)]：H↙      //选择【宽度】选项
指定起点半宽 <0.0000>：2↙                       //设置起点宽度为2
指定端点半宽 <2.0000>：0 ↙                       //设置终点宽度为0
指定下一点或 ［圆弧(A)/闭合(C)/半宽(H)/长度(L)/放弃(U)/宽度(W)]：@0,12↙
                                              //输入相对坐标，确定箭头长度
指定下一点或 ［圆弧(A)/闭合(C)/半宽(H)/长度(L)/放弃(U)/宽度(W)]：↙
                                              //按Enter键结束多段线，绘制的剖切箭头如图10-43所示
```

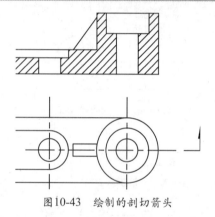

图10-43 绘制的剖切箭头

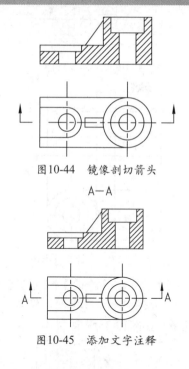

图10-44 镜像剖切箭头

图10-45 添加文字注释

**08** 选择菜单栏中的【修改】|【镜像】命令，或者在命令行输入"MI"，将剖切箭头镜像至左侧，如图10-44所示。

**09** 选择菜单栏中的【绘图】|【文字】|【单行文字】命令，为剖切视图添加注释，如图10-45所示。

# 10.3 断面图

　　假想用剖切平面将机件在某处切断，只画出切断面形状的投影，并画上规定的剖面符号的图形，称为断面图，简称为断面。为了得到断面结构的实形，剖切平面一般应垂直于机件的轴线或该处的轮廓线。断面一般用于表达机件某部分的断面形状，如轴、孔、槽等结构。断面图分为移出断面图和重合断面图。

　　注意区分断面图与剖视图：断面图仅画出机件断面的图形，而剖视图则要画出剖切平面以后的所有部分的投影，如图10-46所示，其中A-A为断面图，B-B为剖视图。

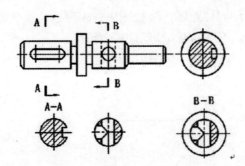

图10-46　断面图与剖视图

## 10.3.1　移出断面图

画在视图轮廓线外的断面称为移出断面。

移出断面图的轮廓线用粗实线画出，并尽量画在剖切符号或剖切面线的延长线上，必要时也可将移出断面图配置在其他合适的位置。

画移出断面图时，应注意以下几点。

★　移出断面的轮廓线用粗实线绘制，通常配置在剖切线的延长线上。如图10-47所示。

★　必要时可将移出断面配置在其他位置。在不引起误解时，允许将图形旋转，如图10-48所示。

★　当移出断面的图形对称时，也可画在视图的中断处，如图10-49所示。

★　由两个或多个相交剖切平面剖切得到的移出剖面，中间一般应断开。如图10-50所示。

★　当剖切平面通过回转面形成的孔或凹坑的轴线时，这些结构按剖视图绘制，如图10-51所示。
当剖切平面通过非圆孔，导致出现完全分离的两个断面时，则这些机构应按剖视图绘制。

★　移出断面的其他画法及标注和剖视图相同。

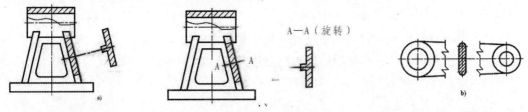

图10-47　移出断面图在延长线上　　　图10-48　移出断面图旋转配置　　　图10-49　断面图画在视图中

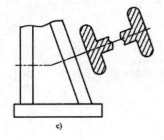

图10-50　相交剖切面中间应断开

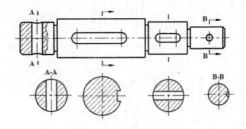

图10-51　按剖视图绘制的断面

## 10.3.2　重合断面

画在视图之内的断面图称为重合断面图，重合剖面图只有当剖面形状简单而又不影响清洗时才使用。

**1. 重合断面的画法**

★ 重合断面的轮廓线用细实线绘制，当视图中的轮廓线与重合断面的图形重叠时，视图中的轮廓线仍应连续画出，不可间断，如图10-52所示。

★ 不对称的重合断面可省略标注，如图10-53所示。

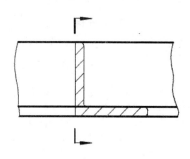
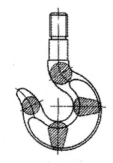

图10-52　对称的重合断面图　　　　图10-53　不对称的重合断面图

**2. 重合断面的标注**

重合断面的标注和剖视图标注大致相同，但是需注意以下两点。

★ 对称的重合断面不必标注。

★ 不对称的重合断面，用剖切符号表示剖切平面位置，用箭头表示投影方向，不必标注字母。

# 10.4 其他视图

除了全剖视图、局部剖视图，以及断面剖视图之外，还有一些其他视图的表达方法，如局部放大图、简化视图画法等。

## 10.4.1 局部放大图

机件上某些细小结构在视图中表达得不够清楚，或不便于标注尺寸时，可将这部分结构用大于原图形的比例画出，画出的图形称为局部放大图，如图10-54所示。

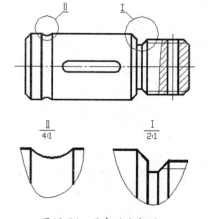
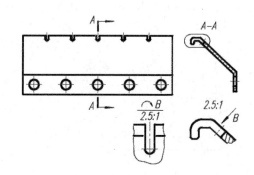

图10-54　局部放大视图　　　　图10-55　用几个图形表示同一个被放大的结构

绘制局部放大图时应注意以下几点。

★ 局部放大图可画成视图、剖视、剖面，它与被放大部分的表达方式无关。

★ 局部放大图应尽量配置在被放大的部位附近，在局部放大视图中应标注放大比例。

★ 同一机件上不同部位放大图，当图形相同或对称时，只需画一个。

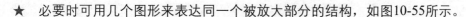

★ 必要时可用几个图形来表达同一个被放大部分的结构，如图10-55所示。

## 10.4.2 简化画法

在机械制图中，简化画法很多，下面介绍几种常用的简化画法。

★ 剖视图中的简化画法。对于机件的肋，轮辐及薄壁等，如按纵向剖切，这些结构都不画剖面符号，而用粗实线将它与其邻接部分分开，如图10-56所示。

★ 当肋板或轮辐的部分内形需要表示时，可画成局部视图。

★ 当零件回转体上均匀分布的肋。轮辐、孔等结构不处于剖切平面时，可将这些结构旋转到剖切平面上画出，如图10-57所示的画法。

★ 物体上斜度不大的结构，如在一个图形中已表达清楚时，其他图形可按小端画出，如图10-58所示。

★ 在剖视图的剖面区域中可再做一次局部剖视图，两者剖面线应同方向、同间隔，但要互相错开，并用引出线标注局部剖视图的名称。

★ 零件的工艺结构如小圆角、倒角、退刀槽可不画出，若干相同零件组如螺栓连接等，可仅画出一组或几组，其余各组只需要标明其装配位置。

★ 较长的物体（轴、杆、型材、连杆等）沿长度方向的形状一致或按一定规律变化时，可断开后缩短绘制，但尺寸仍按实际长度标注，如图10-59所示。

★ 相同结构要素的画法。当物体具有若干相同结构（齿、槽等），并按一定规律分布时，只需画出几个完整的结构，其余用细实线连接，并注明结构的总数，如图10-60所示。

★ 网纹画法。网状物、编织物或物体上的网纹、滚花部分，可在轮廓线附近用细实线画出，并在图上或技术要求中注明这些结构的具体要求，如图10-61所示。

★ 用细实线表示传动中的带，用点画线表示链传动中的链条。

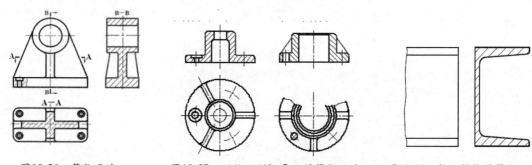

图10-56 简化画法　　　　图10-57 不处于剖切平面的简化画法　　　图10-58 较小结构的简化画法

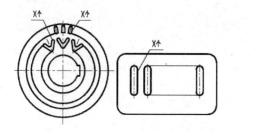
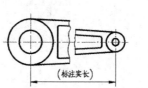
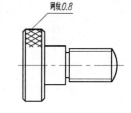

图10-59 相同结构要素的简化画法　　　图10-60 较长机件的简化画法　图10-61 网状物的简化画法

此外，在《中华人民共和国国家标准》的《技术制图图样法》中还规定了多种机件的简化画法、规定画法和其他表达方法。用户可以自己在实际应用中进行查找参考，并在绘制机件的零件图时加以运用。

# 10.5 综合实战——绘制阀座零件三视图

本实例绘制图10-62所示的阀座零件三视图。

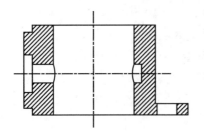
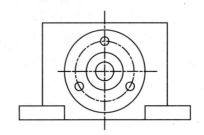

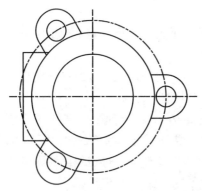

图10-62　阀座三视图

**01** 新建AutoCAD文件，创建"中心线"、"轮廓线"和"剖面线"3个图层，设置合适的图层特性。

**02** 将"中心线"设置为当前图层，使用快捷键"L"，在绘图区绘制两条均为100且互相垂直的中心线，结果如图10-63所示。

**03** 将"轮廓线"图层设置为当前图层，单击【绘图】工具栏中的 ⊙ 按钮，以中心线的交点为圆心，绘制3个直径为49、74和88的同心圆，结果如图10-64所示。

**04** 将最外侧的圆的图层特性更改为"中心线"，并使用【圆】命令，绘制图10-65所示的两个直径分别为12和25的同心圆。

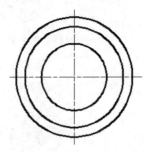
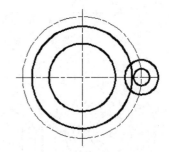

图10-63　绘制中心线　　　　　图10-64　绘制同心圆　　　　　图10-65　绘制同心圆

**05** 使用快捷键"L"激活【直线】命令，并配合【对象捕捉追踪】功能，过直径为25的圆的上、下两象限点分别向左画两条水平直线与直径为74的圆相交，结果如图10-66所示。

**06** 使用快捷键"TR"，将图形进行修剪完善，结果如图10-67所示。

**07** 选择菜单栏中的【修改】|【阵列】命令，以套壳所在同心圆的圆心为中心点，对图形进行环形阵列，设置项目总数为3，填充角度为360°，结果如图10-68所示。

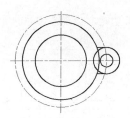

图10-66 绘制直线

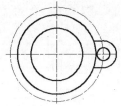

图10-67 修剪完善

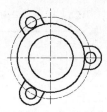

图10-68 环形阵列

**08** 选择菜单栏中的【修改】|【偏移】命令，将水平中心线分别向上和向下偏移25.5个绘图单位，垂直中心线向左偏移42个绘图单位，结果如图10-69所示。

**09** 使用【直线】命令，过辅助线及其与套壳外轮廓的交点绘制直线，结果如图10-70所示。

**10** 选择菜单栏中的【修改】|【修剪】命令，修剪多余的线条，并删除辅助线，结果如图10-71所示。

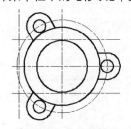

图10-69 偏移辅助线

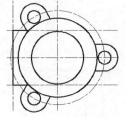

图10-70 绘制直线

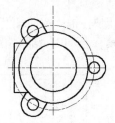

图10-71 修剪结果

**11** 选择菜单栏中的【修改】|【复制】命令，将顶视图复制一份至绘图区域空白处。

**12** 使用【旋转】命令，将复制的顶视图旋转90°，如图10-72所示。

**13** 使用【构造线】命令，根据顶视图的轮廓线，绘制图10-73所示的6条构造线，从而定位主视图的大体轮廓。

**14** 在顶视图的下方绘制一条水平直线，并使用【偏移】命令，将其向下偏移56个绘图单位，结果如图10-74所示。

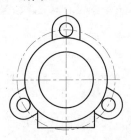

图10-72 旋转结果

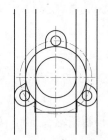

图10-73 绘制构造线

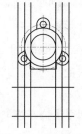

图10-74 绘制直线

**15** 使用【修剪】命令，对图形进行修剪，结果如图10-75所示。

**16** 单击【绘图】工具栏中的 ✎ 按钮，绘制图10-76所示的矩形。

**17** 使用【修剪】命令，对图形进行修剪完善，结果如图10-77所示。

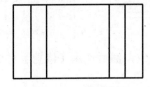

图10-75 修剪直线

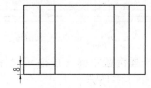

图10-76 绘制矩形

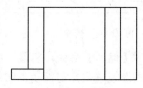

图10-77 修剪结果

**18** 以同样的方法完成右边脚座的绘制，结果如图10-78所示。

**19** 将"中心线"层设置为当前层，使用【直线】命令，以内矩形的中心为交点，绘制两条相互垂直的中心线，结果如图10-79所示。

**20** 将"轮廓线"设置为当前图层,使用【圆】命令,配合【对象捕捉】功能,绘制图10-80所示的圆。

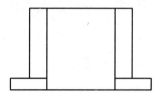
图10-78 绘制右边脚座

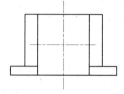
图10-79 绘制中心线

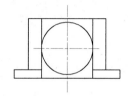
图10-80 绘制圆

**21** 选择菜单栏中的【修改】|【偏移】命令,将绘制的圆向内连续偏移3次,偏移量分别为6.5、6.5 和5.5,结果如图10-81所示。

**22** 继续使用【圆】命令,选择由外向内的第二个圆的上象限点为圆心,绘制直径为5的圆,结果如图10-82所示。

**23** 使用快捷键"AR"激活阵列命令,以大圆的圆心为中心,对小圆环形阵列,项目总数为3,填充角度为360°,结果如图10-83所示。

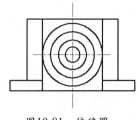
图10-81 偏移圆

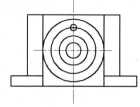
图10-82 绘制小圆

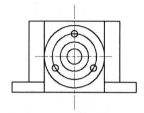
图10-83 环形阵列

**技巧**

使用【偏移】命令中的【通过】选项,可以将源对象以指定的点进行偏移复制,复制出的对象将通过所指定的点。

**24** 使用【删除】命令,将圆两侧多余的线条删除,并将同心圆中由外向内的第二个圆的图层特性更改为"中心线",结果如图10-84所示。

**25** 使用快捷键"XL"激活【构造线】命令,根据主视图轮廓线,绘制9条水平构造线,结果如图10-85所示。

**26** 重复调用【构造线】命令,根据顶视图轮廓绘制8条垂直构造线,结果如图10-86所示。

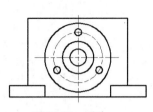
图10-84 删除

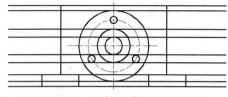
图10-85 绘制水平构造线

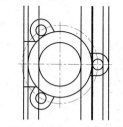
图10-86 绘制垂直构造线

**27** 使用【偏移】命令,将最左侧的垂直构造线向左偏移5个绘图单位,然后使用【修剪】命令,对各构造线进行修剪编辑,结果如图10-87所示。

**28** 将"中心线"设置为当前层,以矩形中心为交点,绘制两条相互垂直的中心线,结果如图10-88所示。

**29** 将"轮廓线"设置为当前层,使用【偏移】命令,将图10-87所示的轮廓线1向右偏移71个绘图单位,轮廓线2和3分别向内偏移1个单位,结果如图10-89所示。

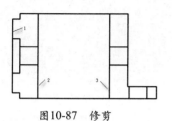

图10-87 修剪

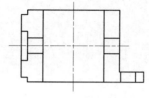

图10-88 绘制辅助线

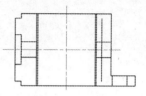

图10-89 偏移

**30** 选择菜单栏中的【绘图】|【圆弧】|【三点】命令，绘制图10-90所示的圆弧。

**31** 综合使用【修剪】和【删除】命令，对各轮廓线进行修剪和删除，结果如图10-91所示。

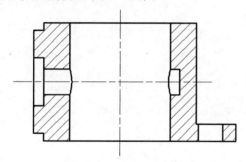

图10-90 绘制圆弧

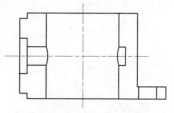

图10-91 修剪

**32** 将"剖面线"设置为当前层，单击【绘图】工具栏中的按钮，采取默认比例，为视图填充"ANSI31"图案，结果如图10-92所示。

**33** 三视图的最终效果如图10-93所示。

图10-92 填充图案

图10-93 最终结果

# 读书笔记

# 第11章
# 创建图幅和机械样板文件

机械制图中一张完整的图幅包括图框、标题栏、比例、图线、尺寸标法等内容。在AutoCAD中，绘图前需要根据标准或企业情况进行一些必要的设置，确定好作图环境，如图形界限、图框、标题栏、文字样式、多重引线样式和图层等。为了避免每次绘图都要重复做这些工作，AutoCAD提供了样板文件功能，用户将有关设置保存在扩展名为dwt的样板文件中。以后绘制新图，便可直接调用，提高绘图效率。

# 11.1 机械制图国家标准规定

工程制图是一项严谨而细致的工作，所完成的机械图样是设计和制造机械、其他产品的重要资料。机械图形作为机械工程领域中一种通用的表达方法，就必须遵循统一的标准和规范。为此国家标准专门制定了相关的机械制图标准规范，标注代号为"GBX-X"，字母"GB"后面的两组数字中的第一组表示标准顺序号，第二组表示标准的年份。若标准为推荐性的国标，则代号为"GB/TX-X"。

## 11.1.1 图幅图框的规定

图幅是指图纸幅度的大小，主要有A0、A1、A2、A3、A4。分为横式幅面和立式幅面，图纸以短边作为垂直边的称为横式，以短边作为水平边的称为立式。一般A0~A3图纸宜横式，必要时，也可以立式。

### 1. 图幅大小

在机械制图标准中，对图幅的大小作了统一规定，各图幅的规定规格如表 11-1所示。表中a表示留给装订的一边的空余宽度；c表示其他3条边的空余宽度；e表示无装订边的各边空余宽度。必要时，可以按规定加长图纸的幅面。幅面的尺寸由基本幅面的短边成整数倍增加后得出。

表11-1 图幅国家标准

| 幅面代号 | | A0 | A1 | A2 | A3 | A4 |
|---|---|---|---|---|---|---|
| 图纸大小【长（mm）×宽（mm）】 | | 1189×841 | 841×594 | 594×420 | 420×297 | 297×210 |
| 周边尺寸 | a | 25 | | | | |
| | c | | 10 | | 5 | |
| | e | | 20 | | 10 | |

### 2. 图框格式

国家标准规定，在图样上必须用粗实线绘制图框线。机械制图中的图框的格式分为留装订边框和不留装订边框两种类型，分别如图11-1和图11-2所示。

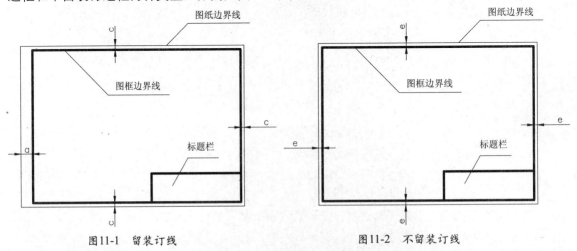

图11-1 留装订线　　　　　　　图11-2 不留装订线

同一产品的图样只能采用统一样式，并均应画出图框线和标题栏。图框线用粗实线绘制，一般情况下，标题栏位于图纸右下角，也允许位于图纸右上角。

当图样需要装订时，一般采用A3幅面横式，或A4幅面立式。

### 3. 标题栏

国家标准规定机械图样中必须附带标题栏，标题栏的内容一般为图样的综合信息，如图样名称、图纸代号、设计、材料标记、比例、设计单位、制图人、校核人、设计人、绘图日期等。标题栏一般位于图纸右下角，看图方向应与标题栏中的文字方向一致。标题栏的外框为粗实线，右边线和底边线应与图框重合。

## 11.1.2 比例

比例是指机械制图中图形与实物相应要素的线性尺寸之比。例如，比例为1表示图形与实物中相对应的尺寸相等，比例大于1表示为放大比例，比例小于1称为缩小比例。如果按机件的实际尺寸大小绘制，那么有时候图纸的尺寸是不够的，故需要按照一定比例来绘制。表11-2所示为国家规定标准制定的制图中比例的种类和系列。

**表11-2 比例的种类和系列**

| 比例种类 | 比例 | |
|---|---|---|
| | 优先选取的比例 | 允许选取的比例 |
| 原比例 | 1:1 | |
| 放大比例 | 5:1    2:1<br>$5 \times 10^n:1$    $2 \times 10^n:1$ | 4:1    2.5:1<br>$4 \times 10^n:1$    $2.5 \times 10^n:1$ |
| 缩小比例 | 1:2    1:5    1:10<br>$1:2 \times 10^n$    $1:5 \times 10^n$    $1:1 \times 10^n$ | 1:1.5    1:2.5    1:3    1:4<br>$1:1.5 \times 10^n$    $1:2.5 \times 10^n$    $1:3 \times 10^n$    $1:4 \times 10^n$ |

机械制图中常用的3种比例为2:1、1:1、1:2，图11-3所示为用这3种比例绘制的图形的对比。

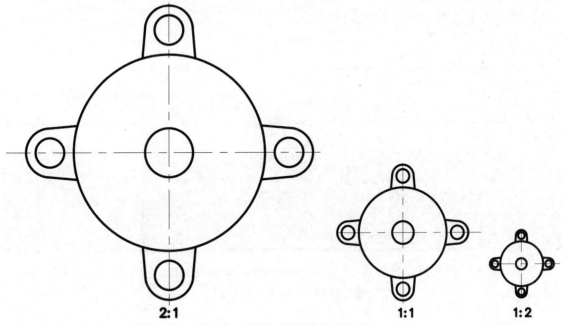

图11-3 不同比例绘制的机械图形

比例的标注符号应以"："表示，标注方法如1:1、1:100、50:1等。比例一般应标注在标题栏的比例栏中。有时，局部视图或者剖面图中也需要在视图名称的下方或者右侧标注比例，如图11-4所示。

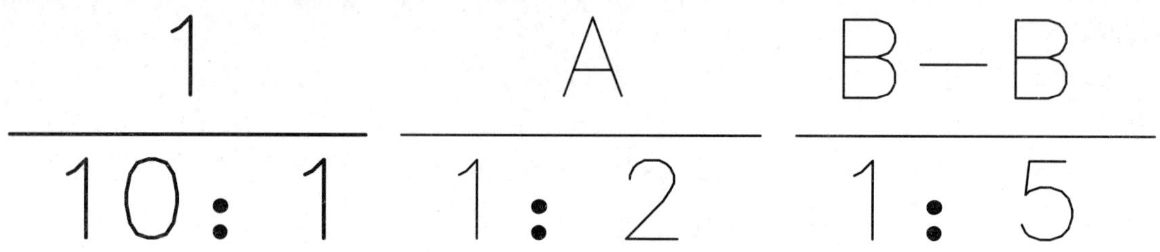

$$\frac{1}{10:1} \qquad \frac{A}{1:2} \qquad \frac{B-B}{1:5}$$

图11-4　比例的另行标注

## 11.1.3　图线

在机械制图中不同的线型和线宽表示不同的含义，因此需要设置不同的线条分别绘制图形不同的部分。

在机械制图国家标准中，对机械图形中使用的各种图线的名称、线型和线宽及在图形中的应用都做了相关的规定，如表11-3所示。

表 11-3　图形的形式和应用

| 图线名称 | 图线 | 线宽 | 绘制的主要图形 |
|---|---|---|---|
| 粗实线 | ———————— | B | 可见轮廓线，可见过渡线 |
| 细实线 | ———————— | 约b/3 | 剖面线、尺寸线、尺寸界线、引出线、弯折线、牙底线、齿根线、辅助线 |
| 细点画线 | — — — — — — — | 约b/3 | 中心线、轴线、齿轮节线等 |
| 虚线 | - - - - - - - - - - | 约b/3 | 不可见轮廓线、不可见过渡线 |
| 波浪线 | ～～～～ | 约b/3 | 断裂处的边界线、剖视与视图的分界线 |
| 双折线 | ⌐∨⌐∨⌐ | 约b/3 | 断裂处的边界线 |
| 粗点画线 | ■ — ■ — ■ — ■ | b | 有特殊要求的线或者面的表示线 |
| 双点画线 | — ·· — ·· — | 约b/3 | 相邻辅助零件的轮廓线、极限位置的轮廓线、假想投影的轮廓线 |

**提示**

　　在机械制图中，一般将粗实线的线宽设置为0.5mm，细线线宽设置为0.25mm。机械制图中所有线型的宽度系列为：0.00、0.05、0.09、0.13、0.15、0.18、0.20、0.25、0.30、0.40、0.50、0.53、0.60、0.70、0.80、0.90、1.00、1.06、1.20、1.40、1.58、2.00、2.11。一般粗实线的线宽应该在0.5~2mm之间选取，同时，应尽量保证图样中不出现线宽小于0.18mm的图元。

　　在机械图形中进行尺寸标注后，系统会自动增加一个名为DefPoints的图层，用户可以在该图层绘制图形，但是使用该图层绘制的所有内容将无法输出。

# 11.2 图幅的绘制

　　图幅包括图框和标题栏两个部分，上节介绍了图幅的格式和内容，本节将具体介绍图幅的绘制方法。

## 11.2.1 绘制图框

图框是由水平直线和垂直直线组成。绘制图框的方法有很多种，主要为直线绘制、偏移绘制及矩形绘制。下面以绘制留装订边的A3横放图幅为例介绍这3种方法。

### 1. 直线绘制图框

直线绘制是指完全利用【直线】命令绘制图框，具体操作步骤如下。

**01** 选择菜单栏中的【绘图】|【直线】命令，绘制外侧图框，命令行操作过程如下：

```
命令：_line
指定第一个点：0,0↙                              //输入起点坐标
指定下一点或 [放弃(U)]：420,0↙                   //输入第二个点的坐标
指定下一点或 [放弃(U)]：420,297↙                 //输入第三个点的坐标
指定下一点或 [闭合(C)/放弃(U)]：0,297↙           //输入第四个点的坐标
指定下一点或 [闭合(C)/放弃(U)]：C↙               //输入c，闭合多段直线
```

**02** 重复调用【直线】命令，依次输入各端点坐标（25,10）、（410,10）、（410,287）、（25,287），绘制内侧图框，绘制的结果如图11-5所示。

### 2. 偏移绘制图框

偏移绘制图框是指利用矩形、分解和偏移命令，先绘制矩形作为图框的边线，然后再分解矩形，最后通过偏移和修剪，绘制出图框。

图11-5　A3图框

**01** 选择菜单栏中的【绘图】|【矩形】命令，如图11-6所示。命令行操作提示如下：

```
命令：_rectang
指定第一个角点或 [倒角(C)/标高(E)/圆角(F)/厚度(T)/宽度(W)]：0,0↙
指定另一个角点或 [面积(A)/尺寸(D)/旋转(R)]：420,297↙
```

**02** 选择菜单栏中的【修改】|【分解】命令，选定刚绘制的矩形，回车确定，如图11-7所示。

图11-6　绘制矩形

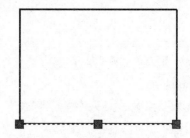

图11-7　分解矩形的效果

**03** 选择菜单栏中的【修改】|【偏移】命令，如图11-8所示，命令行操作提示如下：

```
命令：_offset
当前设置：删除源=否  图层=源  OFFSETGAPTYPE=0
指定偏移距离或 [通过(T)/删除(E)/图层(L)] <通过>：25↙        //输入偏移距离
选择要偏移的对象或 [退出(E)/放弃(U)] <退出>：                //选择最左边的垂直直线
指定要偏移的那一侧上的点或 [退出(E)/多个(M)/放弃(U)] <退出>：  //在直线右侧单击
选择要偏移的对象或 [退出(E)/放弃(U)] <退出>：                //回车确定
```

图11-8 偏移直线

**04** 重复调用【偏移】命令，将其余三边向矩形内偏移10个单位，如图11-9所示。

图11-9 偏移其余三边

**05** 选择菜单栏中的【修改】|【修剪】命令，修剪多余线段，如图11-10所示，完成图框的绘制。

图11-10 修剪结果

### 3. 矩形绘制图框

图框可看作由内、外两个矩形组成，因此可以使用矩形命令快速绘制图框。

**01** 选择菜单栏中的【绘图】|【矩形】命令，绘制第一个角点为（0，0），另一个角点为（420，297）的矩形。

**02** 重复调用【矩形】命令，绘制角点分别为（25，10）和（410，287）的矩形，完成图幅绘制。

## 11.2.2 绘制标题栏

标题栏一般显示图形的名称、代号、绘

制日期和比例等属性，绘制标题栏的基本方法为直线偏移法，其基本步骤如下。

**01** 选择菜单栏中的【绘图】|【直线】命令，绘制线框，如图11-11所示，命令行的操作提示如下：

```
命令: _line
指定第一个点: 240,0✓
指定下一点或 [放弃(U)]: @0,56✓
指定下一点或 [放弃(U)]: @180,0✓
指定下一点或 [闭合(C)/放弃(U)]: @0,-56✓
指定下一点或 [闭合(C)/放弃(U)]: C✓
```

**02** 选择菜单栏中的【修改】|【偏移】命令，将右侧垂直边线分别向左偏移50、100、116、128，结果如图11-12所示。

图11-11 标题栏边界线

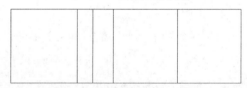

图11-12 偏移右侧垂直线

**03** 重复调用【偏移】命令，将底边线向上分别偏移9、18、28、38，结果如图11-13所示。

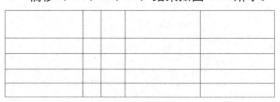

图11-13 偏移底边线

**04** 选择菜单栏中的【修改】|【修剪】命令，修剪多余线段，结果如图11-14所示。

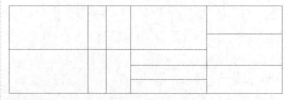

图11-14 修剪结果

**05** 继续调用【偏移】命令，按图11-15所示尺寸偏移直线。

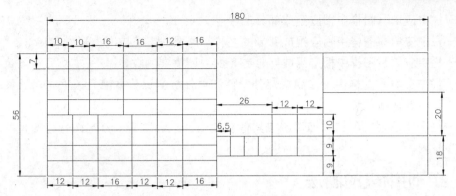

图11-15 标题栏的基本尺寸

**06** 单击【修改】工具栏中的【移动】按钮，将绘制的标题栏移动到图框右下角，如图11-16所示。

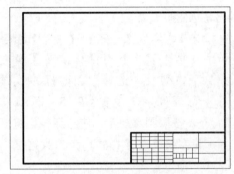

图11-16 标题栏在图框中的位置

**提示**

绘制完成标题栏后，一般将其创建为块，然后以图块的形式插入到图框中去。

# 11.3 明细表的创建

机械制图中的明细表也有相应的国家标准，主要包括明细表在装配图中的位置、内容和格式等。

## 11.3.1 明细表的基本要求

明细表的基本要求有以下几项。

★ 装配图中一般应该有明细表，并配在标题栏的上方，按由下而上的顺序填写，其个数应该根据需要而定。当由下而上延伸的位置不够时，可以在紧靠标题栏的左边由下而上延续。

★ 当装配图中不能在标题栏的上方配置明细表时，可以将明细表作为装配图的续页按A4幅面单独给出，且顺序应该变为由上而下延伸。可以连续加页，但是应该在明细表的下方配置标题栏，并且在标题栏中填写与装配图相一致的名称和代号。

★ 当同一图样代号的装配图有两张或两张以上的图纸时，明细表应该放置在第一张装配图上。

★ 明细表中的字体和线型应按国家标准进行绘制。

明细表的内容和格式有以下要求。

★ 机械制图中的明细表一般由代号、序号、名称、数量、材料、重量（单件、总计）、分区、备注等内容组成。可以根据实际需要增加或者减少。

★ 明细表放置在装配图中时格式应该遵循图纸的要求。

明细表项目的填写有以下要求。

★ 代号一栏中应填写图样中相应组成部分的图样代号或标准号。

★ 序号一栏中应填写图样中相应组成部分的序号。

★ 名称一栏中应填写图样中相应组成部分的名称。必要时，还应写出形式和尺寸。

★ 数量一栏中应填写图样中相应组成部分在装配中所需要的数量。

★ 重量一栏中应填写图样中相应组成部分单件和总件数的计算重量，以千克为计量单位时，可以不写出其计量单位。

★ 备注一栏中应填写各项的附加说明或其他有关内容。若需要，分区代号可按有关规定填写在备注栏内。

## 11.3.2 明细表的画法

绘制明细表可以通过表格和绘制构造线两种方法实现，与标题栏的画法相似，下面简单介绍。

### 1. 表格法创建明细表

**01** 选择菜单栏中的【绘图】|【表格】命令，弹出【插入表格】对话框，在【表格样式】下拉列表中选择已创建好的"样式1"，设置列为8，列宽为22.5，行为6，行高为1。按照国家规定，应与标题栏宽度相等。设置所有单元样式均为"数据"，如图11-17所示。

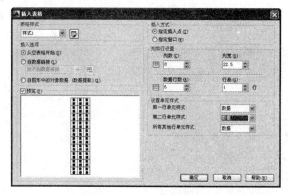

图11-17 设置表格参数

**02** 单击【确定】按钮，命令行提示"指定插入点"，在实际绘图过程中选择标题栏上的左上角定点作为放置点放置明细表，如图11-18所示。

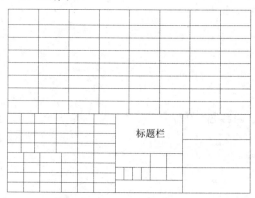

图11-18 插入明细表

**03** 指定完成插入点后，进入单元格编辑状态，按Esc键退出单元格编辑状态。

**04** 按住左键拖动选择图11-19所示的两个单元格，系统弹出【表格】工具栏。

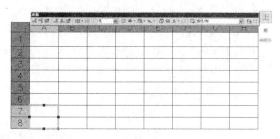

图11-19 选择单元格

**05** 在【表格】工具栏中单击【合并单元】按钮 ⊞，在弹出的菜单中选择【按列】命令。

**06** 用同样的方法合并其他的单元格，合并的结果如图11-20所示。

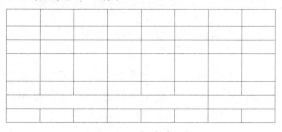

图11-20 合并单元格

### 2. 构造线创建明细表

**01** 选择菜单栏中的【绘图】|【构造线】命令，绘制第一条水平构造线，命令行操作如下：

```
命令: _xline
指定点或 [水平(H)/垂直(V)/角度(A)/二等分(B)/
偏移(O)]: H↙  //绘制水平构造线
指定通过点: 100,100↙  //输入通过点坐标
```

**02** 重复调用【构造线】命令，绘制其他水平构造线，依次通过（100, 107）、（100, 114）、（100, 121）、（100, 128）、（100, 135）、（100, 142）、（100, 149）、（100, 156）。绘制的构造线如图11-21所示。

图11-21 绘制水平构造线

**03** 重复调用【构造线】命令，绘制垂直构造线，构造线分别经过点（100, 100）、（100, 122.5）、（100, 145）、（100, 167.5）、（100, 190）、（100, 212.5）、（100, 235）、（100, 257.5）、（100,

280），结果如图11-22所示。

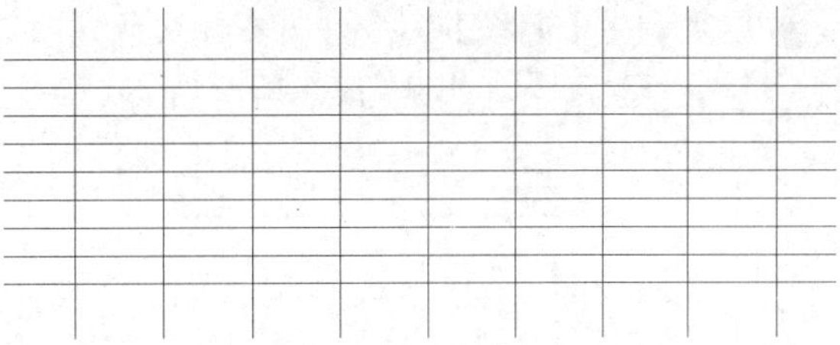

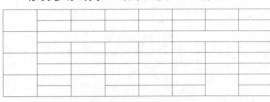

图11-22 绘制垂直构造线

**04** 选择菜单栏中的【修改】|【修剪】命令，修剪多余线条，结果如图11-23所示。

图11-23 修剪结果

# 11.4 综合实战——绘制A2图框和标题栏

本实战通过绘制A2图框和标题栏，进一步巩固本章所学的图幅和机械样板文件知识。

**01** 新建AutoCAD文件，新建"轮廓线"和"细实线"两个图层，将轮廓线的线宽设置为0.3mm，细实线的线宽设置为0.25mm，并将细实线图层置为当前。

**02** 选择菜单栏中的【绘图】|【矩形】命令，绘制外侧图框，如图11-24所示，命令行操作提示如下。

```
命令: _rectang
指定第一个角点或 [倒角(C)/标高(E)/圆角(F)/厚度(T)/宽度(W)]: 0,0✓        //输入第一个角点
指定另一个角点或 [面积(A)/尺寸(D)/旋转(R)]: 594,420✓                    //输入第二个角点
```

**03** 更改图层，将轮廓线图层设置为当前。选择菜单栏中的【绘图】|【矩形】命令，绘制内侧图框矩形，输入两个角点坐标（25, 10）、（584, 410），绘制的结果如图11-25所示。

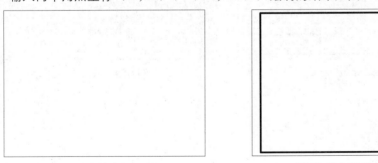

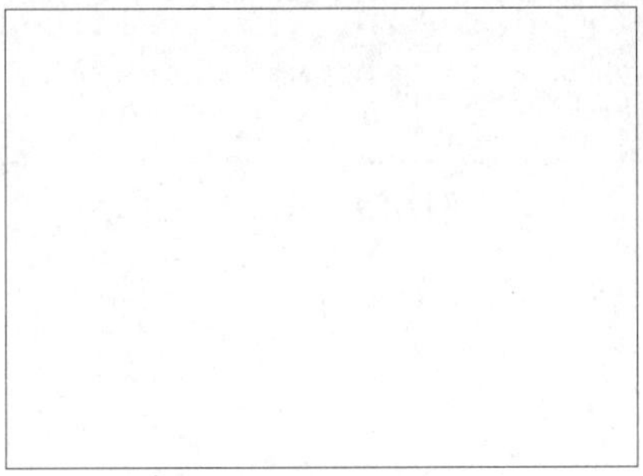

图11-24 绘制外侧矩形    图11-25 绘制内侧矩形

**04** 选择菜单栏中的【绘图】|【矩形】命令，绘制标题栏矩形，在绘图区拾取一个点，输入另一角点相对坐标（@180, 42）。

**05** 选择菜单栏中的【修改】|【分解】命令，选中上一步绘制的矩形，回车确定，将矩形分解。

06 选择菜单栏中的【修改】|【偏移】命令，将底侧边向上连续偏移，偏移线间距6个单位。

07 重复调用【偏移】命令，将右侧边分别向左偏移51、55、59、63、67、83、94、109、123、131、142、172、180，结果如图11-26所示。

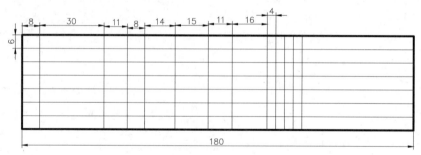

图11-26 偏移结果

08 选择菜单栏中的【修改】|【修剪】命令，将多余的线修剪，结果如图11-27所示。

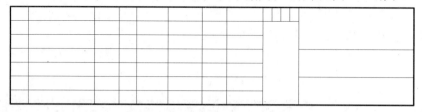

图11-27 修剪结果

09 选择菜单栏中的【修改】|【移动】命令，选中标题栏，将标题栏移动到图框矩形的右下角，如图11-28所示。

10 单击【快速访问】工具栏上的【另存为】按钮，打开【图形另存为】对话框，在【文件类型】下拉列表中选择"AutoCAD 图形样板"选项，在【文件名】，文本框中输入"A2"，如图11-29所示，单击对话框上的【保存】按钮，即可将该文件保存为样板文件。

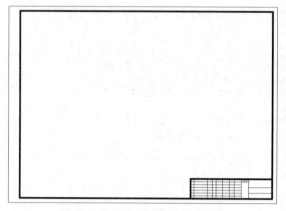

图11-28 完成的A2图框和标题栏

图11-29 保存为样板文件

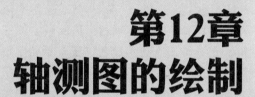

# 第12章
# 轴测图的绘制

用平行投影法将物体连同确定该物体的直角坐标系一起沿不平行于任一坐标平面的方向投射到一个投影面上，所得到的图形，称作轴测图。

轴测图是一种单面投影图，在一个投影面上能同时反映出物体3个坐标面的形状，并接近于人们的视觉习惯，形象、逼真，富有立体感。但是轴测图一般不能反映出物体各表面的实形，因而度量性差，同时作图较复杂。因此，在工程上常把轴测图作为辅助图样来说明机器的结构、安装、使用等情况。在设计中，用轴测图帮助构思、想象物体的形状，以弥补正投影图的不足。

在绘图教学中，轴测图也是发展空间构思能力的手段之一。通过画轴测图可以帮助人们想象物体的形状，培养空间想象力。

# 12.1 轴测图的概述

三面投影图能够反映物体各个方向的结构和尺寸，但不够直观，如图12-1所示。轴测图是反映物体三维形状的二维图形，是一种二维绘图技术，属于单面平行投影，能同时反映立体的正面、侧面和水平面的形状，极富立体感，能帮人们更快更清楚地认识产品结构。它能够同时反映物体的长、宽、高3个方向的尺度，直观性好，但度量性差，不能准确表达物体的形状。因此，在工程设计和工业生产中，轴测图经常被用作辅助图案。绘制一个零件的轴测图是在二维平面中完成，相对三维图形更简洁方便。

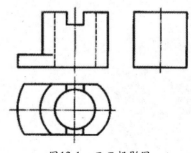

图12-1 三面投影图

## 12.1.1 轴测图的形成

### 1. 轴测图的形成与投影特性

轴测图是把空间物体和确定其空间位置的直角坐标系按平行投影法沿不平行于任何坐标面的方向投影到单一投影面上所得的图形，如图12-2所示。用正投影法形成的轴测图称为正轴测图，用斜投影法形成的轴测图称为斜轴测图。

轴测图具有平行投影的所有特性，包括以下3个方面。

★ 平行性：物体上互相平行的线段，在轴测图上仍互相平行。

★ 定比性：物体上两平行线段或同一直线上的两线段长度之比，在轴测图上保持不变。

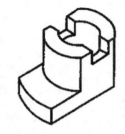

图12-2 轴测图

★ 实形性：物体上平行轴测投影面的直线和平面，在轴测图上反映实长和实形。

### 2. 轴向伸缩系数和轴间角

轴间角与轴向伸缩系数是绘制轴测图的两个主要参数。

在轴测投影中，通常把投影面P称为轴测投影面。确定空间物体的直角坐标轴OX、OY、OZ在P面上的投影$O_1X_1$、$O1Y_1$、$O_1Z_1$称为轴测投影轴，简称轴测轴。

轴测轴之间的夹角 $\angle X_1O_1Y_1$、$\angle Y_1O_1Z_1$、$\angle Z_1O_1X_1$称为轴间角。

由于形体上3个坐标轴对轴测投影面的倾斜角度不同，所以在轴测图上各条轴线长度的变化程度也不一样，因此把轴测轴上的单位长度与空间坐标轴上对应单位长度的比值，称为轴向伸缩系数或轴向变形系数。OX、OY、OZ的轴向伸缩系数分别用$p_1$、$q_1$、$r_1$表示，如图12-3所示。

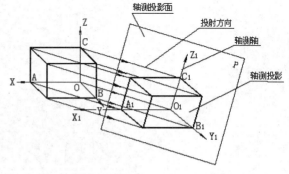

图12-3 轴测投影图的形成

## 12.1.2 轴测图的特点

由于轴测图是用平行投影法形成的，所以在原物体和轴测图之间必然保持如下关系。

★ 若空间两直线互相平行，则在轴测图上仍互相平行。凡是与坐标轴平行的线段，在轴测图上必平行于相应的轴测轴,且其伸缩系数与相应的轴向伸缩系数相同。

★ 凡是与坐标轴平行的线段,都可以沿轴向进行作图和测量,"轴测"一词就是沿轴测量的意思。而空间不平行于坐标轴的线段在轴测图上的长度不具备上述特性。

★ 物体上不平行于坐标轴的线段,可以用坐标法确定其两个端点后连线画出。

★ 物体上不平行于轴测投影面的平面图形,在轴测图中变成原形类似形。如长方形的轴测投影为平行四边形,圆形的轴测投影为椭圆。

AutoCAD为绘制轴测图创建了一个特定的环境。在此环境中系统提供了一些辅助手段来绘制轴测图,即轴测绘制模式。用户可以使用【草图设置】或SNAP命令来激活轴测图的绘制模式。

## 12.1.3 轴测图的分类

按投射方向对轴测投影面相对位置的不同,轴测图可分为以下两大类。

★ 正轴测图:投射方向垂直于轴测投影面时,得到正轴测图。

★ 斜轴测图:投射方向倾斜于轴测投影面时,得到斜轴测图。

在上述两类轴测图中,按轴向伸缩系数的不同,每类又可分为3种。

★ 正(或斜)等轴测图(简称正等测图或斜等测图),($p_1=q_1=r_1$)。

★ 正(或斜)二等轴测图(简称正二测图或斜二测图),($p_1=r_1\neq q_1$)。

★ 正(或斜)三等轴测图(简称正三测图或斜三测图),($p_1\neq q_1\neq r_1$)。

在正轴测图中,最常用的为正等测图;在斜轴测图中,最常用的是斜二测图,本章将做重点介绍。

## 12.1.4 正等侧图的形成和特点

如果使3条坐标轴OX、OY、OZ对轴测投影面处于倾角都相等的位置,把物体向轴测投影,这样所得到的轴测投影就是正等测轴测图,简称正等测图。

图12-4表示了正等测图的轴测轴、轴间角和轴向伸缩系数等参数及画法。在正等轴测图中,3个轴间角相等,都是120°。其中OZ轴规定画成铅垂方向。3个轴向伸缩系数相等,即$p_1=q_1=r_1=0.82$。

为了简化作图,可以根据GB/T14692-1993采用简化伸缩系数,即$p_1=q_1=r_1=1$。从图12-5中可以看出,采用简化伸缩系数画出的正等轴测图,3个轴向尺寸都放大了约1.22倍,但这并不影响正等轴测图的立体感及物体各部分的比例。

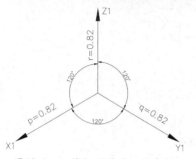

图12-4 正等轴测图的画图参数

伸缩系数为0.82

伸缩系数为0.1

图12-5 不同伸缩系数的绘图结果

## 12.1.5 斜二测图的形成和画法

如果使XOZ坐标面平行于轴测投影面,采用平行斜投影法,也能得到具有立体感的轴测图。这样所得到的轴测投影就是斜二等测轴测图,简称斜二测图。图12-6表示斜二测图的形成及斜二视图的轴测轴、轴间角和轴向伸缩系数。从图中可以看出,在斜二测图中,

$O_1X_1 \perp O_1Z1$ 轴，$O_1Y_1$ 与 $O_1X_1$、$O_1Z_1$ 的夹角均为 135°，3 个轴向伸缩系数分别为 $p_1 = r_1 = 1$，$q_1 = 0.5$。

斜二测图的画法与正等测图的画法基本相似，区别在于轴间角不同，以及斜二测图沿 $O_1Y_1$ 轴的尺寸只取实长的一半。在斜二测图中，物体上平行于 XOZ 坐标面的直线和平面图形均反映实长和实形，所以当物体上有较多的圆或曲线平行于 XOZ 坐标面时，采用斜二测图比较方便。

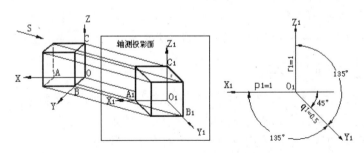

图12-6　斜二测图的形成及参数

正等轴测图和斜二测图有以下优缺点。

★　在斜二测图中，由于平行于 XOZ 坐标面的平面的轴测投影反映实形，当立体的正面形状复杂，具有较多的圆或圆弧，而在其他平面上图形较简单时，采用斜二测图比较方便。

★　正等轴测图最为常用。优点是直观、形象，立体感强。缺点是椭圆作图复杂。

## 12.1.6　轴测图的激活

在 AutoCAD 2014 中绘制轴测图，需要激活轴测图绘制模式的绘图环境。DSETTINGS 命令可用于设置等轴测环境，启动方式有以下 3 种。

★　菜单栏：选择【工具】|【草图设置】命令。

★　右击状态栏【捕捉工具】按钮，在弹出的菜单中选择【设置】命令。

★　命令行：输入 "DSETTINGS/SE" 并按回车键。

执行以上任意一种操作，弹出图12-7所示的【草图设置】对话框。单击对话框中【捕捉和栅格】选项卡，在捕捉类型选项卡中选取【等轴测】模式。设置完这些之后，再开启【正交】模式开始绘图。

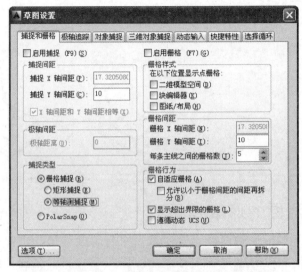

图12-7　【草图设置】对话框

# 12.2 轴测投影模式绘图

激活轴测图绘制模式的绘图环境之后，就可以开始绘制出直线、圆、圆弧和文本等简单的轴测图了，这些基本的图形对象可以组成复杂形体（组合体）的轴测投影图。在绘制图形的过程中，需要不断地切换轴测绘图平面，包括图12-8所示的3个轴测平面。

图12-8　3个等轴测平面

切换绘图平面的方法有以下几种。

★ 命令行：在命令行输入ISOPLANE命令，输入首字母L、T、R来转换相应的轴测面，也可以直接按回车键。

★ 快捷键：Ctrl+E快捷键。

★ 功能键：按F5键。

3种平面状态下显示的光标如图12-9所示。

图12-9　等轴测平面对应的光标

## 12.2.1　绘制直线

在轴测模式下绘制直线常用以下3种方法。

### 1. 极坐标绘制直线

当所绘制直线与不同的轴测轴平行时，输入的极坐标值的极坐标角度将不同。

★ 所画直线与X轴平行时，极坐标角度应输入30°或-150°。

★ 所画直线与Y轴平行时，极坐标角度应输入150°或-30°。

★ 所画直线与Z轴平行时，极坐标角度应输入90°或-90°。

★ 所画直线与任何轴都不平行时，必须找出直线两点，然后连线。

### 2. 正交模式绘制直线

根据轴测投影特性，对于与直角坐标轴平行的直线，切换至当前轴测面后，打开【正交】模式，可将它们绘成与相应的轴测轴平行。

对于与3个直角坐标轴均不平行的一般位置直线，则可关闭【正交】模式，沿轴向测量获得该直线的两个端点的轴测投影，然后相连即得一般位置直线的轴测图。

对于组成立体的平面多边形，其轴测图是由直线边的轴测投影连接而成，其中矩形的轴侧图是平行四边形。

### 3. 极轴追踪绘制直线

利用极轴追踪、自动追踪功能画线。打开极轴追踪、对象捕捉和自动追踪功能，并设定极轴追踪的角度增量为30°，这样就能画出30°、90°或150°方向的直线。

## 12.2.2　实战——绘制底座等轴测图

本实战绘制图12-10所示的轴测图，讲解在轴测图中绘制直线的方法。

01 在命令行中输入"SNAP"命令，启用【等轴测】模式，命令行提示如下：

```
命令：SNAP
指定捕捉间距或 [打开(ON)/关闭(OFF)/传统(L)/样式(S)/类型(T)] <10.0000>：S        //改变捕捉样式
```

输入捕捉栅格类型 [标准(S)/等轴测(I)] <I>: I ⁣ //将栅格捕捉样式改为等轴测模式
指定垂直间距 <10.0000>: ⁣ //按回车键，默认系统设置

**02** 右击状态栏中的【极轴追踪】按钮，选择【设置】，弹出对话框，如图12-11所示，设置【增量角】为30°。

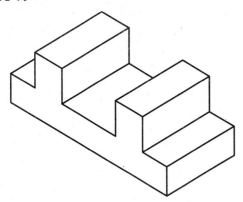

图12-10 底座等轴测图

图12-11 设置增量角

**03** 单击状态栏中的【正交】按钮，开启【正交】模式。

指定位移 <108.2532, 62.5000, 0.0000>: 125
　　　　　　//捕捉到30°极轴方向，输入位移距离

**04** 选择菜单栏中的【绘图】|【直线】命令，绘制右轮廓图，如图12-12所示。

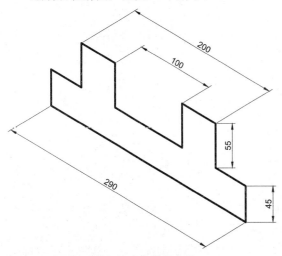

图12-12 绘制轮廓线

**05** 按F5键切换至俯视平面，选择菜单栏中的【修改】|【复制】命令，复制轮廓，如图12-13所示，命令行操作提示如下：

```
命令: _copy
选择对象: 指定对角点: 找到 12 个
                //选定左轮廓图
选择对象:
当前设置: 复制模式 = 多个
指定基点或 [位移(D)/模式(O)] <位移>: D
                //选择位移模式
```

**06** 选择菜单栏中的【绘图】|【直线】命令，绘制连接直线，如图12-14所示。

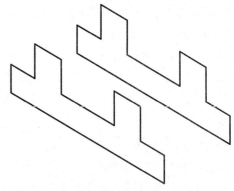

图12-13 复制图形

**07** 绘制完成后对图形进行修剪与整理，即可完成轴测图。

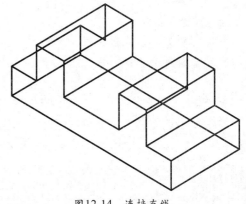

图12-14 连接直线

## 12.2.3 绘制等轴测圆和圆弧

圆的轴测投影是椭圆，平行于坐标面的圆的轴测图是内切于一菱形的椭圆，且椭圆的长、短轴分别与该菱形的两条对角线重合。当圆位于不同的轴测面时，椭圆的长、短轴的位置将是不同的。手工绘制圆的轴测投影是比较麻烦的，但在AutoCAD中可以直接使用ELLIPSE命令中的【等轴测圆】选项来绘制，这个选项仅在轴测模式被激活后才显示。

## 12.2.4 实战——绘制吊耳等轴测图

本实战为绘制图12-15所示的轴测图，讲解轴测圆和轴测圆弧的具体画法。

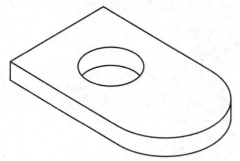

图12-15 吊耳等轴测图

**01** 在命令行中输入"SNAP"命令，启用【等轴测】模式。

**02** 右击状态栏中的【极轴追踪】按钮，选择设置，设置【增量角】为30°。

**03** 单击状态栏中的【正交】按钮，开启【正交】模式。

**04** 按F5键，切换至俯视平面。

**05** 选择菜单栏中的【绘图】|【直线】命令，绘制轮廓图，如图12-16所示。

**06** 选择菜单栏中的【绘图】|【椭圆】命令，绘制轴测图中的圆，如图12-17所示。命令行操作提示如下：

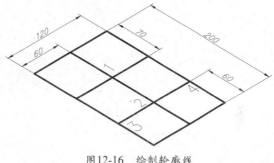

图12-16 绘制轮廓线

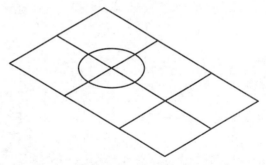

图12-17 绘制圆

```
命令: _ellipse
指定椭圆轴的端点或 [圆弧(A)/中心点(C)/等轴测圆(I)]: I    //选择等轴测圆
指定等轴测圆的圆心:                                    //选择第一个交点为圆心
指定等轴测圆的半径或 [直径(D)]: 30                       //输入半径值30
```

**07** 选择菜单栏中的【绘图】|【椭圆弧】命令，绘制轴测图中的圆弧，如图12-18所示。命令行操作如下：

```
命令: _ellipse
指定椭圆轴的端点或 [圆弧(A)/中心点(C)/等轴测圆(I)]: _a
指定椭圆弧的轴端点或 [中心点(C)/等轴测圆(I)]: I          //选择等轴测圆
指定等轴测圆的圆心:                                    //指定第二个交点为圆心
指定等轴测圆的半径或 [直径(D)]: 60                       //输入半径值60
指定起点角度或 [参数(P)]:                               //选择第三个交点为起点
指定端点角度或 [参数(P)/包含角度(I)]:                     //选择第四个交点为终点
```

**08** 绘制完成后对图形进行修剪与整理，完成俯视平面中的轮廓，结果如图12-19所示。

图12-18　绘制圆弧

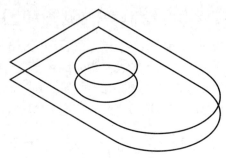

图12-20　复制图形

11 选择菜单栏中的【绘图】|【直线】命令，绘制连接直线，如图12-21所示。

12 绘制完成后对图形进行修剪与整理，完成轴测图的绘制。

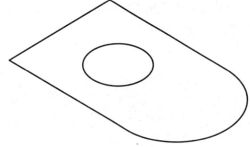

图12-19　修剪图形

09 按F5键，切换至右视平面。

10 选择菜单栏中的【修改】|【复制】命令，底面轮廓沿90°极轴方向复制图形，如图12-20所示。

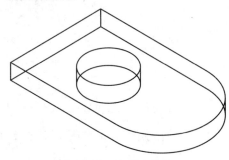

图12-21　绘制连接线

## 12.2.5　在轴测图中书写文字

在等轴测图中不能直接生成文字的等轴测投影。为了使文字看起来像是在该轴测面内，就需要将文字倾斜并旋转某一个角度，以使它们的外观与轴测图协调起来。

轴测图上各文本的倾斜规律如下所述。

★　在左轴测面上，文字需采用-30°倾斜角。

★　在右轴测面上，文字需采用30°倾斜角。

★　在顶轴测面上，当文本平行于X轴时，文字需采用-30°倾斜角。

★　在顶轴测面上，当文本平行于Y轴时，文字需采用30°倾斜角。

> **提示**
>
> 文字倾斜后，在绘图区还需要将所输入的文字旋转30°或-30°，才能达到所需要的效果。

## 12.2.6　实战——在轴测图中书写文字

01 打开光盘中的素材文件"12.2.6在轴测图中书写文字.dwg"，如图12-22所示。

02 选择菜单栏中的【格式】|【文字样式】命令，打开【文字样式】对话框，单击【新建】按钮，打开【新建文字样式】对话框，新建"轴测图文字1"新文字样式，如图12-23所示。

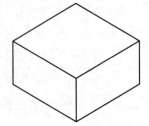

图12-22　素材文件

图12-23 【新建文字样式】对话框

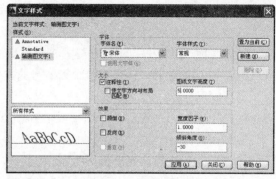

图12-24 设置倾斜角

**03** 在【文字样式】对话框中，将倾斜角度设置为-30°，将高度设置为5，如图12-24所示。然后单击【应用】按钮，并关闭对话框。

**04** 使用同样的方法创建"轴测图文字2"新文字样式，设置倾斜角为30°。

**05** 将"轴测图文字1"文字样式置为当前，并关闭对话框。

**06** 按F5键切换至左视平面。

**07** 选择菜单栏中的【绘图】|【文字】|【单行文字】命令，输入单行文字，如图12-25所示。命令行操作提示如下：

```
命令: _text
当前文字样式:  "-30" 文字高度: 5.0000 注释性: 否 对正: 左
指定文字的起点 或 [对正(J)/样式(S)]:                  //在绘图区指定一点
指定文字的旋转角度 <0>: -30                          //输入旋转角度-30，输入文字"左轴测面"
```

**08** 按F5键切换至俯视平面。

**09** 选择菜单栏中的【绘图】|【文字】|【单行文字】命令，输入单行文字。结果如图12-26所示。命令行操作提示如下：

```
命令: _text
当前文字样式:  "-30" 文字高度: 5.0000 注释性: 否 对正: 左
指定文字的起点 或 [对正(J)/样式(S)]:                  //在绘图区指定一点
指定文字的旋转角度 <0>: 30                           //输入旋转角度30，输入文字"上轴测面"
```

**10** 选择菜单栏中的【格式】|【文字样式】命令，将"轴测图文字2"文字样式置为当前，并关闭对话框。

**11** 按F5键切换至右视平面。

**12** 选择菜单栏中的【绘图】|【文字】|【单行文字】命令，输入单行文字。命令行操作提示同上，输入旋转角度值仍为30。输入文字"右轴测面"，结果如图12-27所示。

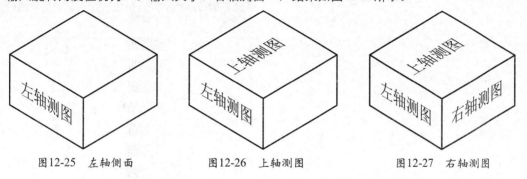

图12-25 左轴侧面　　　　图12-26 上轴测图　　　　图12-27 右轴测图

## 12.2.7 在轴测图中标注尺寸

不同于平面图中的尺寸标注，轴测图的尺寸标注要求和所在的等轴测面平行，所以需要将尺寸线和尺寸界线倾斜某一角度，以使它们与相应的轴测轴平行。

在轴测图中标注尺寸，应注意以下几点。

★ 创建两种尺寸样式，这两种样式控制的标注文本的倾斜角分别为30°和-30°。

★ 由于等轴测图中，只有与轴测轴平行的方向进行测量才能得到真实的距离值，因而创建轴测图的尺寸标注时，应使用"对齐尺寸"。

★ 标注完成后，选择【标注】|【倾斜】命令修改尺寸界线的倾斜角度，使尺寸界线的方向与轴测轴的方向一致。

轴测图的线性标注要求如下所述。

★ 轴测图的线性尺寸，一般沿轴测方向标注。尺寸数值为零件的基本尺寸。

★ 尺寸数字应该按相应的轴测图形标注在尺寸线的上方，尺寸线必须和所标注的线段平行，尺寸界线一般应平行于某一轴测轴。

★ 当图形中出现数字字头向下的情况时，应用引出线引出标注，并将数字按水平位置注写。

标注轴测图圆的直径要求如下所述。

★ 标注圆的直径时，尺寸线和尺寸界线应分别平行于圆所在平面内的轴测轴。

★ 标注圆弧半径和较小圆的直径时，尺寸线应从（或通过）圆心引出标注，但注写尺寸数值的横线必须平行于轴测轴。

标注轴测图角度的尺寸标准应注意以下两点。

★ 标注角度的尺寸线，应画成与该坐标平面相应的椭圆弧。

★ 角度数字一般写在尺寸线的中断处，字头朝上。

## 12.2.8 实战——标注轴测图尺寸

**01** 打开文件。打开本书配套光盘中的素材文件"12.2.8标注轴测图尺寸.dwg"，如图12-28所示。

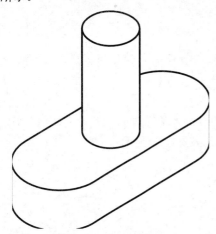

图12-28　素材图形

**02** 选择菜单栏中的【格式】|【文字样式】命令，打开【文字样式】对话框，单击【新建】按钮，创建两个文字样式，分别命名为"尺寸标注1"和"尺寸标注2"，并设置倾斜角分别为30度、-30度，如图12-29和图12-30所示。

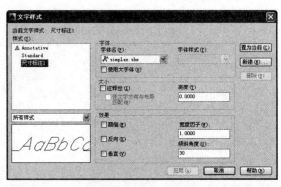

图12-29　尺寸标注1

图12-30　尺寸标注2

**03** 选择菜单栏中的【格式】|【标注样式】命令，创建"尺寸标注1"和"尺寸标注

2"，两种尺寸标注样式。其中"尺寸标注1"选择"尺寸标注1"文字样式，"尺寸标注2"选择"尺寸标注2"文字样式，如图12-31和图12-32所示。

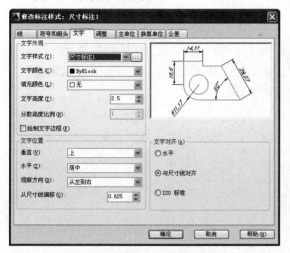

图12-31 尺寸标注1的文字样式

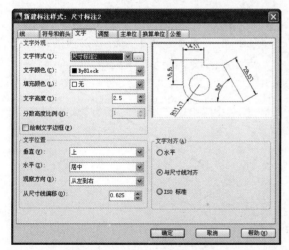

图12-32 尺寸标注2的文字样式

**04** 在【样式】工具栏中，将"尺寸标注1"设置为当前。单击【注释】面板中的【对齐】按钮，标注左轴测面尺寸，如图12-33所示。

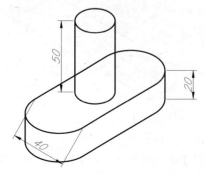

图12-33 标注左轴测面尺寸

**05** 在【样式】工具栏中，将"尺寸标注2"设置为当前。单击【注释】面板中的【对齐】按钮，对图形进行标注，如图12-34所示。

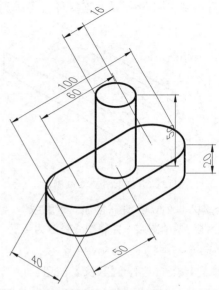

图12-34 标注轴测面尺寸

**06** 在【注释】选项卡中，单击【标注】面板中的【倾斜】按钮 H，对尺寸进行倾斜，命令行操作提示如下：

```
命令：_dimedit          //调用【倾斜】命令
输入标注编辑类型 [默认(H)/新建(N)/旋转(R)/倾斜
(O)] <默认>：_o
选择对象：找到 1 个      //选择长为40的尺寸标注
选择对象：               //回车确定
输入倾斜角度（按 ENTER 表示无）：30
                        //输入倾斜角30
```

**07** 重复调用【倾斜】命令，对剩下的尺寸进行倾斜，输入倾斜角度-30，结果如图12-35所示。

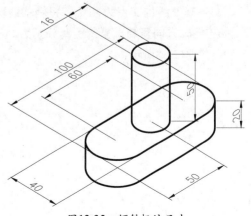

图12-35 倾斜标注尺寸

# 12.3 实战——绘制正等轴测图

正等轴测图的轴间角均为120°，且3个轴向伸缩系数相同。

本实例绘制图12-36所示的连接件正等轴测图。

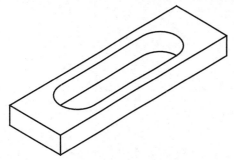

图12-36 连接件正等轴测图

**01** 新建AutoCAD文件，创建"轮廓线"、"中心线"两个图层，并将中心线置为当前。

**02** 在命令行中输入"SNAP"命令，启用【等轴测】模式，打开【正交】按钮。

**03** 右击状态栏中的【极轴追踪】按钮，选择设置，设置【增量角】为30°，按F5键切换至俯视平面。

**04** 选择菜单栏中的【直线】按钮，绘制图12-37所示的中心线。

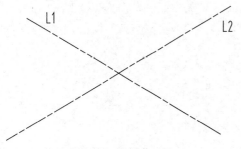

图12-37 绘制中心线

**05** 单击【修改】工具栏中的【复制】按钮，以两条辅助线的交点为基点，将辅助线L1沿30°极轴方向复制，复制距离分别为25和50，如图12-38所示。

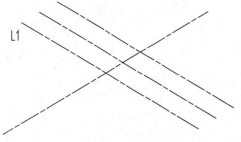

图12-38 复制中心线

**06** 使用同样的方法，将L1沿210°极轴方向复制25和50，将L2沿150°极轴方向复制15，将L2沿330°极轴方向复制15，结果如图12-39所示。

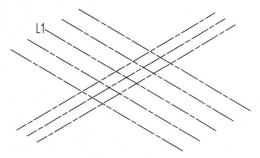

图12-39 重复复制中心线

**07** 将轮廓线图层置为当前图层。单击【绘图】工具栏中的【直线】按钮，以辅助线的交点绘制图12-40所示的直线。

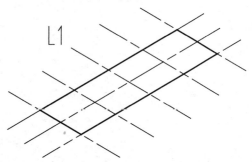

图12-40 绘制直线

**08** 选择菜单栏中的【椭圆】按钮，选择等轴测圆，以中心线交点为圆心，绘制半径为10的等轴测圆，如图12-41所示。

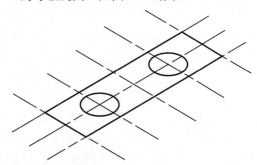

图12-41 绘制等轴测圆

**09** 选择工具栏中的【直线】按钮，绘制两圆的公切线，结果如图12-42所示。

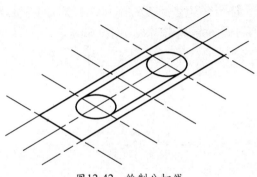

图12-42 绘制公切线

**10** 利用【删除】和【修剪】命令，对圆进行修剪，如图12-43所示。

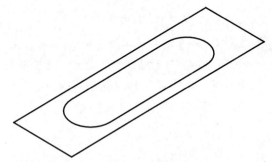

图12-43 修剪结果

**11** 单击【修改】工具栏中的【删除】按钮，删除多余中心线。

**12** 单击【修改】工具栏中的【复制】按钮，沿90°极轴方向复制图形，距离为10，如图12-44所示。

**13** 按F5键切换至右视平面，单击【绘图】工具栏中的【直线】按钮，绘制连接直线，如图12-45所示。

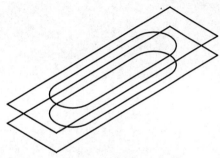

图12-44 复制的结果

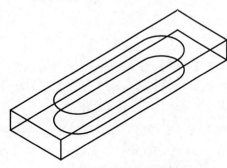

图12-45 绘制连接直线

**14** 利用【删除】和【修剪】命令，对图形进行修剪，结果如图12-46所示。

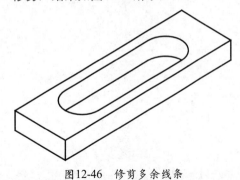

图12-46 修剪多余线条

# 12.4 实战——绘制法兰盘斜二测图

斜二测和正等测的主要区别在于轴间角和轴向伸缩系数不同，在画图方法上与正等测的画法类似。下面举例说明斜二测图的画法。

**01** 新建AutoCAD文件，单击【绘图】工具栏中的【构造线】按钮，绘制两条相互垂直的构造线和一条135°方向的构造线，如图12-47所示。

**02** 单击【绘图】工具栏中的【圆】按钮，以构造线的交点为圆心，绘制半径分别为20、40的同心圆，如图12-48所示。

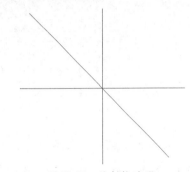

图12-47 绘制构造线

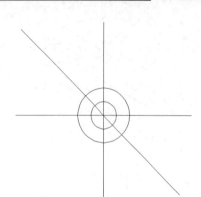

图12-48　绘制同心圆

**03** 单击【修改】工具栏中的【复制】按钮，选定半径为20的圆，以圆心为复制的基点，沿135°极轴方向复制30个单位。

**04** 重复调用【复制】命令，选定半径为40的圆，以圆心为复制的基点，沿135°极轴方向复制18个单位，如图12-49所示。

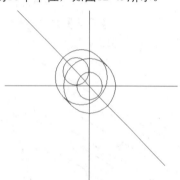

图12-49　复制同心圆

**05** 单击【绘图】工具栏中的【直线】按钮，绘制两圆的公切线，然后单击【修改】工具栏中的【修剪】按钮，修剪多余线条，如图12-50所示。

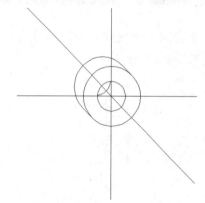

图12-50　绘制公切线并修剪

**06** 单击【绘图】工具栏中的【圆】按钮，在半

径为40的复制圆的圆心，绘制半径分别为55、65的同心圆，如图12-51所示。

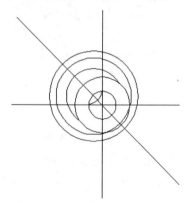

图12-51　绘制同心圆

**07** 单击【修改】工具栏中的【偏移】按钮，输入"T"，并选择【通过】方式，选择垂直构造线，以半径为40的复制圆的圆心为通过点，偏移结果如图12-52所示。

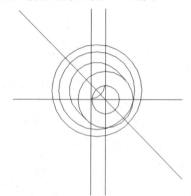

图12-52　偏移构造线

**08** 单击【绘图】工具栏中的【圆】按钮，以偏移构造线与半径为55的圆的交点为圆心，绘制一个半径为6的圆，如图12-53所示。

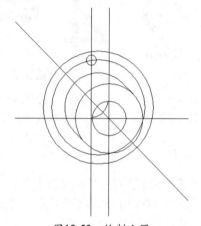

图12-53　绘制小圆

**09** 选择菜单栏中的【修改】|【阵列】|【环形

阵列】命令，选择半径为40的复制圆的圆心为阵列中心点，输入阵列项目数为4，结果如图12-54所示。

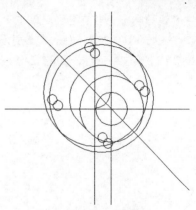

图12-56 绘制公切线

13 单击【修改】工具栏中的【修剪】按钮，修剪多余的线条，结果如图12-57所示。

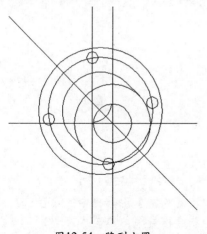

图12-54 阵列小圆

10 单击【修改】工具栏中的【删除】按钮，删除半径为55的定位圆。

11 单击【修改】工具栏中的【复制】按钮，选择阵列出的小圆和半径为65的圆作为复制对象，以半径为65的圆的圆心为基点，沿135°极轴方向复制10个单位，结果如图12-55所示。

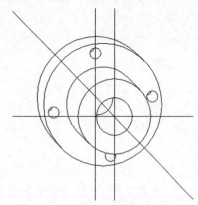

图12-57 修剪结果

14 单击【修改】工具栏中的【删除】按钮，删除多余的直线，最终的结果如图12-58所示。

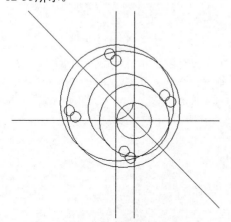

图12-55 复制结果

12 单击【绘图】工具栏中的【直线】按钮，绘制两圆的公切线，如图12-56所示。

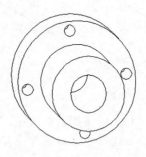

图12-58 最终效果图

# 12.5 综合实战——绘制轴承座的轴测图

本实战绘制轴承座的轴测图，巩固本章所学的轴测图绘制方法。

01 新建AutoCAD文件，利用图层特性管理器，新建"中心线"、"细实线"和"轮廓线"3个图层。

02 在命令行中输入"SNAP"命令，启用【等轴测】模式。按F5键切换到俯视等轴测平面。

**03** 将中心线图层置为当前图层，单击【绘图】工具栏中的【直线】按钮，分别沿30°和150°极轴，绘制辅助线，如图12-59所示。

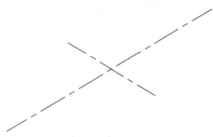

图12-59　绘制中心线

**04** 单击【修改】工具栏上的【复制】按钮，将中心线分别沿30°和150°极轴方向复制，如图12-60所示。

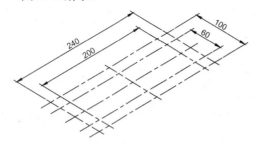

图12-60　复制中心线

**05** 单击【绘图】工具栏中的【直线】按钮，以辅助线交点绘制直线，如图12-61所示。

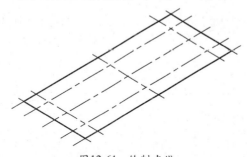

图12-61　绘制直线

**06** 单击工具栏中的【椭圆】按钮，绘制等轴测圆，将直径20的圆设置为细实线，如图12-62所示。

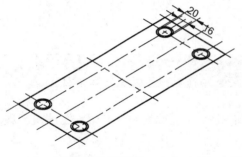

图12-62　绘制直线和圆

**07** 按F5键切换到等轴测平面的右视平面。单击【修改】工具栏中的【复制】按钮，将底面轮廓向上复制40个单位，如图12-63所示。

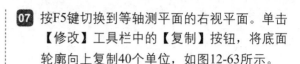

图12-63　复制结果

**08** 单击【绘图】工具栏中的【直线】按钮，绘制连接直线。单击【修改】工具栏中的【修剪】按钮，修剪结果如图12-64所示。

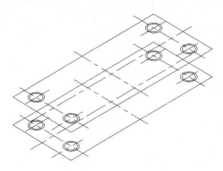

图12-64　修剪结果

**09** 单击【绘图】工具栏中的【直线】按钮，绘制定位直线，如图12-65所示。

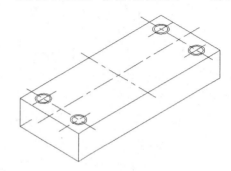

图12-65　绘制定位直线

**10** 单击【绘图】工具栏中的【椭圆】按钮，捕捉横线的中点为圆心，绘制半径分别为55和20的同心圆，如图12-66所示。

**11** 按F5键切换到等轴测平面的俯视平面。选择绘制的端面轮廓，单击【修改】工具栏中的【复制】按钮，将平面沿150°极轴方向复制100个单位，如图12-67所示。

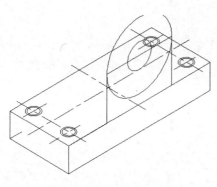

图12-66 绘制同心圆

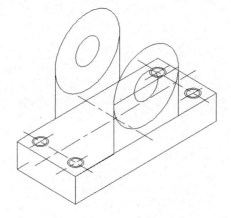

图12-67 复制结果

**12** 单击【绘图】工具栏中的【直线】按钮，绘制连接直线。

**13** 将"中心线"图层设置为当前图层。单击【绘图】工具栏中的【直线】按钮，以圆心为起点，捕捉到150°极轴方向绘制中心线。

**14** 单击【修改】工具栏中的【修剪】按钮，修剪多余的线条，如图12-68所示，轴测图绘制完成。

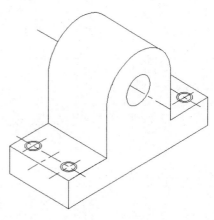

图12-68 修剪结果

# 读书笔记

# 第13章
## 二维零件图的绘制

机器或部件都是由许多零件装配而成，制造机器或部件必须首先制造零件。零件图是生产指导制造和检验零件的主要依据，是设计部门提交给生产部门的重要技术文件，也是进行技术交流的重要资料。本章通过一些典型的机械零件图的绘制实例，结合前面几章的基础知识，详细介绍零件工程中零件图绘制方法、技巧，以及零件图中技术要求的标注，通过这些内容的讲解，令读者熟练掌握绘图命令，积累绘制机械零件图的经验，提高绘图效率。

# 13.1 零件图的基本知识

零件图是用来表示零件结构、大小及技术要求的图样，任何机器或部件都是由若干零件装配而成的，零件是机器或部件中不可再分割的基本单元，也是制造单元。

## 13.1.1 零件图的组成

零件图是生产中指导制造和检验该零件图的主要图样，它不仅仅是把零件的内外结构形状和大小表达清楚，还需要对零件的材料、加工、检验、测量提出必要的技术要求。零件图必须包含制造和检验零件的全部技术资料。因此一张完整的零件图一般应包括图形、尺寸、技术要求和标题栏几项内容，如图13-1所示。

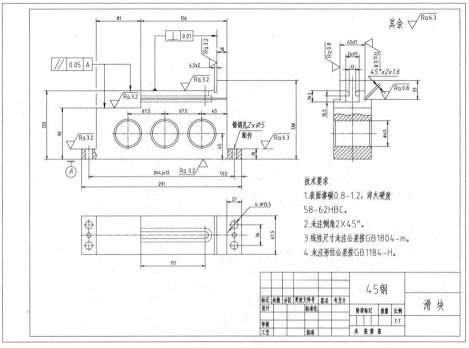

图13-1 滑块零件图

★ 图形：采用一组视图，如剖视图、断面图、局部放大图等，用以正确、完整、清晰并且简便地表达出零件内外结构形状的图形。

★ 尺寸：用一组正确、完整、清晰、合理的尺寸标注出零件的结构形状和其相对位置。

★ 技术要求：用一些规定的代号、数字、字母和文字注解说明制造和检验零件时在技术指标上应达到的要求，如表面粗糙度、尺寸公差、形位公差、材料和热处理、检验方法及其他特殊要求等。技术要求的文字一般注写在标题栏上方图纸空白处。

★ 标题栏：填写零件名称、材料、数量、比例、图样代号，以及设计、审核、批准者的姓名、日期等。标题栏的尺寸和格式已经标准化，可参见有关标准。

## 13.1.2 零件图的绘制流程

在机械制图中零件图大体可以分为轴套类零件、轮盘类零件、叉杆类零件和箱体类零件几大类，每种零件图的视图选择方法不尽相同，但是它们的绘制步骤却是基本一致的。下面介绍机械制图中零件图的绘制步骤。

### 1. 建立绘图环境

在绘制AutoCAD零件图形时，首先要建立绘图环境，建立绘图环境又包括以下3个方面。

★ 设定工作区域大小：作图区域的大小一般根据主视图的大小来进行设置。

★ 创建必要的图层：在机械制图中不同含义的图形元素应放在不同的图层中，所以在绘制图形之前就必须设定图层。

★ 使用绘图辅助工具：这里是指开启【极轴追踪】、【对象捕捉】等功能。

为了提高绘图效率，可以根据图纸幅面大小的不同，分别建立若干样板图，以作为绘图的模板。

### 2. 布局主视图

建立好绘图环境之后，就需要对主视图进行布局，布局主视图的一般方法是：先画出主视图的布局线，形成图样的大致轮廓，再以布局线为基准图元绘制图样的细节。

布局轮廓时一般要画出的线条如下所述。

★ 图形元素的定位线：如重要孔的轴线、图形对称线、一些端面线等。

★ 零件的上、下轮廓线及左右轮廓线。

### 3. 绘制主视图局部细节

在建立了粗略的几何轮廓后，就可以考虑利用已有的线条来绘制图样的细节。作图时，先把整个图形划为几个部分，然后逐一绘制完成，在绘图过程中一般使用OFFSET和TRIM命令形成图样细节。

### 4. 布局其他视图

主视图绘制完成后，接下来要画左视图及俯视图，绘制过程与主视图类似，首先形成这两个视图的主要布局线，然后画出图形细节。

> **提示**
>
> 在绘制左视图和俯视图时，视图之间的关系要满足"长对正，高平齐，宽相等"的原则。

### 5. 修饰尺寸

图形绘制完成后，常常要对一些图元的外观及属性进行调整，主要包括以下几点。

★ 修改线条长度。

★ 修改对象所在层。

★ 修改线型。

### 6. 标注零件尺寸

图形已经绘制完成，那么就需要对零件进行标注。标注零件的过程一般是先切换到标注层，然后对零件进行标注。若有文字说明，或者技术要求，最后写在规定处。

## 13.1.3 零件图表达方法的选择

一张正确、完整的机械零件图应该能够将零件各个部分的形状及零件之间的位置关系清晰完整地表示出来，因此选择合适的表达方法极其重要。

### 1. 一般选择原则

表达一个零件所选用的一组图形应能完整、正确、清晰、简明地表达各组成部分的内外形状和结构，便于标注尺寸和技术要求且绘图简单。总之，零件的表达方案应便于阅读和绘制。

## 2．零件分析

零件分析是认识零件的过程，是确定零件表达方案的前提。零件的结构形状及其工作位置或加工位置不同，视图选择也往往不同。因此，在选择视图之前，应首先对零件进行形体分析和结构分析，并了解零件的工作和加工情况，以便确切地表达零件的结构形状，反映零件的设计和工艺要求。

## 3．主视图的选择

主视图是表达零件形状最重要的视图，其选择是否合理将直接影响其他视图的选择和看图是否方便，甚至影响到画图时图幅的合理利用。一般来说，零件主视图的选择应满足"合理位置"和"形状特征"两个基本原则。

（1）合理位置原则

所谓"合理位置"通常是指零件的加工位置和工作位置。

★ 加工位置是零件在加工时所处的位置。主视图应尽量表示零件在机床上加工时所处的位置。这样在加工时可以直接进行图物对照，既便于看图和测量尺寸，又可减少差错。如轴套类零件的加工，大部分工序是在车床或磨床上进行，因此通常要按加工位置（即轴线水平放置）画其主视图，如图13-2所示。

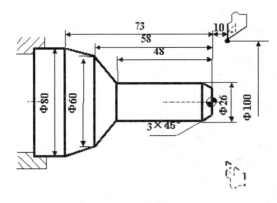

图13-2　轴类零件加工位置

★ 工作位置是零件在装配体中所处的位置。零件主视图的放置，应尽量与零件在机器或部件中的工作位置一致。这样便于根据装配关系来考虑零件的形状及有关尺寸，便于校对。对于工作位置歪斜放置的零件，因为不便于绘图，应将

零件放正，如图13-3所示。

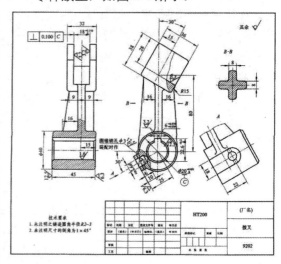

图13-3　拨叉零件图

（2）形状特征原则

确定了零件的安放位置后，还要确定主视图的投影方向。形状特征原则就是将最能反映零件形状特征的方向作为主视图的投影方向，即主视图要较多地反映零件各部分的形状及它们之间的相对位置，以满足表达零件清晰的要求。图13-4和图13-5所示是确定主视图投影方向的比较。由图可知，图13-4的表达效果显然比图13-5的表达效果要好得多。

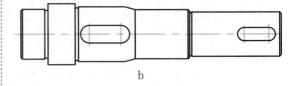

b

图13-4　以加工位置放置投影

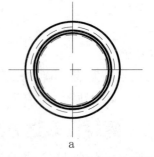

a

图13-5　以轴线垂直方向投影

## 4．选择其他视图

一般来讲，仅用一个主视图是不能完全反映零件的结构形状的，必须选择其他视图，包括剖视、断面、局部放大图和简化画法等各种表达方法。主视图确定后，对其表

达未尽的部分，再选择其他视图予以完善表达。具体选用时，应注意以下几点。

★ 根据零件的复杂程度及内、外结构形状，全面地考虑还应需要的其他视图，使每个所选视图应具有独立存在的意义及明确的表达重点，注意避免不必要的细节重复，在明确表达零件的前提下，使视图数量为最少。

★ 优先考虑采用基本视图，当有内部结构时应尽量在基本视图上做剖视；对尚未表达清楚的局部结构和倾斜部分结构，可增加必要的局部（剖）视图和局部放大图；有关的视图应尽量保持直接投影关系，配置在相关视图附近。

★ 按照视图表达零件形状要正确、完整、清晰、简便的要求，进一步综合、比较、调整、完善，选出最佳的表达方案。

# 13.2 典型零件的表达方法

虽然零件的形状、用途多种多样，加工方法各不相同，但零件也有许多共同之处。根据零件在结构形状、表达方法上的某些共同特点，常分为轴套类零件、轮盘类零件、叉杆类零件和箱体类零件4类。由于每种零件的形状各不相同，所以不同的零件选择视图的方法也不同。

## 13.2.1 轴、套类零件

轴、套类零件一般由若干段不等径的同轴回转体构成，在零件上一般有键槽、销孔和退刀槽等结构特征，轴套类零件在机械中的作用主要是导正、限位、止转及定位，此类零件主要在车床或磨床上加工。在视图表达时，一般只要画出一个基本视图主视图（轴上各段的形体直径尺寸在其数字前加注符号Φ，就不必再画出左视图），对于零件上的其他结构，如退刀槽、孔等，一般可采用适当的断面图、局部放大图、局部剖视图，就可以把它的主要形状特征及局部结构表达出来了。为了便于加工时看图，轴线一般按水平放置进行投影，最好选择轴线为侧垂线的位置。在标注轴套类零件的尺寸时，常以它的轴线作为径向尺寸基准，如图13-6所示。

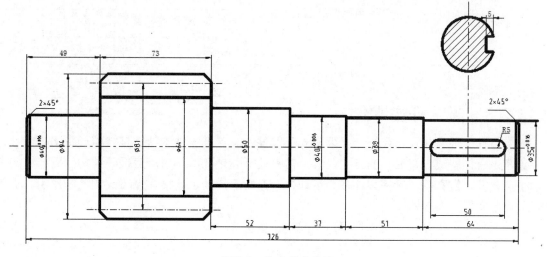

图13-6 轴套类零件图

## 13.2.2 轮盘类零件

这类零件的基本形状是扁平的盘状，一般有端盖、阀盖、轮盘、齿轮和带轮等零件，它们的主要特征为零件主要部分一般由回转体构成，呈扁平的盘状，且沿圆周均布有圆孔和肋等局部结构，通常还带有各种形状的凸缘。轮盘类零件一般通过键、销与轴连接来传递力矩，轮盘类零件可起支撑、定位、密封和传递扭矩的作用。这类零件在加工时一般也是水平放置，通常是按加工位置即轴线水平放置零件。因此，在选择视图时，一般选择过对称面或回转轴线的剖视图作主视图，同时还需增加适当的其他视图（如左视图、右视图或俯视图）把零件的外形和均布结构表达出来。图13-7中所示就增加了一个左视图，以表达带圆角的方形凸缘和4个均布的通孔。此外为了表达细小结构，有时还采用局部放大图。

在标注盘盖类零件的尺寸时，通常选用通过轴孔的轴线作为径向尺寸基准，长度方向的主要尺寸基准常选用重要的端面。典型的盘类零件图如图13-7所示。

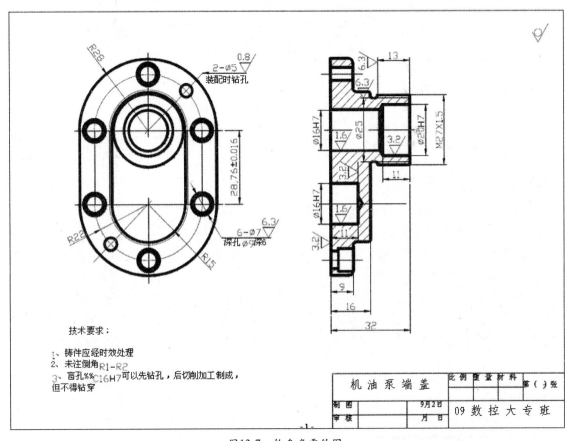

图13-7　轮盘类零件图

## ▍13.2.3　叉、杆类零件

这类零件一般有拨叉、连杆、托架和支座等零件。这类零件的特征是结构形状比较复杂、零件通常带有倾斜或者弯曲状的结构，其上常有肋板、轴孔、耳板、底板等结构，局部结构常有油槽、螺孔、沉孔等。叉杆零件多为运动件，通常起传动、连接、调节或制动等作用。支架零件通常起支撑、连接等作用。

由于其加工位置多变，工作位置也不固定，在选择主视图时，主要考虑工作位置和形状特征。对其他视图的选择，常常需要两个或两个以上的基本视图，并且还要用适当的局部视图、断面图等表达方法来表达零件的局部结构。在标注叉架类零件的尺寸时，通常选用安装基面或零件的对称面作为尺寸基准。

图13-8所示为叉、杆类零件图的实例。

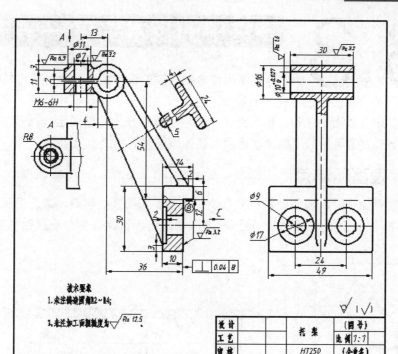

图13-8　叉杆类零件图

## 13.2.4　箱体类零件

　　箱体类零件主要包括箱体、壳体、阀体、泵体等零件。一般来说，这类零件的形状、结构比前面三类零件复杂，而且加工位置的变化更多。在选择主视图时，主要考虑工作位置和形状特征。其他视图选用应根据实际情况采用适当的辅助视图，一般需要3个或3个以上的基本视图综合剖视图、局部剖视图、断面图等多种表达方法以清晰地表达零件的内外结构。

　　在标注尺寸方面，通常选用设计上要求的轴线、重要的安装面、接触面（或加工面）、箱体某些主要结构的对称面（宽度、长度）等作为尺寸基准。对于箱体上需要切削加工的部分，应尽可能按便于加工和检验的要求来标注尺寸。典型的箱体类零件图如图13-9所示。

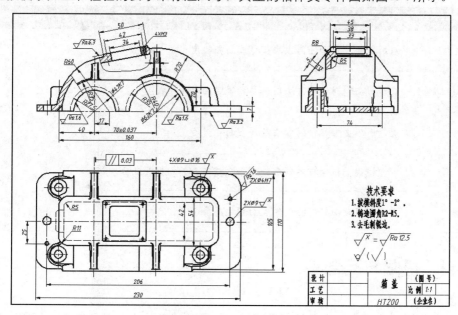

图13-9　箱体类零件图

# 13.3 零件中的技术要求

为了使零件达到预期的设计要求，保证零件的使用性能，零件上还必须注明零件在制造过程中的质量要求，即技术要求，如表面粗糙度、尺寸公差、形位公差、材料热处理及表面处理等。技术要求一般应尽量用技术标准规定的代号（符号）标注在零件图中，没有规定的可用简明的文字逐项写在标题栏附近的适当位置。

## 13.3.1 表面粗糙度

加工零件时，由于零件表面的塑性变形及机床精度等因素的影响，加工表面不可能绝对光滑平整。零件表面上由较小间距和峰谷组成的微观几何形状特征称为表面粗糙度，如图13-10所示。

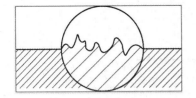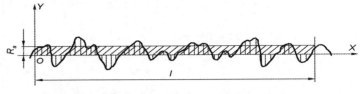

图13-10　表面粗糙度

评定零件的表面粗糙度质量主要有以下几个参数。

★ 轮廓算术平均偏差Ra：轮廓算数平均偏差Ra是指在取样长度l内，轮廓偏距Y绝对值的算术平均值，它是表面粗糙度的主要评定参数。

★ 轮廓的最大高度Ry：轮廓最大高度Ry是指在取样长度l内，轮廓峰顶和谷底之间的距离。

★ 微观不平度十点高度Rz：微观不平度十点高度Rz是指在取样长度l内，5个轮廓峰高的平均值与5个轮廓谷底的平均值之和。

★ 在机械制图国家规定标准中规定了表 13-1所示的9种粗糙度符号，绘制表面粗糙度一般使用带有属性的块的方法来创建，详见第6章。

**表 13-1　9种粗糙度符号及其含义**

| 符号 | 意义 | 符号画法 |
|---|---|---|
| | 基本符号，表示任何方法获得表面粗糙度 | |
| | 表示用去除材料的方法获得参数规定的表面粗糙度 | |
| | 表示用不去除材料的方法获得表面粗糙度 | |
| | 可在横线上标注有关的参数或指定获得表面粗糙度的方法 | |
| | 表示所有表面具有相同的表面粗糙度要求 | |

## 13.3.2 极限与配合

### 1. 基本概念

在机械和仪器制造工业中，在同一规格的一批零件或部件中，任取其一，不需任何挑选调整或附加修配（如钳工修理）就能进行装配，并能保证满足机械产品的使用性能要求的这种零件特性称为互换性。

零件的实际加工尺寸是不可能与设计尺寸绝对一致的，因此设计时应允许零件尺寸有一个变动范围，尺寸在该范围内变动时，仍能保证零件的互换性，并能满足使用要求，这就是"极限与配合"的概念。国家标准总局颁布了《极限与配合》的各种标准，对零件尺寸允许的变动范围作出了规定。

**2. 极限与配合术语**

要了解极限与配合，就必须先了解极限与配合的含义与一些术语，在机械制图中的极限与配合术语如图13-11所示。

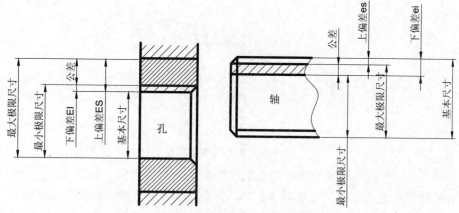

图13-11　极限与配合术语

★　基本尺寸：基本尺寸是指设计时所确定的尺寸。

★　实际尺寸：是指成品零件，通过测量所得到的尺寸。

★　极限尺寸：是指允许零件实际尺寸变化的极限值，极限尺寸包括最小极限尺寸和最大极限尺寸。

★　偏差极限：是指极限尺寸与基本尺寸的差值，它包括上偏差和下偏差，极限偏差可以为正也可以为负，还可以为零。

★　尺寸公差：是指允许尺寸的变动量，尺寸公差等于最大极限尺寸减去最小极限尺寸的绝对值。

★　尺寸公差带：指公差带图中由代表上、下偏差的两条直线所限定的区域，它由公差大小和其相对零线的位置来确定，如图13-12所示。

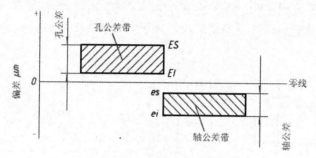

图13-12　公差带示意图

★　基本偏差：在GB/T 1800 系列标准极限与配合制中，确定公差带相对零线位置的那个极限偏差称为基本偏差（一般为靠近零线的那个偏差。孔的基本偏差从A到H为下偏差，从J到ZC为上偏差，轴的基本偏差从a到h为上偏差，从j到zc为下偏差，如图13-13所示。

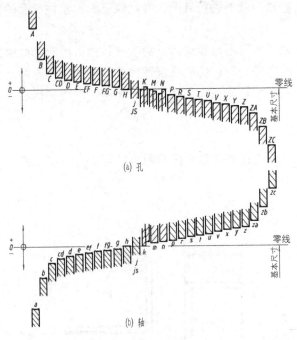

图13-13 基本偏差示意图

★ 标准公差：GB/T 1800系列标准极限与配合制度中所规定的任一公差。对于每一个基本尺寸尺寸段国家标准都规定了20级标准公差。各级具体数值可查阅有关标准表格。

★ 公差带代号：对于某一基本尺寸，取标准规定的一种基本偏差，配上一级标准公差，就可以形成一种公差带。我们用基本偏差代号的字母和标准公差等级代号的数字即可组成一种公差带代号，如：H9、h7、F8、f7等。

基本尺寸相同的、相互结合的孔和轴公差带之间的关系称为配合。

★ 间隙和过盈如下所述。

间隙：孔的尺寸减去相配合的轴的尺寸之差为正。

过盈：孔的尺寸减去相配合的轴的尺寸之差为负，如图13-14所示。

★ 配合的三种类型如下所述。

间隙配合：具有间隙的配合。表现为孔的公差带在轴的公差带之上。当互相配合的两个零件需相对运动或要求拆卸很方便时，则需采用间隙配合。

过盈配合：具有过盈的配合。表现为孔的公差带在轴的公差带之下。当互相配合的两个零件需牢固连接、保证相对静止或传递动力时，则须采用过盈配合。

过渡配合：可能具有间隙或过盈的配合。表现为孔的公差带和轴的公差带相互交叠，如图13-15所示。

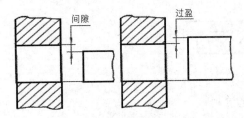

图13-14 间隙和过盈配合示意图

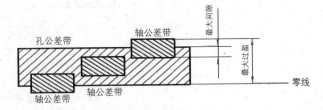

图13-15 过渡配合示意图

★ 基孔制配合和基轴制配合如下所述。

基孔制配合：基本偏差为一定的孔的公差带，与不同基本偏差的轴的公差带形成各种配合的一种制度。在基孔制配合中选作基准的孔称为基准孔，国家标准选下偏差为零的孔作基准孔（代号H）。基孔制配合如图13-16所示。

基轴制配合：基本偏差为一定的轴的公差带，与不同基本偏差的孔的公差带形成各种配合的一种制度。在基轴制配合中选作基准的轴称为基准轴，国家标准选上偏差为零的轴作基准轴（代号h）。基轴制配合如图13-17所示。

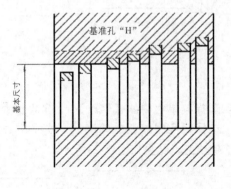

图13-16 基孔制配合

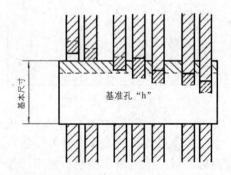

图13-17 基轴制配合

# 13.4 实战——绘制轴类零件图

绘制完整的轴类零件需要经过设置绘图环境、绘制主视图、绘制剖视图、标注图形、填写标题栏等步骤。下面以绘制图13-18所示的轴类零件为例介绍绘制轴类零件图的方法。

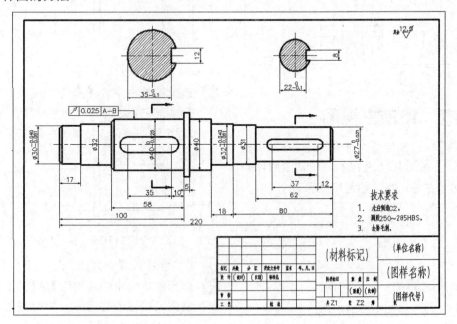

图13-18 轴类零件

## 13.4.1 设置绘图环境

**01** 启动AutoCAD 2014后，选择菜单栏中的【文件】|【新建】命令，弹出图13-19所示的【选择样板】对话框。

图13-19 【选择样板】对话框

**02** 在【文件名称】列表中选择"A3样板图.dwt"选项，然后单击【打开】按钮，在绘图区加载了图幅、标题栏、图层、标题栏、图层、标注样式和文字样式，如图13-20所示。

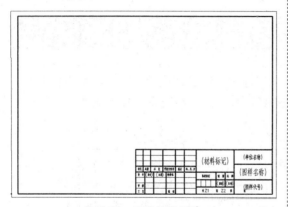

图13-20 配置绘图环境

## 13.4.2 绘制主视图

**01** 将"中心线"图层置为当前图层，在菜单栏中选择【绘图】|【直线】命令，绘制两条相互垂直的中心线，如图13-21所示。

图13-21 绘制中心线

**02** 将"粗实线"置换为当前图层。

**03** 选择菜单栏中的【绘图】|【直线】命令，选中两中心线的交点，依次输入各点相对坐标：（@0, 13）、（@2, 2）、（@15, 0）、（@0, 1）、（@25, 0）、（@0, 2）、（@2, 2）、（@56, 0）、（@0,

5）、（@5, 0）、（@0, -5）、（@17, 0）、（@0, -4）、（@18, 0）、（@0, -0.5）、（@18, 0）、（@0, -2）、（@60, 0）、（@2, -2）、（@0, -11.5），结果如图13-22所示。

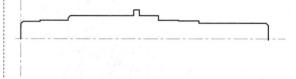

图13-22 绘制轮廓线

**04** 选择菜单栏中的【修改】|【镜像】命令，选择粗实线绘制的轮廓，以水平中心线为镜像线，结果如图13-23所示。

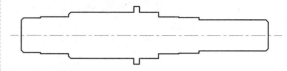

图13-23 镜像结果

**05** 选择菜单栏中的【绘图】|【直线】命令，将各端点连接成直线，绘制结果如图13-24所示。

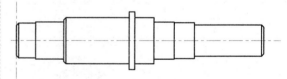

图13-24 绘制直线

**06** 选择菜单栏中的【修改】|【偏移】命令，将垂直中心线向右分别平移55、90、171、208个绘图单位，结果如图13-25所示。

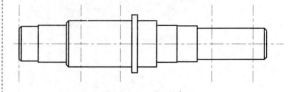

图13-25 偏移直线

**07** 将"粗实线置"为当前图层。

**08** 选择菜单栏中的【绘图】|【圆】命令，以偏移出的中心线与水平中心线的交点为圆心，分别绘制半径为6、6、4、4的4个圆，如图13-26所示。

**09** 选择菜单栏中的【绘图】|【直线】命令，捕捉圆的象限点绘制连接直线，如图13-27所示。

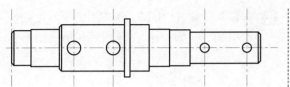

图13-26　绘制圆

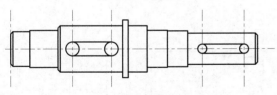

图13-27　绘制连接直线

**10** 选择菜单栏中的【修改】|【修剪】命令，修剪结果如图13-28所示。

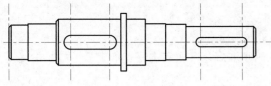

图13-28　修剪结果

**11** 选择菜单栏中的【修改】|【打断】命令，打断中心线，如图13-29所示，轴的主视图即绘制完毕。

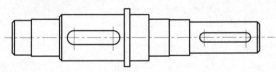

图13-29　主视图

## 13.4.3　绘制断面图

**01** 将"中心线"图层设置为当前图层。

**02** 在命令行输入"QLEADER"命令，绘制快速引线，确定剖切位置，如图13-30所示。

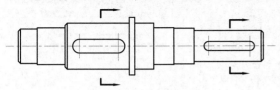

图13-30　绘制引线

**03** 选择菜单栏中的【绘图】|【直线】命令，绘制图13-31所示的中心线。

**04** 选择菜单栏中的【绘图】|【圆】命令，以中心线的交点为圆心，绘制直径为40、25的两个圆，如图13-32所示。

**05** 选择菜单栏中的【修改】|【偏移】命令，将直径为40的圆的水平中心线上下偏移6个

单位，将垂直中心线向右偏移15个单位。

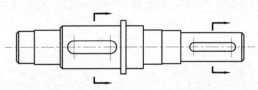

图13-31　绘制中心线

图13-32　绘制圆

**06** 重复调用【偏移】命令，将直径为25的圆的水平中心线上下偏移4个单位，垂直中心线向右偏移9个单位，如图13-33所示。

图13-33　偏移中心线

**07** 选择菜单栏中的【绘图】|【直线】命令，将交点连接成图13-34所示的样子。

图13-34　绘制连接直线

**08** 选择菜单栏中的【修改】|【修剪】命令来修剪圆，结果如图13-35所示。

图13-35　修剪圆

**09** 删除多余中心线，如图13-36所示。

图13-36　删除多余中心线

**10** 将细实线图层设置为当前图层。

**11** 选择菜单栏中的【绘图】|【图案填充】命令，设置填充样式为"ANSI31"，填充比例为0.5，拾取刚绘制的剖面，单击【确定】按钮，填充结果如图13-37所示。

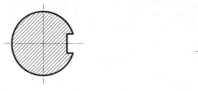

图13-37 填充后的效果

**12** 将轮廓线设置为当前图层。

**13** 在命令行输入"QLEADER"命令，绘制快速引线，结果如图13-38所示。剖视图绘制完成。

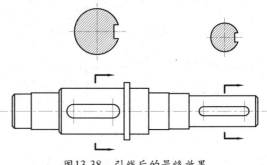

图13-38 引线后的最终效果

## 13.4.4 标注图形

**01** 将"尺寸标注"图层置为当前图层。

**02** 单击【标注】工具栏中的【线性】按钮，标注轴的基准尺寸。再单击【标注】工具栏中的【基线】按钮，标注基线尺寸，如图13-39所示。

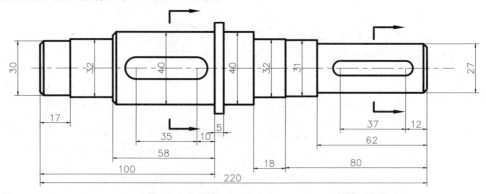

图13-39 线性标注

**03** 双击各段轴的直径，使其变为可编辑状态，输入"%%c"，如图13-40所示。

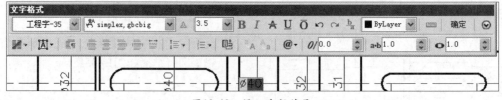

图13-40 添加直径符号

> **提示**
>
> 如果输入"%%c"却无法输出直径符号，即可能字体设置不对，要调整字体。

**04** 双击轴的直径为27的尺寸，使其变为可编辑状态，在数字27后输入空格键和" 0^-0.021"再选定空格键和" 0^-0.021"，单击【文字格式】对话框中的【堆叠】按钮 $\frac{b}{a}$。

**05** 使用同样的方法，为其他尺寸添加公差，效果如图13-41所示。

**06** 使用【直线】、【圆】等命令绘制形位公差基准，并输入基准编号，如图13-42所示。

**07** 绘制粗糙度符号，并将其创建为块，然后插入到合适位置，输入粗糙度值，结果如图13-43所示。

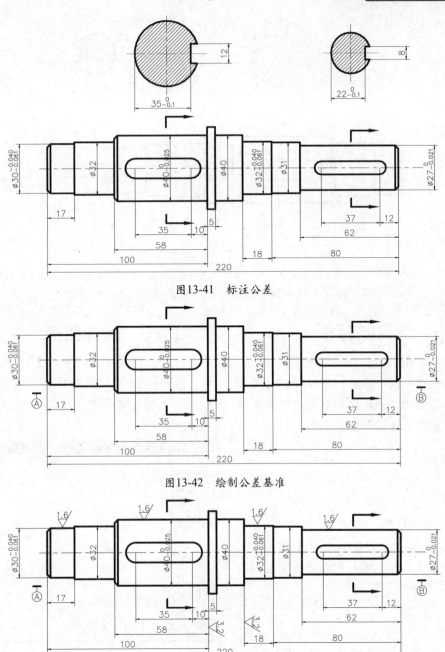

图13-41 标注公差

图13-42 绘制公差基准

图13-43 绘制粗糙度

08 在命令行输入"QLEADER"命令，在Φ40的轴段绘制引线，按回车键确定，弹出【形位公差】对话框，输入形位公差，如图13-44所示，单击【确定】按钮，标注的形位公差如图13-45所示。

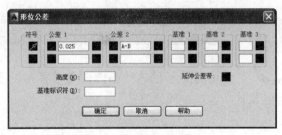

图13-44 【形位公差】对话框

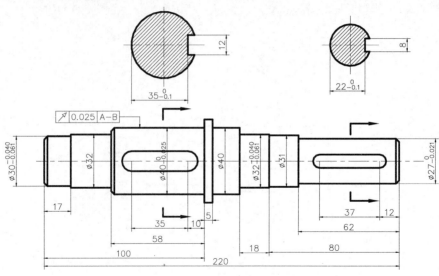

图13-45 标注形位公差

## 13.4.5 填写标题栏

**01** 将"文字"图层设置为当前图层。

**02** 选择菜单栏中的【绘图】|【文字】|【多行文字】命令，在绘图区拾取适当位置以输入技术要求，如图13-46所示。

技术要求
1. 未注倒角C2。
2. 调质250～285HBS。
3. 去除毛刺。

图13-46 技术要求

**03** 选择菜单栏中的【绘图】|【文字】|【单行文字】命令，在标题栏拾取适当位置以输入文字，如图13-47所示。

图13-47 填写标题栏

## 13.4.6 保存图形

选择菜单栏中的【文件】|【另存为】命令，弹出图13-48所示对话框，将绘制的图形保存为"轴类零件图.dwg"，完成整个图形的绘制。

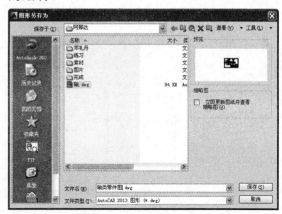

图13-48 【图形另存为】对话框

# 13.5 实战——绘制皮带轮零件图

轮盘类零件的绘制方法有很多种，下面以绘制图13-49所示的带轮为例，介绍常用的绘制轮、盘类零件的方法。

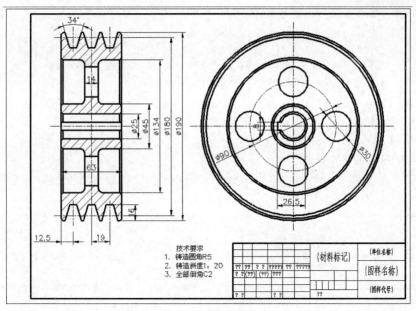

图13-49　皮带轮零件图

## 13.5.1　设置绘图环境

启动AutoCAD 2014后，选择菜单栏中的【文件】|【新建】命令，弹出【选择样板】对话框。在"名称"列表中选择"A3样板图.dwg"选项，然后单击【打开】按钮，在绘图区加载了图幅、标题栏、图层、标题栏、图层、标注样式和文字样式。

## 13.5.2　绘制主视图

**01** 将"中心线"图层设置为当前图层。选择菜单栏中的【绘图】|【直线】命令，绘制中心线，如图13-50所示。

图13-50　绘制中心线

**02** 将"轮廓线"图层设置为当前图层。单击【绘图】工具栏中的【直线】按钮，绘制图13-51所示轮廓线。

**03** 在命令行中输入"OFFSET"命令，偏移右侧垂直轮廓线直线。

**04** 重复调用【偏移】命令，偏移水平轮廓线，如图13-52所示。

**05** 单击【修改】工具栏中的【修剪】按钮，修剪图形图中多余直线，结果如图13-53所示。

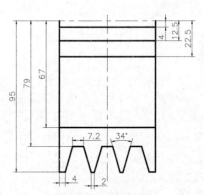

图13-51　绘制轮廓线

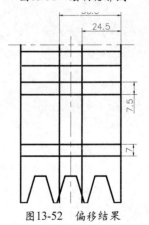

图13-52　偏移结果

**06** 单击【修改】工具栏中的【倒圆角】按钮，倒圆角的结果如图13-54所示。命令行操作提示如下：

```
命令: _fillet
当前设置: 模式 = 修剪, 半径 = 5.0
选择第一个对象或 [放弃(U)/多段线(P)/半径(R)/修剪(T)/多个(M)]: T
输入修剪模式选项 [修剪(T)/不修剪(N)] <修剪>: t           //选择【修剪】模式
选择第一个对象或 [放弃(U)/多段线(P)/半径(R)/修剪(T)/多个(M)]: R   //选择倒圆角半径
指定圆角半径 <5.0>: 5                                    //输入倒圆角半径值
选择第一个对象或 [放弃(U)/多段线(P)/半径(R)/修剪(T)/多个(M)]:     //选择需要倒圆角的第一条边
选择第二个对象，或按住 Shift 键选择对象以应用角点或 [半径(R)]:    //选择需要倒圆角的第二条边
```

**提示**

当输入"M"时，可进行多次半径相同的倒圆角，避免重复调用命令。

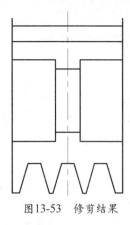

图13-53 修剪结果

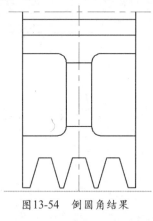

图13-54 倒圆角结果

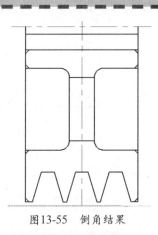

图13-55 倒角结果

**07** 单击【修改】工具栏中的【倒角】命令，倒角的结果如图13-55所示。命令行操作提示如下：

```
命令: chamfer
("不修剪"模式) 当前倒角距离 1 = 2.0, 距离 2 = 2.0
选择第一条直线或 [放弃(U)/多段线(P)/距离(D)/角度(A)/修剪(T)/方式(E)/多个(M)]: T
输入修剪模式选项 [修剪(T)/不修剪(N)] <不修剪>: N                //选择不修剪模式
选择第一条直线或 [放弃(U)/多段线(P)/距离(D)/角度(A)/修剪(T)/方式(E)/多个(M)]: D  //选择距离方式
指定 第一个 倒角距离 <2.0>: 2
指定 第二个 倒角距离 <2.0>: 2                                //输入倒角距离
选择第一条直线或 [放弃(U)/多段线(P)/距离(D)/角度(A)/修剪(T)/方式(E)/多个(M)]:
                                                        //选择需要倒角的第一条边
选择第二条直线或按住 Shift 键选择直线以应用角点或 [距离(D)/角度(A)/方法(M)]:
                                                        //选择需要倒角的第二条边
```

**提示**

当输入"M"时，可进行多次距离相同的倒角，避免重复调用命令。

**08** 单击【修改】工具栏中的【修剪】按钮，修剪倒角后的图形，结果如图13-56所示。

**09** 单击【绘图】工具栏中的【直线】按钮，绘制连接直线，如图13-57所示。

**10** 单击【修改】工具栏中的【镜像】按钮，选定刚绘制的图形，以水平中心线上的两点为镜像点。镜像结果如图13-58所示。

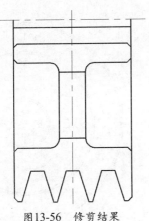

图13-56 修剪结果

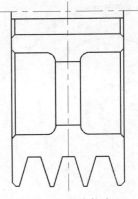

图13-57 绘制连接直线

**11** 将"细实线"图层置为当前图层。单击【绘图】工具栏上的【图案填充】按钮,设置填充样例为"ANSI31",填充比例为0.8,填充效果如图13-59所示。

**12** 单击【修改】工具栏中的【偏移】按钮,将水平中心线上下平移90个单位,带轮的主视图绘制完成,如图13-60所示。

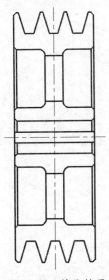

图13-58 镜像结果

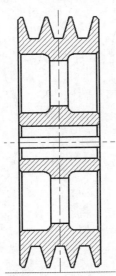

图13-59 填充结果

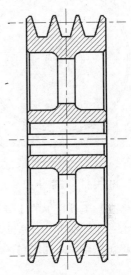

图13-60 带轮主视图

## 13.5.3 绘制左视图

**01** 将"轮廓线"图层设置为当前图层。

**02** 单击【绘图】工具栏中的【圆】按钮,捕捉中心线右侧交点为圆心,分别绘制直径为190、134、45、25的圆,如图13-61所示。

**03** 单击【修改】工具栏中的【偏移】按钮,将直径为190、45的圆向内偏移2,将直径为134、25的圆向外偏移2,如图13-62所示。

**04** 将"中心线"图层置为当前图层。单击【绘图】工具栏中的【圆】按钮,以中心线右侧交点为圆心,绘制同心圆,直径分别为180、90,如图13-63所示。

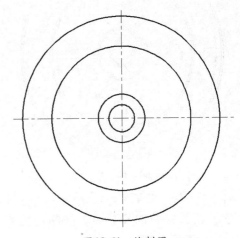

图13-61 绘制圆

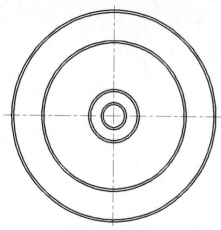

图13-62　偏移圆

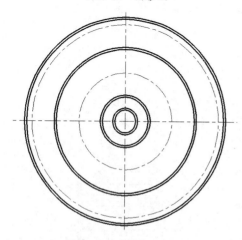

图13-63　绘制中心线圆

**05** 单击【修改】工具栏中的【偏移】按钮，将水平中心线上下偏移4个单位，垂直中心线向左偏移16个单位，如图13-64所示。

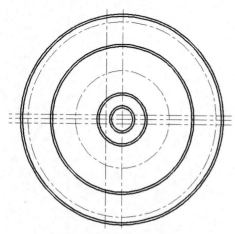

图13-64　偏移中心线

**06** 将"轮廓线"图层置为当前图层。单击【绘图】工具栏中的【直线】按钮，绘制直线，如图13-65所示。

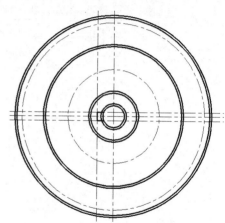

图13-65　绘制连接直线

**07** 单击【修改】工具栏中的【修剪】按钮，修剪轮廓线并删除多余的中心线，结果如图13-66所示。

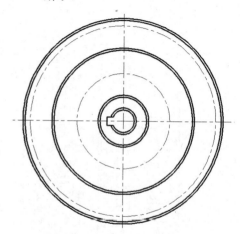

图13-66　修剪直线并删除多余中心线

**08** 单击【绘图】工具栏中的【圆】按钮，以Φ90的中心线圆与水平中心线的交点为圆心，绘制一个直径为30的圆，如图13-67所示。

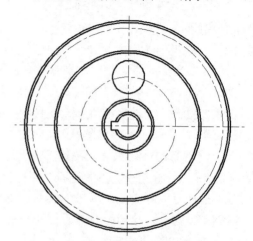

图13-67　绘制直径为30的圆

**09** 选择菜单栏中的【修改】|【阵列】|【环形阵列】，选择直径30的圆为阵列对象，阵列中心点为大圆圆心，阵列中的项目数为4，阵列结果如图13-68所示，左视图绘制完成。

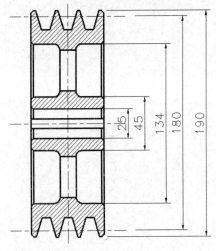

图13-69 标注线性尺寸

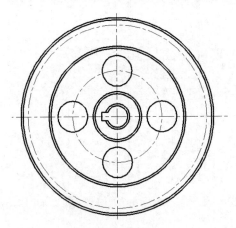

图13-68 阵列结果

## 13.5.4 标注尺寸

**01** 将"标注"图层置为当前图层。

**02** 单击【标注】工具栏中的【线性】按钮，对主视图中圆的直径进行标注，如图13-69所示。

**03** 双击各线性尺寸，使其变为可编辑状态，在数字前输入"%%c"，即可添加直径符号，如图13-70所示。

**04** 重复调用【线性标注】命令，标注其他尺寸，如图13-71所示。

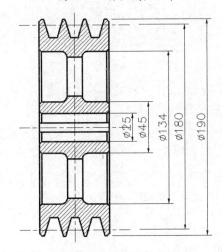

图13-70 添加直径符号

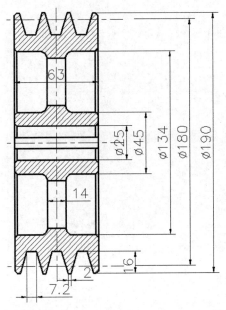

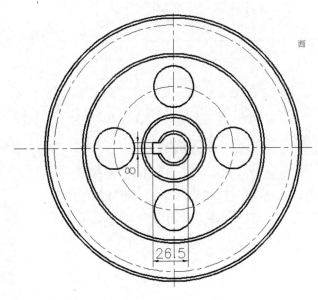

图13-71 标注其他线性尺寸

**05** 单击【标注】工具栏中的【直径】按钮，标注左视图中的圆，双击标注尺寸为30的尺寸，使其变为可编辑状态，输入"4×"，如图13-72所示。

术要求，如图13-74所示。

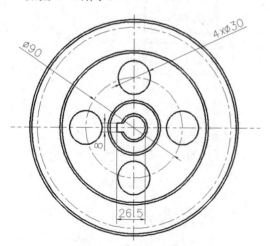

图13-72　标注直径尺寸

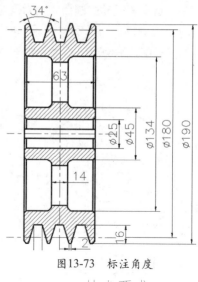

图13-73　标注角度

**技术要求**

1. 铸造圆角R5

2. 铸造斜度1: 20

3. 全部倒角C2

图13-74　技术要求

**06** 单击【标注】工具栏中的【角度】按钮，标注主视图中的角度，如图13-73所示。

**07** 选择菜单栏中的【绘图】|【文字】|【多行文字】命令，拾取图纸适当位置，输入技

**08** 选择菜单栏中的【绘图】|【文字】|【单行文字】命令，在标题栏中输入文字，如图13-75所示，完成图形的标注。

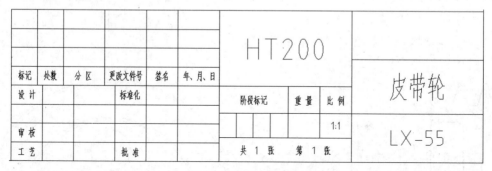

| 标记 | 处数 | 分区 | 更改文件号 | 签名 | 年、月、日 | | HT200 | | | | 皮带轮 |
|------|------|------|-----------|------|-----------|---|---|---|---|---|---|
| 设　计 | | | 标准化 | | | | | | | | |
| | | | | | | 阶段标记 | 重　量 | 比　例 | | | |
| 审　核 | | | | | | | | 1:1 | | | LX-55 |
| 工　艺 | | | 批准 | | | 共 1 张 | 第 1 张 | | | | |

图13-75　填写标题栏

# ▌13.5.5　保存图形

选择菜单栏中的【文件】|【另存为】命令，弹出图13-76所示对话框，将绘制的图形保存为"皮带轮零件图.dwg"，完成整个图形的绘制。

图13-76　保存图形文件

# 13.6 实战——绘制支架类零件图

叉、杆类零件的绘制方法有很多种，下面以绘制图13-77所示的调整架为例，介绍常用的叉、杆类零件的绘制方法。

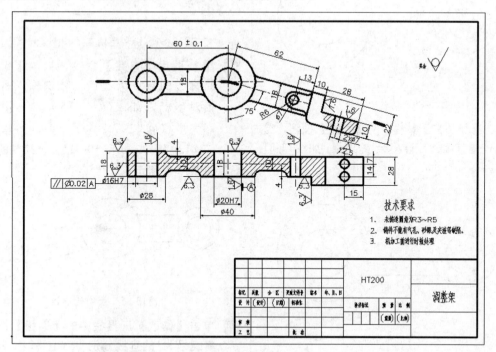

图13-77 调整架零件图

## 13.6.1 配置绘图环境

启动AutoCAD 2014后，选择菜单栏中的【文件】|【新建】命令，弹出【选择样板】对话框。在【文件名】列表中选择"A3样板图.dwg"选项，然后单击【打开】按钮，在绘图区加载了图幅、标题栏、图层、标题栏、图层、标注样式和文字样式。

## 13.6.2 绘制俯视图

**01** 将"中心线"图层设置为当前图层。单击【绘图】工具栏中的【直线】按钮，绘制图13-78所示的定位中心线。

图13-78 绘制中心线

**02** 将"轮廓线"置为当前图层。

**03** 单击【绘图】工具栏中的【圆】按钮，以中

心线右侧交点为圆心绘制直径分别为20、40的同心圆。

**04** 重复调用【圆】命令，以左侧交点为圆心，绘制直径分别为16、28的同心圆，如图13-79所示。

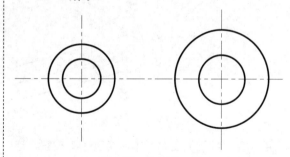

图13-79 绘制同心圆

**05** 单击【修改】工具栏中的【偏移】按钮，将
水平中线上下偏移9个单位，如图13-80所示。

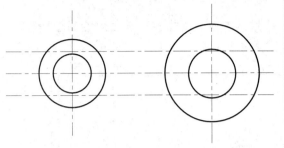

图13-80 偏移中心线

**06** 单击【绘图】工具栏中的【直线】按钮，绘
制连接直线并删除多余中心线，如图13-81
所示。

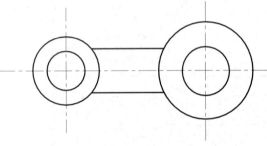

图13-81 连接直线并删除多余中心线

**07** 单击【绘图】工具栏中的【直线】按钮，以
右侧同心圆圆心为第一点，输入第二点相
对坐标（@62<-15），如图13-82所示。

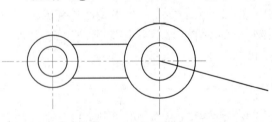

图13-82 绘制直线

**08** 单击【绘图】工具栏中的【偏移】按钮，将
刚绘制的直线上下偏移9个单位，如图13-83
所示。

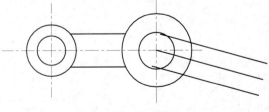

图13-83 偏移直线

**09** 单击【绘图】工具栏中的【直线】按钮，连
接偏移直线的端点，并修剪偏移直线，如

图13-84所示。

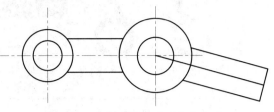

图13-84 绘制连接直线并修剪直线

**10** 重复调用【直线】命令，以向下偏移出
的直线的端点为起点，依次输入各点的
相对坐标，如（@-4<75）、（@38<-
15）、（@10<75）、（@-28<-15）、
（@12<75）、（@-10<-15），绘制的结果
如图13-85所示。

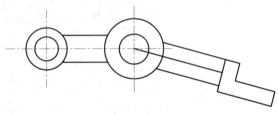

图13-85 绘制轮廓线

**11** 单击【修改】工具栏中的【偏移】按钮，
将编号为1的直线分别向右偏移21、24.5、
28，向左偏移13，并修剪偏移直线，结果
如图13-86所示。

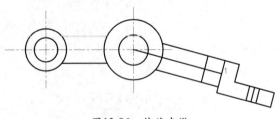

图13-86 偏移直线

**12** 选择菜单栏中的【修改】|【特性匹配】命
令，选择中心线为源对象，选择偏移距离
为13、24.5的直线为目标对象，结果如图
13-87所示。

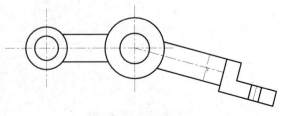

图13-87 特性匹配

**13** 单击【绘图】工具栏中的【圆】按钮，以
交点2为圆心绘制同心圆，直径分别为12、

7。单击【绘图】工具栏中的【直线】按钮，以刚绘制的直径为12的圆的象限点为第一点，捕捉与直线1的垂足为第二点并绘制两条直线，如图13-88所示。

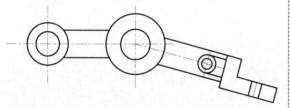

图13-88 绘制同心圆和连接直线

**14** 修剪同心圆并绘制图13-89所示的样条曲线。

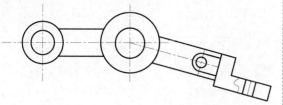

图13-89 修剪圆并绘制样条曲线

**15** 单击【修改】工具栏上的【圆角】按钮，在如图13-90所示处倒圆角。

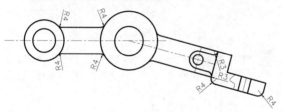

图13-90 倒圆角

**16** 单击【绘图】工具栏中的【图案填充】按钮，设置填充样式为"ANSI31"，填充比例为0.8，填充的结果如图13-91所示。

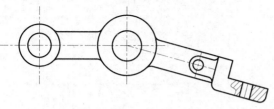

图13-91 填充后的效果图

**17** 利用夹点编辑功能来选定孔的中心线并拉长，俯视图绘制完成，如图13-92所示。

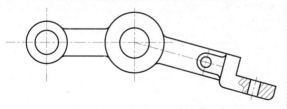

图13-92 调整架的俯视图

## 13.6.3 绘制剖视图

**01** 在图13-93所示处绘制剖切符号，确定剖切位置。视图按投影方向配置，故箭头也可以省略。

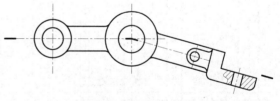

图13-93 绘制剖切符号

**02** 单击【修改】工具栏中的【复制】按钮，将俯视图竖直向下复制一个副本。

**03** 单击【修改】工具栏中的【旋转】按钮，选中俯视图副本中的对象，如图13-94所示。指定直径为40的圆的圆心为基点，输入旋转角度15°，结果如图13-95所示。

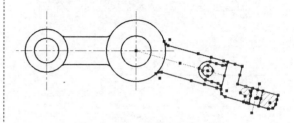

图13-94 选定旋转对象

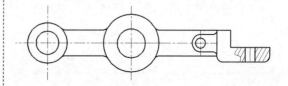

图13-95 旋转结果

**04** 单击【绘图】工具栏中的【构造线】按钮，依次通过各圆象限点、中心线绘制垂直构造线，如图13-96所示。

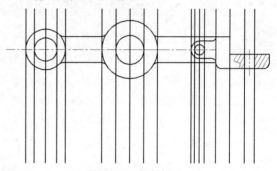

图13-96 绘制构造线

**05** 单击【绘图】工具栏中的【构造线】按钮，

绘制一条水平构造线，并将水平构造线向下分别偏移4、9、14、18、24，结果如图13-97所示。

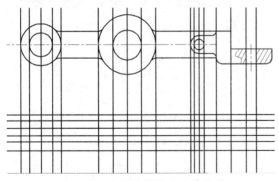

图13-97　绘制水平构造线并偏移

**06** 单击【修改】工具栏中的【修剪】按钮，修剪上步所绘制的图形，结果如图13-98所示。

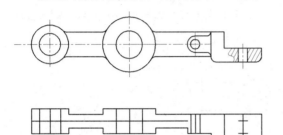

图13-98　修剪结果

**07** 选择菜单栏中的【修改】|【特性匹配】命令，选择俯视图中的中心线为源对象，选择剖视图的线段为目标对象，匹配的结果如图13-99所示。

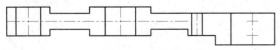

图13-99　匹配中心线

**08** 选择剖视图中的中心线，利用夹点编辑功能拉长中心线。

**09** 单击【修改】工具栏中的【倒圆角】按钮，对剖视图进行倒圆角，如图13-100所示。

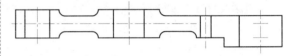

图13-100　倒圆角

**10** 单击【绘图】工具栏中的【圆】按钮，以右侧两个中心线交点为圆心，绘制直径为7的两个圆，如图13-101所示。

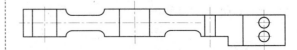

图13-101　绘制小圆

**11** 单击【绘图】工具栏中的【图案填充】按钮，设置填充样式为"ANSI31"，填充比例为0.8，填充后的结果如图13-102所示。

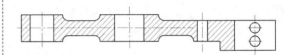

图13-102　填充后的效果图

**12** 删除俯视图的副本，剖视图绘制完成，如图13-103所示。

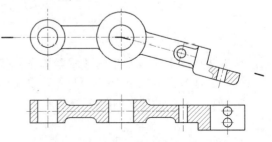

图13-103　调整架的俯视图和剖视图

## ▌13.6.4　标注图形和填写标题栏

**01** 将"标注"图层设置为当前图层。

**02** 单击【标注】工具栏中的【线性】按钮，标注线性尺寸，如图13-104所示。

**03** 双击尺寸，使其变为可编辑状态，输入"%%c"添加直径符号，并单击【标注】工具栏中的【圆】和【角度】按钮，标注圆和角度，如图13-105所示。

**04** 选择菜单栏中的【插入】|【块】命令，选择基准符号块，插入基准符号，在命令行中输入"QLEADER"命令，插入形位公差，如图13-106所示。

**05** 双击尺寸，使其变为可编辑状态，标记公差，如图13-107所示。

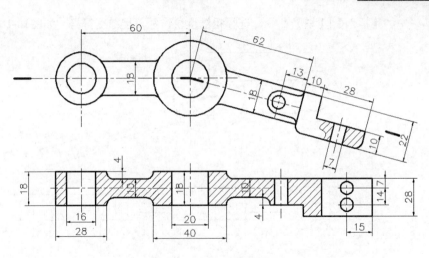

图13-104 标注线性尺寸

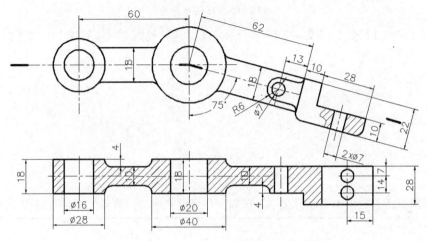

图13-105 添加直径符号并标注圆和角度

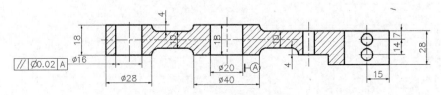

图13-106 标记形位公差

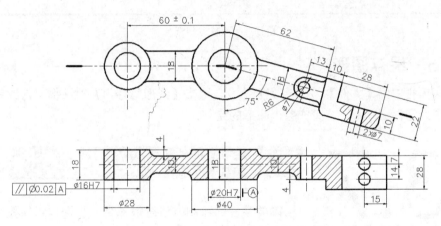

图13-107 标记公差

**06** 选择菜单栏中的【插入】|【块】命令，选择粗糙度块，插入粗糙度符号，如图13-108所示。

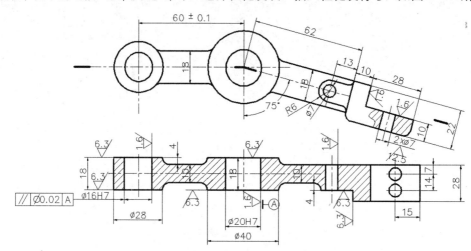

图13-108 标记粗糙度

**07** 选择菜单栏中的【绘图】|【文字】|【多行文字】命令，输入"技术要求"，如图13-109所示。

技术要求

1. 未铸造圆角为R3~R5
2. 铸件不能有气孔、砂眼及夹渣等缺陷
3. 机加工前进行时效处理

图13-109 输入"技术要求"

**08** 单击【绘图】工具栏中的【多行文字】按钮，在标题栏中输入适当的文字，如图13-110所示。

| | | | | | | HT200 | | | | |
|---|---|---|---|---|---|---|---|---|---|---|
| 标记 | 处数 | 分区 | 更改文件号 | 签名 | 年、月、日 | | | | 调整架 | |
| 设计 | (设计) | (日期) | 标准化 | | | 阶段标记 | 重量 | 比例 | | |
| 审核 | | | | | | | (重量) | (比例) | | |
| 工艺 | | | 批准 | | | | | | | |

图13-110 填写标题栏

## ▌13.6.5 保存图形

选择菜单栏中的【文件】|【另存为】命令，弹出【图形另存为】对话框，将绘制的图形保存为"调整架零件图.dwg"，完成整个图形的绘制。

# 13.7 实战——绘制箱体类零件图

箱体类零件的绘制方法有很多种，下面以绘制图13-111所示的阀体为例，介绍常用的绘制箱体类零件的方法。

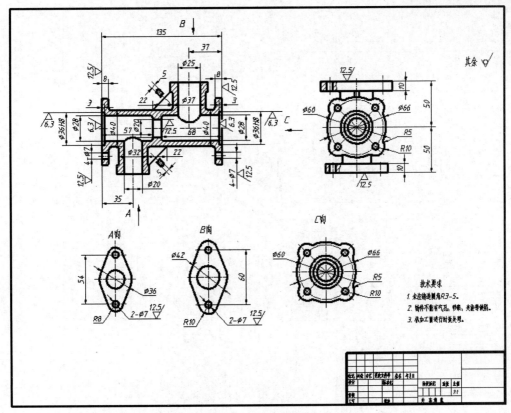

图13-111 阀体零件图

## 13.7.1 设置绘图环境

启动AutoCAD 2014后，选择菜单栏中的【文件】|【新建】命令，弹出【选择样板】对话框。在【文件名】列表中选择"A3样板图.dwg"选项，然后单击【打开】按钮，在绘图区加载了图幅、标题栏、图层、标题栏、图层、标注样式和文字样式。

## 13.7.2 绘制主视图

**01** 将"粗实线"图层设置为当前图层。

**02** 单击【绘图】工具栏中的【直线】按钮，绘制两条相互垂直的基准线，如图13-112所示，A长约170，B长约80。

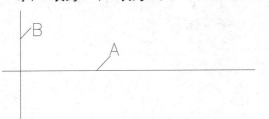

图13-112 绘制两条基准线

**03** 单击【修改】工具栏中的【偏移】按钮，将A直线上下偏移14、18、20、10，将B直线偏移向右3、57、78、132、135，如图13-113所示。

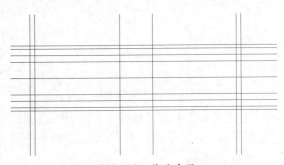

图13-113 偏移直线

**04** 单击【修改】工具栏中的【修剪】按钮，修剪结果如图13-114所示。

**05** 单击【修改】工具栏中的【偏移】按钮，将A直线向上偏移50、40、33、6.3，将B直线向右偏移8、77、79.5、85.5、98、110.5、116.5、119、127，如图13-115所示。

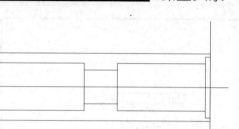

图13-114　修剪结果

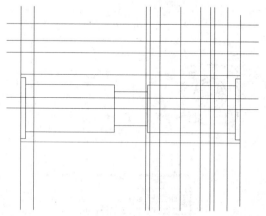

图13-115　偏移直线

**06** 单击【修改】工具栏中的【修剪】按钮，修剪结果如图13-116所示。

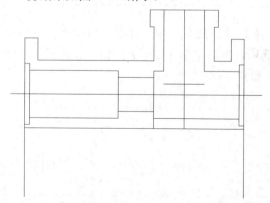

图13-116　修剪结果

**07** 选择菜单栏中的【绘图】|【圆弧】|【三点】命令，绘制图13-117所示的圆弧，并删除辅助线段。

**08** 单击【修改】工具栏中的【偏移】按钮，将A直线向下偏移50、40、9.8，将B直线向右偏移8、17、19、25、35、45、51、53、127。结果如图13-118所示。

**09** 单击【修改】工具栏中的【修剪】按钮，修剪结果如图13-119所示。

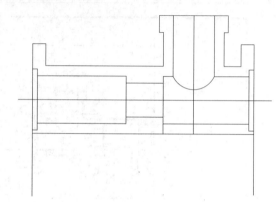

图13-117　绘制圆弧并删除辅助线

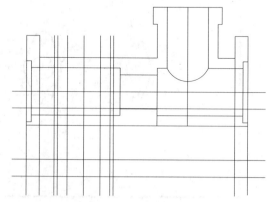

图13-118　偏移直线

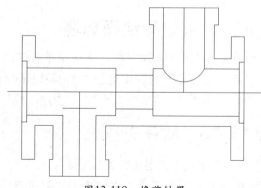

图13-119　修剪结果

**10** 选择菜单栏中的【绘图】|【圆弧】|【三点】命令，绘制图13-120所示的圆弧，并删除辅助线段。

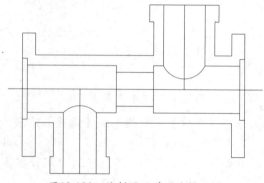

图13-120　绘制圆弧并删除辅助线

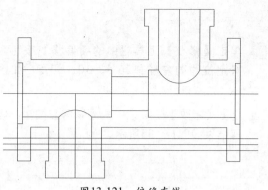

图13-121 偏移直线

**11** 单击【修改】工具栏中的【偏移】按钮，将 A直线向下偏移26.5、30、33.5，结果如图13-121所示。

**12** 单击【修改】工具栏中的【修剪】按钮，修剪结果如图13-122所示。

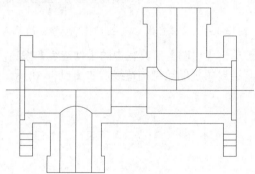

图13-122 修剪结果

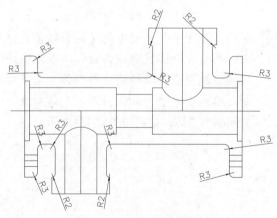

图13-123 倒圆角结果

**13** 单击【修改】工具栏中的【倒圆角】按钮，倒圆角结果如图13-123所示。

**14** 选中如图13-124所示的直线，选择菜单栏中的【修改】|【特性】命令，将线型更改为"CENTER"，比例设置为8，并拉长短直线，结果如图13-125所示。

**15** 将"细实线"图层置为当前图层。单击【绘

图】工具栏中的【图案填充】按钮，将填充样式设置为"ANSI31"，比例为0.8，填充结果如图13-126所示。

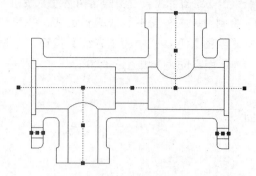

图13-124 选定直线

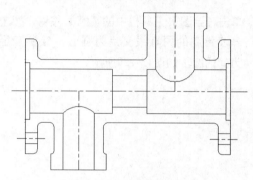

图13-125 修改线型

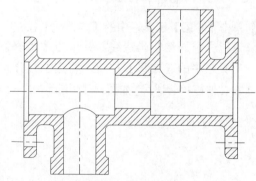

图13-126 填充效果

**16** 打开【线宽】，并改变中心线的线宽为0.25，主视图绘制完成，如图13-127所示。

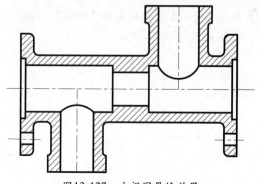

图13-127 主视图最终效果

## 13.7.3 绘制左视图

**01** 将"细实线"图层冻结，并关闭【线宽】。

**02** 单击【绘图】工具栏中的【构造线】按钮，绘制通过主视图中心线的构造线，并单击【绘图】工具栏中的【直线】按钮，绘制左视图定位线，如图13-128所示。

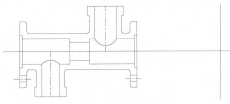

图13-128　绘制构造线和定位线

**03** 单击【绘图】工具栏中的【圆】按钮，以上一步绘制的两直线交点为圆心，绘制直径为66的圆，如图13-129所示。

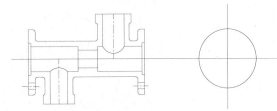

图13-129　绘制圆

**04** 单击【绘图】工具栏中的【构造线】按钮，通过主视图绘制构造线，并单击【修改】工具栏中的【偏移】按钮，将定位线分别左右偏移40、18.5，如图13-130所示。

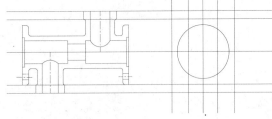

图13-130　绘制构造线并偏移定位线

**05** 单击【修改】工具栏中的【修剪】按钮，修剪结果如图13-131所示。

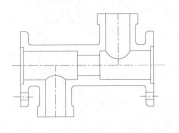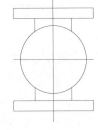

图13-131　修剪结果

**06** 单击【修改】工具栏中的【偏移】按钮，将定位线向左偏移26.5、30、33.5，如图13-132所示。

**07** 单击【修改】工具栏中的【修剪】按钮，修剪结果如图13-133所示。

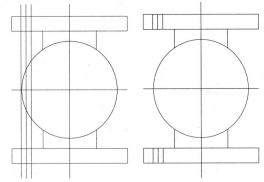

图13-132　偏移直线　　　图13-133　修剪结果

**08** 单击【绘图】工具栏中的【构造线】按钮，通过主视图绘制构造线，如图13-134所示。

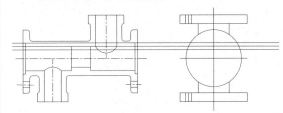

图13-134　绘制构造线

**09** 单击【绘图】工具栏中的【圆】按钮，以中心线与左视图定位线为圆心，以定位线与构造线交点为半径绘制同心圆，重复命令，输入半径值为30，绘制一个辅助圆，并删除构造线，结果如图13-135所示。

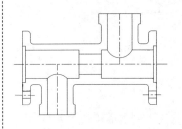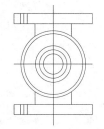

图13-135　绘制同心圆

**10** 利用夹点编辑功能，将左视图定位线复制并旋转45度、-45度。结果如图13-136所示。

**11** 单击【绘图】工具栏中的【圆】按钮，以复制旋转直线与半径为30的交点为圆心，绘制半径分别为10、3.5的同心圆，如图

13-137所示。

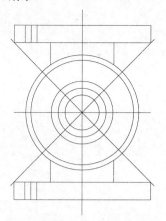

图13-136 利用夹点编辑直线

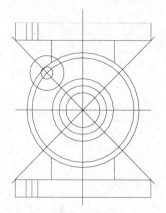

图13-137 绘制同心圆

**12** 单击【修改】工具栏中的【修剪】按钮，修剪结果如图13-138所示。

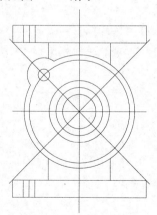

图13-138 修剪结果

**13** 单击【修改】工具栏中的【倒圆角】按钮，倒圆角结果如图13-139所示。

**14** 选择菜单栏中的【修改】|【阵列】|【环形阵列】命令，选中R3.5的圆为阵列对象，选择大圆圆心为阵列中心，选择项目数为4，阵列结果如图13-140所示。

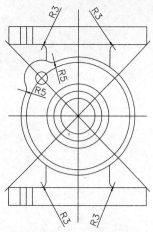

图13-139 倒圆角结果

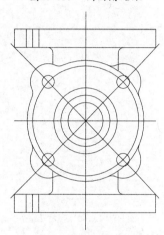

图13-140 阵列结果

**15** 单击【修改】工具栏中的【修剪】按钮，修剪结果如图13-141所示。

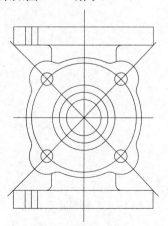

图13-141 修剪结果

**16** 单击【修改】工具栏中的【偏移】按钮，将左视图定位线左右偏移2.5个单位，结果如图13-142所示。

**17** 单击【修改】工具栏中的【修剪】按钮，修剪结果如图13-143所示。

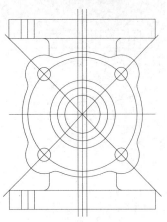

图13-142　偏移直线

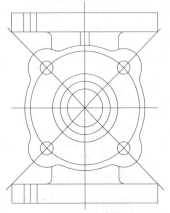

图13-143　修剪结果

**18** 单击【绘图】工具栏中的【样条曲线】按钮，绘制样条曲线，结果如图13-144所示。

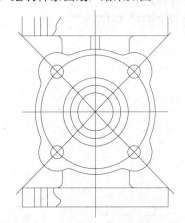

图13-144　绘制样条曲线

**19** 选中孔中心直线，选择菜单栏中的【修改】|【特性】命令，选择"CENTER"线型，比例设为8，并对部分中心线添加【拉长】或【打断】命令，结果如图13-145所示。

**20** 选择菜单栏中的【修改】|【特性】命令，选择中心线为源对象，选择半径为30的圆为目标对象，匹配结果如图13-146所示。

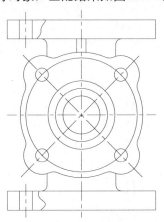

图13-145　修改中心线特性

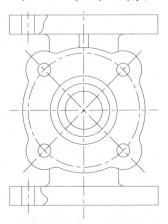

图13-146　特性匹配圆

**21** 解冻"剖面线"层，并置为当前。

**22** 单击【绘图】工具栏中的【图案填充】按钮，将填充样式设置为"ANSI31"，比例设置为0.8，填充结果如图13-147所示。

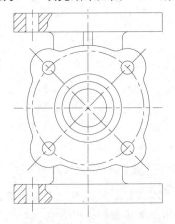

图13-147　图案填充

**23** 打开线宽显示，更改中心线和样条曲线的线宽为0.25mm，左视图绘制完成，结果如图13-148所示。

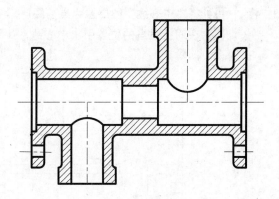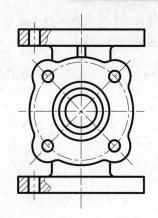

图13-148　阀体的主视图和左视图

## 13.7.4　绘制向视图

**01** 将"细实线"图层置为当前图层。

**02** 选择菜单栏中的【标注】|【多重引线】命令，绘制引线，确定向视图的投影方向，如图13-149所示。

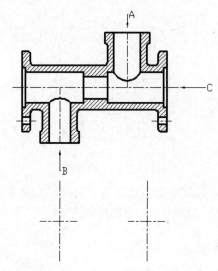

图13-150　绘制定位中心线

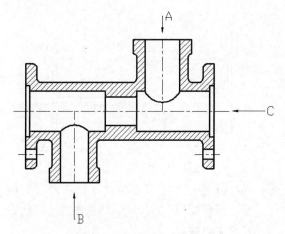

图13-149　绘制多重引线

**03** 将"中心线"图层置为当前图层。

**04** 单击【绘图】工具栏中的【直线】按钮，绘制定位中心线，如图13-150所示。

**05** 单击【修改】工具栏中的【偏移】按钮，将水平中心线上下偏移27。

**06** 将"轮廓线"图层置为当前图层。单击【绘图】工具栏中的【圆】按钮，在水平中心线与垂直中心线的交点处分别绘制直径为20、36的同心圆，在偏移中心线与垂直中心的交点处分别绘制直径为7、16的同心圆，如图13-151所示。

**07** 单击【绘图】工具栏中的【直线】按钮，连接切点绘制直线，结果如图13-152所示。

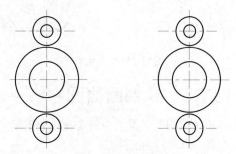

图13-151　绘制圆

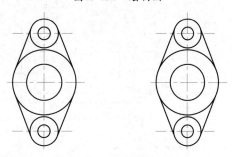

图13-152　绘制连接直线

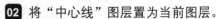

**08** 单击【修改】工具栏中的【修剪】按钮，修剪结果如图13-153所示。

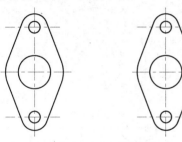

图13-153　修剪结果

**09** C向视图的图形与左视图的部分图形一致，故可利用【复制】命令，复制结果如图13-154所示。

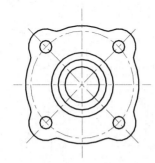

图13-154　C向视图

**10** 输入向视图名称和对应的投影方向，如图13-155所示，向视图绘制完成。

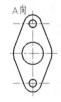

图13-155　向视图

## 13.7.5　绘制断面图

**01** 单击【绘图】工具栏中的【直线】按钮，绘制图13-156所示连接线。

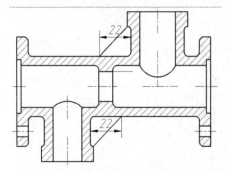

图13-156　绘制连接直线

**02** 将"中心线"图层置为当前图层。

**03** 在筋板适当的位置引出中心线，如图13-157所示。

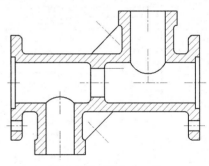

图13-157　引出中心线

**04** 单击【修改】工具栏中的【偏移】按钮，将中心线上下偏移2.5。

**05** 将"轮廓线"图层置为当前图层。

**06** 单击【绘图】工具栏中的【直线】按钮，绘制图13-158所示的直线。

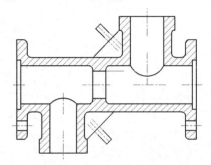

图13-158　绘制直线

**07** 单击【绘图】工具栏中的【样条曲线】按钮，绘制图13-159所示的样条曲线，并删除多余中心线。

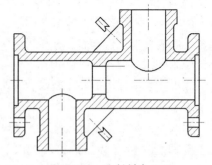

图13-159　绘制样条曲线

**08** 单击【修改】工具栏中的【倒圆角】按钮，倒圆角结果如图13-160所示。

**09** 单击工具栏【图案填充】按钮，将填充样式设置为"ANSI31"，比例主设置为0.8，填充结果如图13-161所示。断面图绘制完成。

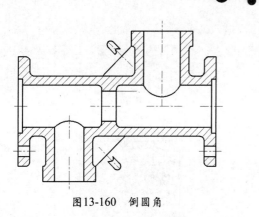
图13-160 倒圆角

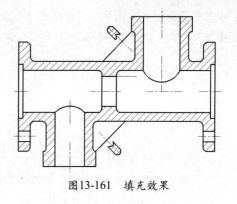
图13-161 填充效果

## 13.7.6 标注图形和填写标题栏

**01** 将"尺寸线"图层设置为当前图层。

**02** 单击【标注】工具栏中的【线性】按钮，标注线性尺寸，如图13-162所示。

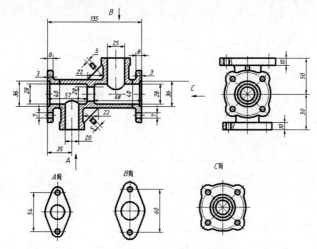
图13-162 标注线性尺寸

**03** 双击需要添加直径符号的尺寸，使其变为可编辑状态，输入"%%c"。单击标注工具栏中的【圆】和【半径】按钮，标注直径和半径，如图13-163所示。

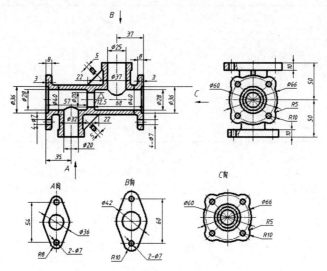
图13-163 添加直径符号并标注直径和半径

307

**04** 双击需要标记公差的尺寸，使其变为可编辑状态，输入公差代号。

**05** 选择菜单栏中的【插入】|【块】命令，选择粗糙度块，插入在图形的适当位置，如图13-164所示。

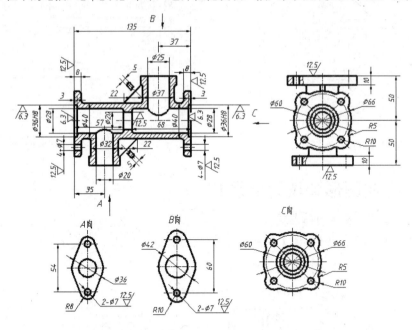

图13-164　标注公差和粗糙度

**06** 选择菜单栏中的【绘图】|【文字】|【多行文字】命令，输入技术要求的相关内容，如图13-165所示。

技术要求

1. 未注铸造圆角R2-5。

2. 铸件不能有气孔、砂眼、夹渣等缺陷。

3. 机加工前进行时效处理。

图13-165　输入技术要求

**07** 单击【绘图】工具栏中的【多行文字】按钮，在标题栏输入适当的文字，如图13-166所示。

| | | | | | | | 45 | | | |
|---|---|---|---|---|---|---|---|---|---|---|
| 标记 | 处数 | 分区 | 更改文件号 | 签名 | 年月日 | | | | | 阀体 |
| 设计 | | | 标准化 | | | 阶段标记 | | 重量 | 比例 | |
| 审核 | | | | | | | | | 1:1 | |
| 工艺 | | | 批准 | | | 共　张第　张 | | | | |

图13-166　填写标题栏

## ▮▮ 13.7.7　保存图形

选择菜单栏中的【文件】|【另存为】命令，弹出【另存为】对话框，将绘制的图形保存为"阀体零件图.dwg"，完成整个图形的绘制。

# 第14章
# 绘制二维装配图

在机械制图中，装配图是用来表达部件或机器的工作原理、零件之间的安装关系与相互位置的图样，包含装配、检验、安装时所需要的尺寸数据和技术要求，是指定装配工艺流程、进行装配、检验、安装及维修的技术依据，是生产中的重要技术文件。

本章介绍使用AutoCAD 2014绘制装配图的方法与过程、读装配图和由装配图拆画零件的方法。

# 14.1 装配图概述

装配图是表示产品及其组成部分的连接、装配关系的图样，如图14-1所示。装配图是表达设计思想及技术交流的工具，是指导生产的基本技术文件。在设计过程中，一般应根据要求画出装配图用以表达机器或者零部件的工作原理、传动路线和零件间的装配关系，再通过装配图表达各组零件在机器或部件上的作用和结构，以及零件之间的相对位置关系和连接方式。

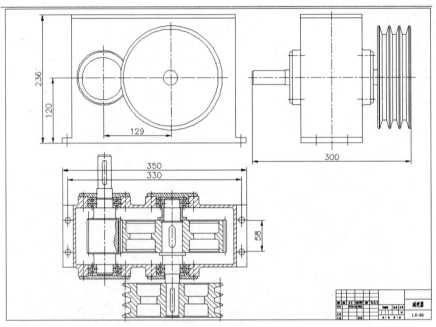

图14-1　装配图

## ▌14.1.1　装配图的作用

装配图是用来表达机器或者部件整体结构的一种机械图样，在科研和生产中起着十分重要的作用。

在设计产品时，通常是根据设计任务书，先画出符合设计要求的装配图，再根据装配图画出符合要求的零件图；在制造产品的过程中，要根据装配图制定装配工艺规程来进行装配、调试和检验产品；在使用产品时，要从装配图上了解产品的结构、性能、工作原理及保养、维修的方法和要求。

装配图是机器设计中设计意图的反映，是机器设计、制造的重要技术依据。通常用装配图表达机器翻译或部件的工作原理、零件间的装配关系和各零件的主要结构形状，以及装配、检验和安装时所需的尺寸和技术要求。

★　设计或测绘装配体（机器或部件）时，画出装配图来表示该机器或部件的构造和装配关系，并确定各零件的结构形状和协调各零件的尺寸等，装配图是绘制零件图的依据。

★　在生产中装配机器翻译时，装配图是制订装配工艺规程，机器装配、检验、调试和安装工作的依据。

★　使用和维修中，装配图是了解机器或部件工作原理、结构性能、从而决定操作、保养、拆装和维修方法的依据。

★　在进行技术交流、引进先进技术或更新改造原有设备时，装配图也是不可缺少的资料。

## 14.1.2 装配图的内容

一般情况下设计或测绘一个机械产品都离不开装配图，一张完整的装配图应该包括以下几方面。

### 1. 一组装配起来的机械图样

用一组图形（包括各种表达方法）正确、完整、清晰和简便地表达机器或部件的工作原理、零件间的装配关系及零件的主要结构形状。

### 2. 必要的尺寸

根据由装配图拆画零件图及装配、检验、安装、使用机器的需要，在装配图中必须标注出反映机器或部件的性能、规格、安装情况、部件或零件间的相对位置、配合要求，以及机器总体大小的尺寸。

### 3. 技术要求

用文字或符号准确、简明地表示机器或部件的性能、装配、检验、调整要求，验收条件，试验和使用、维修规则等。

### 4. 标题栏、序号和明细栏

用标题栏注明机器或部件的名称、规格、比例、图号及设计、制图者的姓名等。

装配图上对每种零件或组件必须进行编号并编制明细栏，依次编制明细栏，依次写出各种零件的序、名称、规格、数量、材料等内容。

## 14.1.3 装配图的表达方法

装配图和零件图一样，也是按正投影的原理、方法和《机械制图》国家标准的有关规定绘制的。零件图的表达方法（视图、剖视、断面等）及视图选用原则，一般都适用于装配图。但由于装配图与零件图各自表达对象的重点及在生产中所使用的范围有所不同，因而国家标准对装配图在表达方法上还有一些专门规定。

### 1. 装配图的规定画法

★ 接触面和配合面的画法。零件间接触面、配合面的画法规定相邻接触面和配合面，只画一条轮廓线，如图14-2线1所示。不接触的表面和非配合表面，无论间隙大小，均要画成两条轮廓线。如图14-3线2所示。

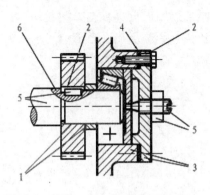

图14-2 接触面和配合面的画法

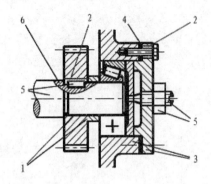

图14-3 不接触的面和非配合面的画法

★ 金属剖面的画法。在剖视图或断面图中，相邻两个零件的剖面线倾斜方向应相反，或方向一致而间隔不同。但在同一张图样上同一个零件在各个视图中的剖面线方向、间隔必须一致，如图14-4线3所示。厚度小于或等于 2 毫米的狭小面积的剖面，可用涂黑代替剖面符号，如图14-5线4所示。

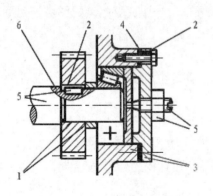

图14-4 金属剖面线的画法

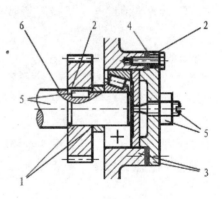

图14-5 狭小面积的剖面画法

★ 在装配图中，对于紧固件及轴、球、手柄、键、连杆等实心零件，若沿纵向剖切且剖切平面通过其对称平面或轴线时，这些零件均不使用剖视的画法，如图14-6线5所示。如需表明零件的凹槽、键槽、销孔等结构，可用局部剖视表示，如图14-7线6所示。

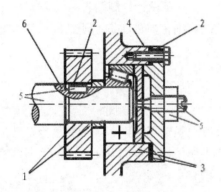

图14-6 实心零件的画法

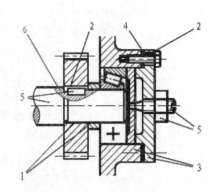

图14-7 凹槽，孔等的画法

### 2. 装配图特殊画法

拆卸画法。装配体上零件间往往有重叠现象，当某些零件遮住了需要表达的结构与装配关系时，为表达一些重要零件的内、外部形状，可假想拆去一个或几个零件后绘制该视图，即采用拆卸画法绘制装配图。假想将一些零件拆去后再画出剩下部分的视图，如图14-8所示。假想沿零件的结合面剖切，相当于把剖切面一侧的零件拆去，再画出剩下部分的视图，如图14-9所示。此时，零件的结合面上不画剖面线，但被剖切到的零件必须画出剖面线。

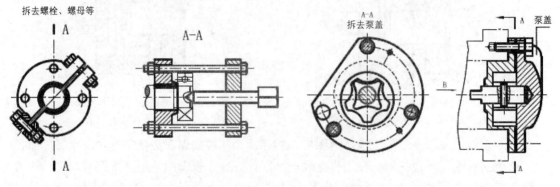

图14-8 拆去螺栓螺母

图14-9 沿结合面的剖切画法

拆卸画法的拆卸范围比较灵活，可以将某些零件全拆。也可以将某些零件半拆，此时以对称线为界，类似于半剖。还可以将某些零件局部拆卸，此时，以波浪线分界，类似于局部剖。采用拆卸画法的视图需加以说明时，可标注"拆去××零件"等字样。

★ 假想画法。在装配图中，为了表达与本部件有在装配关系但又不属于本部件的相邻零部件时，可用双点画线画出相邻零部件的部分轮廓，如图14-10所示。在装配图中，当需要表达运动零件的运动范围或极限位置时，也可用双点画线画出该零件在极限位置处的轮廓，如图14-11所示。当需要表达钻具、夹具中所夹持工件的位置情况时，可用双点划线画出所夹持工件的外形轮廓，如图14-12所示。

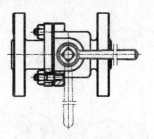

图14-11 假想法画运动范围或极限位置

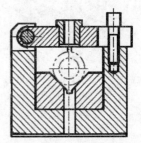

图14-12 夹具中所夹工件的画法

★ 单独表达某个零件的画法。在装配图中，当某个零件的主要结构在其他视图中未能表示清楚，而该零件的形状对部件的工作原理和装配关系的理解起着十分重要的作用时，可单独画出该零件的某一视图，如图14-13所示。

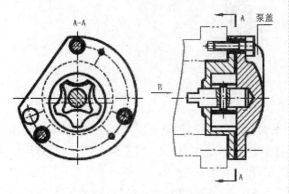

图14-10 假想法画相邻零部件

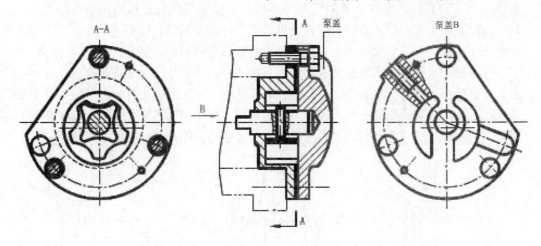

图14-13 单独表达某个零件的画法

★ 展开画法。为了表达传动机构的传动路线和装配关系，可假想按传动顺序沿轴线剖切，然后依次将各剖切平面展开在一个平面上，画出其剖视图。此时应在展开图的上方注明"×-×展开"字样，如图14-14所示。

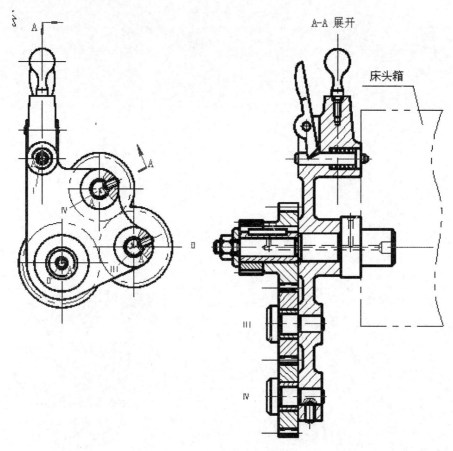

图14-14　展开画法

★　夸大画法。在装配图中，如绘制厚度很小的薄片、直径很小的孔，以及很小的锥度、斜度和尺寸很小的非配合间隙时，这些结构可不按原比例而夸大画出，如图14-15所示的垫片。

★　简化画法。装配图中，零件的工艺结构，如小圆角、倒角、退刀槽等可不画出，如图14-16线1所指部位的退刀槽、圆角及轴端倒角都未画出。在装配图中，螺栓、螺母等可按简化画法画出，即螺栓上螺纹一端的倒角可不画出，螺栓头部及螺母的倒角也不画出，如图14-17线2所指部分。对于装配图中若干相同的零件组，如螺栓、螺母、垫圈等，可只详细地画出一组或几组，其余只用点划线表示出装配位置即可。装配图中的滚动轴承，可只画出一半，另一半按规定示意画法画出。在装配图中，当剖切平面通过的某些组件为标准产品，或该组件已由其他图形表达清楚时，则该组件可不使用剖视的画法，如图14-18所示。在装配图中，在不致引起误解，不影响看图的情况下，剖切平面后不需表达的部分可省略不画，如图14-19A-A上部的螺纹紧固件及与其接触的夹板可见部分都被省略了。

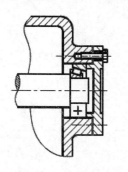
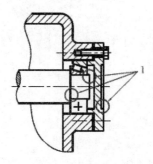
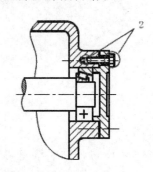

图14-15　夸大画法　　　　图14-16　工艺结构可不画出　　　图14-17　螺栓螺母倒角可不画

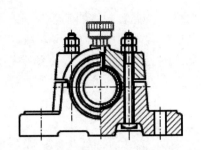

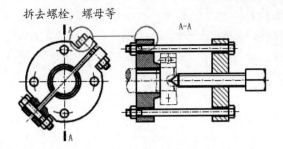

图14-18　标准产品或已表达的组件不剖视　　　　图14-19　省略不需要表达的部分

## 14.1.4　装配图的尺寸标注

装配图主要用来表达零部件的装配关系，不需要注出每一个零件的全部尺寸，只需标注出一些必要的尺寸，一般仅标注出下列几类尺寸。

★　特性、规格尺寸：表示装配体的性能、规格或特征的尺寸。常常是设计或选择使用装配体的依据，在设计时就已确定。

★　装配尺寸：表示装配体各零件之间装配关系的尺寸，包括配合尺寸和相对位置尺寸。配合尺寸表示零件配合性质的尺寸。相对位置尺寸表示装配和拆画零件时，需要保证的零件间相对位置的尺寸。

★　安装尺寸：表示机器或部件安装到基座或其他位置时所需的尺寸。

★　外形尺寸：表示装配体的外形轮廓尺寸，如总长、总宽、总高等，是装配体在包装、运输、安装时所需的尺寸。

★　其他重要尺寸：在设计过程中经过计算或选定的尺寸，不包括在上述4类尺寸之中，在拆画零件时，不能改变。

> **提示**
>
> 此外，有时还需要注出运动零件的极限位置尺寸。上述几类尺寸，并非在每一张装配图上都必须注全，应根据装配体的具体情况而定。在有些装配图上，同一个尺寸，可能兼有几种含义。

## 14.1.5　装配图中的技术要求

装配图中的技术要求，一般可从以下几个方面来考虑。

★　装配体装配后应达到的性能要求。

★　装配体在装配过程中应注意的事项及特殊加工要求。

★　检验、试验方面的要求。

★　使用要求。如对装配体的维护、保养方面的要求，以及操作使用时应注意的事项等。

> **提示**
>
> 与装配图中的尺寸标注一样，不是上述内容在每一张图上都要注全，而是根据装配体的需要来确定。技术要求一般注写在明细表的上方或图纸下部空白处。如果内容很多，也可另外编写成技术文件作为图纸的附件。

## 14.1.6　装配图的视图选择

装配图的视图选择与零件图一样，应使所选的每一个视图都有其表达的重点内容，具有独立存在的意义。一般来讲,选择表达方案时应遵循这样的思路:根据装配体的工作原理,用主视图及其他基本视图来表达对部件功能起决定作用的主要装配流程,辅以其他装配事项,再用其他视图表达基本视图中没有表达清楚的部分,最终把装配体的工作原理、装配关系等完整清晰地表达出来。在选择装配图的视图时,应考虑以下几点。

★ 装配图的内容侧重于将所有零件的连接、装配关系表达清楚,并不需要把零件的结构形状完全表达清楚。

★ 机器或部件的每种零件至少在某一视图上出现一次,不能遗漏,以便编排零件序号及明细栏。

★ 主视图的选择以既符合工作位置原则又符合装配关系原则为最佳,如果只能反映工作位置时,则可在其他视图上表达。

★ 视图数量根据机器或部件的复杂程度而定,通常应在便于读图的基础上做到"少而精确"。

### 1. 主视图的选择

装配图中的主视图应清楚地反映出机器或部件的主要装配关系。一般情况下,其主要装配关系均表现为一条主要装配干线。选择主视图的一般原则如下所述。

★ 确定装配体的安放位置。一般可将装配体按其在机器中的工作位置安放,以便了解装配体的情况及与其他机器的装配关系。如果装配体的工作位置倾斜,为画图方便,通常将装配体按放正后的位置画图。

★ 确定主视图的投影方向。装配体的位置确定以后,应该选择能较全面、明显地反映该装配体的主要工作原理、装配关系及主要结构的方向作为主视图的投影方向。

★ 主视图的表达方法。由于多数装配体都有内部结构需要表达,因此,主视图多采用剖视图画出。所取剖视的类型及范围,要根据装配体内部结构的具体情况决定。

### 2. 其他视图的选择

主视图确定之后,若还有带全局性的装配关系、工作原理及主要零件的主要结构还未表达清楚,应选择其他基本视图来表达。基本视图确定后,若装配体上还有一些局部的外部或内部结构需要表达时,可灵活地选用局部视图、局部剖视或断面等来补充表达。

## 14.1.7 装配图中的零件序号

在绘制好装配图后,为了阅读图纸方便,做好生产准备工作和图样管理,对装配图中每种零部件都必须编注序号。在机械制图中,零件序号有一些规定,序号的标注形式有多种,序号的排列也需要遵循一定的原则,下面分别介绍这些规定和原则。

### 1. 零件序号的一般规定

编注机械装配图中的零件序号一般遵循以下原则。

★ 装配图中所有零部件都必须编写序号。

★ 装配图中,一个部件可只编写一个序号;同一装配图中,尺寸规格完全相同的零部件,应编写相同的序号。

★ 装配图中的零部件的序号应与明细栏中的序号一致,且在同一个装配图中编注序号的形式一致。

### 2. 序号标注形式原则

标注一个完整的序号,一般应有3个部分:指引线、水平线(或圆圈)及序号数字,如图14-20中(a)、(b)、(c)所示。也可以不画水平线或圆圈,如图14-20中(d)所示。

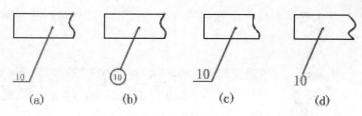

图14-20 标注序号

★ 指引线：指引线用细实线绘制，应自所指部分的可见轮廓内引出，并在可见轮廓内的起始端画一圆点。

★ 水平线或圆圈：水平线或圆圈用细实线绘制，用以注写序号数字。

★ 序号数字：在指引线的水平线上或圆圈内注写序号时，其字高比该装配图中所注尺寸数字高度大一号，也允许大两号。当不画水平线或圆圈，在指引线附近注写序号时，序号字高必须比该装配图中所标注尺寸数字高度大两号。

### 3. 序号的编排方法

序号在装配图周围按水平或垂直方向排列整齐，序号数字可按顺时针或逆时针方向依次增大，以便查找。在一个视图上无法连续编完全部所需序号时，可在其他视图上按上述原则继续编写。

### 4. 其他规定

★ 同一张装配图中，编注序号的形式应一致。

★ 指引线可以画成折线，但只可以曲折一次。

★ 指引线不能相交。

★ 当指引线通过有剖面线的区域时，指引线不应与剖面线平行，一组紧固件或装配关系清楚的零件组，可采用公共指引线，但应注意水平线或圆圈要排列整齐。

★ 当序号指引线所指部分内不便画圆点时（如很薄的零件或涂黑的剖面），可用箭头代替圆点，箭头需指向该部分轮廓。

## 14.1.8 标题栏和明细栏

装配图的标题栏可以和零件图的标题栏一样。

### 1. 明细栏的画法

★ 明细栏一般应紧接在标题栏上方绘制。若标题栏上方位置不够时，其余部分可画在标题栏的左方。

★ 明细栏最上方的边线一般用细实线绘制。

★ 当装配图中的零部件较多、位置不够时，可作为装配图的续页按A4幅面单独绘制出明细栏。若一页不够，可连续加页。其格式和要求参看国标GB10609.2-89的格式绘制。

### 2. 明细栏的填写

★ 当明细栏直接画在装配图中时，明细栏中的序号应按自下而上的顺序填写，以便发现有漏编的零件时，可继续向上填补。如果是单独附页的明细栏，序号应按自上而下的顺序填写。

★ 明细栏中的序号应与装配图上编号一致，即一一对应。

★ 代号栏用来注写图样中相应组成部分的图样代号或标准号。

★ 备注栏中，一般填写该项的附加说明或其他有关内容。如分区代号、常用件的主要参数，如齿轮的模数、齿数，弹簧的内径或外径、簧丝直径、有效圈数、自由长度等。

★ 螺栓、螺母、垫圈、键、销等标准件，其标记通常分两部分填入明细栏中。将标准代号填入代号栏内，其余规格尺寸等填在名称栏内（校用明细栏参照手压滑油泵图中的形式填写）。

# 14.2 装配图的绘制流程

装配图的绘制过程一般分为由内向外法和由外向内法。

## 14.2.1 由内向外法

由内向外法是指首先绘制中心位置的零件，然后以中心位置的零件为基准来绘制外部的零件。一般来说，这种方法适用于装配图中含有箱体的零件。

例如要绘制图14-21所示的减速箱的装配图，减速箱的装配图一般包含减速箱、传动轴、齿轮轴、轴承、端盖和键等众多零部件。这类装配图一般采用由内向外法比较合适，基本绘制步骤如下。

（1）绘制并并入减速箱俯视图图块文件。

（2）绘制并并入齿轮轴图块。

（3）绘制并平移轮轴图块。

（4）绘制并并入传动轴图块。

（5）平移传动轴图块。

（6）绘制并并入圆柱齿轮图块。

（7）提取轴承图符。

（8）绘制并并入其他零部件图块。

（9）块消隐。

（10）绘制定距环。

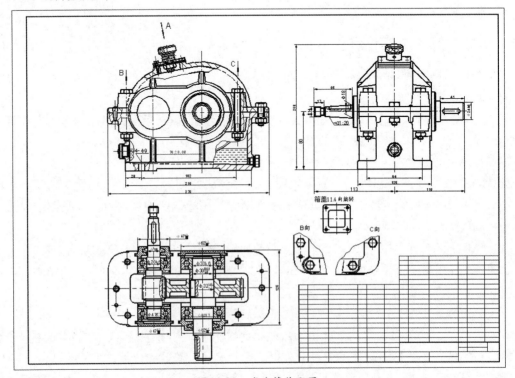

图14-21 减速箱装配图

## 14.2.2 由外向内法

由外向内法是指首先绘制外部零件，然后再以外部零件为基准绘制内部零件。例如，在绘制图14-22所示的泵盖装配图时，一般使用由外向内法，基本操作步骤如下。

（1）绘制外部轮廓线。

（2）绘制中心孔连接阀。

（3）绘制端盖。

（4）绘制外圈的螺帽。

除了由内向外法和由外向内法两种主要的绘制装配图的方法，还有由左向右，由上到下等方法，在具体绘制过程中，用户可以根据需要选择最合适的方法。

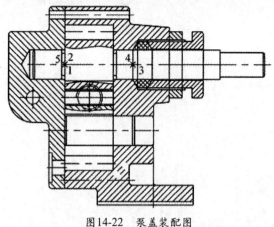

图14-22　泵盖装配图

# 14.3 绘制装配图

机械装配图的绘制方法综合起来有直接绘制法、零件插入法和零件图块插入法3种。

## 14.3.1 实战——直接绘制法

对于一些比较简单的装配图，可以直接利用AutoCAD的二维绘图及编辑命令，按照手工绘制装配图的绘图步骤将其绘制出来，与零件图的绘制方法相同。

下面以绘制钻模装配图为例，演示装配图直接绘制法。

**01** 打开AutoCAD 2014，设置"点画线"、"轮廓线"、"尺寸标注"、"文字"、"虚线"、"细实线"等图层。

**02** 将"点画线"图层设置为当前图层，绘制两条相互垂直的中心线，如图14-23所示。

**03** 将"轮廓线"图层设置为当前图层。单击【绘图】工具栏中的【圆】按钮，以中心线的交点为圆心，绘制半径分别为7、8、15、16、23、41、55、63的同心圆，然后将半径7的圆转换到"细实线"图层，将半径41的圆转换到"中心线"图层，如图14-24所示。

**04** 重复调用【圆】命令，以半径为41的中心线圆与水平中心线的交点为圆心，绘制半径分别为5、9的同心圆，如图14-25所示。

**05** 选择菜单栏中的【修改】|【阵列】|【环形阵列】命令，选择上步绘制的圆为阵列对象，以大圆圆心为阵列中心点，输入项目

数为3，结果如图14-26所示。

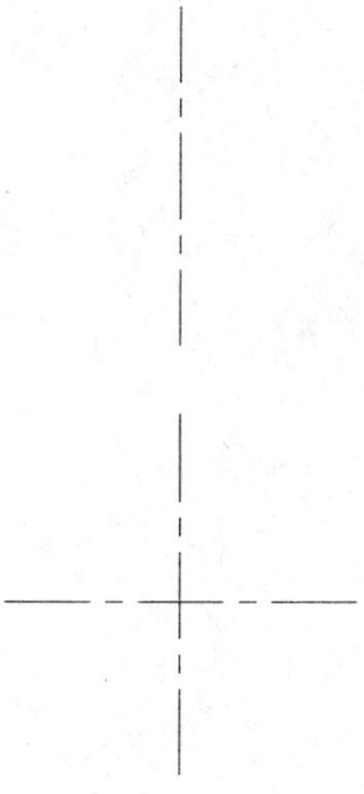

图14-23　绘制中心线 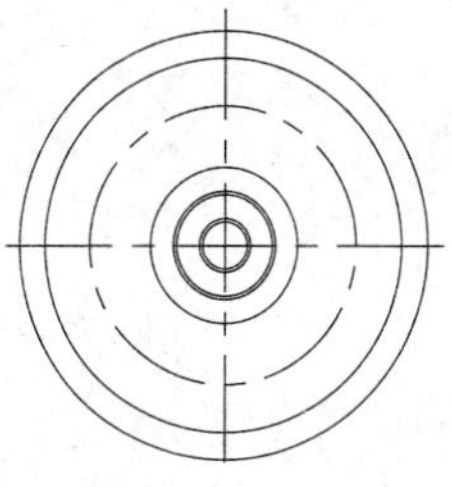　　图14-24　绘制圆

**06** 将"点画线"图层设置为当前图层。单击【绘图】工具栏中的【直线】按钮，以大圆圆心为第一点，输入第二点坐标

（@55<60）。重复调用【直线】命令，以大圆圆心为第一点，输入第二点坐标（@55<-60），绘制的直线如图14-27所示。

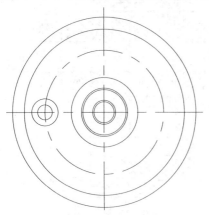

图14-25 绘制同心小圆

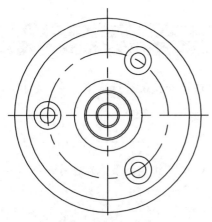

图14-26 阵列同心圆

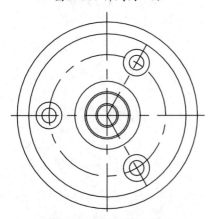

图14-27 绘制圆的中心线

**07** 单击【修改】工具栏中的【打断】按钮，将上一步绘制的中心线打断至合适长度。重复调用【打断】命令，将半径为7的圆打断四分之一，结果如图14-28所示。

**08** 单击【修改】工具栏中的【偏移】按钮，将水平中心线上下偏移10个单位。单击【修

改】工具栏中的【修剪】按钮，修剪圆，并删除多余的中心线，如图14-29所示。

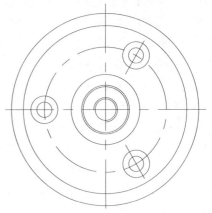

图14-28 打断直线和圆弧

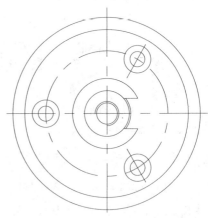

图14-29 绘制直线并修剪结果

**09** 单击【绘图】工具栏中的【多边形】按钮，输入边数6，以中心线的交点为多边形的中心，选择外切于圆，外切圆的半径为12，俯视图绘制完成，如图14-30所示。

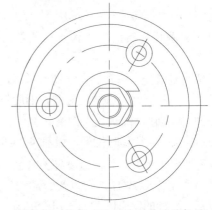

图14-30 绘制多边形后的最终俯视图

**10** 单击【绘图】工具栏中的【构造线】按钮，通过绘制完成的俯视图定位装配图的主视图，如图14-31所示。

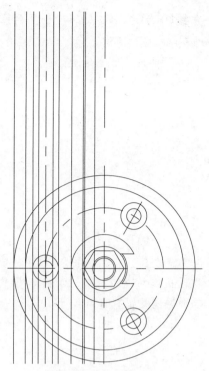

图14-31 绘制构造线

11 单击【绘图】工具栏中的【直线】按钮，绘制主视图的定位线，如图14-32所示。

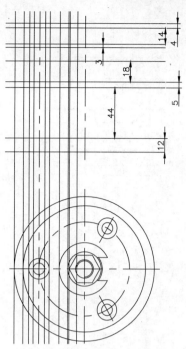

图14-33 偏移定位线

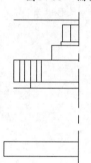

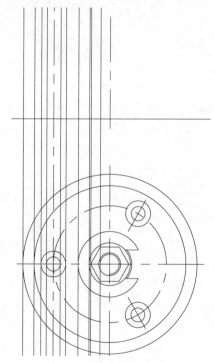

图14-32 绘制定位线

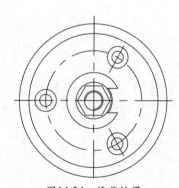

图14-34 修剪结果

14 单击【修改】工具栏中的【偏移】按钮，偏移结果如图14-35所示，将偏移直线的线型修改为"continuous"。

12 单击【修改】工具栏中的【偏移】按钮，将定位线向上偏移，偏移结果如图14-33所示。

13 单击【修改】工具栏中的【修剪】按钮，修剪结果如图14-34所示。

15 单击【修改】工具栏中的【修剪】按钮，修剪结果如图14-36所示。单击【修改】工具栏中的【倒圆角】按钮，倒圆角结果如图14-37所示。

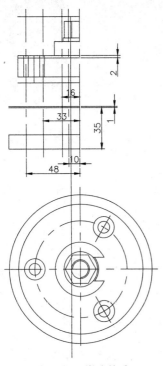

图14-35 偏移结果

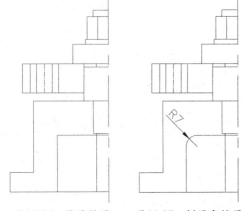

图14-36 修剪结果　　图14-37 倒圆角结果

**16** 单击【修改】工具栏中的【镜像】按钮，以垂直中心线上的两点为镜像点，镜像结果如图14-38所示。

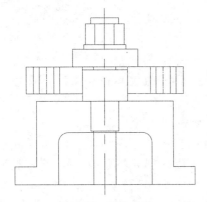

图14-38 镜像结果

**17** 将直线L1、L2、L3、L4拉长至合适的位置，如图14-39所示。

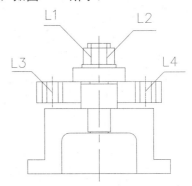

图14-39 拉伸结果

**18** 单击【修改】工具栏中的【镜像】按钮，选择螺栓头作为镜像对象，以点A、B为镜像点，镜像结果如图14-40所示。

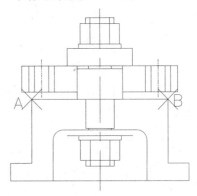

图14-40 镜像结果

**19** 对镜像后的图像进行平移、修剪、删除等操作，结果如图14-41所示。

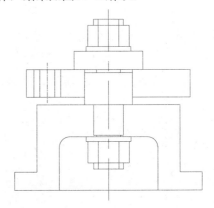

图14-41 整理结果

**20** 单击【绘图】工具栏中的【圆】按钮，绘制一个辅助圆，结果如图14-42所示。

**21** 单击【绘图】工具栏中的【图案填充】按钮，将样式设置为"LINE"，角度分别为45°、-45°，比例分别为1、2。填充结果如图

14-43所示，钻模装配图绘制完成。

**22** 装配图的最终效果图如图14-44所示。

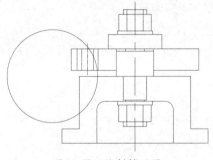

图14-42　绘制辅助圆

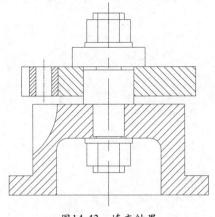

图14-43　填充结果

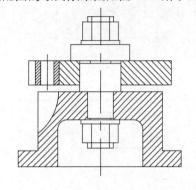

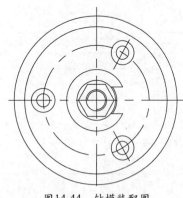

图14-44　钻模装配图

## 14.3.2　实战——零件插入法绘制截止阀

　　零件插入法是指首先绘制出装配图的各种零件，然后选择其中的一个主体零件，将其他各零件依次通过复制、粘贴、修剪等命令插入主体零件中来完成绘制。下面通过截止阀装配图的绘制了解零件插入法绘制截止阀装配图。

**01** 将"中心线"图层设置为当前图层，调用【直线】命令绘制一条垂直中心线。

**02** 调用【直线】命令，绘制图14-45所示的图形。

**03** 调用【复制】命令，将绘制好的螺钉复制，如图14-46所示。

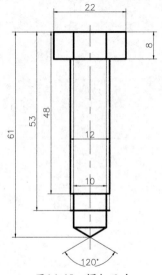

图14-45　螺钉尺寸

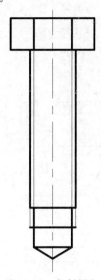

图14-46　复制螺钉

**04** 调用【直线】命令，绘制图14-47所示的阀体外轮廓。

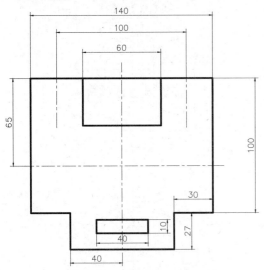

图14-47 绘制阀体外轮廓

**05** 重复调用【直线】命令，绘制阀体内部结构，如图14-48所示。

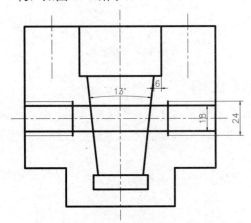

图14-48 绘制阀体内部结构

**06** 调用【直线】和【圆弧】命令，完善阀体的内部细节，如图14-49所示。

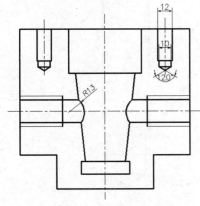

图14-49 完善阀体内部细节

**07** 调用【图案填充】命令，完成阀体的绘制，如图14-50所示。

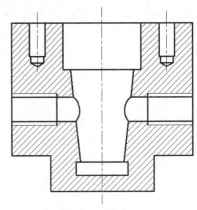

图14-50 图案填充效果

**08** 调用【直线】和【图案填充】命令，绘制垫片，如图14-51所示。

图14-51 绘制垫片

**09** 调用【直线】和【图案填充】命令，绘制密封圈，如图14-52所示。

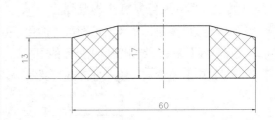

图14-52 绘制密封圈

**10** 调用【直线】命令，绘制阀盖轮廓，如图14-53所示。

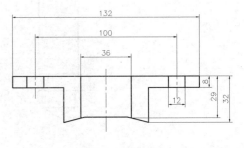

图14-53 绘制阀盖轮廓

**11** 调用【图案填充】命令，完成阀盖的绘制，如图14-54所示。

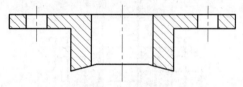

图14-54　图案填充效果

**12** 调用【直线】与【圆弧】命令，绘制阀杆，如图14-55所示。

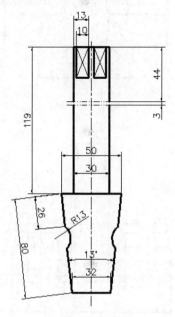

图14-55　绘制阀杆

**13** 调用【平移】命令，框选阀杆图形，指定阀杆上的基点，移动到阀体的合适位置，如图14-56所示。

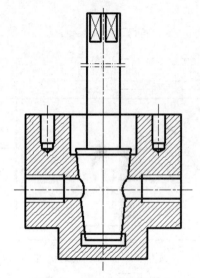

图14-56　将阀杆插入阀体中

**14** 调用【修剪】命令对图形进行修剪，结果如图14-57所示。

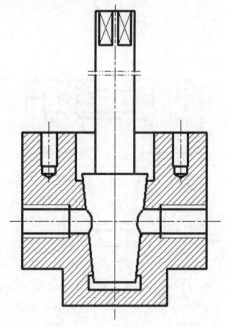

图14-57　修剪结果

**15** 调用【平移】命令，框选垫片，指定垫片的基点，移动到阀杆的合适位置，如图14-58所示。

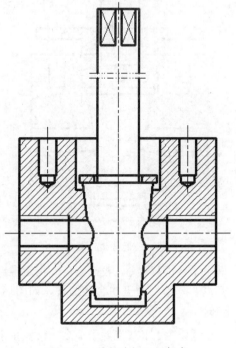

图14-58　将垫片插入阀杆中

**16** 调用【平移】命令，框选密封垫，指定密封垫的基点，移动到阀体的合适位置，如图14-59所示。

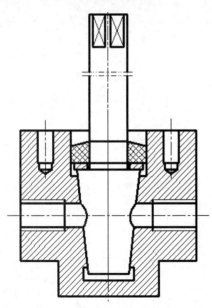

图14-59　将密封点插入到阀体中

**17** 调用【平移】命令，框选阀盖，指定阀盖的基点，移动到阀体的合适位置，如图14-60所示。

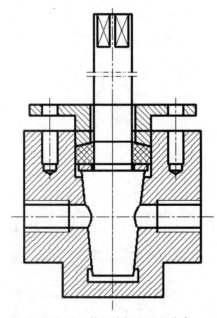

图14-60　将阀盖插入到阀体中

**18** 调用【平移】命令，框选螺钉，指定螺钉的基点，移动到阀盖的合适位置，如图14-61所示。

**19** 调用【修剪】和【直线】命令，修剪多余的线条，结果如图14-62所示。

**20** 调用【直线】、【圆】、【多边形】和【修剪】等命令，用直接绘制法，绘制装配图的俯视图，如图14-63所示。

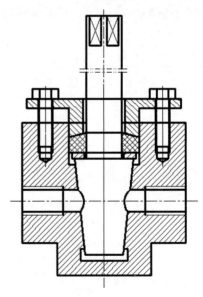

图14-61　插入螺钉

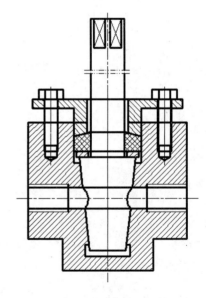

图14-62　修饰图形

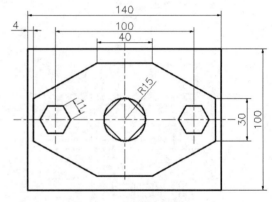

图14-63　装配图的俯视图

**21** 截止阀装配图绘制完成，如图14-64所示。

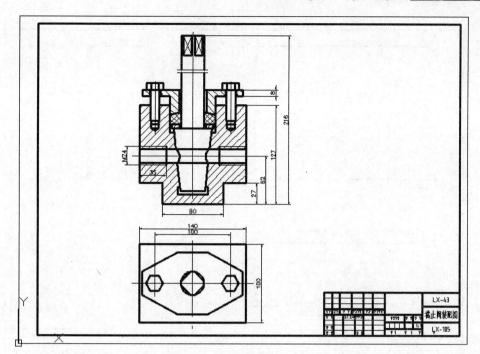

图14-64 装配图的最终效果图

## 14.3.3 实战——零件图块插入法绘制变速器

用零件图块插入法绘制装配图，就是将组成部件或机器的各个零件的图形先创建为图块，然后再按零件间的相对位置关系，将零件图块逐个插入，拼绘成装配图的一种方法。下面通过变速器装配图的绘制了解零件图块插入法的绘制方法。

**01** 打开箱体文件，打开本书配套光盘中的素材文件"箱体零件.dwg"，如图14-65所示。

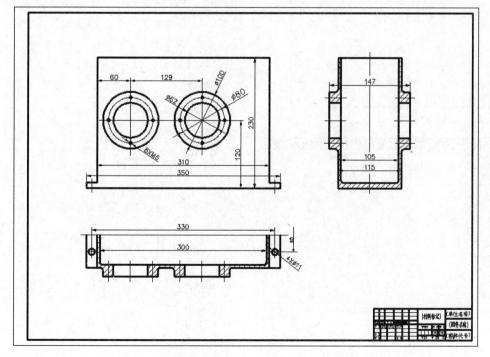

图14-65 箱体零件图

**02** 调用【镜像】和【平移】等命令整理箱体零件图，结果如图14-66所示。

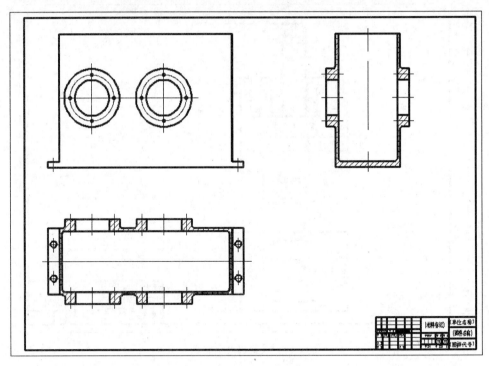

图14-66　整理结果

**03** 选择菜单栏中的【插入】|【块】命令，弹出图14-67所示对话框，单击【浏览】按钮，选择轴1零件图，如图14-68所示。

图14-67　【插入】对话框

图14-68　【选择图形文件】对话框

**04** 调用【分解】命令，将轴1零件图分解，并删除尺寸标注等，整理结果如图14-69所示。

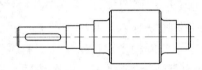

图14-69　轴1整理结果

**05** 调用【旋转】命令，将轴旋转-90°。

**06** 调用【平移】命令，框选轴1，以图14-70所示的节点为平移基点，移动到箱体中的基点，结果如图14-71所示。

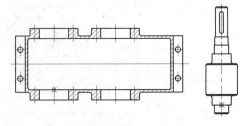

图14-70　平移点示意图

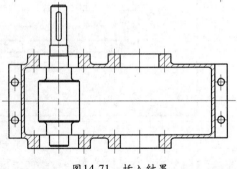

图14-71　插入结果

**07** 调用【插入】命令，插入轴2，并整理轴2，插入点如图14-72所示，插入结果如图14-73所示。

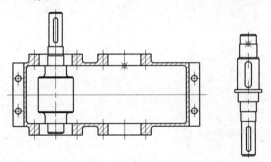

图14-72　插入点示意图

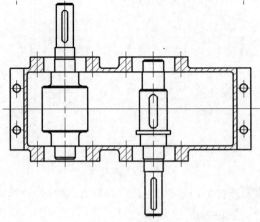

图14-73　轴2插入结果

**08** 调用【插入】命令，插入皮带轮零件图，整理皮带轮零件图，插入结果如图14-74所示。

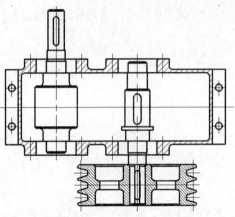

图14-74　皮带轮的插入结果

**09** 调用【插入】命令，插入齿轮零件图，整理齿轮零件图，插入结果如图14-75所示。

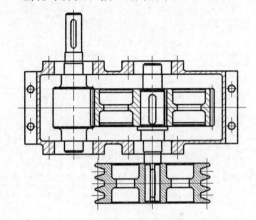

图14-75　插入齿轮结果

**10** 整理装配图，结果如图14-76所示。

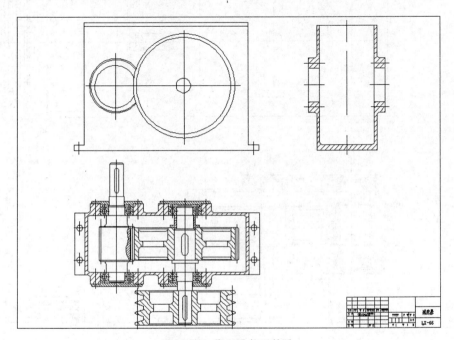

图14-76　装配图整理结果

11 调用【复制】命令，将俯视图的端面复制在视图的合适位置，如图14-77所示。

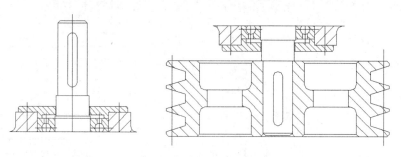

图14-77 复制俯视图的端面

12 调用【旋转】命令将复制对象旋转90°，并进行视图修整，结果如图14-78所示。

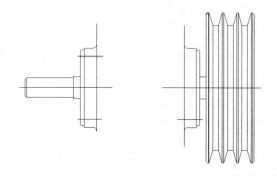

图14-78 左视图的端面

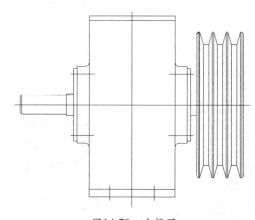

图14-79 左视图

13 调用【平移】命令将端面移动到左视图的合适位置，如图14-79所示。

14 整理俯视图，并填写标题栏，最终的结果如图14-80所示。

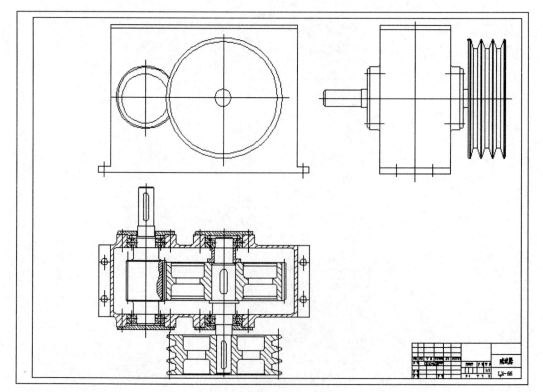

图14-80 变速箱装配图

# 14.4 装配图的阅读和拆画

在机械工业中，在机械的设计、制造、维修、使用和技术交流等工作中，常需要阅读装配图。在装配和设计零件时，还需要在读懂装配图的基础上拆画零件图，因此必须掌握读装配图及从中拆画零件图的基本方法。

## 14.4.1 读装配图的方法和步骤

读装配图要了解的内容归纳为以下几点。

★ 了解装配图的名称、用途、性能和工作原理。

★ 各零件间的相对位置、装配关系和拆装顺序。

★ 各零件的主要结构形状和作用。

★ 其他系统，如润滑系统、防漏系统的原理和构造。

下面结合图14-81所示的齿轮油泵介绍读装配图的方法和步骤。

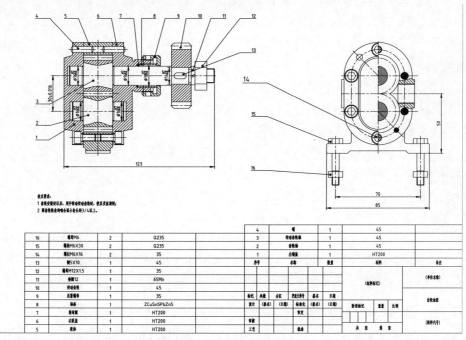

图14-81 齿轮油泵装配图

### 1. 概括了解

首先由标题栏、明细表了解部件的名称和零件的数量，从图样比例推断部件的大小；参阅产品说明书了解部件的用途；对视图进行分析；弄清各个视图的名称和表达方法，从而搞清各视图的表达重点。

图14-81所示的齿轮油泵，是机器中用以输送润滑油的一个部件，共由17种零件组成，并采用两个视图表达。主视图采用了全剖视，反映了各零件间的装配关系。左视图采用了沿左端盖1与泵体6结合面剖切的半剖视图B—B，反映了工作原理及外部形状；再用局部剖视反映进、出油口的情况。

### 2. 了解装配关系和工作原理

在概括了解分析视图的基础上，各视图相互对照，分析各条装配干线，弄清各零件间相互配合的要求，以及零件间的定位、连接方式和运动方式，这样就可以了解部件的工作原理，这是进一步看懂装配图的重要环节。

如图14-81所示，泵体6是齿轮泵中的主要零件之一，将齿轮轴2、传动齿轮轴3装入泵体后，两侧有左端盖1、右端盖7支承，并由销4定位，螺钉15将端盖和泵体连接成整体。为了防止泄露，还分别用垫片5及密封圈8、轴套9、压紧螺母10密封。当传动齿轮11按逆时针方向转动时，通过键14，将扭矩传递给传动齿轮轴3，带着齿轮轴2，从而使后者作顺时针方向转动。在两个齿轮啮合处，由于轮齿瞬间脱离啮合，使泵室右腔压力下降产生局部真空，油池内的油在大气压力作用下，从吸油口进入泵室右腔低压区，随着齿轮继续转动，由齿间将油带入左腔，使油产生压力并经出油口排出。

### 3. 分析零件的结构形状

上述分析与了解零件的结构形状是分不开的，因此经上述分析后，大部分零件的结构形状已基本清楚。对少数复杂的主体零件，用投影关系、区分剖面线、连接和运动关系等方法，对其结构形状进一步分析和构思。

齿轮油泵除主要零件泵体，左右端盖以外的零件，通过上述分析，其结构形状基本清楚，因此分析零件结构形状的重点应是泵体和左右端盖。泵体内腔是两个轴线平行的孔，外形是长圆台，两侧有相同的螺纹孔，其下方为方便安装设计了安装底板，上面有两个安装孔。左右端盖上相同之处是都有支承齿轮轴的两个支承孔，以及与泵体连接的两个销孔和6个螺栓孔。右端盖的右端为与压紧螺母连接而设计有外螺纹。

### 4. 归纳总结

一般可按以下几个主要问题进行读图。

★ 了解装配体的功能，其功能怎样实现。了解在工作状态下，装配体中各零件起的作用，运动零件之间是如何协调运动的。

★ 装配体的装配关系、连接方式、有无润滑、密封及其实现方式。

★ 装配体的拆卸及装配顺序。

★ 如何使用装配体，使用时的注意事项。

★ 装配图中各视图的表达重点，有否更好的表达方案，装配图中所注尺的类别。

上述读装配图的方法和步骤仅是一个概括的说明。实际读图时几个步骤往往是平行或交叉进行的。因此读图时应根据具体情况和需要灵活运用这些方法，通过反复地读图实践，便能逐渐掌握其中的规律，提高读装配图的速度和能力。

## 14.4.2　由装配图拆画零件图

在设计和装配过程中，需要由装配图画零件图，简称拆图。根据装配图拆画出零件图是一项重要的生产准备工作，拆图应在全面读懂装配图的基础上进行。拆图的过程也是继续设计零件的过程。

### 1. 拆画零件图的步骤

★ 看懂装配图。

★ 将要拆画的零件从装配图中分离出来并把它的结构形状分析清楚。

★ 根据零件图的结构形状及其在装配图中的工作位置等，按零件图的视图选择原则确定视图表达方案。

★ 根据选定的视图表达方案画出零件图。

### 2. 拆画零件图要注意的几个问题

★ 在装配图中没有表达清楚的结构，要根据零件功用、零件结构和装配结构，加以补充完善。

★ 装配图上省略的细小结构、圆角、倒角、退刀槽等，在拆画零件图时均应补上。

★ 装配图主要是表达装配关系。因此考虑零件视图方案时，不应该简单照抄，要根据零件的结构形状重新选择适当的表达方案。

★ 零件图的各部分尺寸大小可以在装配图上按比例直接量取，并补全装配图上没有的尺寸、表面粗糙度、极限配合、技术要求等。

## 14.4.3 实战——拆画滚筒零件图

下面以拆画图14-82所示的装配图中筒体为例介绍，讲述拆画零件图的步骤。

**01** 打开文件。打开本书配套光盘中的素材文件"14.4.3拆画滚筒零件图.dwg"，如图14-82所示。

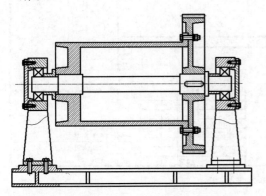

图14-82 滚筒装配图

**02** 读懂装配图，确定表达方案。

**03** 调用【复制】命令，由装配图上分离出筒体的轮廓，如图14-83所示。

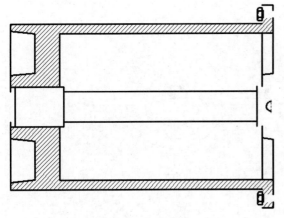

图14-83 分离筒体

**04** 根据筒体零件的工作位置，结合视图选择原则，采用全剖视图。

**05** 调用二维绘制命令完成筒体零件的绘制，结果如图14-84所示。

**06** 补全筒体零件的尺寸，如图14-85所示。

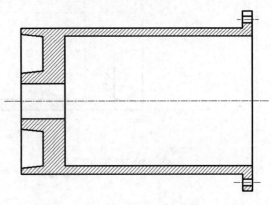

图14-84 整理筒体

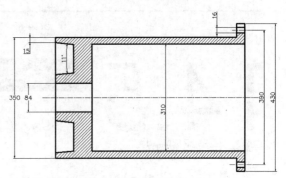

图14-85 标注尺寸

**07** 标注技术要求、表面粗糙度、尺寸公差、形位公差等，如图14-86所示。

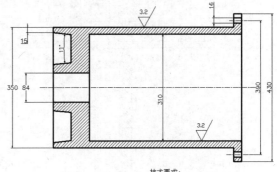

技术要求：
1、铸件应时效处理，消除内应力。
2、铸件不能有气孔、砂眼及夹渣等缺陷。

图14-86 标注技术要求和表面粗糙度

**08** 填写标题栏，核对检查，完成后的效果如图14-87所示。

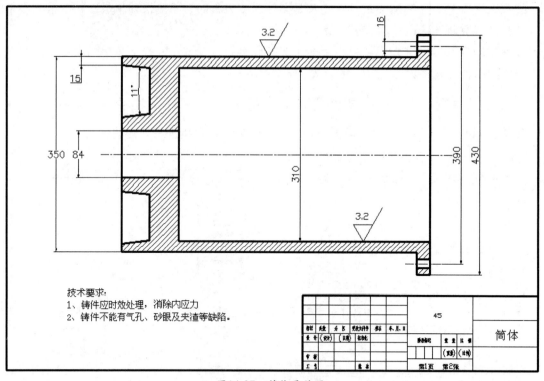

图14-87　筒体零件图

# 14.5 综合实战——绘制千斤顶装配图

本实战为绘制图14-88所示的千斤顶装配图，综合演练本章所学的二维装配图画法。

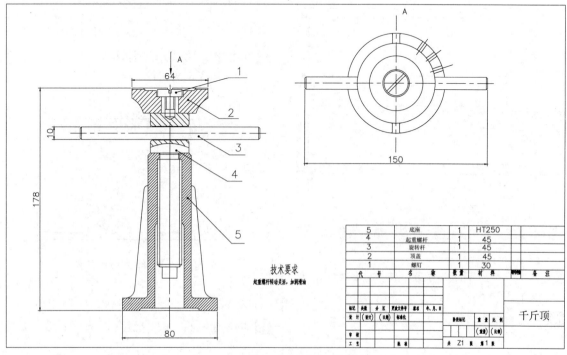

技术要求

起重螺杆转动灵活，加润滑油

| 5 | 底座 | 1 | HT250 | | |
| 4 | 起重螺杆 | 1 | 45 | | |
| 3 | 旋转杆 | 1 | 45 | | |
| 2 | 顶盖 | 1 | 45 | | |
| 1 | 螺钉 | 1 | 30 | | |
| 代　号 | 名　称 | 数量 | 材　料 | 单件 总计 | 备　注 |

千斤顶

图14-88　千斤顶装配图

**01** 确定视图表达方案。千斤顶的主要零部件有5个，选择全剖主视图和向视图即可表达清楚。

**02** 确定绘制方法。没有千斤顶的零件图块，故无法选用零件图块插入法。又由于千斤顶的装配图较为简单，可以直接绘制，也可以采用零件插入法，本例中全剖视图采用零件插入法，俯视图采用直接绘制法。

**03** 绘制旋转杆。调用二维绘图命令，绘制图14-89所示的旋转杆。

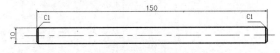

图14-89 旋转杆

**04** 绘制螺钉。调用【直线】、【镜像】等命令绘制图14-90所示的螺钉。

**05** 绘制端盖。考虑端盖在千斤顶中的工作位置和安装位置，故绘制主剖视图即可，如图14-91所示。

**06** 绘制起重螺杆。调用【直线】、【圆】、【倒角】等绘图命令，绘制图14-92所示的起重螺杆。

**07** 调用【直线】、【样条曲线】等命令绘制旋转杆的细节部分，如图14-93所示。

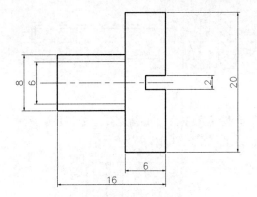

图14-90 螺钉

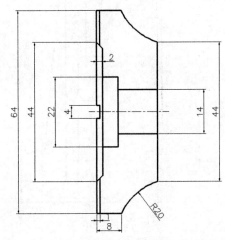

图14-91 端盖的绘制

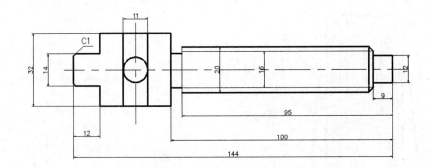

图14-92 起重螺杆的轮廓

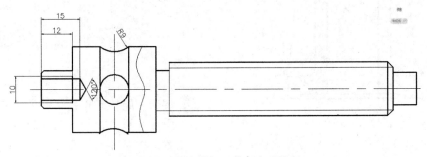

图14-93 起重螺杆细节部分的绘制

**08** 调用【图案填充】命令填充剖面，完成旋转杆的绘制，如图14-94所示。

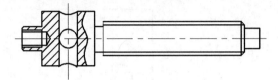

图14-94　起重螺杆

**09** 调用【直线】、【圆角】、【倒角】等命令绘制底座，如图14-95所示。

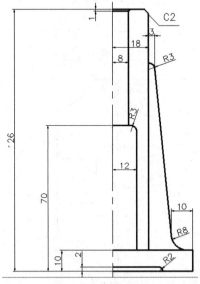

图14-95　底座尺寸

**10** 调用【镜像】和【图案填充】命令，完成底座的绘制，结果如图14-96所示。

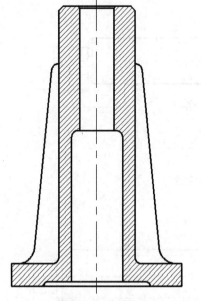

图14-96　底座

**11** 调用【旋转】命令，将起重螺杆旋转-90°，再调用【平移】命令，将起重螺杆插入到底座的合适位置，如图14-97所示。

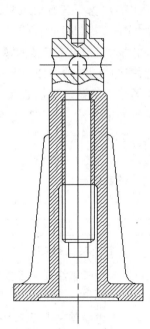

图14-97　插入起重螺杆

**12** 调用【旋转】命令，将端盖旋转-90°，再调用【平移】命令，将端盖插入到底座的合适位置，如图14-98所示。

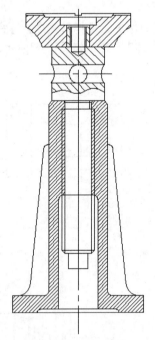

图14-98　插入端盖

**13** 调用【旋转】命令，将螺钉旋转90°，再调用【平移】命令，将螺钉插入到合适的位置，如图14-99所示。

**14** 调用【平移】命令，将旋转杆插入到合适的位置，如图14-100所示。

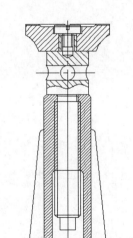

图14-99　插入螺钉

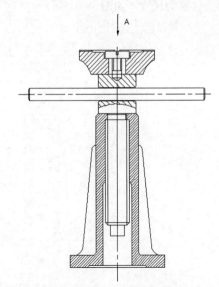

图14-102　确定向视图方向

**16** 调用【多重引线】、【多行文字】等命令绘制向视图符号，确定图14-102所示的向视图方向。

**17** 调用【直线】、【圆】、【倒角】等命令，绘制图14-103所示的向视图。

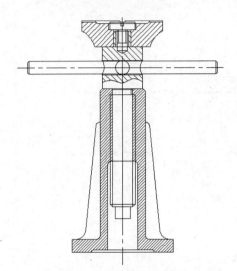

图14-100　插入旋转杆

**15** 调用【修剪】和【删除】命令，对装配图进行修整，最终的结果如图14-101所示。

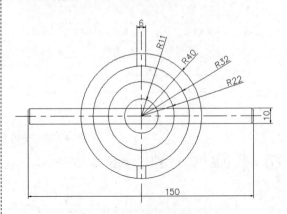

图14-103　向视图的基本尺寸

**18** 调用【直线】、【环形阵列】、【圆角】等命令，完善向视图的绘制，如图14-104所示。

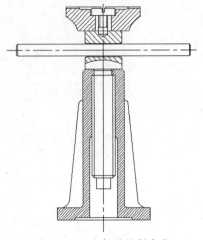

图14-101　主视图绘制完成

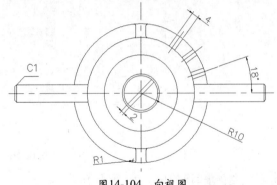

图14-104　向视图

337

**19** 标注必要的尺寸，如图14-105所示。

A
64
10
178
80
A
150

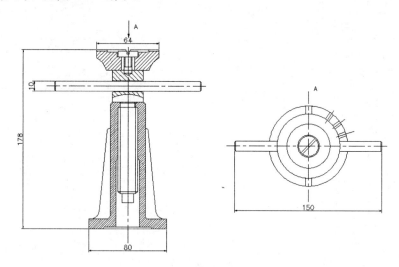

图14-105　标注必要的尺寸

**20** 填写技术要求，绘制并填写标题栏，如图14-106所示。

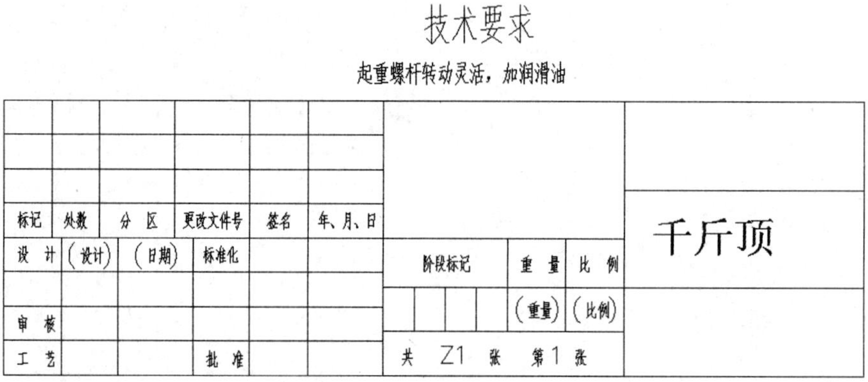

技术要求
起重螺杆转动灵活，加润滑油
标记
处数
分 区
更改文件号
签名
年、月、日
设 计
(设计)
(日期)
标准化
阶段标记
重 量
比 例
(重量)
(比例)
审 核
工 艺
批 准
共 Z1 张 第1 张
千斤顶

图14-106　填写标题栏和技术要求

**21** 在主视图中标注序号，如图14-107所示。

A
64
1
2
10
3
4
178
5
80
A
150

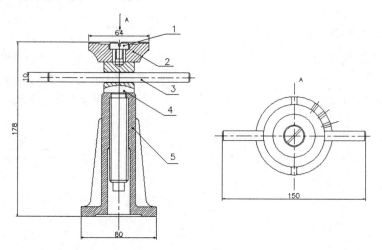

图14-107　标注序号

**22** 绘制并填写明细表，如图14-108所示。

| 5 | 底座 | 1 | HT250 | | |
|---|---|---|---|---|---|
| 4 | 起重螺杆 | 1 | 45 | | |
| 3 | 旋转杆 | 1 | 45 | | |
| 2 | 顶盖 | 1 | 45 | | |
| 1 | 螺钉 | 1 | 30 | | |
| 代 号 | 名 称 | 数 量 | 材 料 | 单件 总重 | 备 注 |

| 标记 | 处数 | 分 区 | 更改文件号 | 签名 | 年、月、日 | | | | 千斤顶 |
|---|---|---|---|---|---|---|---|---|---|
| 设 计 | （设计） | （日期） | 标准化 | | | 阶段标记 | 重 量 | 比 例 | |
| | | | | | | | （重量） | （比例） | |
| 审 核 | | | | | | | | | |
| 工 艺 | | | 批 准 | | | 共 Z1 张 | 第 1 张 | | |

图14-108 明细表

**23** 千斤顶装配图的最终效果图，如图14-109所示。

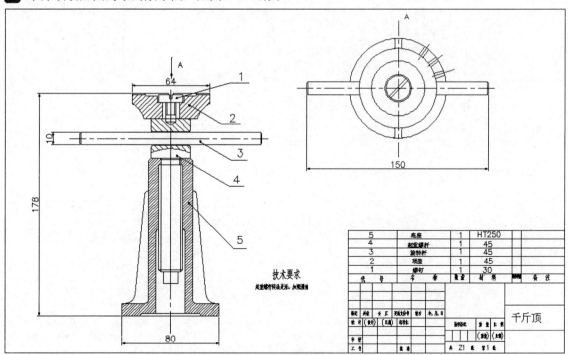

图14-109 千斤顶的装配图

# 读书笔记

# 第15章
# 三维实体创建和编辑

　　AutoCAD不仅具有强大的二维绘图功能，而且具备较强的三维绘图功能。AutoCAD 2014提供了绘制多段体、长方体、球体、圆柱体、圆锥体和圆环体等基本几何实体的命令，还可由二维轮廓进行拉伸、旋转、扫掠创建三维实体。对创建的三维实体可以进行实体编辑、布尔运算，以及体、面、边的编辑，创建出更复杂的模型。

# 15.1 三维模型分类

AutoCAD支持3种类型的三维模型：线框模型、曲面模型和实体模型。不同模型有不同的创建和编辑工具。

## 15.1.1 线框模型

线框模型是绘制三维对象的框架。线框模型中没有面，只有描绘对象边界的点、直线和曲线。用AutoCAD可以在三维空间的任何位置放置二维（平面）对象来创建线框模型。AutoCAD也提供一些三维线框对象，例如三维多段线（只能显示"连续"线型）和样条曲线。由于构成线框模型的每一个对象都必须单独绘制和定位，因此，这种建模方式速度比较慢。在实际工程中，通常将那些截面积与其长度相比可忽略不计的实体对象简化为线框模型。例如，在管线布置图中，常常将管线简化为线框模型。

## 15.1.2 曲面模型

AutoCAD曲面模型使用多边形网格定义镶嵌面。由于网格面是平面的，因此网格只能近似于曲面。

在实际工程中，通常将那些厚度与其表面积相比可以忽略不计的实体对象简化为曲面模型。例如，在体育馆、博物馆等大型建筑三维效果图中，屋顶、墙面、格间等就可以被简化为曲面模型。

## 15.1.3 实体模型

实体建模是最容易使用的三维建模类型。利用AutoCAD实体模型，可以创建长方体、圆锥体、圆柱体、球体、楔体和圆柱体等基本实体，然后对这些形状进行并集、差集或交集操作，从而创建更为复杂的实体模型。也可以将二维对象沿路径延伸或绕轴旋转来创建实体模型。

# 15.2 三维坐标系统

AutoCAD的图形空间是一个三维空间，用户可以在AutoCAD三维空间中的任意位置构建三维模型。AutoCAD使用三维坐标系对自身的三维空间进行度量，用户可以使用多种形式的三维坐标系。

## 15.2.1 UCS的概念

用户坐标系UCS，顾名思义，就是用户自己定义的坐标系，它是一个可变化的坐标系。用户坐标系UCS的坐标轴方向按照右手定则与左手定则定义，如图15-1所示。

采用世界坐标系，图形的绘制与编辑只能在一个固定的坐标系中进行，在绘制三维图形时，尤其是绘制比较复杂的三维图形，会造成一定的困难。为适应绘图需要，AutoCAD允许用户在世界坐标系的基础上定义用户坐标系，这种坐标系的原点可以是空间任意一点，同时可采用任意方式旋转或倾斜其坐标轴。用户坐标系与世

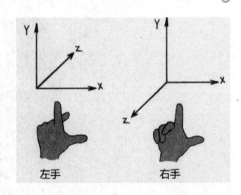

图15-1 右手定则定坐标轴

界坐标系的图标如图15-2所示。

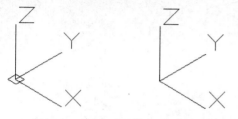

图15-2　用户坐标系与世界坐标系

## 15.2.2　定义UCS

创建用户坐标系是绘制三维图形的必要操作，创建用户坐标系的命令有以下几种调用方法。

★ 菜单栏：选择【工具】|【新建UCS】命令，在子菜单中选择坐标系定义方式。

★ 功能区：在【常用】选项卡中，单击【坐标】面板上的相关按钮，不同的按钮对应一种不同的坐标定义方式。

★ 命令行：在命令行中输入"UCS"，然后选择一种坐标系定义方式。

执行该命令后，命令行提示如下：

```
指定 UCS 的原点或 [面(F)/命名(NA)/对象(OB)/上一个(P)/视图(V)/世界(W)/X/Y/Z/Z 轴(ZA)] <世界>：
```

命令行中主要选项含义如下。

★ 面：将UCS与三维对象的选定面对齐，UCS的X轴将与所选的第一个面上最近的边对齐。选择实体的面后，将出现提示信息"输入选项 [下一个(N)/X 轴反向(X)/Y 轴反向(Y)] <接受>:"。其中，选择"下一个"选项，UCS将定位于邻接的面或选定边的后向面；选择"X轴反向"选项，将UCS绕X轴旋转180°；选择"Y轴反射"选项，则将UCS绕Y轴旋转180°；按Enter键将接受现在的位置。

★ 对象：根据选定的三维对象定义新的坐标系。新UCS的拉伸方向（即Z轴的正方向）为选定对象的方向。但此选项不能用于三维实体、三维多段线、三维网格、视口、多线、样条曲线、椭圆、射线、构造线、引线和多行文字等对象。

★ 视图：以平行于屏幕的平面为XY平面建立新的坐标系，UCS原点保持不变。

★ X/Y/Z：绕指定的轴旋转当前的UCS。通过指定原点和一个或多个绕X、Y或Z轴的旋转，可以定义任意方向的UCS。

★ Z轴：用特定的Z轴正半轴定义UCS。通过指定新原点和位于新建Z轴正半轴上的点来定义新坐标系的Z轴方向，从而定义新的UCS。

## 15.2.3　实战——编辑UCS

打开本书光盘中的素材文件"15.2.3编辑UCS.dwg"，如图15-3所示。本实例依次创建满足以下要求的UCS。

★ UCS的原点位于A点，X轴沿AB方向，Y轴沿AC方向。

★ UCS的原点位于G点，X轴沿GH方向，Y轴沿GA方向。

★ UCS的原点位于E点，X轴沿EC方向，Y轴沿EF方向。

★ UCS的原点位于EF的中点，X轴方向与EC方向平行，Y轴沿EF方向。

**01** 通过3点创建UCS。选择【工具】|【新建UCS】|【三点】命令，新建UCS，如图15-4所示，命令行操作过程如下：

```
命令：_ucs
当前 UCS 名称：*世界*
指定 UCS 的原点或 [面(F)/命名(NA)/对象(OB)/上一个(P)/视图(V)/世界(W)/X/Y/Z/Z 轴(ZA)] <世界>：_3
指定新原点 <0,0,0>：                    //捕捉A点。
```

```
在正 X 轴范围上指定点 <-53,-202,-341>:                        //捕捉B点
在 UCS XY 平面的正 Y 轴范围上指定点 <-54,-203,-341>:          //捕捉C点
```

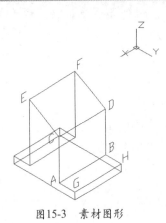

图15-3　素材图形

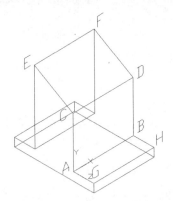

图15-4　通过3点定义UCS

02 通过移动当前UCS的原点，绕坐标轴旋转UCS的方式新建UCS。选择【工具】|【新建UCS】|
【原点】命令，新建UCS，如图15-5所示，命令行操作过程如下：

```
命令: _ucs
当前 UCS 名称: *没有名称*
指定 UCS 的原点或 [面(F)/命名(NA)/对象(OB)/上一个(P)/视图(V)/世界(W)/X/Y/Z/Z 轴(ZA)] <世界>: _o
指定新原点 <0,0,0>:                        //捕捉G点
```

03 绕X轴旋转-90°，选择【工具】|【新建UCS】|【X】命令，新建UCS，如图15-6所示，命令行操
作过程如下：

```
命令: _ucs
当前 UCS 名称: *没有名称*
指定 UCS 的原点或 [面(F)/命名(NA)/对象(OB)/上一个(P)/视图(V)/世界(W)/X/Y/Z/Z 轴(ZA)] <世界>: _x
指定绕 X 轴的旋转角度 <90d0'>: -90          //输入-90°
```

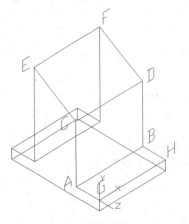

图15-5　平移原点定义UCS

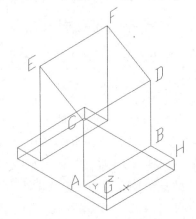

图15-6　旋转定义UCS

04 通过3 点方式新建UCS。选择【工具】|【新建UCS】|【三点】命令，新建UCS，如图15-7所
示，命令行操作过程如下：

```
命令: _ucs
```

```
当前 UCS 名称: *没有名称*
指定 UCS 的原点或 [面(F)/命名(NA)/对象(OB)/上一个(P)/视图(V)/世界(W)/X/Y/Z/Z 轴(ZA)] <世界>: _3
指定新原点 <0,0,0>:                              //捕捉E点
在正 X 轴范围上指定点 <1,105,-86>:              //捕捉C点
在 UCS XY 平面的正 Y 轴范围上指定点 <1,105,-86>: //捕捉F点
```

**05** 通过移动原UCS的原点新建UCS。选择【工具】|【新建UCS】|【原点】命令，创建UCS，如图
15-8所示，命令行操作过程如下：

```
命令: _ucs
当前 UCS 名称: *没有名称*
指定 UCS 的原点或 [面(F)/命名(NA)/对象(OB)/上一个(P)/视图(V)/世界(W)/X/Y/Z/Z 轴(ZA)] <世界>: _o
指定新原点 <0,0,0>:                              //捕捉EF的中点
```

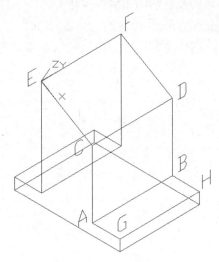

图15-7　通过三点建立UCS

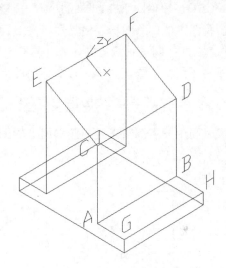

图15-8　通过改变原点建立UCS

## 15.2.4 实战——动态UCS绘图

使用动态UCS功能，可以直接在三维实体上创建对象，而无需手动更改UCS的方向。在执行命令当中，将光标移到平面上的时候，动态UCS可以临时将UCS的XY平面与三维实体的平整面对齐，单击状态栏中的【允许、禁止动态UCS】按钮，即可打开或关闭动态UCS功能。

**01** 打开光盘素材文件"第15章\15.2.4 动态UCS绘图.dwg"，如图15-9所示。单击状态栏中的【允许、禁止动态UCS】按钮，或按F6键，打开动态UCS。

**02** 绘制平面ABDC上的圆。单击【绘图】工具栏中的【圆】按钮，将鼠标移动到ABDC面内，四边形ABDC的边将变成虚线段，单击鼠标左键，绘制半径为10的圆。AutoCAD提示命令如下：

```
命令: _circle
指定圆的圆心或 [三点(3P)/两点(2P)/切点、切点、半径(T)]:    //在面ABDC上单击鼠标左键
指定圆的半径或 [直径(D)] <20>: 10                          //输入半径值为10
```

**03** 绘制平面ECAG上的圆。单击【绘图】工具栏中的【圆】按钮，将鼠标移动到ECAG面内，平面ECAG被选定。单击左键，绘制半径为10的圆。

**04** 按照上述方法绘制平面EFCD上的圆，绘制的结果如图15-10所示。

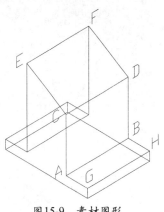

图15-9　素材图形

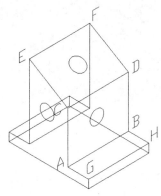

图15-10　绘制结果

## 15.2.5　UCS夹点编辑

AutoCAD还提供UCS夹点编辑功能，能够直观地修改当前UCS的位置和方向。

单击视图中的UCS图标，使其显示夹点，UCS夹点显示出4个夹点，如图15-11所示。X、Y和Z轴的夹点，控制该轴的方向，单击选中该夹点，然后将其移动到与另一目标点对齐，该轴的方向即对齐到新位置。同样的方法移动原点夹点，可以移动坐标原点的位置。

## 15.2.6　实战——夹点编辑UCS

本实战利用夹点编辑来绘制倾斜面上的图形，如图15-12所示。

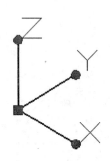

图15-11　UCS夹点

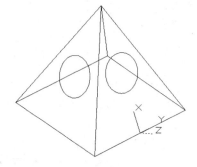

图15-12　绘制斜面上的图形

**01** 打开光盘素材文件"第15 章\15.2.6夹点编辑UCS.dwg"，如图15-13所示。

**02** 将鼠标移至坐标夹点位置，用左键单击夹点，使坐标显示图15-14所示的状态。

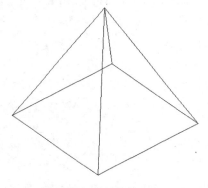

图15-13　原始文件

图15-14　显示夹点的坐标系

**03** 拖动坐标系的中心夹点至图15-15所示的位置，将Y轴上的夹点拖动至图15-16所示方向，即使X、Y轴均在指定的倾斜面上。

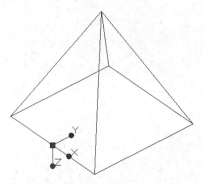

图15-15 移动原点夹点

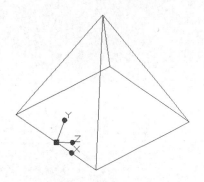

图15-16 指定Y轴夹点

**04** 在倾斜面上绘制圆。单击【绘图】工具栏上的【圆】按钮，在倾斜面中心寻找一点，绘制圆，如图15-17所示。

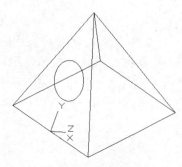

图15-17 绘制圆

**05** 利用同样的方法在另一面绘制圆，即可得到最终效图。

# 15.3 观察三维模型

在三维建模环境中，为了创建和编辑三维图形各部分的结构特征，需要不断地调整显示方式和视图位置，以更好地观察三维模型。本节主要介绍控制三维视图显示方式和从不同方位观察三维视图的方法和技巧。

## 15.3.1 设置视点

视点是指观察图形的方向。例如绘制三维球体时，如果使用平面坐标系即Z轴垂直于屏幕，此时仅能看到该球体在XY平面上的投影，如图15-18所示。如果调整视点至东南等轴测视图，看到的是三维球体，如图15-19所示。

### 1. 用VPOINT命令设置视点

VPOINT命令是AutoCAD的早期命令，它采用以下几种方法来定义视线方向。

★ 用角度来定义视线方向。

★ 用矢量来定义视线方向。

★ 用坐标球和三轴架来定义视线方向。

在命令行输入"VPOINT"命令并回车，或者执行【视图】|【三维视图】|【视点】菜单命令，命令提示如下：

```
命令: _vpoint
当前视图方向: VIEWDIR=435,435,435
```

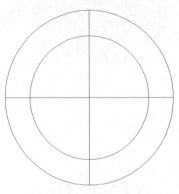

图15-18　平面视图中的球体

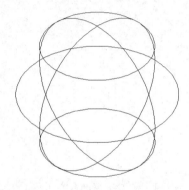

图15-19　三维视图中的球体

指定视点或 〔旋转(R)〕 <显示指南针和三轴架>：

命令行中各选项的含义如下所述。

★ 指定视点：表示使用输入的X、Y和Z坐标，创建定义观察视图的方向的矢量。定义的视图好像是观察者在该点向原点方向观察。根据《技术制图》国家标准，要形成一个物体的6个基本视图，首先应将物体置于正六面体系中。按正投影原理分别将物体向6个基本投影面投影，如图15-20所示。当用户要在屏幕上观察到物体的6个基本视图，可以通过改变视点来实现。

★ 旋转：用于指定视点和原点的连线在XY平面的投影与X轴正向的夹角，以及视点与原点的连线与XY平面的夹角。

★ 显示指南针和三轴架：当在VPOINT命令提示项下直接回车，就选择了"显示坐标球和三轴架"项，在屏幕上显示坐标轴和三向轴项，如图15-21所示。右上角的图形为坐标球；左下角的图形为三轴架，它代表X、Y、Z轴的正方向。当移动鼠标时，十字线光标将在坐标球上移动，同时三轴架将自动改变方向。在合适的位置单击鼠标左键，将完成视线方向的设置。

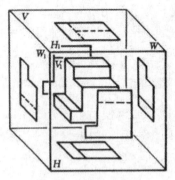

图15-20　6个基本投影面

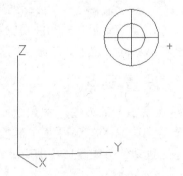

图15-21　指南针和三轴架

### 2. 利用【视点预设】对话框设置视点

利用【视点预设】对话框设置视点，可选择相对于WCS或UCS坐标的不同视点，其原理与【设置】命令的【旋转】选项的原理相同。打开【视点预设】对话框的方式如下。

★ 命令行：在命令行输入"DDVPOINT"，按Enter键。

★ 菜单：执行【视图】|【三维视图】|【视点预设】命令。

执行以上一种操作之后，弹出【视点预设】对话框，如图15-22所示，在对话框中各选项的含义如下。

★ 绝对于WCS：表示相对于WCS设置查看方向。

★ 相对于UCS：表示相对于当前UCS设置查看方向。

★ 自X轴：设置视点和相应坐标系原点连线在XY平面内与X轴的夹角。

★ 自XY平面：设置视点与相应坐标系原点连线与XY平面的夹角。

★ 设置为平面视图：设置查看角度相对于选定坐标系显示的平面视图（XY平面）。

★ 样例窗口：显示【自X轴】文本框与【设置为平面视图】按钮的设置效果。

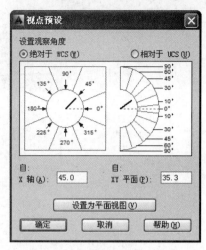

图15-22 【视点预设】对话框

### 3. 设置特殊视点

在进行三维绘图时，经常要用到一些特殊的视点（俯视、仰视），若使用"视点"命令进行相应坐标值的输入来查看这些视点很烦琐。AutoCAD把10种常用的特殊视点专门罗列出来，用户可以在使用时对这些视点进行快速设置。

设置特殊视点，有以下几种方法。

（1）利用【视图】工具栏快速设置视点

执行菜单栏中的【工具】|【工具栏】|【AutoCAD】|【视图】命令，打开【视图】工具栏，如图15-23所示。

图15-23 【视图】工具栏

工具栏中的各命令说明如下。

★ 俯视：从上往下观察视图。

★ 仰视：从下往上观察视图。

★ 左视：从左往右观察视图。

★ 右视：从右往左观察视图。

★ 前视：从前往后观察视图。

★ 后视：从后往前观察视图。

★ 西南等轴测：遵循"上北下南，左西右东"的原则，从西南方向以等轴测方式观察视图。

★ 东南等轴测：从东南方向以等轴测方式观察视图。

★ 东北等轴测：从东北方向以等轴测方式观察视图。

★ 西北等轴测：从西北方向以等轴测方式观察视图。

（2）利用【三维导航】工具栏快速设置视点

在工具栏非标题栏处单击鼠标右键，在弹出来的快捷菜单中选择【三维导航】选项，打开【三维导航】工具栏。在【三维导航】工具栏最右侧的下拉列表中可选择10种特殊视点，如图15-24所示。

（3）通过菜单栏快速设置视点

选择菜单栏中的【视图】|【三维视图】命令，在打开的级联菜单中可选择10种特殊视点，如图15-25所示。

### 4. 视图管理器

视图管理器用于创建、设置、重命名、修改和删除命名视图（包括模型命名视图）、相机视图、布局视图和预

图15-24 【三维导航】工具栏

设视图。打开视图管理器的方式如下。

图15-25　【三维视图】级联菜单

★　命令行：在命令行输入"VIEW"，按
　　Enter键。

★　工具栏：单击【视图】工具栏中的【命
　　名视图】按钮。

★　菜单栏：执行【视图】|【命名视图】命令。
　　执行以上任意一种操作之后，弹出【视
图管理器】对话框，如图15-26所示。

图15-26　【视图管理器】对话框

## 15.3.2　ViewCube工具

ViewCube工具是在二维模型空间或三维视觉样式中处理图形时显示的导航工具。默认情况下ViewCube工具显示在绘图区右上角位置，如图15-27所示。

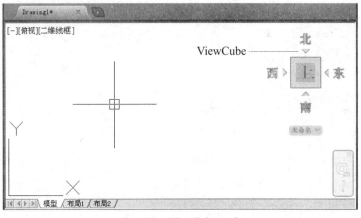

图15-27　ViewCube工具

ViewCube工具在视图发生更改后可提供有关模型当前视点的直观反映。将光标放置在ViewCube工具上后，ViewCube将变成活动状态。可以拖动或单击ViewCube来切换到可用预设视图之一、滚动当前视图或更改模型的主视图，如图15-28和图15-29所示。

当ViewCube工具处于不活动状态时，默认情况下它显示为半透明状态，这样便不会遮挡模型的视图。当ViewCube工具处于活动状态时，它显示为不透明状态，并且可能会遮挡模型当前的视图中对象的视图。

在ViewCube上单击右键，或者执行【视图】|【显示】|【ViewCube】|【设置】菜单命令，如图15-30所示，即可打开图15-31所示的【ViewCube设置】对话框。在对话框中可控制ViewCube工具在不活动时的不透明度级别，还可以控制ViewCube工具的大小、位置、UCS菜单显示、默认方向和指南针显示等。

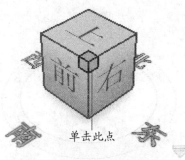
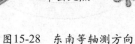

图15-28　东南等轴测方向

图15-29　西南等轴测方向

　　指南针显示在ViewCube工具的下方，并指示为模型定义的北向。可以单击指南针上的基本方向字母以旋转模型，也可以单击并拖动其中一个方向字母，或指南针圆环绕轴心点以交互方式旋转模型。

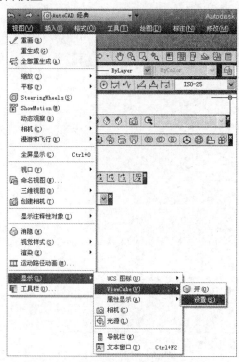

图15-30　设置ViewCube的菜单命令

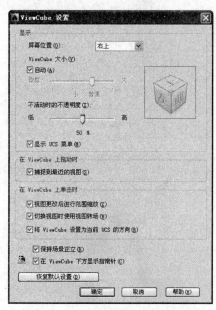

图15-31　【ViewCube设置】对话框

## 15.3.3　利用控制盘

　　控制盘将多个常用导航工具结合到一个单一界面中，从而为用户节省了时间。控制盘是任务特定的，通过控制盘可以在不同的视图中导航和设置模型方向，如图15-32～图15-34所示。

图15-32　全导航控制盘

图15-33　查看对象控制盘

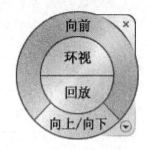

图15-34　巡视建筑控制盘

★ 二维导航控制盘：通过平移和缩放导航模型。

★ 查看对象控制盘：将模型置于中心位置，并定义轴心点，以使用"动态观察"工具缩放和动态观察模型。

★ 巡视建筑控制盘：通过将模型视图移近或移远、环视，以及更改模型视图的标高来导航模型。

★ 全导航控制盘：将模型置于中心位置，并定义轴心点，以使用"动态观察"工具漫游和环视、更改视图标高、动态观察、平移和缩放模型。

默认情况下控制盘是关闭的，可以在命令行输入"NAVSWHEEL"命令，并按Enter键，即可将其显示出来。在该控制盘上单击鼠标右键，在弹出的快捷菜单中可以选择控制盘的类型和相关的操作命令，如图15-35所示。在快捷菜单中选择【SteeringWheel设置】命令，可以打开

图15-35　快捷菜单

【SteeringWheels设置】对话框，在此可以修改控制盘的相关属性，如图15-36所示。

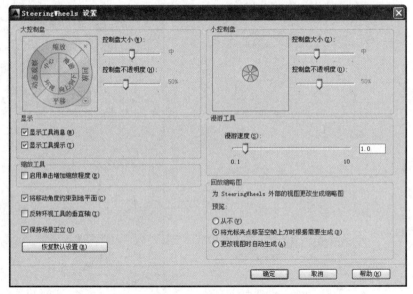

图15-36　【SteeringWheels设置】对话框

## 15.3.4　动态观察

使用3dorbit（三维动态观察器）可以实时地设置视点，以便动态观察图形对象。3dorbit命令的功能与Dview命令功能相似，只是3dorbit的表现比较直观易懂。

选择菜单栏中的【视图】|【动态观察】命令，子菜单中提供了3种动态观察方式，如图15-37所示。

**1. 受约束的动态观察**

受约束的动态观察指沿XY平面或Z轴约束的三维动态观察器。该命令有以下几种调用方法。

★ 菜单栏：选择菜单栏中的【视图】|【动态观察】|【受约束的动态观察】命令。

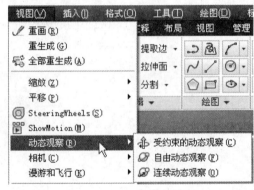

图15-37　动态观察命令

★ 工具栏：单击【动态观察】工具栏上的【受约束的动态观察】按钮。

★ 命令行：在命令行中输入"3DORBIT"命令。

执行该命令后，在绘图区中的鼠标光标将变为 ⊕ 图案，在该状态下按住鼠标左键进行移动，即可动态地观察对象。

#### 2. 自由动态观察

自由动态观察是指不限定平面，在任意方向上动态观察对象。该命令有以下几种调用方法。

★ 菜单栏：选择菜单栏中的【视图】|【动态观察】|【自由动态观察】命令。

★ 工具栏：单击【动态观察】工具栏上的【自由动态观察】按钮。

★ 命令行：在命令行中输入"3DFORBIT"命令。

执行该命令后，在绘图区中的鼠标光标将变为 ⊙ 图案，同时将显示一个浅绿色的导航球，如图15-38所示，此时在图形中拖动鼠标左键，就可以调节物体的观测距离。进行动态观察时，视点将模拟一颗卫星，围绕着轨迹球的中心点进行公转，而公转轨道可以通过拖动鼠标的方式进行任意选择。沿不同的方向拖动鼠标，视点将围绕着水平、垂直或任意轨道公转，观察对象也将连续、动态地转动，反映出在不同视点位置时观察到的视图效果。

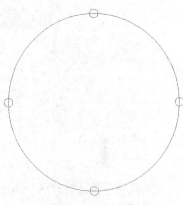

图15-38　导航球

在绘图区的不同位置按住鼠标左键并拖动，也可以旋转图形，但是效果不同。主要有以下几种情况。

★ 当鼠标移动到导航球内的三维对象时，按住鼠标左键并拖动，可以沿水平、竖直和对角方向随意操作视图。

★ 将鼠标移动至导航球外时，按住鼠标左键并围绕导航球拖动，可以使视图穿过导航球中心延伸的轴进行转动，称之为滚动。

★ 将鼠标光标移动到导航球左侧或右侧的小圆上时，按住鼠标左键并拖动，可以绕垂直轴通过导航球中心延伸的Y轴旋转视图。

★ 将鼠标光标移动到导航球顶部或底部的小圆上时，按住鼠标坐标左键并拖动，可以绕水平轴通过导航球中心延伸的X轴旋转视图。

#### 3. 连续动态观察器

连续动态观察器可以让系统自动连续动态观察。调用该命令有以下几种方法。

★ 菜单栏：选择菜单栏中的【视图】|【动态观察】|【连续动态观察】命令。

★ 工具栏：单击【动态观察】工具栏上的【连续动态观察】按钮。

★ 命令行：在命令行中输入"3DCORBIT"命令。

执行该命令后，在绘图区中的鼠标光标将变为 ⊗ 图案，在需要连续动态观察移动的方向上单击鼠标并拖动，使对象沿拖动的方向移动，然后释放鼠标，对象将在指定方向上继续动态地进行它的轨迹运动，对象旋转的速度由光标移动的速度决定。

# 15.4 视觉样式

模型样式主要表现为二维线框形式、三维线框形式、三维隐藏形式等。

## 15.4.1 应用视觉样式

要调整模型的视觉样式，可以执行【视图】|【视觉样式】命令，如图15-39所示，其子菜单中包含以下视觉样式选项。

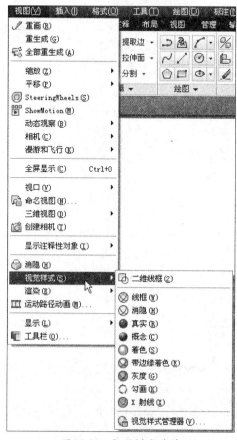

图15-39 视觉样式菜单

★ 二维线框：默认情况下，用户在AutoCAD中绘制的3D模型是以二维线框形式表现的，如图15-40所示。

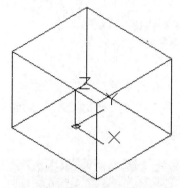

图15-40 二维线框样式

★ 线框：线框样式也可称为三维线框，视觉效果与二维线框基本相同，只是坐标系的显示样式不同，如图15-41所示。

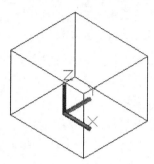

图15-41 线框样式

★ 消隐：该视觉样式将隐藏模型中被遮挡的线条，如图15-42所示。效果与执行【视图】|【消隐】菜单命令得到的效果相近，但是视图消隐会显示网格线，消隐视觉样式不会显示网格线。

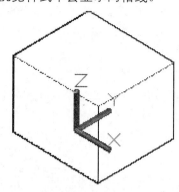

图15-42 消隐样式

★ 真实：该视觉样式给模型上色，按照模型的真实材质显示，如图15-43所示。

图15-43 真实样式

★ 概念：该视觉样式给模型上色，但并不显示线框轮廓，如图15-44所示。与"真实"视觉样式相比，"真实"视觉效果看上去更接近现实效果，而"概念"视觉效果有一点卡通的味道。

★ 勾画：勾画视觉样式就像用笔刚勾画出来的模型轮廓，如图15-45所示。

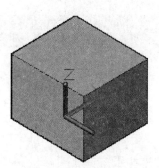

图15-44　概念样式

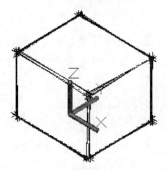

图15-45　勾画样式

★ 着色：该视觉样式给模型上色，与"真实"视觉效果相似程度极高。如图15-46所示。

图15-46　着色样式

★ 带边缘着色：该视觉样式给模型着色并保留模型边线，如图15-47所示。

图15-47　带边缘着色样式

★ X射线：该视觉样式可以透视模型本身，如图15-48所示。

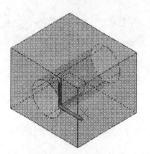

图15-48　X射线样式

## 15.4.2　管理视觉样式

管理视觉样式是通过【视觉样式管理器】来进行操作的。执行【视图】|【视觉样式】|【视觉样式管理器】菜单命令，弹出【视觉样式管理器】选项板，如图15-49所示，在该选项板中可以对每个视觉样式参数进行设定。单击该选项板上的【创建新的视觉样式】按钮，打开【创建新的视觉样式】对话框，如图15-50所示。输入新的视觉样式名称之后，单击【确定】按钮，即可创建一个新的视觉样式，在【视觉样式管理器】选项板上设置该样式的各项参数。

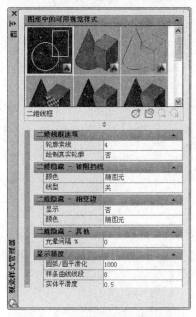

图15-49　【视觉样式管理器】

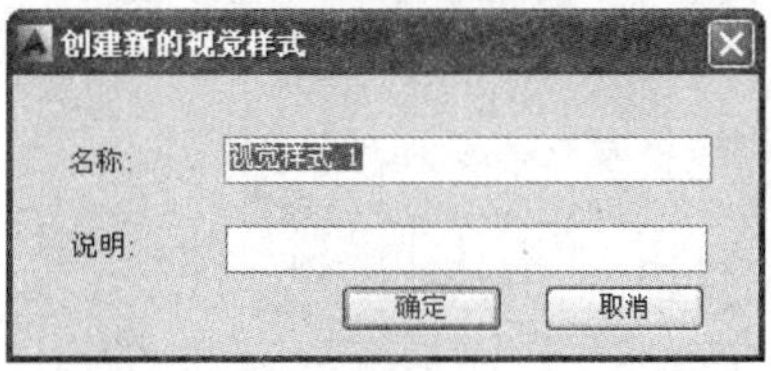

图15-50　【创建新的视觉样式】对话框

# 15.5 绘制基本实体

基本实体是一些规则的三维图形对象，是创建其他复杂实体的基础，本节将详细介绍各基本实体的创建方法。

## 15.5.1 绘制长方体

长方体用于创建具有规则形状的方形实体，包括长方体和正方体，实际应用如零件的底座、支撑板、家具，以及建筑墙体等。调用【长方体】命令的方法如下。

★ 菜单栏：选择【绘图】|【建模】|【长方体】命令。
★ 功能区：在【常用】选项卡中，单击【建模】面板上的【长方体】按钮，或在【实体】选项卡中，单击【图元】面板上的【长方体】按钮。
★ 命令行：输入"BOX"命令。

执行【长方体】命令之后，有两种创建长方体的方法可供选择，如下所述。

★ 指定角点：先依次指定长方体底面两个角点，然后指定长方体的高度，长方体即被确定。
★ 指定中心：先指定长方体中心，然后指定底面的一个角点（或输入底面长度和宽度），最后指定长方体高度，完成长方体。

创建图15-51所示的两个长方体模型。命令行操作如下：

| | |
|---|---|
| 命令：BOX | //调用【长方体】命令 |
| 指定第一个角点或 [中心(C)]：70,40 ✓ | //输入第一个角点的坐标 |
| 指定其他角点或 [立方体(C)/长度(L)]：-70,-40 ✓ | //输入对角点的坐标，长方体底面确定 |
| 指定高度或 [两点(2P)] <20.0000>：70 ✓ | //输入长方体高度值，完成第一个长方体 |
| 命令：BOX | //再次调用【长方体】命令 |
| 指定第一个角点或 [中心(C)]：C ✓ | //选择由中心创建长方体 |
| 指定中心：70,0,35 ✓ | //输入中心点的坐标 |
| 指定角点或 [立方体(C)/长度(L)]：L ✓ | //选择由长度定义长方体的尺寸 |
| 指定长度 <30.0000>：100 ✓ | //捕捉到90°极轴方向，如图15-52所示，然后输入长方体长度 |
| 指定宽度 <10.0000>：10 ✓ | //输入长方体的宽度 |
| 指定高度或 [两点(2P)] <30.0000>：100 ✓ | //输入长方体的高度，完成第二个长方体的创建 |

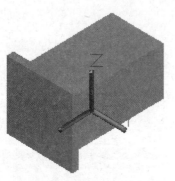

图15-51 创建的两个长方体

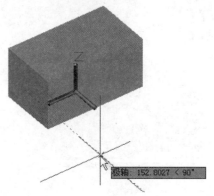

图15-52 定义长度方向

## 15.5.2 绘制楔体

用楔体命令可以绘制楔体，其斜面的高度在X轴正方向减少，底面平行于XY平面。它的绘制方法与长方体相似，相当于定义一个长方体，取其对角面的一侧，楔体的长、宽、高与长方体相同。一般有两种定义方式：一种是用底面两个对角点定位，如图15-53所示；另一种是用楔体斜面中心定位。由于具有一个倾斜面，楔体常作为垫块，可以调整支撑物的高度。

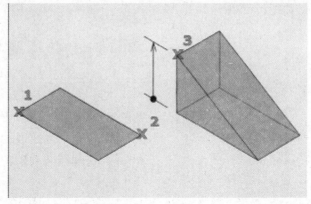

图15-53 楔体

调用【楔体】命令的方法如下所述。

★ 菜单栏：选择【绘图】|【建模】|【楔体】命令。

★ 功能区：在【常用】选项卡中，单击【建模】面板上的【长方体】按钮，或在【实体】选项卡中，单击【图元】面板上的【楔体】按钮。

★ 命令行：输入"WEDGE"。

创建图15-54所示的两个楔体形状，命令行提示如下：

| 命令：_wedge | //调用【楔体】命令 |
| --- | --- |
| 指定第一个角点或 [中心(C)]：0,0✓ | //输入第一个角点的坐标 |
| 指定其他角点或 [立方体(C)/长度(L)]：40,20✓ | //输入对角点的坐标，楔体底面确定 |
| 指定高度或 [两点(2P)] <50.0000>：40✓ | //输入楔体高度值，完成第一个楔体 |
| 命令：_wedge | //再次调用【楔体】命令 |
| 指定第一个角点或 [中心(C)]：C✓ | //选择由中心创建楔体 |
| 指定中心：-20,-20✓ | //输入中心点的坐标 |
| 指定角点或 [立方体(C)/长度(L)]：L✓ | //选择【长度】选项 |
| 指定长度 <100.0000>：40✓ | //捕捉到0°极轴方向，如图15-55所示，然后输入楔体的长度 |
| 指定宽度 <10.0000>：20✓ | //输入楔体的宽度 |
| 指定高度或 [两点(2P)] <40.0000>：10✓ | //输入楔体的高度，完成第二个楔体的创建 |

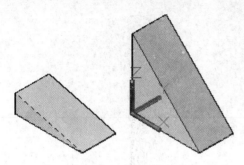

图15-54 创建的两个楔体

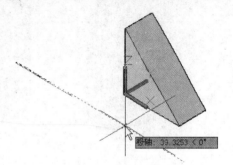

图15-55 定义长度方向

## 15.5.3 创建球体

球体是三维空间中，到某一定点（即球心）的距离小于或等于某个常数值（即半径）的所有点的集合所形成的实体。使用球体命令可以按指定的球心、半径或直径绘制实心球体，球体的纬线与当前的UCS的XY平面平行，其轴线与Z轴平行，如图15-56所示。

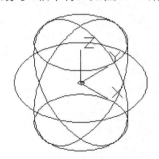

图15-56　球体

调用【球体】命令的方法如下。

★　菜单栏：选择【绘图】|【建模】|【球体】命令。

★　功能区：在【常用】选项卡中，单击【建模】面板上的【球体】按钮○，或在【实体】选项卡中，单击【图元】面

板上的【球体】按钮○。

★　命令行：输入SPHERE。

执行以上一种操作，命令行提示如下：

指定中心点或 ［三点(3P)/两点(2P)/切点、切点、
半径(T)］:

默认方式是先指定球体中心点，然后输入球体半径，即完成球体。其他选项对应的创建方式介绍如下。

★　3点（3P）：由球面上的3个点来定义球体。

★　两点（2P）：由球体直径的两个端点来定义球体。

★　切点、切点、半径（T）：由二维或三维曲线与球体的两个切点，以及球体的半径，来定义球体。由于球体上任意两点的距离不大于球的直径，因此必须保证所选切点之间的距离不大于输入的直径值，否则系统会提示该球体不存在。

## 15.5.4　创建圆柱体

圆柱体广泛应用于模型的凸台、圆孔等特征。除了图15-57所示的常规圆柱体，创建圆柱体的过程中，可以选择【椭圆】选项，创建椭圆柱，如图15-58所示，所生成的圆柱体、椭圆柱体的底面平行于XY平面，轴线与Z轴向平行。

调用【圆柱体】命令的方法如下。

★　菜单栏：选择【绘图】|【建模】|【圆柱体】命令。

★　功能区：在【常用】选项卡中，单击【建模】面板上的【圆柱体】按钮▯，或在【实体】选项卡中，单击【图元】面板上的【圆柱体】按钮▯。

★　命令行：输入"CYLINDER"。

创建图15-59所示的圆柱体与椭圆柱体的组合模型，命令行操作如下：

图15-57　圆柱体

图15-58　椭圆柱体

图15-59　圆柱体组合模型

```
命令：CYLINDER                    //调用【圆柱体】命令
指定底面的中心点或 ［三点(3P)/两点(2P)/切点、切点、半径(T)/椭圆(E)］: 0,0✓   //输入底面中心坐标（0,0）
指定底面半径或 ［直径(D)］ <50.0000>: 40✓           //输入圆柱体半径值
```

指定高度或〔两点(2P)/轴端点(A)〕<50.0000>：60 ✓　　　　//输入圆柱体高度，完成第一个圆柱体
命令：CYLINDER　　　　　　　　　　　　　　　　　　//再次调用【圆柱体】命令
指定底面的中心点或〔三点(3P)/两点(2P)切点、切点、半径(T)/椭圆(E)〕：E ✓　　//选择创建椭圆柱体
指定第一个轴的端点或〔中心(C)〕：C ✓　　　　　　　//选择定义椭圆中心
指定中心点：　　//在绘图区捕捉到圆柱体顶面圆心位置
指定到第一个轴的距离 <50.0000>：80 ✓
　　　　　　　　　　//捕捉到270°极轴方向，如图15-60所示，然后输入椭圆第一个半轴长度
指定第二个轴的端点：30 ✓　　　　　//如图15-61所示，捕捉到180°极轴方向，并输入第二个半轴长度
指定高度或〔两点(2P)/轴端点(A)〕<100.0000>：20 ✓　　　//指定椭圆柱体的高度，完成创建

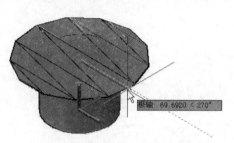

图15-60　定义第一个轴方向

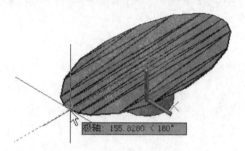

图15-61　定义第二个轴方向

## 15.5.5　绘制圆锥体

　　使用圆锥体命令所生成的圆锥体、椭圆锥体的底面平行于XY平面，轴线平行于Z轴，如图15-62所示。

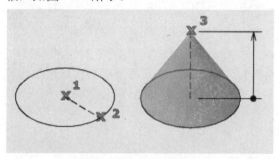

图15-62　圆锥体创建流程

　　调用【圆锥体】命令的方法如下。

★　菜单栏：选择【绘图】|【建模】|【圆锥体】命令。

★　功能区：在【常用】选项卡中，单击【建模】面板上的【圆锥体】按钮△，或在【实体】选项卡中，单击【图元】面板上的【圆柱体】按钮△。

★　命令行：输入"CONE"。

　　利用【圆锥体】命令可创建普通圆锥体，如图15-63所示，也可以创建锥台体，如图15-64所示，还可以创建椭圆截面的圆锥或锥台，如图15-65所示。

图15-63　普通圆锥体

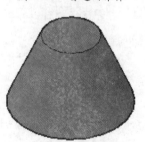

图15-64　锥台体

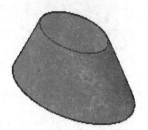

图15-65　椭圆锥台

## 1. 创建普通圆锥体

执行【圆锥体】命令之后，先指定底面圆的半径或直径，然后指定圆锥体的高度，即可创建普通圆锥体，也可使用三点绘制圆锥体，首先指定两点以确定底面，再指定第三点确定圆锥体的高。

## 2. 创建锥台

执行【圆锥体】命令之后，先指定底面圆的半径，接着输入锥台顶面的半径，最后输入锥台的高度，即完成锥台创建。锥台的高度是指底面中心到顶面中心的距离。

创建图15-66所示的圆锥台与普通圆锥体的组合模型。命令行操作如下：

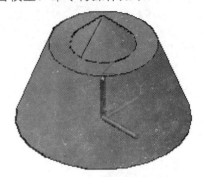

图15-66　创建的两个圆锥

```
命令: _cone                                           //调用【圆锥体】命令
指定底面的中心点或 [三点(3P)/两点(2P)/切点、切点、半径(T)/椭圆(E)]: 0,0 //输入底面中心坐标（0,0）
指定底面半径或 [直径(D)] <40.0000>: 40                  //输入底面半径数值
指定高度或 [两点(2P)/轴端点(A)/顶面半径(T)] <20.0000>: T
                                              //选择定义顶面半径，即创建圆锥台
指定顶面半径 <0.0000>: 25                               //输入锥台顶面半径
指定高度或 [两点(2P)/轴端点(A)] <20.0000>: 40
                                         //输入锥台的高度数值，完成锥台的创建
命令: _cone                                           //再次调用【圆锥体】命令
指定底面的中心点或 [三点(3P)/两点(2P)/切点、切点、半径(T)/椭圆(E)]: //在模型上捕捉到锥台顶面中心点
指定底面半径或 [直径(D)] <40.0000>: 15                  //输入圆锥体底面半径值
指定高度或 [两点(2P)/轴端点(A)/顶面半径(T)] <40.0000>: 15
                                         //输入圆锥体高度值，完成圆锥体的创建
```

## 3. 创建椭圆锥体

执行【圆锥体】命令之后，在命令行选择【椭圆】选项，然后指定底面椭圆两个半轴的长度，最后指定锥体的高度即可。

# 15.5.6　绘制棱锥体

调用【棱锥体】命令的方法有以下几种。

★　命令行：在命令行中输入"PYRAMID"，按Enter键。

★　工具栏：单击【建模】工具栏中的【棱锥体】按钮。

★　菜单栏：执行【绘图】|【建模】|【棱锥体】命令。

使用默认选项绘制的棱锥体如图15-67所示，首先指定点1和点2 确定底面，再指定点3确定锥体的高。调用【棱锥体】命令后命令行提示如下：

```
命令: _pyramid
 4 个侧面　外切
指定底面的中心点或 [边(E)/侧面(S)]:                      //指定底面的中心点
指定底面半径或 [内接(I)] <15.0000>:                     //确定底面半径的大小
指定高度或 [两点(2P)/轴端点(A)/顶面半径(T)] <15.0000>:    //确定棱锥体的高度
```

命令行中各选项的含义说明如下。

★　边：通过拾取两点，指定棱锥面底面一条边的长度。

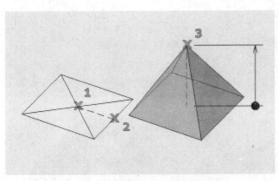

图15-67　棱锥体创建流程

★ 侧面：指定棱锥面的侧面数。默认侧面数为4，可以输入3～32之间的数。

★ 内接：指定棱锥体底面内接于棱锥面的底面半径。

★ 两点：将棱锥面的高度指定为两个指定点之间的距离。

★ 轴端点：指定棱锥体轴的端点位置，该端点是棱锥体的顶点。轴端点可以位于空间的任意位置。轴端点定义了棱锥体的长度和方向。

★ 顶面半径：指定棱锥体的顶面半径，并创建棱锥体平截面。

## 15.5.7　创建圆环体

圆环体由两个半径定义，一个是从圆环体中心到管道中心的圆环体半径；另一个是管道半径。随着管道半径和圆环体半径之间的相对大小的变化，圆环体的形状是不同的，如图15-68所示。圆环体也可以看作是三维空间内，圆形截面绕着与之共面的直线旋转生成的实体模型。

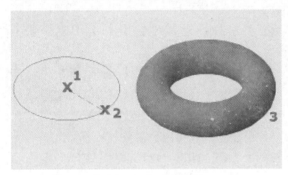

图15-68　定义圆环体

调用【圆环体】命令的方法如下。

★ 菜单栏：选择【绘图】|【建模】|【圆环体】命令。

★ 功能区：在【常用】选项卡中，单击【建模】面板上的【圆环体】按钮◎，或在【实体】选项卡中，单击【图元】面板上的【圆环体】按钮◎。

★ 命令行：输入"TORUS"。

执行【圆环体】命令之后，先定义圆环的中心和半径，最后指定圆管的半径，圆环体即被定义。

## 15.5.8　实战——创建圆环体

**01** 单击【建模】面板上的【圆环体】按钮◎，创建第一个圆环体，如图15-69所示。命令行操作如下：

```
命令：TORUS                                              //调用【圆环体】命令
指定中心点或 [三点(3P)/两点(2P)/切点、切点、半径(T)]：0,0,0↙    //指定圆环中心坐标
指定半径或 [直径(D)] <133.6818>：100 ↙                     //输入圆环半径
指定圆管半径或 [两点(2P)/直径(D)] <20.0000>：15 ↙          //输入圆管半径，完成第一个圆环体
```

**02** 在命令行中输入"UCS"，新建UCS图15-70所示，命令行操作过程如下：

```
命令：UCS                                                //调用UCS命令
当前 UCS 名称：*世界*
指定 UCS 的原点或 [面(F)/命名(NA)/对象(OB)/上一个(P)/视图(V)/世界(W)/X/Y/Z/Z 轴(ZA)] <世界>：X↙
                                                        //选择绕X轴旋转
指定绕 X 轴的旋转角度 <90>：                             //旋转90°
```

**03** 再次调用【圆环体】命令，在新UCS中创建第二个圆环体，如图15-71所示，命令行操作过程如下：

```
命令：TORUS                                              //调用【圆环体】命令
指定中心点或 [三点(3P)/两点(2P)/切点、切点、半径(T)]：0,0,0 ✓    //指定圆环中心坐标
指定半径或 [直径(D)] <120.0000>：120 ✓                      //输入圆环半径
指定圆管半径或 [两点(2P)/直径(D)] <20.0000>：20 ✓            //输入圆管半径，完成第二个圆环体
```

图15-69 创建第一个圆环体

图15-70 新建UCS

图15-71 创建第二个圆环体

## 15.5.9 绘制多段体

多段体是沿着多段的路径，具有一定高度和厚度的模型，如图15-72所示。

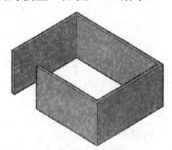
图15-72 多段体

在AutoCAD中，使用多段体命令可以创建多段体，还可以将现有直线、二维多段线、圆弧或圆转换为多段体。执行【多段体】命令有以下方法。

★ 菜单栏：选择【绘图】|【建模】|【多段体】命令。

★ 功能区：在【常用】选项卡中，单击【建模】面板上的【多段体】按钮，或者在【实体】选项卡中，单击【图元】面板上的【多段体】按钮。

★ 命令行：输入"POLYSOLID"。

使用【多段体】命令，由图15-73所示的二维轮廓，创建图15-74所示的多段体，命令行操作如下：

```
命令：POLYSOLID                                        //调用【多段体】命令
高度 = 80.0000, 宽度 = 5.0000, 对正 = 居中             //多段体默认尺寸
指定起点或 [对象(O)/高度(H)/宽度(W)/对正(J)] <对象>：H✓   //选择重新定义高度
指定高度 <80.0000>：15✓                                //输入高度值15
高度 = 15.0000, 宽度 = 5.0000, 对正 = 居中             //多段体新尺寸
指定起点或 [对象(O)/高度(H)/宽度(W)/对正(J)] <对象>：O✓   //选择由对象创建，然后在绘图区选择轮廓线
```

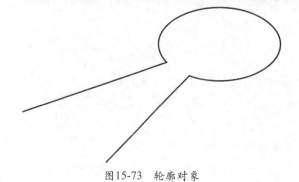
图15-73 轮廓对象

图15-74 创建的多段体

命令行各选项的含义介绍如下。

★ 对象（O）：该选项指用户选择已绘制好的二维轮廓线，作为多段体的路径。可以使用直线、圆弧、椭圆弧、多段线、样条曲线等。

★ 高度（H）：在前面的命令行中可以看到，系统为多段体默认了一个高度数值，通过此选项可以修改多段体的高度值。

★ 宽度（W）：用于修改多段体的宽度值。

★ 对正（J）：用于设置多段体厚度的对正方式。选择不同的对正方式，创建的多段体效果不同。

## 15.5.10 实战——创建哑铃模型

创建图15-75所示的哑铃模型。

图15-75 哑铃模型

**01** 新建文件。选择【视图】|【三维视图】|【西南等轴测】命令，将当前视图调整为西南视图。

**02** 选择菜单栏中的【绘图】|【建模】|【圆柱体】命令，绘制底面半径为10，高度为120的圆柱体，结果如图15-76所示。

**03** 单击【建模】工具栏上的【球体】按钮，以圆柱体两底面圆心为中心点，绘制两个半径为25 的球体，结果如图15-77所示。

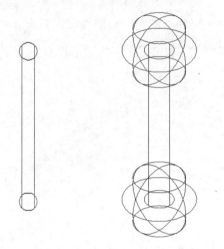

图15-76 绘制圆柱体　　图15-77 绘制球体

**04** 选择菜单栏中的【修改】|【三维操作】|【三维旋转】命令，将创建的球体和圆柱体模型沿Y轴旋转90°，结果如图15-78所示。

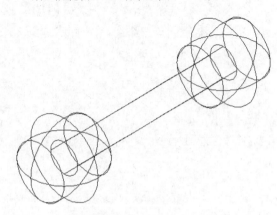

图15-78 三维旋转

**05** 选择菜单栏中的【视图】|【消隐】命令，对模型消隐显示，结果如图15-79所示。

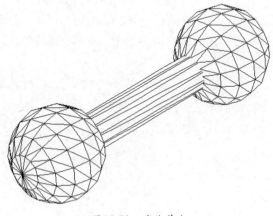

图15-79 消隐着色

# 15.6 二维对象生成三维实体

在AutoCAD中，不仅可以利用上面介绍的各类基本实体工具进行简单实体模型的创建，同时还可以利用二维图形生成三维实体。

## 15.6.1 拉伸

【拉伸】命令可以将已有的二维平面对象沿指定的高度或路径拉伸为三维实体，常用于创建管道、异形装饰物等物体。

调用【拉伸】命令有以下几种方法：

★ 菜单栏：选择菜单栏上的【绘图】|【建模】|【拉伸】命令。

★ 工具栏：单击【建模】工具栏的【拉伸】按钮 。

★ 命令行：在命令行中执行 "EXTRUDE/EXT" 命令。

执行该命令之后，命令行出现如下提示：

```
命令：_extrude                                                  //启动命令
当前线框密度：ISOLINES=4，闭合轮廓创建模式 = 实体
选择要拉伸的对象或 [模式(MO)]：
选择要拉伸的对象或 [模式(MO)]：找到 1 个
指定拉伸的高度或 [方向(D)/路径(P)/倾斜角(T)/表达式(E)]：    //指示拉伸高度
```

在命令执行过程中，命令行中各选项的含义如下。

★ 方向：默认情况下，对象可以沿Z轴方向拉伸，拉伸的高度可以为正值或负值，它表示拉伸的方向。

★ 路径：通过指定拉伸路径将对象拉伸为三维实体，拉伸的路径可以是开放的，也可以是封闭的。

★ 倾斜角：通过指定的角度拉伸对象，拉伸的角度也可以为正值或负值，其绝对值不大于90°。默认情况下，倾斜角为0°，表示创建的实体侧面垂直于XY平面且没有锥度。若倾斜角为正，将产生内锥度，创建的侧面向里靠；若倾斜角为负，将产生外锥度，创建的侧面向外靠。

从上面可以看出，执行【拉伸】命令时，需要确定的参数有拉伸面和拉伸高度。但若在命令行选项中选择"路径"选项，则除了要确定拉伸面和拉伸高度外，还要确定方向矢量，如图15-80所示，鼠标指定方向矢量。执行【拉伸】命令后结果如图15-81所示。

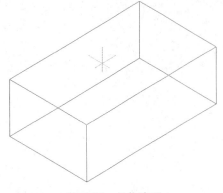

图15-80　拉伸过程

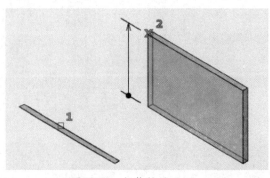

图15-81　拉伸结果

> **提示**
>
> 方向矢量不能和二维线框模型共面，否则将无法完成拉伸操作。拉伸三维面时，XY平面中的图形将沿着拉伸矢量的方向进行拉伸，而拉伸距离将是拉伸矢量的长度。在选择拉伸矢量时，拾取点的位置决定了拉伸的方向。

## 15.6.2 实战——绘制拉伸实体

**01** 新建文件，并设置对象捕捉和追踪参数，如图15-82所示。

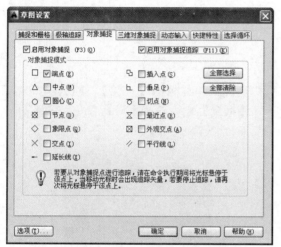

图15-82 【草图设置】对话框

**02** 开启【极轴追踪】功能，然后将视图切换为俯视图。

**03** 选择菜单栏中的【绘图】|【多段线】命令，配合【极轴追踪】功能绘制截面轮廓如图15-83所示。

**04** 使用快捷键“C”激活【圆】命令，配合【圆心捕捉】功能绘制直径为17的圆，如图15-84所示。

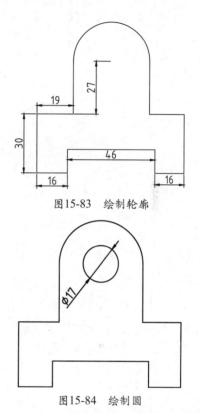

图15-83 绘制轮廓

图15-84 绘制圆

**05** 选择菜单栏中的【绘图】|【建模】|【拉伸】命令，或单击【建模】工具栏中的【拉伸】按钮，激活【拉伸】命令，将刚绘制的截面拉伸为三维实体。命令操作行如下：

```
命令：_extrude
当前线框密度： ISOLINES=4，闭合轮廓创建模式 = 实体
选择要拉伸的对象或 [模式(MO)]：
选择要拉伸的对象或 [模式(MO)]：找到 1 个                        //选择绘制的所有轮廓
选择要拉伸的对象或 [模式(MO)]：                                 //按Enter键，向上拖动指针
指定拉伸的高度或 [方向(D)/路径(P)/倾斜角(T)/表达式(E)]：40↙     //输入高度40，拉伸结果如图15-85所示
```

**06** 选择菜单栏中的【视图】|【三维视图】|【西南等轴测】命令，将当前视图切换为西南视图。

**07** 选择菜单栏中的【修改】|【实体编辑】|【差集】命令，对拉伸后的两个实体模型进行差集运算，结果如图15-86所示。命令操作行如下：

```
命令：_subtract 选择要从中减去的实体、曲面和面域...
选择对象：找到 1 个                     //选择外轮廓生成的拉伸实体
```

| | |
|---|---|
| 选择对象： | //按Enter键 |
| 选择要减去的实体、曲面和面域 | |
| 选择对象：找到 1 个 | //选择圆生成的拉伸实体 |
| 选择对象： | //按Enter键，结束差集命令 |

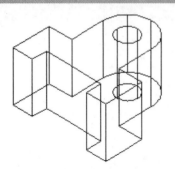

图15-85 拉伸结果

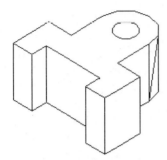

图15-86 消隐着色效果

08 选择菜单栏中的【视图】|【消隐】命令，对差集后的模型进行消隐着色，以更形象直观地观看差集实体，如图15-87所示。

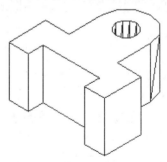

图15-87 求差并消隐的效果

09 选择菜单栏中的【视图】|【视觉样式】|【概念】命令对模型进行着色，最终的结果如图15-88所示。

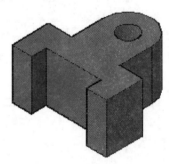

图15-88 概念视觉样式的效果

## 15.6.3 旋转

【旋转】命令可广泛用于创建轴、盖、瓶等具有回转特征的实体。创建旋转体需要两个要素：旋转轴和旋转截面，旋转截面可以是封闭多段线、多边形、圆、椭圆、封闭样条曲线及面域，截面中不可有自相交叉的线段。旋转截面还可以是开放曲线，旋转将生成曲面。旋转体的旋转轴，可以是由空间两点定义的虚拟轴，即轴线不是必需的。

调用【旋转】命令的方法如下。

★ 菜单栏：选择【绘图】|【建模】|【旋转】命令。

★ 功能区：在【常用】选项卡中，单击【建模】面板上的【旋转】按钮，或在【实体】选项卡中，单击【实体】面板上的【旋转】按钮。

★ 命令行：输入"REVOLVE"。

调用【旋转】命令之后，先选择要旋转的对象，然后选择旋转轴上的两点以定义旋转轴，接着指定旋转的角度，即可完成旋转体。

由图15-89所示的截面和中心线，创建旋转体，如图15-90所示。命令行操作如下：

| | |
|---|---|
| 命令：ISOLINES | //调用【线框密度】命令 |
| 输入 ISOLINES 的新值 <4>：20✓ | //增加线框密度数值至20 |
| 命令：REVOLVE | //调用【旋转】命令 |

当前线框密度：`ISOLINES=20`，闭合轮廓创建模式 = 实体
选择要旋转的对象或 [模式(MO)]：找到 1 个          //在绘图区选择多段线截面对象
指定轴起点或根据以下选项之一定义轴 [对象(O)/X/Y/Z] <对象>：    //选择旋转轴一端点定义为轴起点
指定轴端点：                               //选择旋转轴另一端点
指定旋转角度或 [起点角度(ST)/反转(R)/表达式(EX)] <360>：360✓    //输入旋转体的旋转角度

命令行中选项的含义介绍如下所述。

★ 起点角度：指定旋转起始平面与旋转截面所在平面的夹角。只有旋转角度小于360°时，设置起点角度才有意义。对于360°的旋转，在任何角度起始生成的实体是一样的。

★ 反转：更改旋转的方向，与输入负值的旋转角度等效。同样的，对于旋转角度小于360°的旋转，设置反转方向才有意义。

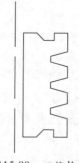

图15-89　二维轮廓

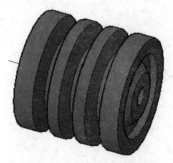

图15-90　旋转的实体模型

## 15.6.4　实战——旋转创建轴承圈

本实例利用【旋转】命令，创建轴承圈零件的三维实体模型。

**01** 打开随书光盘中的"15.6.4 旋转创建轴承圈.dwg"文件，如图15-91所示。

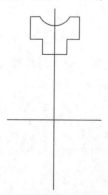

图15-91　素材图形

**02** 选择菜单栏中的【绘图】|【边界】命令，打开如图15-92所示的对话框。采用当前设置，然后单击"拾取点"按钮返回绘图区，在闭合图形的内部拾取一点，创建一个闭合的多段线边界。

**03** 使用系统变量ISOLINES设置实体表面的线框密度为12。

**04** 选择菜单栏中的【绘图】|【建模】|【旋转】命令，激活【旋转】命令，创建三维回转实体。选择旋转的对象，如图15-93所示。选择水平中心线的两个端点定义旋转轴，旋转后的实体如图15-94所示。

图15-92　创建边界

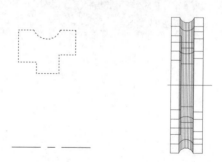

图15-93　选择旋转的对象　图15-94　创建旋转实体

05 选择菜单栏中的【视图】|【三维视图】|
【东北等轴测】命令，将当前视图切换为
东北视图，结果如图15-95所示。

06 选择菜单栏中的【视图】|【消隐】命令，对
模型进行消隐显示，结果如图15-96所示。

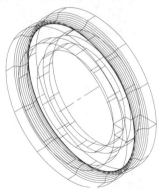

图15-95 切换东北视图

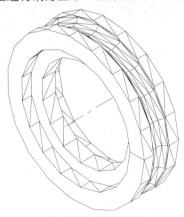

图15-96 消隐着色

## 15.6.5 扫掠

【扫掠】命令用于沿指定路径以指定轮廓的形状绘制实体或曲面，如图15-97所示，它可以扫掠多个对象，但是这些对象必须位于同一个平面中。如果轮廓是单一闭合的，则生成实体。如果轮廓是多段闭合或开放的，则生成曲面。

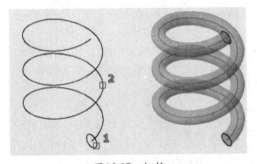

图15-97 扫掠

调用【扫掠】命令的方法如下所述。

★ 菜单栏：选择【绘图】|【建模】|
【扫掠】命令。

★ 功能区：在【常用】选项卡中，单击
【建模】面板上的【扫掠】按钮，或
在【实体】选项卡中，单击【实体】面
板上的【扫掠】按钮。

★ 命令行：输入"SWEEP"。

利用图15-98所示的截面和路径，扫掠生成图15-99所示的模型。命令行操作如下：

```
命令：_sweep                                    //调用【扫掠】命令
当前线框密度：ISOLINES=4，闭合轮廓创建模式 = 实体
选择要扫掠的对象或 [模式(MO)]：_MO 闭合轮廓创建模式 [实体(SO)/曲面(SU)] <实体>：_SO
                                               //选择矩形轮廓作为扫掠命令
选择要扫掠的对象或 [模式(MO)]：指定对角点：找到 1 个
选择要扫掠的对象或 [模式(MO)]：                    //按Enter键
选择扫掠路径或 [对齐(A)/基点(B)/比例(S)/扭曲(T)]：   //选择弧线作为扫掠路径，完成扫掠
命令：正在重生成模型。
```

图15-98 扫掠的轮廓和路径

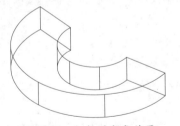

图15-99 扫掠的完成效果

命令行中各选项的含义介绍如下。

★ 对齐：设置截面与路径的对齐，默认情况下，系统将截面调整到与路径垂直的方向，再进行扫掠。

★ 基点：在截面上指定一点作为基点，扫掠时系统将该点与路径的起点对齐。

★ 比例：输入结束截面相对于初始截面的比例，扫掠将生成截面连续缩小（或放大）的实体。

★ 扭曲：设置终点处截面相对于起始截面的旋转角度，生成扭曲的扫掠效果。

## 15.6.6 实战——扫掠创建弹簧

本实战为绘制圆柱弹簧，弹簧的中径为30，高度为60，圈数为8，弹簧丝的直径为4。

**01** 选择菜单栏中的【绘图】|【螺旋】命令，绘制螺旋线如图15-100所示。命令行操作过程如下：

```
命令：_Helix
圈数 = 3.0000        扭曲=CCW
指定底面的中心点：
指定底面半径或 [直径(D)] <1.0000>: 15↙
指定顶面半径或 [直径(D)] <15.0000>: 15↙
指定螺旋高度或 [轴端点(A)/圈数(T)/圈高(H)/扭曲(W)] <1.0000>: H↙
指定圈间距 <0.2500>: 8↙
指定螺旋高度或 [轴端点(A)/圈数(T)/圈高(H)/扭曲(W)] <1.0000>: 60↙
```

**02** 选择菜单栏中的【绘图】|【圆】命令，在适当的位置绘制直径为4的圆，结果如图15-101所示。

**03** 选择菜单栏中的【绘图】|【建模】|【扫掠】命令，扫掠创建弹簧，如图15-102所示。命令行操作过程如下：

```
命令：_sweep
当前线框密度：ISOLINES=4，闭合轮廓创建模式 = 实体
选择要扫掠的对象或 [模式(MO)]：
选择要扫掠的对象或 [模式(MO)]：找到 1 个          //选择圆
选择要扫掠的对象或 [模式(MO)]：                    //按Enter键
选择扫掠路径或 [对齐(A)/基点(B)/比例(S)/扭曲(T)]： //选择螺旋线
```

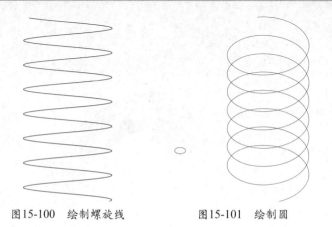

图15-100 绘制螺旋线　　　　图15-101 绘制圆　　　　图15-102 创建的弹簧

## 15.6.7 放样

放样命令通过指定一系列横截面来创建新的实体或曲面，横截面用于定义结果实体或曲面的截面轮廓（形状），横截面可以是开放的，也可以是闭合的。可以仅使用一组截面，生成简

单的放样，如图15-103所示。还可以添加路径和导向线，控制放样的形态，如图15-104所示。

放样与扫掠有两点不同：第一，扫掠只能使用一个截面，放样要使用多个截面；第二，放样的路径是可选项，扫掠的路径是必须的。

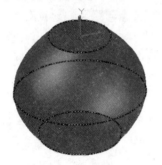

图15-103 使用截面放样

图15-104 使用导向线的放样

调用【放样】命令的方法如下。

★ 菜单栏：选择【绘图】|【建模】|【放样】命令。

★ 功能区：在【常用】选项卡中，单击【建模】面板上的【放样】按钮，或在【实体】选项卡中，单击【实体】面板上的【放样】按钮。

★ 命令行：输入"LOFT"。

由图15-105所示的4个截面和1条路径，放样创建门把手的模型，如图15-106所示。命令行操作如下：

```
命令：LOFT        //调用【放样】命令
当前线框密度：ISOLINES=4，闭合轮廓创建模式 = 实体
按放样次序选择横截面或 [点(PO)/合并多条边(J)/模式(MO)]：找到 1 个        //在绘图区选择横截面1
按放样次序选择横截面或 [点(PO)/合并多条边(J)/模式(MO)]：找到 1 个，总计 2 个
                                            //在绘图区选择横截面2
按放样次序选择横截面或 [点(PO)/合并多条边(J)/模式(MO)]：找到 1 个，总计 3 个
                                            //在绘图区选择横截面3
按放样次序选择横截面或 [点(PO)/合并多条边(J)/模式(MO)]：找到 1 个，总计 4 个
                                            //在绘图区选择横截面4
按放样次序选择横截面或 [点(PO)/合并多条边(J)/模式(MO)]：      //按Enter键结束选择
选中了 4 个横截面
输入选项 [导向(G)/路径(P)/仅横截面(C)/设置(S)] <仅横截面>：P↙    //选择使用路径控制
选择路径轮廓：                  //在绘图区选择样条曲线作为路径，完成放样
```

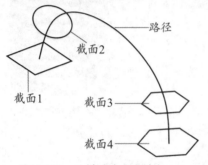

图15-105 放样的截面和路径

图15-106 放样完成效果

命令行各选项的含义介绍如下。

★ 点：当放样的某一位置不是一个截面，而是一个点，即选择点放样。实际中，一般在放样

起始或终止位置才会出现点放样，如图
15-107所示。

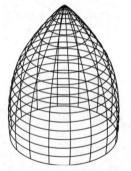

图15-107 起始点放样

★ 合并多条边：将多条相连的曲线合并为
单个曲线，从而能够对其放样。

★ 模式：选择放样生成实体或曲面。

★ 导向：使用导向线控制放样的变化，导
向线控制截面大小的变化。

★ 路径：使用路径曲线控制放样的变化，
路径控制截面位置的变化。

★ 仅横截面：仅使用横截面进行简单放
样，此项是默认选项。

★ 设置：选择此项，系统弹出【放样设置】
对话框，如图15-108所示，在对话框中设
置"拟合精度"和"拔模斜度"等参数。

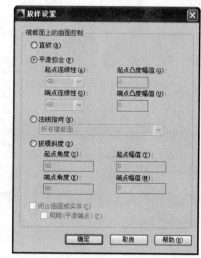

图15-108 【放样设置】对话框

## 15.6.8 实战——绘制放样实体

本实战通过创建图15-109所示的三维实
体模型，演练【放样】命令的操作。

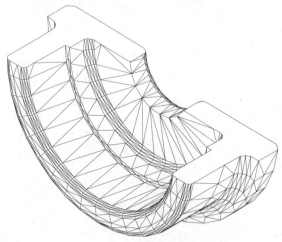

图15-109 效果图

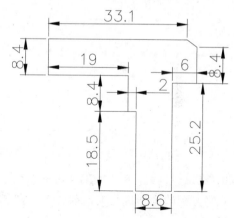

图15-110 轮廓图

**01** 新建文件，选择菜单栏中的【绘图】|【多
段线】命令，配合【极轴追踪】功能绘制
模型的轮廓截面，如图15-110所示。

**02** 选择菜单栏中的【修改】|【圆角】命令，在
轮廓中创建圆角，圆角结果如图15-111所示。

**03** 选择【修改】|【镜像】命令将所绘轮廓图
进行镜像，如图15-112所示。

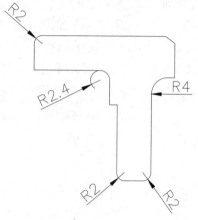

图15-111 圆角半径

**04** 使用ViewCube工具，将当前视图切换到东南视图，如图15-113所示。

图15-112 镜像后

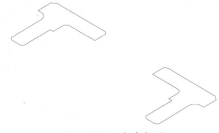

图15-113 东南视图

**05** 在命令行中输入"UCS"，新建用户坐标系，命令行操作过程如下：

```
命令：UCS
当前 UCS 名称：*世界*
指定 UCS 的原点或 [面(F)/命名(NA)/对象(OB)/上一个(P)/视图(V)/世界(W)/X/Y/Z/Z 轴(ZA)] <世界>：X↙
                                            //选择绕X轴旋转
指定绕 X 轴的旋转角度 <90>：                 //按Enter键旋转90°
```

**06** 选择菜单栏中的【绘图】|【圆】|【两点】命令，绘制直径为80的圆形，如图15-114所示。

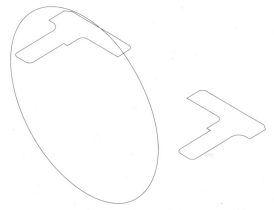

图15-114 绘制结果

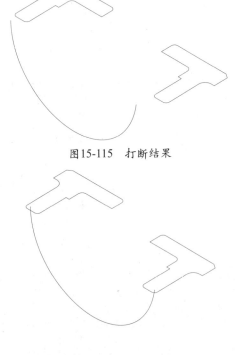

图15-115 打断结果

**07** 选择菜单栏中的【修改】|【打断】命令，对刚绘制的圆形进行打断操作，结果如图15-115所示。

**08** 选择菜单栏中的【修改】|【平移】命令，移动两个封闭截面，结果如图15-116所示。

图15-116 平移结果

**09** 设置变量ISOLINES的值为12。

**10** 选择菜单栏中的【绘图】|【建模】|【拉伸】命令，创建放样实体，命令行操作过程如下：

```
命令：_extrude
当前线框密度： ISOLINES=4，闭合轮廓创建模式 = 实体
选择要拉伸的对象或 [模式(MO)]：_MO 闭合轮廓创建模式 [实体(SO)/曲面(SU)] <实体>：_SO
选择要拉伸的对象或 [模式(MO)]：找到 1 个              //选择闭合截面
选择要拉伸的对象或 [模式(MO)]：
指定拉伸的高度或 [方向(D)/路径(P)/倾斜角(T)/表达式(E)]：P    //激活"路径"选项
选择拉伸路径或 [倾斜角(T)]：                          //选择图中曲线，得到所示结果
```

**11** 选择菜单栏中的【视图】|【消隐】命令，对放样后的实体模型进行消隐着色，结果如图15-117所示。

图15-117　放样结果

# 15.7 布尔运算

布尔运算是对两个以上的实体进行并集、差集、交集的运算，从而得到新的实体。AutoCAD中布尔运算的对象可以是实体，也可以是曲面或面域，但只能在相同类型的对象间进行布尔运算。

## 15.7.1　并集运算

【并集】命令可以合并两个或两个以上实体（或面域）的总体积，成为一个复合对象。【并集】命令不仅可以把相交实体组合成为一个实体，还可以把不相交的实体组合成一个对象。由不相交实体组合成的对象，从表面上看各实体是分离的，但在编辑操作时，它会被作为一个对象来处理。

调用【并集】命令的方法如下。

★ 菜单栏：选择【修改】|【实体编辑】|【并集】命令。

★ 功能区：在【常用】选项卡中，单击【实体编辑】面板上的【并集】按钮◍，或在【实体】选项卡中，单击【布尔值】面板上的【并集】按钮◍。

★ 命令行：输入"UNION/UNI"。

## 15.7.2　实战——并集运算

**01** 打开本书光盘素材文件"15.7.2 并集运算.dwg"，如图15-118所示。

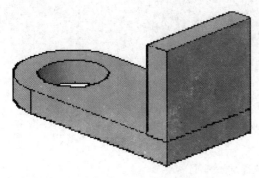

图15-118　素材图形

**02** 选择【修改】|【实体编辑】|【并集】命令，将两个实体合并，如图15-119所示。命令行操作过程如下：

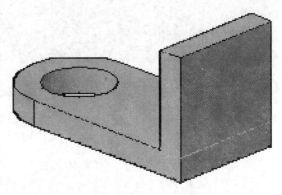

图15-119　求并集的结果

命令：_union
选择对象：找到 1 个                          //选择其中一个实体
选择对象：找到 1 个，总计 2 个               //选择另外一个实体并按Enter键

### 15.7.3　差集运算

　　【差集】是从一组实体中减去另一组实体所占的体积，剩余的体积形成新的组合实体对象。

　　调用【差集】命令的方法如下。

★　菜单栏：选择【修改】|【实体编辑】|【差集】命令。

★　功能区：在【常用】选项卡中，单击【实体编辑】面板上的【差集】按钮◎◎，或在【实体】选项卡中，单击【布尔值】面板上的【差集】按钮◎◎。

★　命令行：输入"SUBTRACT/SU"。

### 15.7.4　实战——差集运算

**01** 打开本书光盘素材文件"15.7.4 差集运算.dwg"，图形中包含一个旋转实体和一个长方体，如图15-120所示。

**02** 选择【修改】|【实体编辑】|【差集】命令，对旋转实体与长方体进行差集运算，结果如图15-121所示。命令行操作过程如下：

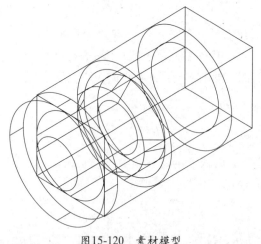

图15-120　素材模型

图15-121　【差集】后的结果

命令：_subtract 选择要从中减去的实体、曲面和面域      //选择旋转实体
选择对象：找到 1 个
选择对象：                                         //按Enter键
选择要减去的实体、曲面和面域.                       //选择长方体
选择对象：找到 1 个                                 //按Enter键，结束命令

### 15.7.5　交集运算

　　交集是保留所选实体的公共部分，将其他部分删除。

　　调用【差集】命令的方法如下。

★　菜单栏：选择【修改】|【实体编辑】|【交集】命令。

★　功能区：在【常用】选项卡中，单击【实体编辑】面板上的【交集】按钮◎◎，或在【实体】选项卡中，单击【布尔值】面板上的【差集】按钮◎◎。

★ 命令行：输入"INTERSECT/IN"。

## 15.7.6 实战——交集运算

01 打开本书光盘素材文件"15.7.6交集运算.dwg"，如图15-122所示。

02 选择菜单栏中的【修改】|【实体编辑】|【交集】命令，对长方体和球体进行交集操作，结果如图15-123所示。命令行操作过程如下：

```
命令：_intersect                    //激活【交集】命令
选择对象：找到 1 个                   //任选一个实体
选择对象：找到 1 个，总计 2 个        //选择第二个实体
选择对象：                          //单击Enter键
```

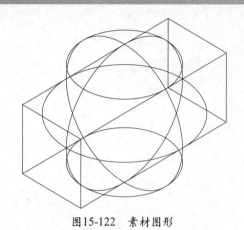

图15-122  素材图形

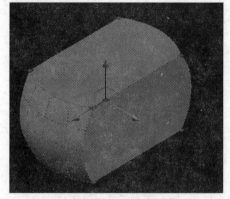

图15-123  交集的结果

# 15.8 操作三维对象

AutoCAD 2014提供的三维对象编辑工具，如三维移动、三维旋转、三维对齐、三维镜像和三维阵列等，使用这些编辑命令，可以由基本实体创建更复杂的模型。

## 15.8.1 三维旋转

【三维旋转】命令用于在三维空间绕某坐标轴来旋转三维实体，改变实体相对于坐标系的角度位置，如图15-124所示。

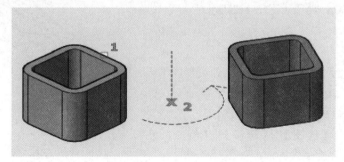

图15-124  旋转模型

调用【三维旋转】命令的方法如下。

★ 菜单栏：选择【修改】|【三维操作】|【三维旋转】命令。

★ 功能区：单击【修改】面板上的【三维旋转】按钮⊕。
★ 命令行：输入"3DROTATE/3R"。

执行【三维旋转】命令之后，选择要旋转的实体，实体上出现旋转小控件，旋转小控件的每个转轮对应一条旋转轴，红色对应X轴，绿色对应Y轴，蓝色对应Z轴，且这3个轴的方向与世界坐标系方向相同，如图15-125所示。选择旋转的实体之后，选择一个旋转基点，小控件移动到该点。接着选择某个转轮，出现了旋转轴的显示，如图15-126所示。接下来在动态输入栏或命令行输入旋转角度，实体即完成旋转。输入正角度对应左旋，即左手握拳，大拇指指向旋转轴的正向，则四指指向即为旋转方向，负值的旋转方向则正好相反。

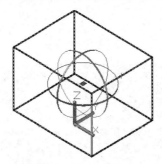

图15-125　旋转小控件

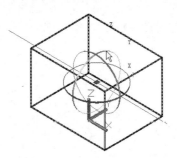

图15-126　选择旋转轴

## 15.8.2　实战——三维旋转

**01** 打开随书光盘"第15章\15.8.2三维旋转.dwg"文件，如图15-127所示。

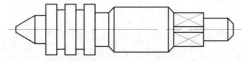

图15-127　素材图形

**02** 选择【修改】菜单中的【修剪】和【删除】命令，编辑图形如图15-128所示。

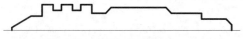

图15-128　修剪结果

**03** 使用快捷键"BO"激活【边界】命令，从复制出的轮廓线中提取一条闭合的多段线边界，并删除源对象，结果如图15-129所示。

图15-129　创建边界

**04** 选择【视图】|【三维视图】|【西南等轴测】菜单命令将当前视图切换为西南视图。

**05** 选择菜单栏中的【绘图】|【建模】|【旋转】命令，将边界旋转为实体，如图15-130所示。

**06** 选择菜单栏中的【视图】|【消隐】命令，将模型消隐，结果如图15-131所示。

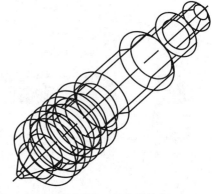

图15-130　创建旋转体

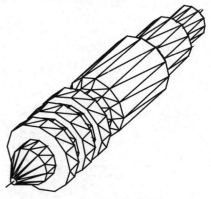

图15-131　消隐着色

**07** 使用快捷键"3R"激活【三维旋转】命令，将着色后的网格模型进行旋转。命令行操作如下：

命令：3R

3DROTATE　　　　　　　　　　　　　　　　　　　//激活【三维旋转】命令

UCS 当前的正角方向： ANGDIR=逆时针 ANGBASE=0.0

选择对象：找到 1 个　　　　　　　　　　　　　//选择实体模型

选择对象：　　　　　　　　　　　　　　　　　//单击Enter键

指定基点：　　　　　　　　　　　　　　　　　//指定中心点

拾取旋转轴：　　　　　　　　　　　　　　　//捕捉z轴，如图15-132所示

指定角的起点或键入角度：90 AutoCAD 2014提供的三维对象编辑工具，如三维移动、三维旋转、三维对齐、三维镜像
　　和三维阵列等，使用这些编辑命令，可以由基本实体创建更复杂的模型　　　//输入90，单击Enter键

**08** 旋转的结果如图15-133所示。

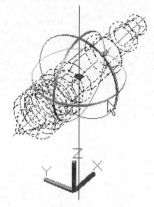

图15-132　选择旋转轴

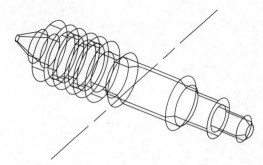

图15-133　三维旋转结果

## 15.8.3　三维移动

三维移动可以使实体在三维空间中移动到任意位置。

调用【三维移动】命令的方法如下。

★　菜单栏：选择【修改】|【三维操作】|【三维移动】命令。

★　功能区：在【常用】选项卡中，单击【修改】面板上的【三维移动】按钮🔧。

★　命令行：输入"3DMOVE/3M"。

执行【三维移动】命令之后，选择要移动的实体，在实体上出现移动小控件，小控件的原点位于实体的几何中心，轴方向与世界坐标系方向相同，接下来用户可以按照两种途径移动实体，如下所述。

★　自由移动：选择要移动的实体之后，指定移动基点，基点可以是实体上的点，也可以是空间任意一点。然后拖动基点到第二点，即完成实体的移动。

★　定向移动：单击选择移动小控件上的某个轴，然后拖动实体，则实体限制在该轴的方向移动。将指针移动到小控件两轴所夹的平面内，该平面变为黄色，单击选中该面，则实体限制在该平面内移动。

## 15.8.4　实战——三维移动

本实战使用【截面】、【三维移动】等命令，创建图15-134所示的截面图形。

**01** 打开随书光盘中的素材"第15章\15.8.4三维移动.dwg"文件，如图15-135所示。

**02** 启用【对象捕捉】功能，并设置捕捉模式为中点捕捉。

**03** 在命令行输入"SECTION"后按Enter键，由三维实体创建截面面域。命令行操作如下：

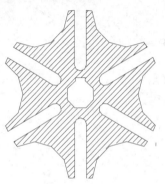

图15-134 截面图形

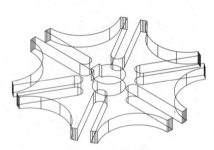

图15-135 素材图形

```
命令：SECTION
选择对象：找到 1 个                       //选择要切割的实体模型
选择对象：                               //单击Enter键
指定截面上的第一个点，依照 [对象(O)/Z 轴(Z)/视图(V)/XY(XY)/YZ(YZ)/ZX(ZX)/三点(3)] <三点>：XY
                                        //选择XY平面作为剖切面
指定 XY 平面上的点 <0,0,0>：              //捕捉图15-136所示的中点，完成截面创建，如图15-137所示
```

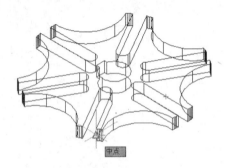

图15-136 定位截面位置

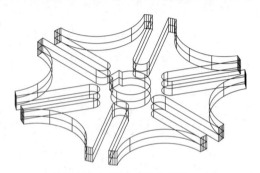

图15-137 创建的截面平面

**04** 选择菜单栏中的【修改】|【三维操作】|【三维移动】命令，将生成的截面移动到实体外。命令行的操作过程如下：

```
命令：_3dmove
选择对象：找到 1 个                       //选择生成的截面
选择对象：                               //按Enter键结束选择
指定基点或 [位移(D)] <位移>：             //选择移动控件的中心作为基点，如图15-138所示
指定第二个点或 <使用第一个点作为位移>：0,0,0 //输入目标点坐标，移动的结果如图15-139所示
```

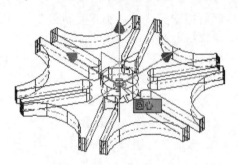

图15-138 选择移动基点

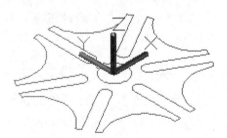

图15-139 移动结果

**05** 使用快捷键"X"激活【分解】命令，对剖切截面进行分解。

**06** 使用快捷键"H"激活【图案填充】命令，在打开的对话框中设置填充的图案类型及填充比例等参数，如图15-140所示，图案填充的效果如图15-141所示。

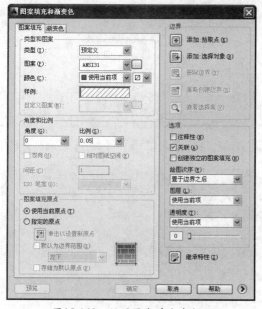

图15-140　设置图案填充参数

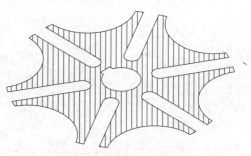

图15-141　图案填充的结果

## 15.8.5　三维镜像

【三维镜像】命令可以以任意空间平面为镜像面，创建指定对象的镜像副本，源对象与镜像副本关于镜像面对称。

调用【三维镜像】命令的方法如下。

★　菜单栏：选择【修改】|【三维操作】|【三维镜像】命令。

★　功能区：在【常用】选项卡中，单击【修改】面板上的【三维镜像】按钮 %。

★　命令行：输入"MIRROR3D"。

执行【三维镜像】命令之后，选择要镜像的实体，然后依次选择空间内的3个点，定义一个镜像平面，即生成与之对称的实体，默认保留源对象，可以选择删除源对象而保留镜像体。

## 15.8.6　实战——创建螺母

本实战通过绘制图15-142所示的螺母三维模型，演示【三维镜像】命令在建模中的作用。

图15-142　六角螺母

**01** 新建空白文件。选择菜单栏中的【绘图】|

【圆】命令，绘制半径为100 的圆，然后以圆的圆心作为中心点，绘制正六边形，如图15-143所示。

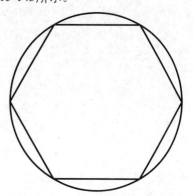

图15-143　绘制圆和多边形

**02** 单击【建模】工具栏上的【拉伸】按钮，将多边形拉伸为实体，如图15-144所示。命令行操作如下：

```
命令: _extrude
当前线框密度: ISOLINES=4，闭合轮廓创建模式 = 实体
选择要拉伸的对象或 [模式(MO)]: _MO 闭合轮廓创建模式 [实体(SO)/曲面(SU)] <实体>: _SO
选择要拉伸的对象或 [模式(MO)]: 找到 1 个          //选择正多边形
选择要拉伸的对象或 [模式(MO)]:                    //按Enter键
指定拉伸的高度或 [方向(D)/路径(P)/倾斜角(T)/表达式(E)] <10.0000>:20          //输入拉伸高度
```

**03** 重复调用【拉伸】命令，将圆沿倾斜方向拉伸，拉伸的结果如图15-145所示。命令行操作过程如下：

```
命令: EXTRUDE
当前线框密度: ISOLINES=4，闭合轮廓创建模式 = 实体
选择要拉伸的对象或 [模式(MO)]: 找到 1 个          //选择圆图形
选择要拉伸的对象或 [模式(MO)]:                    //单击Enter键
指定拉伸的高度或 [方向(D)/路径(P)/倾斜角(T)/表达式(E)] <25.0000>: T          //激活【倾斜角】选项
指定拉伸的倾斜角度或 [表达式(E)] <0>: 45          //输入倾斜角度
指定拉伸的高度或 [方向(D)/路径(P)/倾斜角(T)/表达式(E)] <25.0000>: 50          //输入拉伸高度
```

**04** 选择菜单栏中的【修改】|【实体编辑】|【交集】命令，将拉伸后的两个实体创建为图15-146所示的组合对象，如图15-146所示。

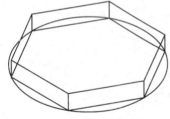
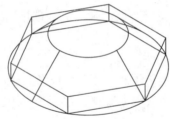
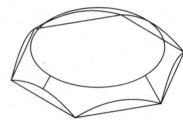

图15-144 拉伸多边形　　　　图15-145 拉伸圆　　　　图15-146 交集运算的结果

**05** 选择菜单栏中的【修改】|【实体编辑】|【拉伸面】命令，将交集后的实体底面进行拉伸，拉伸结果如图15-147所示。命令操作行如下：

```
命令: _solidedit
实体编辑自动检查: SOLIDCHECK=1
输入实体编辑选项 [面(F)/边(E)/体(B)/放弃(U)/退出(X)] <退出>: _face
输入面编辑选项
[拉伸(E)/移动(M)/旋转(R)/偏移(O)/倾斜(T)/删除(D)/复制(C)/颜色(L)/材质(A)/放弃(U)/退出(X)]
  <退出>: _extrude
选择面或 [放弃(U)/删除(R)]: 找到一个面。
选择面或 [放弃(U)/删除(R)/全部(ALL)]:
指定拉伸高度或 [路径(P)]: 40
指定拉伸的倾斜角度 <0>:
已开始实体校验。
已完成实体校验。
```

**06** 选择【修改】|【三维操作】|【三维镜像】命令，对模型进行镜像，镜像的结果如图15-148所示。命令操作行如下：

```
命令: _mirror3d
选择对象: 找到 1 个                          //选择拉伸面之后的实体模型
选择对象:                                   //按Enter键
指定镜像平面 (三点) 的第一个点或
[对象(O)/最近的(L)/Z 轴(Z)/视图(V)/XY 平面(XY)/YZ 平面(YZ)/ZX 平面(ZX)/三点(3)] <三点>: XY
                                           //选择XY面
指定 XY 平面上的点 <0,0,0>:                 //选择实体底面上任意一点
是否删除源对象? [是(Y)/否(N)] <否>:        // 按Enter键
```

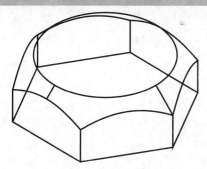

图15-147　拉伸面

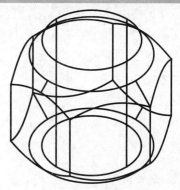

图15-150　创建圆柱体

**09** 选择菜单栏中的【修改】|【实体编辑】|
【差集】命令，对于两个实体进行差集运
算，以创建螺纹孔，如图15-151所示。

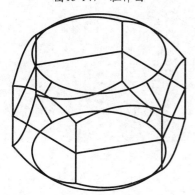

图15-148　镜像结果

**07** 选择菜单栏中的【修改】|【实体编辑】|
【并集】命令，将镜像后的两个实体进行
合并，结果如图15-149所示。

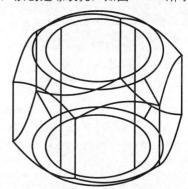

图15-151　差集运算

**10** 选择菜单栏中的【视图】|【消隐】命令，
将模型消隐显示，结果如图15-152所示。

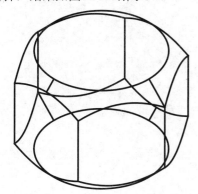

图15-149　并集结果

**08** 选择【绘图】|【建模】|【圆柱体】命令，
以螺母下底面圆心为中心，创建底面半径为
60、高度为150的圆柱体，如图15-150所示。

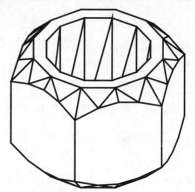

图15-152　消隐结果

## 15.8.7 三维对齐

【对齐】命令可以在三维空间中将两个图形按指定的方式对齐，AutoCAD将根据用户指定的对齐方式来改变对象的位置或进行缩放，以便能够与其他对象对齐。

调用【三维对齐】命令的方法如下。

★ 菜单栏：选择【修改】|【三维操作】|【三维对齐】命令。

★ 功能区：在【常用】选项卡中，单击【修改】面板上的【三维对齐】按钮 。

★ 命令行：输入"3DALIGN"。

执行【三维对齐】命令之后，先选择要移动的实体，然后选择实体上的3个点，定义一个对齐平面。接着选择对齐的第一个目标点，移动实体上的第一点与之重合。依次选择目标位置的其他两个点（或边线），即完成对齐操作。

### 1. 一点对齐

当只设置一对点时，可实现点对齐。首先确定被调整对象的对齐点（起点），然后确定基准对象的对齐点（终点），被调整对象将自动平移位置与基准对象对齐。具体操作如下：

```
命令：_3dalign
选择对象：找到 1 个                    //选择图15-153所示的小长方体
选择对象：                            //按Enter键
  指定源平面和方向
指定基点或 [复制(C)]：                 //捕捉小长方体上的端点
指定第二个点或 [继续(C)] <C>：          //按Enter键
  指定目标平面和方向 ...
指定第一个目标点：                     //捕捉大长方体上的端点
指定第二个目标点或 [退出(X)] <X>：      //按Enter键结束，结果如图15-154所示
```

图15-153　对齐前

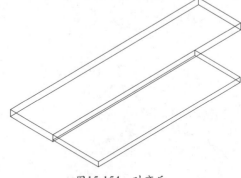

图15-154　对齐后

### 2. 两点对齐

使用这种对齐方式，被调整对象将做两个运动，先按第一点平移，做点对齐；然后再旋转，使第一、第二起点的连线与第一、第二终点的连线共线。

在进行共线操作时，还可以按第一、第二起点之间的线段与第一、第二终点之间的线段长度相等的条件，对被调整的对象进行缩放，具体步骤如下：

```
命令：_3dalign
选择对象：找到 1 个                    //选择图15-155所示的小长方体
选择对象：
  指定源平面和方向 ...
```

| 指定基点或 [复制(C)]: | //在小长方体上捕捉一点 |
| 指定第二个点或 [继续(C)] <C>: | //在小长方体上捕捉另一点 |
| 指定第三个点或 [继续(C)] <C>: | //单击Enter键 |
| 指定目标平面和方向 ... | |
| 指定第一个目标点: | //在大长方体上捕捉一点 |
| 指定第二个目标点或 [退出(X)] <X>: | //在打长方体上捕捉另一点 |
| 指定第三个目标点或 [退出(X)] <X>: | //单击Enter键，如图15-156所示 |

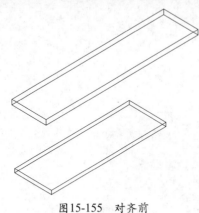

图15-155　对齐前          图15-156　对齐后

### 4. 三点对齐

当选择3对点时，选定对象可在三维空间移动和旋转，并与其他对象对齐，每对点一一对应，即共面。

## 15.8.8　三维阵列

使用【三维阵列】命令可以在三维空间中按矩形阵列或环形阵列的方式，创建指定对象的多个副本。

调用【三维阵列】命令的方法如下。

★ 菜单栏：调用【修改】|【三维操作】|【三维阵列】菜单命令。

★ 工具栏：单击【建模】工具栏中的【三维阵列】按钮▦。

★ 命令行：输入"3DARRAY\3A"。

调用该命令后，命令行操作如下：

| 命令：3darray↙ | //调用【三维阵列】命令 |
| 正在初始化... 已加载 3DARRAY。 | |
| 选择对象： | //选择阵列对象 |
| 选择对象： | //继续选择对象或回车结束选择 |
| 输入阵列类型 [矩形(R)/环形(P)] <矩形>： | //输入阵列类型 |

命令行中提供了两种阵列方式，分别介绍如下。

### 1. 矩形阵列

在调用三维矩形阵列时，需要指定行数、列数、层数、行间距和层间距，其中一个矩形阵列可设置多行、多列和多层。

在指定间距值时，可以分别输入间距值或在绘图区域选取两个点，AutoCAD将自动测量两点之间的距离，并以此作为间距值。如果间距值为正，将沿x轴、y轴、z轴的正方向生成阵列；间距值为负，将沿x轴、y轴、z轴的负方向生成阵列。

阵列图15-157所示的底层柱子，结果如图15-158所示，命令行操作如下：

```
命令：_3darray                                    //调用【三位阵列】命令
选择对象：找到 1 个
选择对象：↙                                        //选择需要阵列的对象
输入阵列类型 [矩形(R)/环形(P)] <矩形>:R↙          //激活"矩形(R)"选项
输入行数 (---) <1>: 2↙                            //指定行数
输入列数 (|||) <1>: 2↙                            //指定列数
输入层数 (...) <1>: 2↙                            //指定层数
指定行间距 (---): 1600↙                            //指定行间距
指定列间距 (|||): 1100↙                            //指定列间距
指定层间距 (...): 950↙                             //指定层间距
```

图15-157　素材图形

图15-158　三维矩形阵列的效果

## 2. 环形阵列

在调用三维环形阵列时，需要指定阵列的数目、阵列填充的角度、旋转轴的起点和终点，及对象在阵列后是否绕着阵列中心旋转。

环形图15-159所示的阵列端盖孔，结果如图15-160所示，命令行操作如下：

```
命令：_3DARRAY                                     //调用【三维阵列】命令
选择对象：找到 1 个                                  //选择需要阵列的圆柱体
选择对象：↙
输入阵列类型 [矩形(R)/环形(P)] <矩形>:P↙           //选择【环形】选项
输入阵列中的项目数目：6↙                            //输入项目数
指定要填充的角度 (+=逆时针，-=顺时针) <360>:↙       //使用默认360度
旋转阵列对象？[是(Y)/否(N)] <Y>: Y↙                //选择【是】选项
指定阵列的中心点：                                   //选择端盖圆心
```

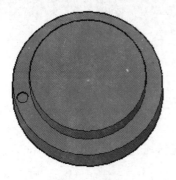

图15-159　素材图形

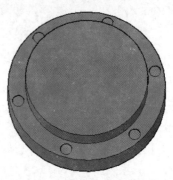

图15-160　三维环形阵列结果

# 15.9 编辑实体边

在绘制三维实体的过程中，不仅可以对整个的三维实体对象进行编辑，还可以单独对三维实体的边进行编辑，包括对实体的边进行压印、复制等操作。

## 15.9.1 复制边

【复制边】是指复制三维实体上被选择的边线，三维实体所有的边都可以复制为直线、圆、椭圆和圆弧等对象。

该命令有以下几种调用方法。

★ 菜单栏：调用【修改】|【实体编辑】|【复制边】菜单命令。

★ 工具栏：单击【实体编辑】工具栏中的【复制边】按钮 。

★ 功能区：在【常用】选项卡中，单击【实体编辑】面板上的【复制边】按钮

执行该命令后，在绘图区选择需要复制的边线，单击鼠标右键，系统弹出快捷菜单，如图15-161所示。选择【确认】命令，并指定复制边的基点或位移，移动鼠标到合适的位置单击放置复制边，完成复制边的操作。其效果如图15-162所示。

图15-161  快捷菜单

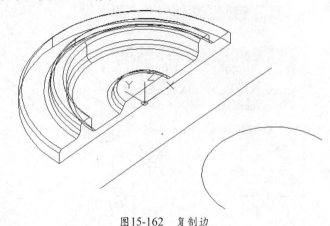

图15-162  复制边

## 15.9.2 压印边

压印是指通过压直线、圆、椭圆、圆弧、样条曲线、多段线、面域、体和三维实体等对象来创建三维实体的新面。它与日常生活中的的"盖章"非常相似，其作用是将几何图案印到三维实体的表面上，使得几何图案成为实体的一部分，就像往三维实体的表面上盖章一样。在创建机械三维模型后，往往需要在模型的表面加入公司标记或产品标记等图形对象，此时就可以利用压印命令将表面单个或多个表面相交的图形对象压印到该表面。

调用【压印边】命令有如下几种方法。

★ 命令行：在命令行中输入"IMPRINT"命令。

★ 菜单栏：选择【修改】|【实体编辑】|【压印边】命令。

★ 工具栏：单击【实体编辑】工具栏中的【压印边】按钮 。

★ 功能区：在【常用】菜单栏中，单击【实体编辑】面板中的【压印边】按钮 。

执行该命令，在绘图区选取三维实体，接着选取压印对象，命令行将显示"是否删除源对象[是（Y）/（否）]<N>："的提示信息，可根据设计需要确定是否保留压印对象，即可执行压印操作，其效果如图15-163所示。

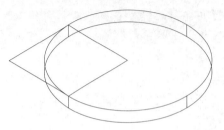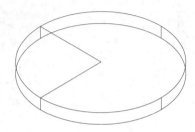

图15-163　压印边

### 15.9.3　着色边

【着色边】命令可以改变边的颜色，调用【着色边】命令的方法如下。

★　菜单栏：调用【修改】｜【实体编辑】｜【着色边】菜单命令。

★　工具栏：单击【实体编辑】工具栏中的【着色边】按钮。

★　功能区：在【常用】选项卡中，单击【实体编辑】面板上的【着色边】按钮。

★　命令行：输入"SOLIDEDIT"，然后在命令行选择【边】选项，接着选择【着色】选项。

执行以上命令之后，先选择边线对象，系统弹出【选择颜色】对话框，如图15-164所示，选择所需的颜色即完成着色。着色边的效果如图15-165所示。

图15-164　【选择颜色】对话框

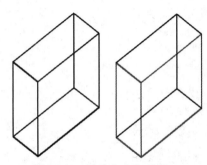

图15-165　【着色边】效果

### 15.9.4　提取边

使用【提取边】命令，可以通过从三维实体或曲面中提取边来创建线框几何体，如图15-166所示。

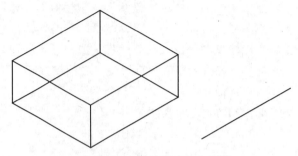

图15-166　从长方体中提取边线

调用【提取边】命令的方法如下。

★　菜单栏：调用【修改】｜【三维操作】｜【提取边】菜单命令。

★　功能区：在常用选项卡中，单击【实体编辑】面板上的【提取边】按钮。

★　命令行：输入"XEDGES"。

# 15.10 编辑实体面

在编辑三维实体时，不仅可以对实体上的单个或多个边线调用编辑操作，还可以对整个实体的任意表面调用编辑操作，即通过改变实体表面，从而达到改变实体的目的。

## 15.10.1 移动面

【移动面】命令的功能与【移动】命令相似，通过指定基点和目标来移动面，在移动实体的面的时候，与其相连的面将会被拉伸或压缩。

调用【移动面】命令的方法如下。

★ 菜单栏：选择【修改】|【实体编辑】|【移动面】命令。

★ 功能区：在【常用】选项卡中，单击【实体编辑】面板上的【移动面】按钮。

★ 命令行：输入"SOLIDEDIT"，然后输入"F"，接着输入"M"。

执行【移动面】命令之后，选择要移动的对象，然后依次指定移动的基点和目标点，即完成面的移动。需要注意的是，当要移动的平面与实体上某个曲面相连，可能无法移动该面，因为系统无法填补移动产生的区域。图15-167所示的模型，侧面可以向实体内移动，移动的效果如图15-168所示，但该侧面无法向实体外侧移动，因为系统不能处理相邻圆柱面的变形。

图15-167 选择移动的面

图15-168 向实体内侧移动的结果

将图15-169所示的长方体侧面向外侧移动，移动结果如图15-170所示，命令行操作过程如下：

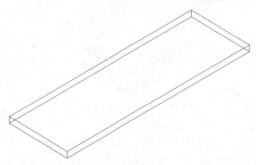
图15-169 移动前

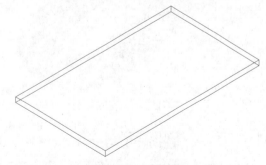
图15-170 移动后

```
命令: _solidedit
实体编辑自动检查: SOLIDCHECK=1
输入实体编辑选项 [面(F)/边(E)/体(B)/放弃(U)/退出(X)] <退出>: _face
输入面编辑选项
[拉伸(E)/移动(M)/旋转(R)/偏移(O)/倾斜(T)/删除(D)/复制(C)/颜色(L)/材质(A)/放弃(U)/退出(X)] <退出>: _move
选择面或 [放弃(U)/删除(R)]: 找到一个面。          //选择长方体的右侧面
选择面或 [放弃(U)/删除(R)/全部(ALL)]:              //按Enter键结束选择
```

| 指定基点或位移: | //在右侧面上指定一个角点 |
| --- | --- |
| 指定位移的第二点: | //按Enter键结束选择 |

## 15.10.2 偏移面

【偏移面】是将实体上的面等距一定的距离，达到修改实体的效果。【偏移面】应用于平面表面时，其作用类似于拉伸面和移动面。【偏移面】应用于圆柱面时，偏移效果是更改圆柱的直径。

调用【偏移面】命令的方法如下。

★ 菜单栏：选择【修改】|【实体编辑】|【偏移面】命令。

★ 功能区：在【常用】选项卡中，单击【实体编辑】面板上的【偏移面】按钮⬜。

★ 命令行：输入"SOLIDEDIT"，然后输入"F"，接着输入"O"。

执行【偏移面】命令之后，选择要偏移的面或面组，然后输入偏移距离，即完成偏移。正偏移值将面沿外法线方向偏移，负值正好相反。

将图15-171所示的模型进行【偏移面】操作，效果如图15-172所示。命令行操作如下：

```
命令: _solidedit
实体编辑自动检查: SOLIDCHECK=1
输入实体编辑选项 [面(F)/边(E)/体(B)/放弃(U)/退出(X)] <退出>: _face
输入面编辑选项
[拉伸(E)/移动(M)/旋转(R)/偏移(O)/倾斜(T)/删除(D)/复制(C)/颜色(L)/材质(A)/放弃(U)/退出(X)] <退出>: _offset
                                        //调用【偏移面】命令
选择面或 [放弃(U)/删除(R)/全部(ALL)]: 找到一个面    //选择法兰内环面作为要偏移的面
选择面或 [放弃(U)/删除(R)/全部(ALL)]:✓            //按Enter键完成选择
指定偏移距离: -30 ✓                              //输入偏移距离，完成偏移面
```

图15-171　偏移面前的模型

图15-172　偏移面效果

## 15.10.3 删除面

【删除面】是在实体上删除某个面，而延伸相连面来将此区域填补起来。【删除面】一般用于删除实体上的倒角面、圆角面、孔面等。

调用【删除面】命令的方法如下。

★ 菜单栏：选择【修改】|【实体编辑】|【删除面】命令。

★ 功能区：在【常用】选项卡中，单击【实体编辑】面板上的【删除面】按钮⬜。

★ 命令行：输入"SOLIDEDIT"，然后输入"F"，接着输入"D"。

执行【删除面】命令之后，选择要删除的面，即可删除该面，如图15-173所示。删除面之后相邻面延伸，填补生成新的体积。如果删除面会导致其他面不能闭合生成实体，则该面不能

被删除。例如图15-174所示的棱锥体和正方体的任意一个面都不能被删除。

图15-173　删除面的效果　　　　　　　图15-174　棱锥体和长方体

## 15.10.4　旋转面

【旋转面】是将实体的面绕某个轴线旋转一定的角度，达到修改实体的目的。旋转一个面会使与之相连的面发生连带变化，如图15-175、图15-176所示。

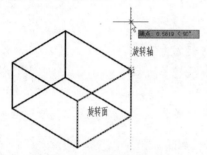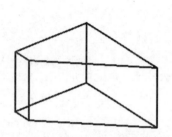

图15-175　旋转面和旋转轴　　　　　　图15-176　旋转面的结果

调用【旋转面】命令的方法如下。

★　菜单栏：选择【修改】|【实体编辑】|【旋转面】命令。

★　功能区：在【常用】选项卡中，单击【实体编辑】面板上的【旋转面】按钮 ⓙ。

★　命令行：输入"SOLIDEDIT"，然后输入"F"，接着输入"R"。

执行【旋转面】命令之后，先选择要旋转的面，然后选择两点定义一个旋转轴，最后输入旋转角度，即可完成旋转。可以一次选择多个面作为旋转对象。命令行操作过程如下：

```
命令：_solidedit
实体编辑自动检查：SOLIDCHECK=1
输入实体编辑选项 [面(F)/边(E)/体(B)/放弃(U)/退出(X)] <退出>：_face
输入面编辑选项
[拉伸(E)/移动(M)/旋转(R)/偏移(O)/倾斜(T)/删除(D)/复制(C)/颜色(L)/材质(A)/放弃(U)/退出(X)] <退出>：_rotate
选择面或 [放弃(U)/删除(R)]：找到一个面。          //选择图15-177所示的一个虚线所示的面
选择面或 [放弃(U)/删除(R)/全部(ALL)]：
指定轴点或 [经过对象的轴(A)/视图(V)/X 轴(X)/Y 轴(Y)/Z 轴(Z)] <两点>：          //捕捉一点
在旋转轴上指定第二个点：                        //捕捉沿z轴上的另一点
指定旋转角度或 [参照(R)]：-70↙               //输入旋转角度，旋转结果如图15-178所示
```

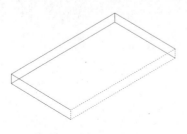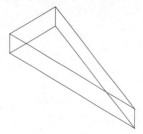

图15-177　旋转前　　　　　　　　　　图15-178　旋转后

## 15.10.5　倾斜面

【倾斜面】是将所选的面，沿某一倾斜轴倾斜一定的角度，如图15-179所示。【倾斜面】还可以应用于环面，如图15-180所示。

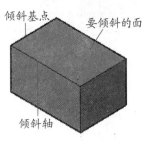

图15-179　倾斜面的效果

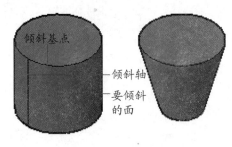

图15-180　圆柱面的倾斜

调用【倾斜面】命令的方法如下。

★　菜单栏：选择【修改】|【实体编辑】|【倾斜面】命令。

★　功能区：在【常用】选项卡中，单击【实体编辑】面板上的【倾斜面】按钮。

★　命令行：输入"SOLIDEDIT"，然后输入"F"，接着输入"T"。

倾斜图15-181所示的长方体上的表面，倾斜结果如图15-182所示。命令行操作过程如下：

```
命令: _solidedit
实体编辑自动检查: SOLIDCHECK=1
输入实体编辑选项 [面(F)/边(E)/体(B)/放弃(U)/退出(X)] <退出>: _face
输入面编辑选项
[拉伸(E)/移动(M)/旋转(R)/偏移(O)/倾斜(T)/删除(D)/复制(C)/颜色(L)/材质(A)/放弃(U)/退出(X)] <退出>: _taper
选择面或 [放弃(U)/删除(R)]: 找到一个面。          //选择长方形的顶面
选择面或 [放弃(U)/删除(R)/全部(ALL)]:
指定基点:                                    //捕捉长方体的左上角点
指定沿倾斜轴的另一个点:                        //捕捉长方体的右上角点
指定倾斜角度: 40↙                            //输入倾斜角度40
```

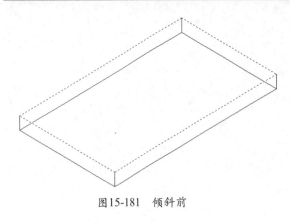

图15-181　倾斜前

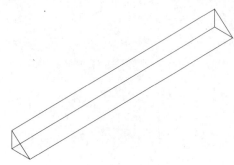

图15-182　倾斜后

## 15.10.6　着色面

【着色面】是将所选的实体表面或曲面对象添加颜色外观。

调用【着色面】命令的方法如下。

★　菜单栏：选择【修改】|【实体编辑】|【着色面】命令。

★　功能区：在【常用】选项卡中，单击【实体编辑】面板上的【着色面】按钮。

★ 命令行：输入"SOLIDEDIT"，然后输入"F"，选择【面】选项，接着输入"L"，选择【颜色】选项。

执行【着色面】命令之后，选择要着色的面，系统弹出【选择颜色】对话框，如图15-183所示。在调色板上选择一种颜色，然后单击【确定】按钮，该面即添加了指定的颜色。

图15-183 【选择颜色】对话框

## 15.10.7 拉伸面

【拉伸面】一般用于修改实体在某个方向上的尺寸。图15-184所示的圆柱体，通过夹点编辑只能从顶面拉伸实体，【拉伸面】命令可以拉伸圆柱体的任何一个端面，但不能拉伸圆柱面，因为【拉伸面】命令只能应用于平面对象。需要注意的是，使用了【拉伸面】之后的实体无法再使用夹点编辑功能。

调用【拉伸面】命令的方法如下。

★ 菜单栏：选择【修改】|【实体编辑】|【拉伸面】命令。

★ 功能区：在【常用】选项卡中，单击【实体编辑】面板上的【拉伸面】按钮，或在【实体】选项卡中，单击【实体编辑】面板上的【拉伸面】按钮。

★ 命令行：输入"SOLIDEDIT"，然后输入"F"，接着输入"E"。

执行【拉伸面】命令之后，选择一个要拉伸的面，接下来有如下两种方式拉伸面。

★ 指定距离拉伸：输入拉伸的距离，默认按平面法向拉伸，输入正值向平面外法线方向拉伸，负值则相反。可选择由法线方向倾斜一角度拉伸，生成拔模的斜面，如图15-185所示。

★ 按路径拉伸：需要指定一条路径线，可以为直线、圆弧、样条曲线或它们的组合，截面以扫掠的形式沿路径拉伸。

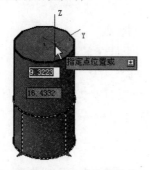

图15-184 夹点编辑实体

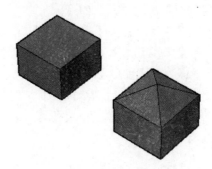

图15-185 倾斜角度拉伸面

将图15-186所示的圆管进行拉伸面编辑，拉伸生成一段弯管，如图15-187所示。命令行操作如下：

```
命令：_solidedit
实体编辑自动检查：SOLIDCHECK=1
输入实体编辑选项 [面(F)/边(E)/体(B)/放弃(U)/退出(X)] <退出>：_face
输入面编辑选项
```

```
[拉伸(E)/移动(M)/旋转(R)/偏移(O)/倾斜(T)/删除(D)/复制(C)/颜色(L)/材质(A)/放弃(U)/退出(X)] <退出>: _extrude
                                      //用按钮方式调用【拉伸面】命令
选择面或 [放弃(U)/删除(R)]: 找到一个面。   //选择圆管顶环面作为拉伸的对象
选择面或 [放弃(U)/删除(R)/全部(ALL)]:    //按Enter键完成选择
指定拉伸高度或 [路径(P)]: P↙          //使用路径拉伸
选择拉伸路径:                        //选择圆弧路径,生成第一段拉伸
命令: _solidedit
实体编辑自动检查: SOLIDCHECK=1
输入实体编辑选项 [面(F)/边(E)/体(B)/放弃(U)/退出(X)] <退出>: _face
输入面编辑选项
[拉伸(E)/移动(M)/旋转(R)/偏移(O)/倾斜(T)/删除(D)/复制(C)/颜色(L)/材质(A)/放弃(U)/退出(X)] <退出>: _extrude
                                      //再次调用【拉伸面】命令
选择面或 [放弃(U)/删除(R)]: 找到一个面。   //如图15-188所示,选择环面作为拉伸的面
选择面或 [放弃(U)/删除(R)/全部(ALL)]:    //按Enter键完成选择
指定拉伸高度或 [路径(P)]: 40↙          //输入拉伸高度值
指定拉伸的倾斜角度 <60>: 0↙          //输入拉伸的倾斜角度0°,垂直拉伸
```

图15-186　拉伸前的实体

图15-187　选择拉伸面

图15-188　第二段拉伸

## 15.10.8　复制面

　　【复制面】是复制一个与实体表面相同的曲面或面域。

　　调用【复制面】命令的方法如下。

★　菜单栏: 选择【修改】|【实体编辑】|【复制面】命令。

★　功能区: 在【常用】选项卡中,单击【实体编辑】面板上的【复制面】按钮。

★　命令行: 输入 "SOLIDEDIT",然后输入 "F",接着输入 "C"。

　　执行【复制面】命令之后,选择要复制的实体表面,可以一次选择多个面,然后指定复制的基点,接着将曲面拖动到其他位置即可。系统默认将平面类型的表面复制为面域,将曲面类型的表面复制为曲面。

# 15.11　实体高级编辑

　　　　　　　　　　　　　　在编辑三维实体时,不仅可以对实体上单个表面和边线调用编辑操作,还可以对整个实体调用编辑操作。

## 15.11.1　倒角边

　　在实际生产中,零件与人的接触位置通常要避免尖锐过渡,因此需要在直角或锐角的边线

处进行倒角，即在边线相邻的两面间创建倾斜面过渡。

在AutoCAD中调用【倒角边】命令的方式如下。

★ 菜单栏：选择【修改】|【实体编辑】|【倒角边】命令。

★ 功能区：在【实体】选项卡上，单击【实体编辑】面板上的【倒角边】按钮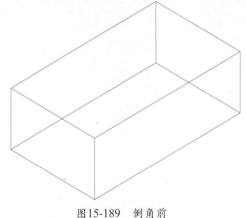。

★ 命令行：输入"CHAMFEREDGE"。

执行【倒角边】命令之后，在命令行设置两个倒角距离，然后在模型上拾取要倒角的边线，可以选择直线或圆弧边线，可一次选择多条边线，但要求这些边线在同一平面内，按Enter键结束选择，再次按Enter键即可完成边倒角。

对图15-189所示的长方体棱边，创建倒角，如图15-190所示。操作命令提示如下：

```
命令：_CHAMFEREDGE 距离 1 = 1.0000，距离 2 = 1.0000
选择一条边或 [环(L)/距离(D)]:                        //选择长方体的一条边
选择同一个面上的其他边或 [环(L)/距离(D)]:            //选择长方体的另一条边
选择同一个面上的其他边或 [环(L)/距离(D)]:            //按Enter键
按 Enter 键接受倒角或 [距离(D)]:D↙                  //激活【距离】选项
指定基面倒角距离或 [表达式(E)] <1.0000>: 50↙        //输入倒角距离
指定其他曲面倒角距离或 [表达式(E)] <1.0000>:        //按Enter键，完成倒角
```

图15-189 倒角前

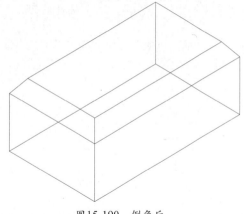

图15-190 倒角后

## 15.11.2 圆角边

【三维圆角】是指使用与对象相切并具有指定半径的圆弧连接两个对角，常用于对机械三维实体进行倒圆角。

【圆角边】是在所选边相邻的两面之间创建圆弧面的过渡。

调用【圆角边】命令的方式如下。

★ 菜单栏：选择【修改】|【实体编辑】|【圆角边】命令。

★ 功能区：在【实体】选项卡上，单击【实体编辑】面板上的【圆角边】按钮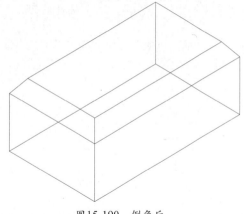。

★ 命令行：输入"FILLETEDGE"。

执行【圆角边】命令之后，在命令行设置圆角半径，然后在模型上拾取要圆角的边线，可以选择多条边线，按Enter键生成圆角预览，再次按Enter键即可接受圆角。命令行出现如下提示及操作：

```
命令：_FILLETEDGE                    //启动设置圆角边的命令
半径 = 1.0000
```

| | |
|---|---|
| 选择边或 [链(C)/环(L)/半径(R)]: | //选择需要设置为圆角的边, 图15-191所示的虚线边 |
| 选择边或 [链(C)/环(L)/半径(R)]: | //按Enter键 |
| 已选定 1 个边用于圆角 | |
| 按 Enter 键接受圆角或 [半径(R)]:R↙ | //激活【半径】选项 |
| 指定半径或 [表达式(E)] <1.0000>: 20↙ | //输入半径为20 |
| 按 Enter 键接受圆角或 [半径(R)]: | //单击Enter键, 得到图15-192 |

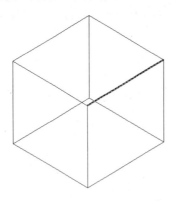

图15-191　未设置圆角边之前

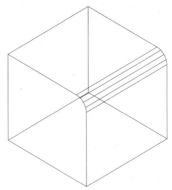

图15-192　设置圆角边之后

## 15.11.3　实战——倒圆角

**01** 打开本书光盘素材文件"第15章\15.11.3倒圆角.dwg", 如图15-193所示。

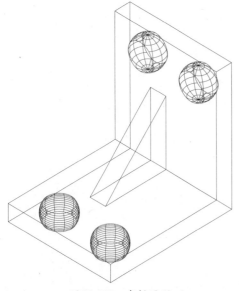

图15-193　素材图形

**02** 选择菜单栏中的【视图】|【视觉样式】|【二维线框】命令, 将模型的着色方式设置为线框着色。

**03** 选择【修改】|【实体编辑】|【倒角边】命令, 依次选择图15-194所示的4条边, 设置半径为8, 在支座上创建倒圆角, 结果如图15-195所示。

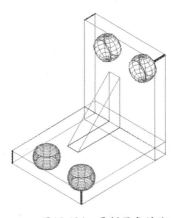

图15-194　要倒圆角的边

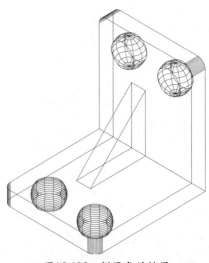

图15-195　倒圆角的结果

**04** 选择菜单栏中的【视图】|【视觉样式】|【概念】命令，对实体模型进行着色，结果如图15-196所示。

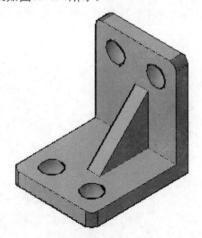

图15-196 概念着色

## 15.11.4 抽壳

【抽壳】的作用是将一个三维实体对象的中心掏空，从而创建出具有一定厚度的壳体。在抽壳时，还可以删除三维实体的某些表面，以显示壳体的内部构造。

该命令有以下几种调用方法。

★ 菜单栏：选择菜单栏上的【修改】|【实体编辑】|【抽壳】命令。

★ 工具栏：单击【实体编辑】工具栏上的【抽壳】按钮。

★ 命令行：在命令行中输入"SOLIDEDIT"命令。

在执行实体抽壳时，可根据设计需要保留所有面执行抽壳操作（即中空实体），或删除单个面进行抽壳操作，分别介绍如下。

★ 删除面抽壳：该抽壳方式通过移除面形成内孔实体。其操作方法为：执行【抽壳】

命令后，在绘图区选择要抽壳的实体，按Enter键或单击右键，选取单个或多个表面并单击右键，即可执行抽壳操作。

★ 保留面抽壳：该抽壳方式与上一种抽壳方法的操作步骤基本相同，不同之处在于：该抽壳方法是在选取对象后，直接按Enter键或单击右键，并不选择删除面，而是输入抽壳距离，从而形成中空的抽壳效果。

## 15.11.5 实战——抽壳

本例通过创建图15-197所示的三维对象，学习【抽壳】命令的作用和操作方法。

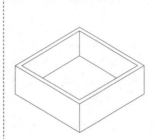

图15-197 实体抽壳的效果

**01** 执行【新建】命令，快速创建空白文件。

**02** 选择菜单栏中的【视图】|【三维视图】|【东南等轴测】命令，将当前视图切换为东南视图。

**03** 分别使用【长方体】和【圆锥体】命令，创建图15-198所示的长方体和圆锥体。

**04** 选择菜单栏中的【修改】|【实体编辑】|【抽壳】命令，或单击【实体编辑】工具栏上的【抽壳】按钮，激活【抽壳】命令，对创建的几何体进行抽壳。命令行操作如下：

```
命令: _solidedit                                                    //激活【抽壳】命令
实体编辑自动检查: SOLIDCHECK=1
输入实体编辑选项 [面(F)/边(E)/体(B)/放弃(U)/退出(X)] <退出>: _body
输入实体编辑选项
[压印(I)/分割实体(P)/抽壳(S)/清除(L)/检查(C)/放弃(U)/退出(X)] <退出>: _shell
选择三维实体:                                                       //选择长方体模型
删除面或 [放弃(U)/添加(A)/全部(ALL)]: 找到一个面, 已删除 1 个。    //选择长方体上表面
删除面或 [放弃(U)/添加(A)/全部(ALL)]:                              //按Enter键, 结束面的选择
输入抽壳偏移距离: 10↙                                              //设置抽壳距离
```

> 已开始实体校验。
> 已完成实体校验。

**05** 重复调用【抽壳】命令，对圆锥体进行抽壳，结果如图15-199所示。命令行操作过程如下：

```
命令: _solidedit
实体编辑自动检查:  SOLIDCHECK=1
输入实体编辑选项 [面(F)/边(E)/体(B)/放弃(U)/退出(X)] <退出>: _body
输入体编辑选项
[压印(I)/分割实体(P)/抽壳(S)/清除(L)/检查(C)/放弃(U)/退出(X)] <退出>: _shell
选择三维实体:                                          //选择圆锥体
删除面或 [放弃(U)/添加(A)/全部(ALL)]: 找到一个面, 已删除 1 个。   //选择圆锥体底面
删除面或 [放弃(U)/添加(A)/全部(ALL)]:                     //按Enter键
输入抽壳偏移距离: 12✓                                  //输入12, 设置抽壳距离
已开始实体校验。
已完成实体校验。
```

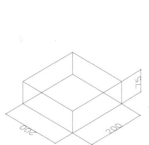

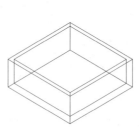

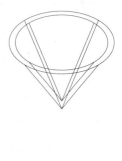

图15-198　创建的实体　　　　　　　　　　图15-199　抽壳结果

## 15.11.6　剖切实体

剖切是以某一个平面为工具，将一个三维实体对象剖切为多个三维实体。剖切面可以是对象、Z轴、视图、XY/YZ/ZX平面或3点定义的面。

调用【剖切】命令有以下两种方法。

★　选择菜单栏上的【修改】|【三维操作】|【剖切】命令。

★　在命令行中执行"SLICE"命令。

执行该命令后，命令行出现如下提示：

```
命令: _slice                                    //启动【剖切】命令
选择要剖切的对象: 找到 1 个                       //选择图15-200所示的实体作为要剖切的对象
选择要剖切的对象:                               //按Enter键
指定切面的起点或 [平面对象(O)/曲面(S)/Z 轴(Z)/视图(V)/XY(XY)/YZ(YZ)/ZX(ZX)/三点(3)] <三点>: 3
                                               //激活3点选项
指定平面上的第一个点:                           //指定平面上的第一个点
指定平面上的第二个点:                           //指定平面上的第二个点
指定平面上的第三个点:                           //指定平面上的第三个点
在所需的侧面上指定点或 [保留两个侧面(B)] <保留两个侧面>:  //指定保留的一边, 得到如图15-201所示结果
```

在命令的执行过程中，各选项的含义如下。

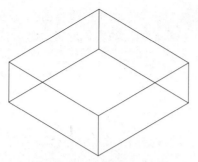

图15-200 未剖切之前

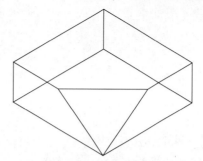

图15-201 剖切之后

★ 平面对象：将剖切面与圆、椭圆、圆弧、椭圆弧、二维样条曲线或二维多段线对齐进行剖切。

★ 曲面：将剖切面与曲面对齐进行剖切。

★ Z轴：通过平面上指定的点和在平面Z轴上指定一点来确定剖切平面进行剖切。

★ 视图：将剖切面与当前视口的视图平面对齐进行剖切。指定一点可以确定剖切平面位置。

★ XY平面：将剖切面与当前UCS坐标的XY平面对齐进行剖切。指定一点可确定剖切面的位置。

★ YZ平面：将剖切面与当前UCS坐标的YZ平面对齐进行剖切。指定一点可确定剖切面的位置。

★ ZX平面：将剖切面与当前UCS坐标的ZX平面对齐进行剖切。指定一点可确定剖切面的位置。

★ 三点：用三点确定剖切面进行剖切。

## 15.11.7 实战——剖切空心轴

本例使用【剖切】命令创建剖切实体，以便于观察内部结构，剖切效果如图15-202所示。

图15-202 剖切效果

**01** 打开光盘素材文件"第15章\15.11.7剖切空心轴.dwg"，如图15-203所示。

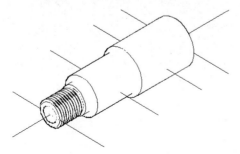

图15-203 素材文件

**02** 选择菜单栏中的【视图】|【视觉样式】|【二维线框】命令，对当前模型进行线框着色，结果如图15-204所示。

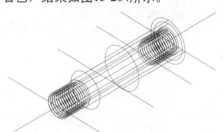

图15-204 线框着色

**03** 选择菜单栏中的【修改】|【实体编辑】|【并集】命令，创建外部组合柱体结构，结果如图15-205所示。

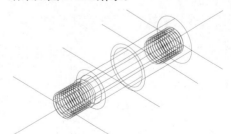

图15-205 并集结果

**04** 单击【实体编辑】工具栏中的【并集】按钮，再次激活【并集】命令，创建内部的组合柱体结果，结果如图15-206所示。

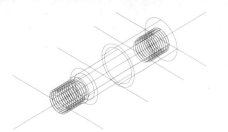

图15-206　并集结果

**05** 单击【实体编辑】工具栏上的【差集】按钮，激活【差集】命令，创建内部空洞，结果如图15-207所示。

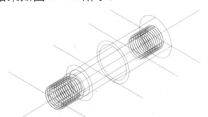

图15-207　差集结果

**06** 选择菜单栏中的【视图】|【消隐】命令，对差集后的实体进行消隐着色，结果如图15-208所示。

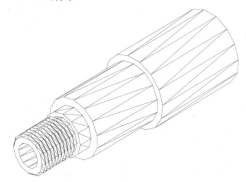

图15-208　消隐着色

**07** 选择菜单栏中的【修改】|【三维操作】|【剖切】命令，对差集后的组合实体进行剪切，并删除右边部分实体。命令行操作过程如下：

```
命令: _slice
选择要剖切的对象: 找到 1 个                                    //选择组合实体模型
选择要剖切的对象:                                            //按Enter键
指定切面的起点或 〔平面对象(O)/曲面(S)/Z 轴(Z)/视图(V)/XY(XY)/YZ(YZ)/ZX(ZX)/三点(3)〕<三点>: XY
                                                        //激活"X Y平面"选项
指定 XY 平面上的点 <0,0,0>:                                  //捕捉组合实体可见圆的圆心
在所需的侧面上指定点或 〔保留两个侧面(B)〕<保留两个侧面>:          //在左侧实体上单击，删除右侧部分
```

## 15.11.8　加厚曲面

使用加厚功能可以为平面网络和三维网格等曲面添加厚度，从而转化为实体对象。执行该命令需要确定的参数有：曲面对象和添加的厚度。

调用【加厚】命令有以下两种方法。

★ 选择菜单栏上的【修改】|【三维操作】|【加厚】命令。

★ 在命令行中执行"THICKEN"命令。

## 15.11.9　实战——加厚曲面

**01** 调用【新建】命令。选择菜单栏中的【视图】|【三维视图】|【西南等轴测】命令，将当前视图切换为西南等轴测视图。

**02** 在命令行中输入"ISOLINES"后按回车键，设置此变量的值为20。

**03** 使用【多段线】命令，绘制一段多段线，如图15-209所示。

图15-209　绘制多段线

**04** 使用快捷键"EXT"，激活【拉伸】命令，拉伸绘制的多段线为曲面，设置拉伸高度为30，结果如图15-210所示。

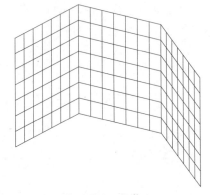

图15-210　拉伸面

**05** 选择菜单栏中的【修改】|【三维操作】|
【加厚】命令，选择拉伸得到的曲面，进
行加厚，设置拉伸厚度为-10，如图15-211
所示。操作过程如下：

```
命令：_Thicken
选择要加厚的曲面：指定对角点：找到 3 个
                  //选定分解后的拉伸体
选择要加厚的曲面：
                  //按Enter键
已过滤 2 个
指定厚度 <-10.0000>:-10↙
                  //输入厚度-10
命令：指定对角点或 [栏选(F)/圈围(WP)/
圈交(CP)]：
```

**06** 选择菜单栏中的【视图】|【视觉样式】|
【概念】命令，对模型进行着色，效果如
图15-212所示。

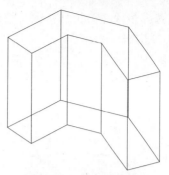

图15-211 加厚的结果

图15-212 概念视觉样式

# 15.12 综合实战——绘制管接头模型

图15-213所示的管接头模型。

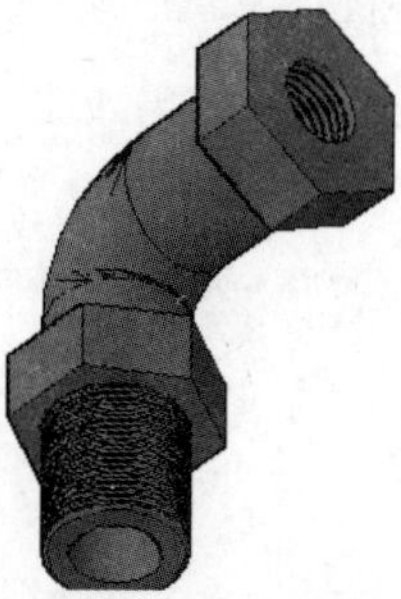

本实战综合运用本章所学的三维建模和编辑工具，绘制

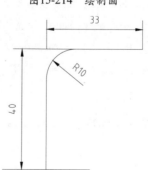

图15-213 管接头

**01** 使用【新建】命令，创建空白图形文件。

**02** 选择菜单栏中的【视图】|【三维视图】|
【西南等轴测】命令，将视图切换为西南
等轴测视图。

**03** 单击【绘图】工具栏上的◎按钮，以原点
（0，0，0）为圆心，绘制半径为8的圆，
如图15-214所示。

**04** 选择菜单栏中的【视图】|【三维视图】|
【左视】命令，将视图切换为左视图。

**05** 单击【绘图】工具栏上的┒按钮，以（0，

0）为起始端点，创建拉伸路径，结果如图
15-215所示。

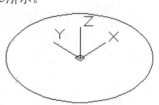

图15-214 绘制圆

图15-215 绘制拉伸路径

**06** 将视图切换回西南等轴测视图，单击【建
模】工具栏上的┓按钮，选择圆为拉伸对

象，选择多段线为拉伸路径，拉伸结果如图15-216所示。

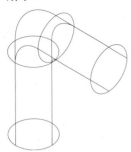

图15-216　路径拉伸

**07** 单击【实体编辑】工具栏上的■按钮，删除两个端面，设置抽壳距离为3个绘图单位，对图形进行抽壳，消隐结果如图15-217所示。

图15-217　抽壳

**08** 移动旋转坐标系，以管道端面圆心为坐标系原点，结果如图15-218所示。

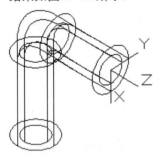

图15-218　调整坐标系

**09** 选择菜单栏中的【绘图】|【多边形】命令，以原点（0，0，0）为中心点，绘制内接圆半径为12的正六边形，结果如图15-219所示。

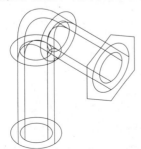

图15-219　绘制六边形

**10** 单击【建模】工具栏上的■按钮，激活【按住并拖动】命令，对六边形与管体之间的部位进行拉伸处理，拉伸高度为-8，结果如图15-220所示。

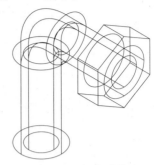

图15-220　按住并拖动

**11** 单击【实体编辑】工具栏上的◎按钮，激活【并集】命令，将两个图形合并一起，并删除正六边形，消隐结果如图15-221所示。

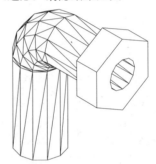

图15-221　并集运算

**12** 移动旋转坐标系，结果如图15-222所示。

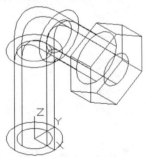

图15-222　移动坐标系

**13** 选择菜单栏中的【绘图】|【多边形】命令，以原点（0,0,0）为中心点，绘制内接圆半径为12的正六边形，结果如图15-223所示。

**14** 单击【建模】工具栏上的■按钮，激活【按住并拖动】命令，对六边形与管体之间的部位进行拉伸处理，拉伸高度为8，结果如图15-224所示。

**15** 调用M【移动】命令，将拉伸的图形向上

移动16个绘图单位，选择菜单栏中的【修
改】|【实体编辑】|【并集】命令，合并图
形，消隐结果如图15-225所示。

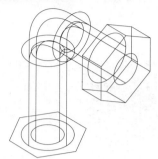

图15-223　绘制正六边形

图15-224　按住并拖动

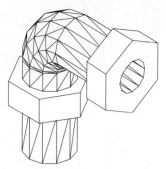

图15-225　并集运算

图15-226　倒角边

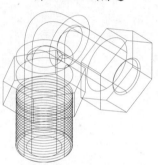

图15-227　倒角边

**16** 选择菜单栏中的【修改】|【实体编辑】|【倒
角边】命令，对实体模型进行倒角处理，倒
角距离为0.5，结果如图15-226所示。

**17** 选择菜单栏中的【绘图】|【螺旋】命令，
以（0,0,0.5）为中心点，绘制螺旋线，结果
如图15-227所示。命令行操作过程如下：

```
命令: _Helix                               //调用【螺旋】命令
圈数 = 3.0000      扭曲=CCW
指定底面的中心点:0,0,0.51                   //指定中心点
指定底面半径或 [直径(D)] <2.0000>: 81       //输入底面圆半径
指定顶面半径或 [直径(D)] <2.0000>: 81       //输入顶面圆半径
指定螺旋高度或 [轴端点(A)/圈数(T)/圈高(H)/扭曲(W)] <0.0000>: tl  //选择圈数
输入圈数 <3.0000>: 201                      //输入圈数
指定螺旋高度或 [轴端点(A)/圈数(T)/圈高(H)/扭曲(W)] <0.0000>:181  //输入高度，回车
```

**18** 选择菜单栏中的【绘图】|【多边形】命
令，绘制内接圆半径为0.375的正三角形，
结果如图15-228所示。

0.75

图15-228　按住并拖动

**19** 使用【复制】命令，复制一份正三角形备
用；单击【建模】工具栏上的按钮，激
活【扫掠】命令，选择正三角形为扫掠对
象，选择螺旋为扫掠路径，进行扫掠，结
果如图15-229所示。

**20** 选择菜单栏中的【修改】|【实体编辑】|
【差集】命令，绘制出螺纹效果，结果如
图15-230所示。

图15-229　扫掠图形

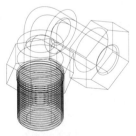

图15-230　差集

**21** 移动旋转坐标系，如图15-231所示。

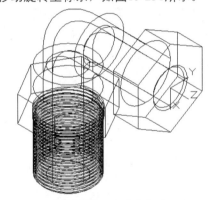

图15-231　移动坐标系

**22** 选择菜单栏中的【绘图】|【螺旋】命令，以（0,0,-0.5）为中心点，绘制螺旋线，结果如图15-232所示。命令行操作过程如下：

```
命令: _Helix
圈数 = 20.0000        扭曲=CCW
指定底面的中心点:0, 0, -0.5                        //指定中心点
指定底面半径或 [直径(D)] <8.0000>: 5                 //输入底面圆半径
指定顶面半径或 [直径(D)] <8.0000>: 5                 //输入顶面圆半径
指定螺旋高度或 [轴端点(A)/圈数(T)/圈高(H)/扭曲(W)] <18.0000>: t   //选择圈数
输入圈数 <20.0000>: 7                               //输入圈数
指定螺旋高度或 [轴端点(A)/圈数(T)/圈高(H)/扭曲(W)] <18.0000>:-8    //输入高度，回车
```

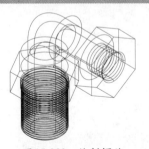

图15-232　绘制螺旋

**23** 单击【建模】工具栏上的 按钮，激活【扫掠】命令，选择正三角形为扫掠对象，选择螺旋为扫掠路径，进行扫掠，结果如图15-233所示。

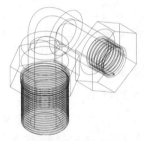

图15-233　扫掠螺旋

**24** 单击【实体编辑】工具栏上的 按钮，激

活【差集】命令，对实体进行差集处理，消隐结果如图15-234所示。

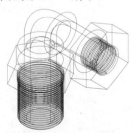

图15-234　差集运算

**25** 选择菜单栏中的【视图】|【视觉样式】|【概念】命令，对实体模型进行着色，最终的结果如图15-235所示。

图15-235　概念视觉样式

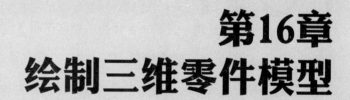

# 第16章
# 绘制三维零件模型

本章综合运用前面所学的平面绘图和三维建模命令来创建各类三维零件模型，包括轴套类、轮盘类、箱体类、叉架类等典型机械零件，使读者能够掌握一般三维零件的绘制思路和方法。

# 16.1

## 轴套类零件建模

轴类零件是重要的机械传动部件，其主要作用是传递扭矩。轴类零件一般具有回转结构，因此其主体的创建多用到【旋转】命令。

### 16.1.1 实战——联轴器

联轴器是机械产品轴系传动最常用的连接部件，用来连接不同机构的两根轴（主动轴和从动轴），使之共同旋转以传递扭矩。在高速重载的动力传动中，有些联轴器还有缓冲、减振和提高轴系动态性能的作用。

联轴器属于环形体，一般可以使用【拉伸】、【布尔运算】、【三维阵列】等命令创建。本节创建的联轴器模型如图16-1所示。

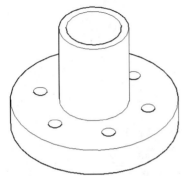

图16-1 联轴器

01 新建文件。按下Ctrl+N快捷键，以"acadiso3D.dwt"为模板，创建新图形文件，进入三维绘图环境。

02 新建选择菜单栏中的【视图】|【三维视图】|【俯视图】命令，将视图切换至俯视图。

03 调用C【圆】命令，绘制如图16-2所示的圆。

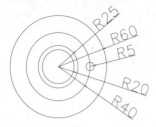

图16-2 绘制圆图形

04 调用AR【阵列】命令，选择环形阵列方式，设置阵列数为6个，角度为360°，选择圆心为阵列中心，对小圆进行阵列，结果如图16-3所示。

05 单击【修改】工具栏中的【删除】按钮，删除辅助圆，如图16-4所示。

06 单击【视图】工具栏中的【东南等轴测】按

钮 ◇，切换至东南等轴测模式，以方便查看立体图形，如图16-5所示。

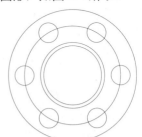

图16-3 阵列圆

图16-4 删除辅助圆

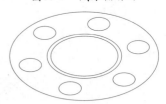

图16-5 切换视图模式

07 执行菜单栏中的【绘图】|【建模】|【拉伸】命令，选择拉伸图形，设置拉伸高度分别为20和80，如图16-6所示。

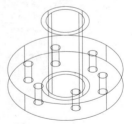

图16-6 拉伸结果

**08** 执行菜单栏中的【修改】|【实体编辑】|【差集】命令，执行实体求差操作，完成联轴器的创建，最终的效果如图16-1所示。

## 16.1.2 实战——阶梯轴

轴类零件在机械传动中运用极为广泛，根据其形状不同，可将轴分为直轴和曲轴两大类。直轴在机械运动中运用相对比较多，根据直轴外形的不同，又可分为光轴和阶梯轴两类：光轴的形状比较简单，但零件的装配和定位比较困难；而阶梯轴的形状比较复杂，是一个纵向不等直径的圆柱体。为了连接齿轮、涡轮等零件，一般通过键和键槽来对其进行紧固。

本节以图16-7所示的阶梯轴为例，介绍轴类零件的三维建模方法。

图16-7 阶梯轴

**01** 新建文件。按下Ctrl+N快捷键，以"acadiso3D.dwt"为模板，创建新图形文件，进入三维绘图环境。

**02** 选择菜单【视图】|【三维视图】|【左视】命令，将视图转换成左视图模式。

**03** 调用L【直线】或PL【多段线】命令，在左视图中绘制图16-8所示的轮廓线。

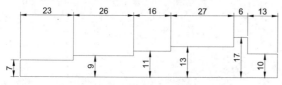

图16-8 绘制轮廓线

**04** 单击【绘图】工具栏中的【面域】按钮◎，将绘制线段所围成的区域创建为一个面域。

**05** 选择【视图】|【三维视图】|【东南等轴测】命令，将视图转换为东南等轴测图模式以方便三维建模。

**06** 选择【绘图】|【建模】|【旋转】命令，选择图16-9所示的直线为旋转轴，旋转面域以生成图16-10所示的轴。

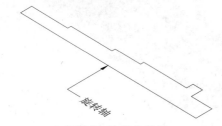

图16-9 选择旋转轴

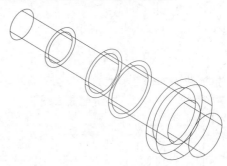

图16-10 旋转结果

**07** 选择【视图】|【视觉样式】|【概念】命令，切换显示模式为概念视觉样式，在【修改】工具栏中单击【倒角】按钮，创建大直径端1×1的倒角，如图16-11所示。

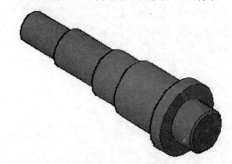

图16-11 大直径倒角

**08** 选择【视图】|【三维视图】|【西南等轴测】命令，切换至西南等轴测视图，使用同样的方法创建小直径端1×1的倒角，如图16-12所示。

图16-12 小直径倒角

**09** 选择【工具】|【新建UCS】|【Z轴矢量】命令，新建UCS，如图16-13所示。

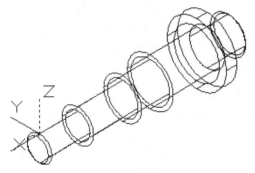

图16-13 新建UCS

**10** 选择ViewCube工具上的上平面，在XY平面中绘制图16-14所示的键槽截面图形。

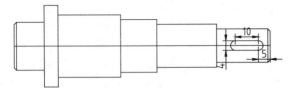

图16-14 绘制键槽轮廓

**11** 单击【绘图】工具栏中的【面域】按钮 ◙，将绘制的键槽转换为面域。

**12** 选择菜单栏中的【绘图】|【建模】|【拉伸】命令，将创建的面域向轴内部拉伸3，如图16-15所示。

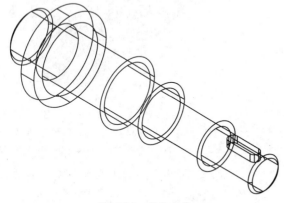

图16-15 拉伸实体

**13** 选择菜单栏中的【修改】|【实体编辑】|【差集】命令，从轴实体中减去键槽实体。

**14** 选择【工具】|【新建UCS】|【Z轴矢量】命令，新建UCS，如图16-16所示。

**15** 单击ViewCube工具上的上平面，在XY平面中绘制图16-17所示的键槽截面图形。

**16** 单击【绘图】工具栏中的【面域】按钮，将绘制的键槽转换为面域。

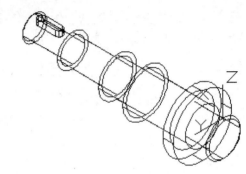

图16-16 新建UCS

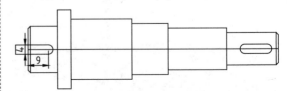

图16-17 绘制键槽轮廓

**17** 选择菜单栏中的【绘图】|【建模】|【拉伸】命令，将创建的面域向轴内部拉伸3，如图16-18所示。

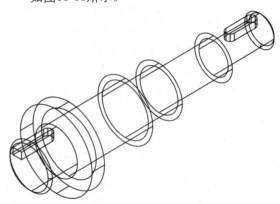

图16-18 拉伸实体

**18** 选择菜单栏中的【修改】|【实体编辑】|【差集】命令，从轴实体中减去键槽实体。

**19** 选择菜单栏中的【视图】|【视觉样式】|【概念】命令，完成的阶梯轴如图16-19所示。

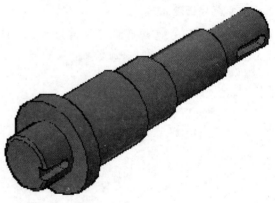

图16-19 完成的阶梯轴

# 16.2 轮盘类零件建模

轮、盘类零件一般用于传动动力、改变速度、转换方向或者起到支承、轴向定位和密封等作用。根据形状的不同，可将其分为几种类型：带轮、齿轮、端盖、法兰盘等。

★ 带轮主要用于带传动，通过皮带与轮的摩擦来传递旋转运动和扭矩。

★ 齿轮主要用来传动力和力矩。

★ 端盖主要用于定位和密封，通常使用销钉来连接。

★ 法兰盘是用于连接轴的传动，并参与轴的传动，它们的周边一般都有用于固定的连接孔。

## 16.2.1 实战——皮带轮

本实例综合使用【旋转】和【拉伸】命令来绘制三角皮带轮，最终的效果如图16-20所示。

图16-20 皮带轮

**01** 打开素材文件。打开光盘素材文件"第16章\16.2.1 皮带轮.dwg"，如图16-21所示。

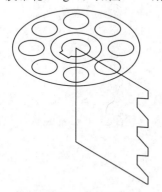

图16-21 素材文件

**02** 旋转对象。在菜单栏中选择【绘图】|【建模】|【旋转】命令，选择带轮截面作为要旋转的对象，旋转的结果如图16-22所示。

**03** 拉伸实体。选择菜单栏中的【绘图】|【建模】|【拉伸】命令，选择轴孔截面作为拉伸的对象，拉伸的高度贯穿整个旋转体，如图16-23所示。

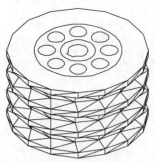

图16-22 旋转结果

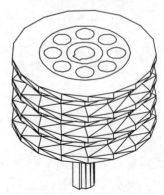

图16-23 创建拉伸体

**04** 创建轴孔。选择菜单栏中的【修改】|【实体编辑】|【差集】命令，从皮带轮上减去拉伸体，如图16-24所示。

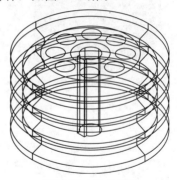

图16-24 轴孔效果

**05** 选择菜单栏中的【绘图】|【建模】|【拉伸】命令，选择阵列圆作为拉伸的对象，拉伸的高度贯穿整个旋转体，如图16-25所示。

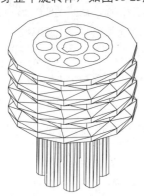

图16-25　拉伸圆

**06** 选择菜单栏中的【修改】|【实体编辑】|【差集】命令，从皮带轮上减去拉伸体，如图16-26所示。

**07** 选择菜单栏中的【绘图】|【建模】|【拉伸】命令，选择外侧两个圆作为拉伸的对象，拉伸的高度为-150。

**08** 选择菜单栏中的【修改】|【实体编辑】|【差集】命令，从大圆拉伸体中减去小圆拉伸体。

**09** 重复调用【差集】命令，从皮带轮实体中减去上一步创建的实体，最终的效果如图16-27所示。

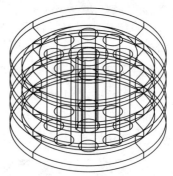

图16-26　孔效果

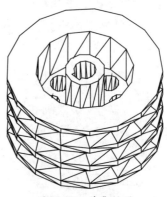

图16-27　差集结果

## 16.2.2　实战——齿轮

齿轮在机械应用中一般是传递旋转运动和扭矩。齿轮按照齿圈上齿轮的分布形式，可分为直齿、斜齿、人字齿等；按照轮体的结构特点，齿轮大致可以分为盘形齿轮、轴套齿轮、轴齿轮、扇形齿轮和齿条等。

齿轮的绘制方法比较简单，一般可通过拉伸和切除的方式创建。下面以图16-28所示的齿轮为例，介绍齿轮三维模型的绘制方法。

图16-28　齿轮

**01** 新建文件，将视图切换为俯视图方向。

**02** 利用ARC【圆弧】和L【直线】等命令，绘制图16-29所示的轮廓线。

**03** 单击【修改】工具栏中的【镜像】按钮 <svg>◭</svg>，选取轮廓线进行镜像操作，结果如图16-30所示。

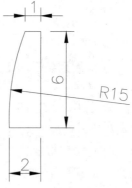

图16-29　绘制轮廓线

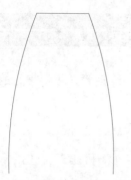

图16-30 镜像复制

**04** 绘制轮廓线。调用C【圆】命令，绘制图16-31所示轮廓线，单击【绘图】工具栏上的【面域】按钮 ⊙，分别创建图16-32所示的面域。

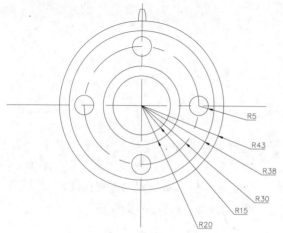

图16-31 绘制轮廓线

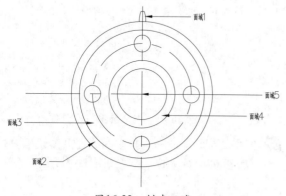

图16-32 创建面域

**05** 创建实体。将视图切换为西南等轴测模式。单击【建模】工具栏中的【拉伸】按钮 ▯，将面域1、面域2和面域4拉伸15，面域3拉伸10，面域5拉伸50，4个小圆拉伸10，结果如图16-33所示。

**06** 阵列轮齿。选择【修改】|【三维操作】|【三维阵列】命令，选取轮齿为阵列对

象，将其设置为环形阵列，阵列项目为50，进行阵列操作，结果如图16-34所示。

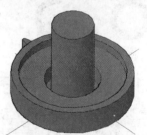

图16-33 拉伸创建实体

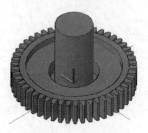

图16-34 阵列齿轮

**07** 创建孔。执行【差集】命令，将拉伸的4个小孔与面域3拉伸体进行差集运算，创建的孔效果如图16-35所示。

图16-35 创建孔

**08** 镜像实体和合并实体。选择【修改】|【三维操作】|【三维镜像】命令，将所创建的齿轮实体进行镜像操作。

**09** 使用UNI【并集】命令，将各实体部分合并为一个整体，最后选择【视图】|【消隐】命令，结果如图16-36所示。至此，齿轮实体创建完成。

图16-36 三维镜像

# 16.3

## 叉架类零件建模

叉杆类零件一般是起支承、连接等作用，常见的有拨叉、连杆、支架、摇臂等。

### 16.3.1 实战——连杆

连杆是以铰链的形式传递运动的零件，一般用于往复运动的机构中。本小节通过绘制图16-37所示的连杆来介绍连杆模型的创建方法和技巧。

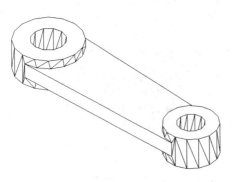

图16-37 连杆

**01** 新建文件。按下Ctrl+N快捷键，以"acadiso3D.dwt"为模板，创建新图形文件，进入三维绘图环境。

**02** 调用C【圆】命令，绘制两组同心圆。

**03** 调用L【直线】命令，绘制图16-38所示的外公切线和连接外公切线的两条直线段。

**04** 选择【绘图】|【面域】命令，将图16-39所示的夹点图形所围区域创建为一个闭合的面域。

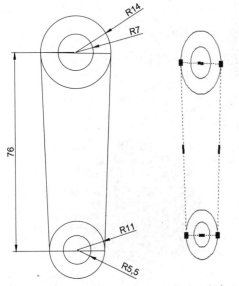

图16-38 绘制圆和直线　图16-39 夹点显示

**05** 选择菜单栏中的【视图】|【西南等轴测】命令，将视图切换为西南等轴测视图，结果如图16-40所示。

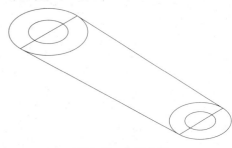

图16-40 切换视图

**06** 选择菜单栏中的【绘图】|【建模】|【拉伸】命令，将两端的圆图形和面域拉伸13个绘图单位，将中间的连接面域拉伸6个绘图单位，结果如图16-41所示。

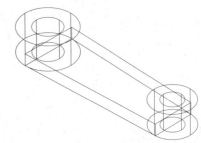

图16-41 拉伸结果

**07** 使用【移动】命令，将中间的连接体模型沿Z轴移动3.5个单位，结果如图16-42所示。

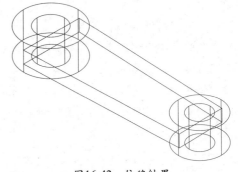

图16-42 位移结果

**08** 选择菜单栏中的【视图】|【消隐】命令，对连接体进行消隐，结果如图16-43所示。

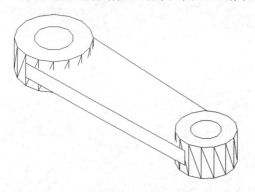

图16-43　视图消隐

**09** 使用快捷键SU激活【差集】命令，创建连杆两端的圆孔并对其进行消隐显示，结果如图16-44所示。连杆创建完成。

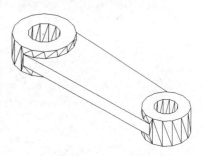

图16-44　差集结果

## 16.3.2　实战——支架

　　支架是起支撑作用的构架，能承受较大的力，也具有定位作用，使零件之间保持正确的位置。本小节使用【长方体】、【倾斜面】、【多段线】、【三维阵列】等命令创建图16-45所示的支架模型。

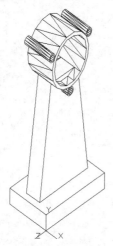

图16-45　支架

**01** 新建文件。按下Ctrl+N快捷键，以"acadiso3D.dwt"为模板，创建新图形文件，进入三维绘图环境。

**02** 切换视图。选择菜单栏中的【视图】|【三维视图】|【西南等轴测】命令，将视图转换为西南等轴测视图。

**03** 单击【建模】工具栏中的【长方体】按钮，绘制支架的底板，第一角点坐标为（0，0，0），另一角点的相对坐标为（@80，50，15），效果如图16-46所示。

**04** 重复调用【长方体】命令，绘制支架的支撑体，第一个角点坐标为（5，16，0），另一个角点的相对坐标为（@70，18，

120），效果如图16-47所示。

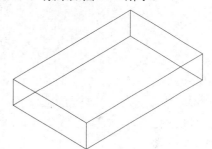

图16-46　绘制底板

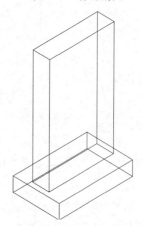

图16-47　绘制支撑体

**05** 单击【实体编辑】工具栏中的【倾斜面】按钮，将刚创建的长方体的一侧面倾斜8°，如图16-48所示。

**06** 重复调用【倾斜面】命令，创建另一侧面的倾斜面，效果如图16-49所示。

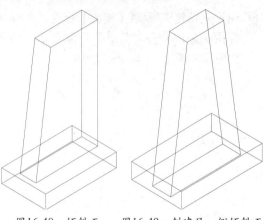

图16-48 倾斜面 　　图16-49 创建另一侧倾斜面

图16-52 绘制小圆 　　图16-53 阵列小圆

**07** 使用动态UCS，调用C【圆】命令，分别以上端面两个角点为圆心，绘制半径为25的辅助圆，如图16-50所示。

**08** 重复输入C以调用【圆】命令，以辅助圆的交点为圆心，分别绘制半径为22和25的圆，如图16-51所示。

**13** 单击【建模】工具栏中的【差集】按钮 ⓪，将每对拉伸的同心圆的大圆和小圆进行差集运算，如图16-55所示。

**14** 单击【建模】工具栏中的【并集】按钮 ⓪，将所有的实体进行并集，得到图16-56所示的模型。

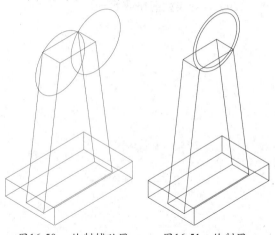

图16-50 绘制辅助圆 　　图16-51 绘制圆

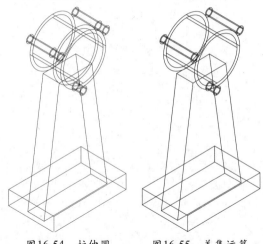

图16-54 拉伸圆 　　图16-55 差集运算

**09** 使用动态UCS，以上一步绘制的大圆的象限点为起点，向下绘制一条4个单位的线段，以其中点为圆心，绘制两个半径为4、3的同心圆，如图16-52所示。

**10** 在命令行中输入UCS，以X轴为中心轴将UCS旋转90°。

**11** 选择菜单栏中的【修改】|【阵列】|【环形阵列】命令，将绘制的两个小圆进行环形阵列，数目为3，结果如图16-53所示。

**12** 选择菜单栏中的【绘图】|【建模】|【拉伸】命令，将所绘的同心圆向后拉伸26.5和向前拉伸8.5，再将视图改为东南轴测图，如图16-54所示。

**15** 选择【视图】|【消隐】命令，显示最终的支架效果如图16-57所示。

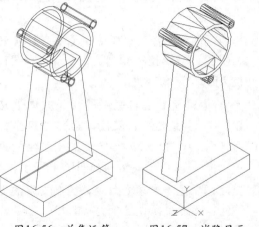

图16-56 并集运算 　　图16-57 消隐显示

# 16.4 实战——箱体类零件建模

箱体类零件的主要作用是用来支撑轴、轴承等零件，并对这些零件进行密封和保护，其外部一般比较复杂。本节绘制图16-58所示的齿轮箱下壳模型，主要使用的命令有【拉伸】、【布尔运算】和【圆角】等。

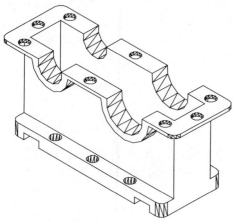

图16-58 箱体模型

## 16.4.1 绘制箱体基本实体

**01** 新建文件。按下Ctrl+N快捷键，以 "acadiso3D.dwt" 为模板，创建新图形文件，进入三维绘图环境。

**02** 选择菜单栏【视图】|【三维视图】|【东南

等轴测】命令，将视图转换为东南等轴测视图。

**03** 单击【建模】工具栏中的【长方体】按钮，创建一个100×24×42大小的长方体，如图16-59所示，其左下角点为坐标原点。

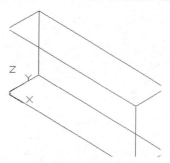

图16-59 绘制长方体1

**04** 在命令行中输入 "UCS" 命令，指定长方体上端面左上角为坐标原点。单击【建模】工具栏中的【长方体】按钮，创建图16-60所示的长方体。命令行操作过程如下：

```
命令：_box
指定第一个角点或 [中心(C)]：-8,-8,0↙
指定其他角点或 [立方体(C)/长度(L)]：@116,40,2↙
```

**05** 在命令行中输入 "UCS" 命令，指定长方体下端面左下角为坐标原点。单击【建模】工具栏中的【长方体】按钮，创建图16-61所示的长方体。

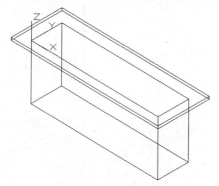

图16-60 绘制长方体2

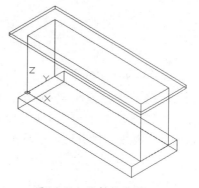

图16-61 绘制长方体3

```
命令：_box
指定第一个角点或 [中心(C)]：0,-8,0↙
指定其他角点或 [立方体(C)/长度(L)]：@100,40,-8↙
```

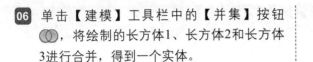

**06** 单击【建模】工具栏中的【并集】按钮
（）， 将绘制的长方体1、长方体2和长方体
3进行合并，得到一个实体。

## 16.4.2　绘制齿轮架

**01** 在命令行中输入"UCS"命令，选择图
16-62所示的面为XY平面，坐标原点为长方
体2的上端面角点。

**02** 分别绘制如图16-63所示的4个圆，其中R12
和R8为一对同心圆，其圆心坐标为（33，
0，0），R16和R12为另一对同心圆，其圆
心坐标为（83，0，0）。

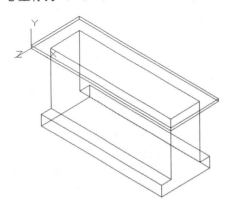

图16-62　设置原点

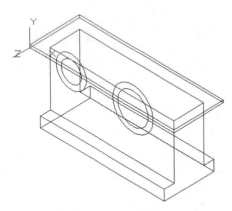

图16-63　绘制圆

**03** 调用L【直线】命令，分别连接各圆上水平
象限点，绘制4条直线，调用TR【修剪】命
令，以绘制的直线为修剪边，修剪掉上端
的圆弧，得到4个半圆，如图16-64所示。

**04** 调用REGION【面域】命令，选择所有圆和
直线，创建4个半圆面域。

**05** 单击【建模】工具栏中的【拉伸】按钮，
将4个面域向箱体内部拉伸10个高度，如图
16-65所示。

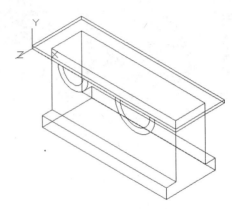

图16-64　修剪图形

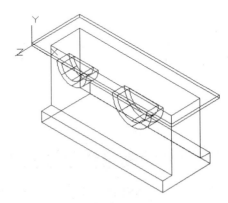

图16-65　拉伸面域

**06** 单击【建模】工具栏中的【长方体】按钮
， 创建图16-66所示的长方体，命令行提
示如下：

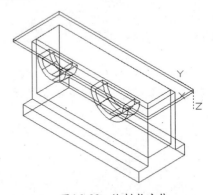

图16-66　绘制长方体

```
命令：_box
指定第一个角点或 [中心(C)]：10,10,0↙
指定其他角点或 [立方体(C)/长度(L)]：
@20,96,40↙
```

**07** 单击【建模】工具栏中的【差集】按钮（），
在箱体中减去上一步创建的长方体，生成
箱体内槽，如图16-67所示。

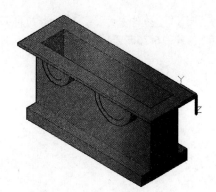

图16-67　差集操作

**08** 选择菜单栏中的【修改】|【三维操作】|【三维镜像】命令％，将4个半圆面域拉伸实体镜像复制至另一侧，如图16-68所示。

域拉伸实体进行合并，合并后的图形如图16-69所示。

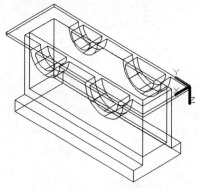

图16-69　合并操作

**10** 单击【建模】工具栏中的【差集】按钮⑩，使用合并后箱体与内圆圆弧面域拉伸的实体进行差集运算，生成图16-70所示的齿轮架。

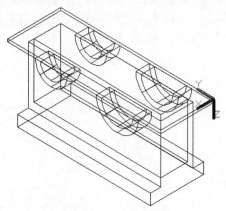

图16-68　镜像操作

**09** 单击【建模】工具栏中的【并集】按钮⑩，将箱体的整体与R10、R16半圆弧面

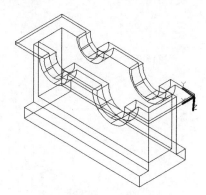

图16-70　差集效果

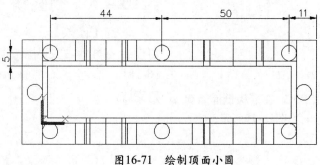

图16-71　绘制顶面小圆

## 16.4.3　绘制孔

**01** 完成差集运算后，在箱体上表面绘制图16-71所示的小圆。

**02** 使用EXT【拉伸】命令，将8个小圆分别拉伸2，生成图16-72所示的实体。

**03** 使用同样的方法，绘制箱体底板的6个小孔，其尺寸如图16-73所示。

**04** 使用EXT【拉伸】命令，将绘制的圆拉伸8个高度，如图16-74所示。

**05** 单击【建模】工具栏中的【差集】按钮⑩，将合并的箱体与6个小圆拉伸实体进行差集运算，创建底板上的安装孔。

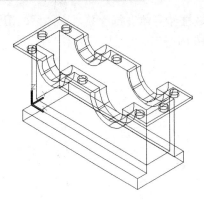

图16-72 拉伸顶面小圆

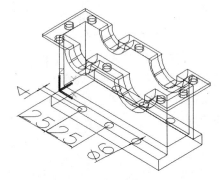

图16-73 绘制底板小孔

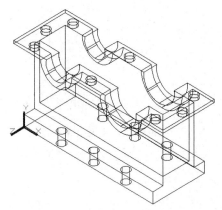

图16-74 拉伸小圆

**06** 在命令行中输入"UCS"，在底板侧面新建UCS并绘制两个矩形，如图16-75所示。

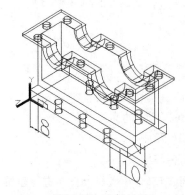

图16-75 绘制矩形

**07** 使用EXT【拉伸】命令，将矩形拉伸42个高度，如图16-76所示。

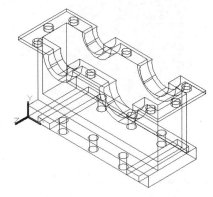

图16-76 拉伸二维图形

**08** 单击【建模】工具栏中的【差集】按钮，将合并的箱体与拉伸实体进行差集运算，生成图16-77所示的箱底凹槽。

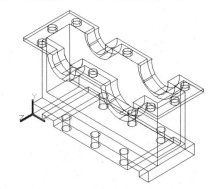

图16-77 差集操作

## 16.4.4 倒圆角

单击【修改】工具栏中的【倒圆角】按钮，在箱体的各边创建R4的圆角，如图16-78所示。至此，减速机箱体的三维模型创建完成。

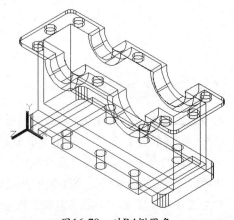

图16-78 对R4倒圆角

# 第17章
# 绘制三维装配图

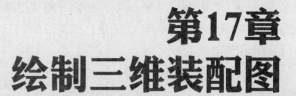

　　AutoCAD中的三维装配是在同一空间中创建多个零件的实体，然后利用三维移动、三维旋转、三维对齐等命令，将这些实体组合成为具有一定功能的组件。本章介绍在AutoCAD中装配三维模型的方法，并用减速器的三维装配作为实例来演示装配过程。

# 17.1 绘制三维装配图流程

创建三维装配图的基本方法是先创建子零部件，然后按零部件的相对位置关系，使用三维移动、三维旋转、三维对齐等命令将其配合在一起。

## 1. 创建子零部件

在AutoCAD中，一般在同一个文件中创建多个零件实体。在创建各实体的时候，尽量要在标准平面、标准方向上创建实体，使零部件之间的相对位置比较清楚，便于装配时的旋转、对齐等操作。

另外，由于AutoCAD支持不同窗口文件之间的复制和粘贴，可以创建多个单独的零部件文件，然后将这些文件同时打开，选中某一零件并单击鼠标右键，展开【剪贴板】下的子菜单，如图17-1所示，使用【复制】（【剪切】）和【粘贴】等命令即可将实体复制到其他窗口中。

## 2. 装配零件

创建了多个零部件之后，通过移动、旋转、对齐等操作将各零部件一一组合，组合的顺序要符合常规习惯，例如可以选择从里到外的顺序，以避免外部零件挡住内部结构，将附件向基体装配，以减少移动的次数。

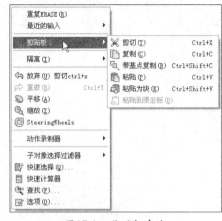

图17-1　剪贴板命令

如果多个相同零部件以规则的方式排布，可创建并装配一个零部件，其他零件使用【阵列】、【镜像】等命令生成。

在装配的过程中，坐标系是很重要的定位工具，适时地变换坐标系的位置，可以有效地简化定位以方便装配。

# 17.2 综合实战——变速器三维装配

本实战为装配图17-2所示的减速器，该减速器由齿轮轴、轴、箱体、端盖、齿轮、皮带轮、轴套和轴承组成，这些零件的模型素材全部位于本书配套光盘"素材\第17章"文件夹下。

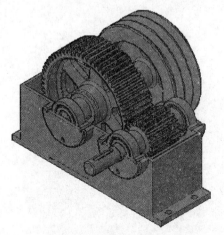

图17-2　减速器装配结果

## 17.2.1 装配轴承

**01** 打开箱体实体和轴承实体零件，选择菜单栏中的【窗口】|【垂直平铺】命令，将打开的两个窗口垂直平铺，如图17-3所示。

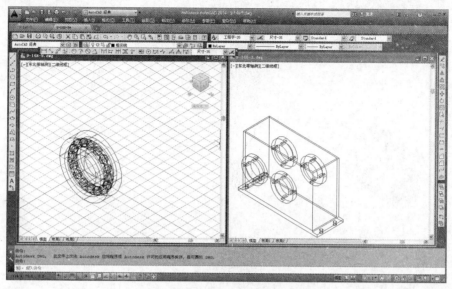

图17-3 垂直平铺窗口

**02** 复制零件到剪贴板。激活轴承实体所在的窗口，选择菜单栏中的【编辑】|【带基点复制】命令，将轴承零件复制到剪贴板，命令行操作过程如下：

```
命令：_copybase
指定基点：                          //捕捉轴承右端面的圆心
选择对象：指定对角点：找到 19 个      //选择轴承
选择对象：                          //按Enter键
```

**03** 将零件粘贴到箱体。激活箱体零件窗口，选择菜单栏中的【编辑】|【粘贴】命令，捕捉箱体某一孔的圆心，完成一个轴承的装配。

**04** 使用同样的方法在其他3个孔处装配轴承，结果如图17-4所示。装配完毕后，关闭轴承图形。

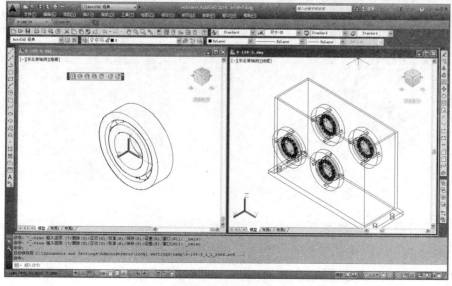

图17-4 装配轴承

## 17.2.2 装配其他零件

**01** 打开齿轮轴实体并选择菜单栏中的【窗口】|【垂直平铺】命令，平铺文件窗口，如图17-5所示。

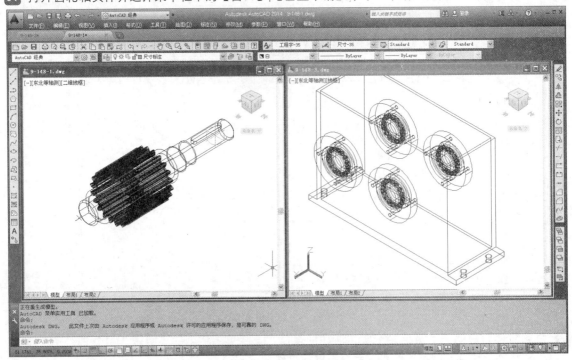

图17-5　垂直平铺窗口

**02** 复制齿轮轴到剪贴板。激活齿轮轴窗口，选择菜单栏中的【编辑】|【带基点复制】命令，以齿轮轴端面圆心为复制基点。

**03** 将零件粘贴到箱体。激活箱体零件窗口，选择菜单栏中的【编辑】|【粘贴】命令，捕捉箱体某一孔的圆心，完成齿轮轴的装配，如图17-6所示。

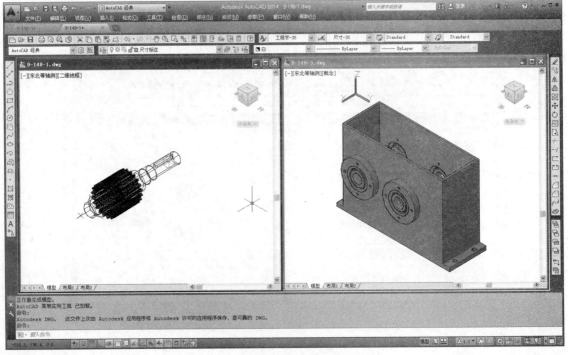

图17-6　装配齿轮轴

**04** 用类似的方式，装配光盘中文件夹中的凸轴、端盖1、端盖2、齿轮、皮带轮和套，最后对装配图消隐，结果如图17-7所示。

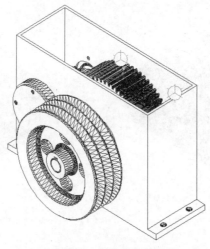

图17-7 零件装配结果

## 17.2.3 修改箱体

**01** 选择菜单栏中的【绘图】|【建模】|【长方体】命令，创建长方体，如图17-8所示，命令行操作过程如下。

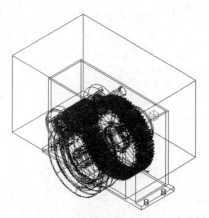

图17-8 绘制长方体

```
命令: _box
指定第一个角点或 [中心(C)]: 20,200,0
指定其他角点或 [立方体(C)/长度(L)]: @-250,-400,230
```

**02** 选择菜单栏中的【修改】|【实体编辑】|【差集】命令，从箱体和端盖上减去长方体，结果如图17-9所示。命令行操作过程如下：

```
命令: _subtract 选择要从中减去的实体、曲面和面域...
选择对象: 找到 1 个                    //选择箱体实体
选择对象:                             //按Enter键
选择要减去的实体、曲面和面域            //选择长方体
选择对象: 找到 1 个                    //按Enter键
```

**03** 选择菜单栏的中【视图】|【三维视图】|【西南等轴测】命令来改变视点，得到图17-10所示的结果。

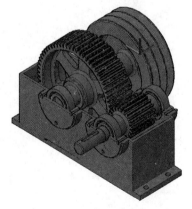

图17-9　求差集的结果　　　　　　　　　　图17-10　西南等轴测视图

# 第18章
# 三维实体生成二维视图

与UG、SolidWorks等三维绘图软件一样,AutoCAD也可以先绘制三维实体.再生成二维工程视图,这样可减少绘图工作量、提高绘图的速度与精度,从而避免二维绘图中可能出现的各种错误。本章主要介绍如何由三维实体生成二维视图,以及基本视图、剖视图、剖面图等。

# 18.1 由三维实体生成二维图

在AutoCAD 2014中，将三维实体模型转换成二维三视图的方法一般有以下两种。

★ 使用VPORTS或MVIEW命令，在布局空间中创建多个二维视口，然后再使用SOLPROF命令在每个视口中分别生成模型轮廓线，以创建实体零件的三视图。

★ 使用SOLVIEW命令，在布局空间中逐个生成实体模型的二维视口，然后再使用SOLDRAW命令在每个视口中分别生成模型轮廓线，以创建实体零件三视图。

## 18.1.1 使用VPORTS或MVIEW命令创建视口

### 1. 使用VPORTS命令

使用VPORTS命令，打开【视口】对话框。该命令可以在模型空间和布局空间中使用。

打开【视口】对话框的方式有以下几种。

★ 菜单栏：选择【视图】|【视口】|【新建视口】菜单命令。

★ 工具栏：单击【视口】工具栏中的【显示视口对话框】按钮 。

★ 命令行：输入"VPORTS"。

★ 功能区：在【视图】选项卡中，单击【模型视口】面板中的【视口配置】按钮 。

执行以上任意一种操作，都能打开图18-1所示的【视口】对话框。通过此对话框，用户可以完成设置视口的规格、命名、形式等操作。

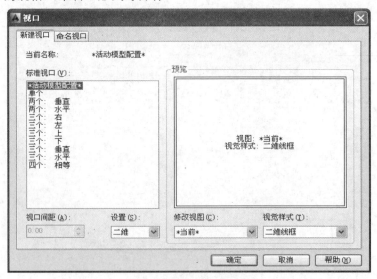

图18-1 【视口】对话框

### 2. 使用MVIEW命令

使用MVIEW命令可以创建布满整个布局的单一布局视口，也可以在布局中创建多个布局视口。创建视口后，可以根据需要更改其大小、特性、比例以及对其进行移动。

使用 MVIEW命令可以使用多个选项创建一个或多个布局视口，也可以使用COPY命令创建多个布局视口，该命令仅在布局空间中使用。

## 18.1.2 使用SOLVIEW命令创建布局多视图

使用SOLVIEW命令可以使创建三维模型的视图、图层和布局视口的手动过程变为自动执行。SOLVIEW命令与SOLDRAW 命令用于放置每个视图的可见线和隐藏线的图层（视图名-VIS、视图名-HID、视图名-HAT），以及创建可以放置各个视口中均可见的标注的图层（视图名-DIM）。

通过使用VPORTS命令创建视口后，可以在命令行中输入"SOLVIEW"命令，或者在模型空间命令行中输入SOLVIEW命令，都可以执行创建布局多视图。

在使用SOLVIEW命令后，出现提示用户选择创建浮动视口的形式，如图18-2所示，其命令行提示如下：

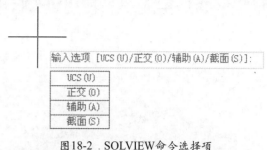

图18-2 SOLVIEW命令选择项

命令：solview
输入选项：[UCS(U)/正交(O)/辅助(A)/截面(S)]：

命令行中的4个命令选项的含义如下所述。

★ UCS（U）：创建相对于用户坐标系的投影视图。

★ 正交（O）：从现有的视图中创建折叠的正交视图。

★ 辅助（A）：从现有视图中创建辅助视图。辅助视图是以原有视图为基准投影到与原有视图正交或倾斜的平面。

★ 截面（S）：通过图案填充来创建实体图形的剖视图。

## 18.1.3　使用SOLDRAW命令创建实体图形

SOLDRAW命令是在SOLVIEW命令之后使用，是用来创建实体轮廓或填充图案的。

启动SOLDRAW命令的方式有以下两种。

★ 菜单栏：选择【绘图】|【建模】|【设置】|【图形】命令。

★ 命令行：输入"SOLDRAW"。

★ 其命令行提示如下：

命令：Soldraw
选择要绘图的视口…
选择对象：

在使用该命令的过程中，命令行中会提示"选择对象"。选择的对象是由SOLDRAW命令生成的视口，如果是利用"UCS(U)、/正交（O）、辅助（A）"命令选项所创建的投影视图，则所选的视口中会自动生成实体轮廓线。如果所选的视口是由SOLDRAW命令的"截面（S）"选项创建，则系统将自动生成剖视图并生成剖面线。

## 18.1.4　使用SOLPROF创建二维轮廓线

SOLPROF命令是三维实体创建轮廓图形，它与SOLDRAW命令有一定的区别：SOLDRAW命令只针对SOLDVIEW命令所创建的视图生成轮廓图形，SOLPROF命令不仅可以对SOLDVIEW命令所创建的视图生成轮廓图形，而且还可以对用其他方法创建的浮动视口中的图形生成轮廓图形。但是使用SOLPROF命令时，必须是在模型空间，一般使用MSPACE命令激活该空间状态。

启动SOLPROF命令的方式有以下两种。

★ 菜单栏：选择【绘图】|【建模】|【设置】|【轮廓】命令。

★ 命令行：输入"SOLPROF"。

## ▍18.1.5　实战——使用VPORTS命令和SOLPROF命令创建三视图

本节以创建链轮的二维图纸为例，介绍如何使用VPORTS命令和SOLPROF命令创建三视图。

**01** 打开随书光盘素材文件"第18章\18.1.5 链轮.dwg"，如图18-3所示。

图18-3　素材模型

**02** 在绘图区单击【布局1】标签，进入布局空间，然后在【布局1】标签列表上单击鼠标右键，在弹出的快捷菜单中选择【页面设置管理器】选项，弹出图18-4所示的【页面设置管理器】对话框。

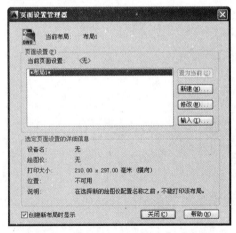

图18-4　【页面设置管理器】对话框

**03** 单击【修改】按钮，弹出【页面设置】对话框，在【图纸尺寸】下拉中选择"ISOA2[594.00x420.00]"选项，其余参数不做修改，如图18-5所示，单击【确定】按钮，返回【页面设置管理器】对话框，单击【关闭】按钮以关闭【页面设置管理器】对话框。

**04** 修改后的布局页面如图18-6所示，双击视口或单击状态栏中的【模型】按钮，切换至图纸空间，选中系统自动创建的视口，按

Delete键将其删除。

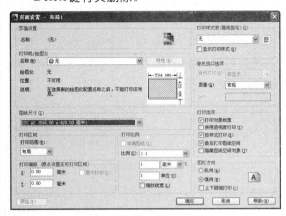

图18-5　设置图纸尺寸

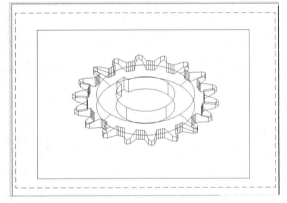

图18-6　设置页面后的效果

**05** 将视图显示模式设置为【二维线框】模式，选择菜单栏中的【视图】|【视口】|【四个视口】命令，创建满布页面的4个视口，如图18-7所示。

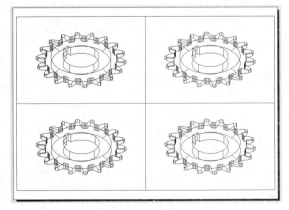

图18-7　创建视口

**06** 在命令行中输入"MSPACE"命令或直接双击视口，将布局空间转换为模型空间。

**07** 分别激活各视口，选择【视图】|【三维视图】菜单命令，将各视口视图分别转换为前视、俯视、左视和等轴测，具体设置如图18-8所示。

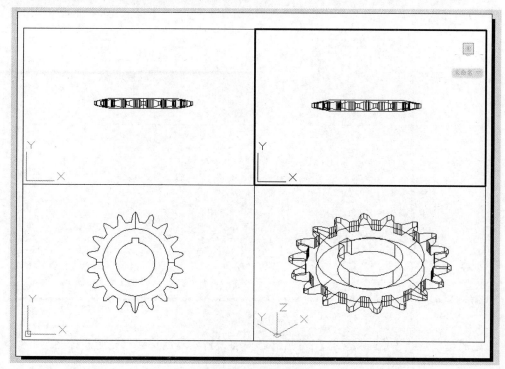

图18-8 设置各视图

**08** 在命令行中输入"SOLPROF"命令，选择各视口的二维图，将二维图转换为轮廓图，如图18-9所示。

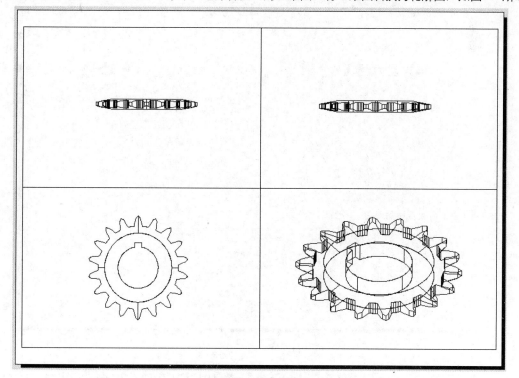

图18-9 创建轮廓线

**09** 删除实体后，轮廓线如图18-10所示。

图18-10 删除视口

10 隐藏图形框，新建图层，对新建图层不需做任何设置，然后将线框改为新建图层，结果如图 18-11所示。

图18-11 隐藏线框

## 18.1.6 实战——使用SOLVIEW命令和SOLDRAW命令创建三视图○

本实战使用SOLVIEW命令和SOLDRAW命令来创建三视图。

**01** 打开本书光盘素材文件"第18 章\18.1.5链轮.dwg",如图18-12所示。

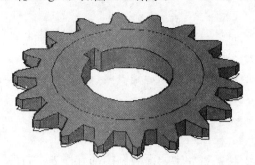

图18-12 素材图形

**02** 在绘图区单击【布局1】标签,进入布局空间,选中系统自动创建的视口并按DELETE键将其删除。

**03** 选择【绘图】|【建模】|【设置】|【视图】命令,创建主视图,如图18-13所示。命令行提示如下:

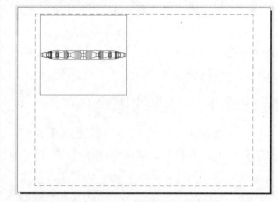

图18-13 创建的主视图

```
输入选项 [UCS(U)/正交(O)/辅助(A)/截面(S)]: U
输入选项 [命名(N)/世界(W)/?/当前(C)] <当前>: W    //选择世界坐标系创建视图
输入视图比例 <1>: 0.5                          //设置自动打印输出比例
指定视图中心:                                  //选择视图中心点,这里选择视图布局中左上角适当的一点
指定视图中心 <指定视口>:                        //按回车键
指定视口的第一个角点:
指定视口的对角点:                              //分别指定视口的对角点,确定视口范围
输入视图名: 主视图                             //输入视图名称为主视图
```

**04** 使用同样的方法,分别创建左视图和俯视图,如图18-14所示。

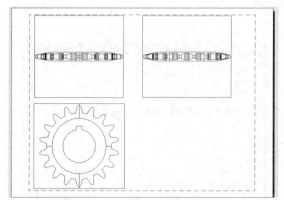

图18-14 创建左视图和俯视图

**05** 选择菜单栏中的【绘图】|【建模】|【设置】|【图形】命令,在布局空间中选择视口并生成轮廓图,如图18-15所示。

**06** 将零件图框隐藏或删除,得到图18-16所示的最终效果。

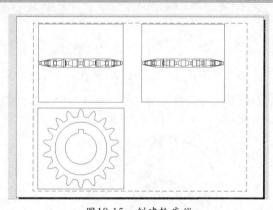

图18-15 创建轮廓线

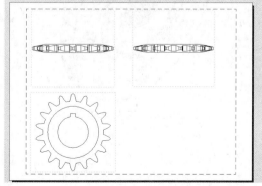

图18-16 创建的三视图

# 18.2 三维实体创建剖视图

在生产过程中，我们遇到许多机械零件。当机件的内部结构比较复杂时，视图中会出现许多虚线，从而使得图形不够清晰，不利于看图和标注尺寸。为了使视图能够表达得准确、清晰。国际机械制图组织规定了一种能够清楚表达机件的内部形状的画法，即为剖视图的画法。

## 18.2.1 剖视的概念

剖视图是用一个假想的剖切面剖开机件，将处于观察者和剖切面之间的部分移去，将余下的部分向投影面投射，所得的图形就是剖视图，简称剖视，如图18-17所示。

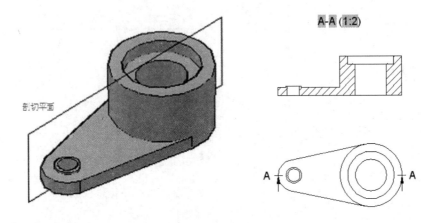

图18-17 剖视的概念

## 18.2.2 实战——创建端盖的剖视图

本节利用实例演示在AutoCAD中由三维实体创建剖视图的方法。

**01** 打开本书光盘素材文件"第18章\18.2.2 端盖.dwg"，如图18-18所示。

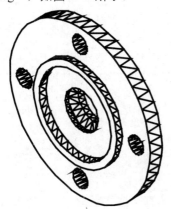

图18-18 素材模型

**02** 单击绘图区左下方的【布局1】标签，切换到布局空间。选择菜单栏中的【文件】|【页面设置管理器】命令，弹出【页面设置管理器】对话框，如图18-19所示。

图18-19 【页面设置管理器】对话框

**03** 单击对话框中的【新建】按钮，弹出【新建页面设置】对话框，在【新页面设置名】文本框中输入名称，这里使用默认的名称"设置1"，如图18-20所示。

**04** 单击【确定】按钮，AutoCAD弹出【页面设置】对话框，从中进行相应的设置，如打印设备、图纸大小、输出方向等，还可以设置打印样式表，如图18-21所示。

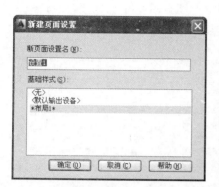

图18-20 新建页面设置

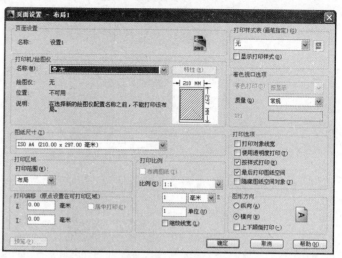

图18-21 设置页面

**05** 单击【确定】按钮，返回到【页面设置管理器】对话框，如图18-22所示。

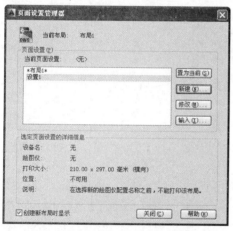

图18-22 完成页面设置的创建

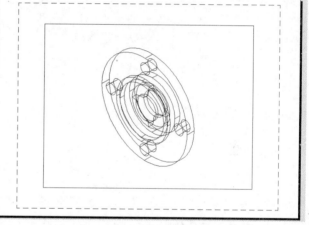

图18-23 浮动视口

**06** 将新样式"设置1"设置为当前样式。单击【关闭】按钮，将AutoCAD切换到图纸空间并自动创建一个视口，如图18-23所示，选中视口的边线，按Delete键删除该视口。

**07** 创建剖面，选择菜单栏中的【绘图】|【建模】|【设置】|【视图】命令，AutoCAD提示如下：

```
命令：_solview
输入选项 [UCS(U)/正交(O)/辅助(A)/截面(S)]：S      //激活【截面】选项
指定剪切平面的第一个点：                          //捕捉大圆圆心
指定剪切平面的第二个点：                          //捕捉位于上方的小圆圆心
指定要从哪侧查看：                                //在大圆圆心右侧任意拾取一点
输入视图比例 <2>：                                //按Enter键
指定视图中心：                                    //确定视图的中心位置
指定视图中心 <指定视口>：                         //按Enter键
指定视口的第一个角点：                            //确定视口的第一个角点
指定视口的对角点：                                //确定视口的第二个角点
输入视图名：view1                                 //输入视图名，如图18-24所示
```

**08** 创建轮廓，分别执行SOLPROF和SOLDRAW命令来创建轮廓，结果如图18-25所示，此时系统已用默认图案填充主视图中的截面。

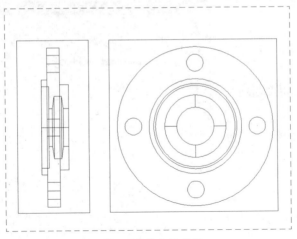

图18-24 创建主视图视口

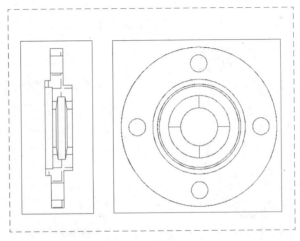

图18-25 创建轮廓

**09** 双击剖视图视口，执行ERASE命令删除已填充的图案。

**10** 选择菜单栏中的【工具】|【新建UCS】|【视图】命令，以当前视图为XY轴新建UCS。

**11** 选择菜单栏中的【绘图】|【填充】命令，填充剖面线，结果如图18-26所示。

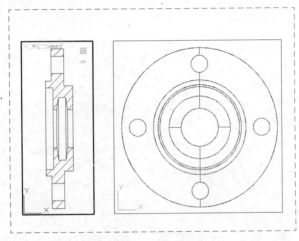

图18-26 填充剖面线